北大社·"十三五"普通高等教育本科规划教材

高等院校材料专业"互联网+"创新规划教材
高等院校材料类创新型应用人才培养规划教材

全新修订

U0248844

材料力学性能

（第 2 版）

主　编　时海芳　任　鑫
副主编　张　勇

北京大学出版社
PEKING UNIVERSITY PRESS

内 容 简 介

本书主要介绍材料在外载荷作用下或载荷与环境因素(温度、介质、加载速度)联合作用下所表现的行为及其物理本质的评定方法,体现了加强基础、拓宽专业面、注重创新能力与素质培养的目标和原则。本书主要内容包括绪论、材料在单向静拉伸载荷下的力学性能、材料在其他静载荷下的力学性能、材料在冲击载荷下的力学性能、材料的断裂韧性、材料在变动载荷下的力学性能、材料在环境条件下的力学性能、材料在高温条件下的力学性能、材料的摩擦与磨损性能、纳米材料的力学性能。本书以阐述宏观规律为主,将宏观规律与微观机理相结合,同时强调理论与实际相联系。

本书可作为材料科学与工程专业和材料成形及控制工程专业本科生教材,也可作为近材料类和近机械类专业教学辅助参考书,还可作为有关科研人员和工程技术人员的参考用书。

图书在版编目(CIP)数据

材料力学性能/时海芳,任鑫主编. —2 版. —北京: 北京大学出版社, 2015.5
(高等院校材料类创新型应用人才培养规划教材)
ISBN 978-7-301-25634-3

Ⅰ. ①材… Ⅱ. ①时…②任… Ⅲ. ①工程材料—材料力学性质—高等学校—教材 Ⅳ. ①TB301

中国版本图书馆 CIP 数据核字(2015)第 065013 号

书 名	材料力学性能(第 2 版)
著作责任者	时海芳 任 鑫 主编
策 划 编 辑	童君鑫
责 任 编 辑	黄红珍
标 准 书 号	ISBN 978-7-301-25634-3
出 版 发 行	北京大学出版社
地 址	北京市海淀区成府路 205 号 100871
网 址	http://www.pup.cn 新浪微博:@北京大学出版社
电 子 邮 箱	编辑部 pup6@pup.cn 总编室 zpup@pup.cn
电 话	邮购部 010-62752015 发行部 010-62750672 编辑部 010-62750667
印 刷 者	北京市科星印刷有限责任公司
经 销 者	新华书店
	787 毫米×1092 毫米 16 开本 18.5 印张 428 千字
	2010 年 8 月第 1 版
	2015 年 5 月第 2 版 2024 年 7 月第 8 次印刷
定 价	52.00 元

未经许可,不得以任何方式复制或抄袭本书之部分或全部内容。
版权所有,侵权必究
举报电话:010-62752024 电子邮箱:fd@pup.cn
图书如有印装质量问题,请与出版部联系,电话:010-62756370

高等院校材料专业"互联网＋"创新规划教材

编审指导与建设委员会

成员名单（按拼音排序）

白培康（中北大学）　　　　　陈华辉（中国矿业大学）

崔占全（燕山大学）　　　　　杜彦良（石家庄铁道大学）

杜振民（北京科技大学）　　　耿桂宏（北方民族大学）

关绍康（郑州大学）　　　　　胡志强（大连工业大学）

李　楠（武汉科技大学）　　　梁金生（河北工业大学）

林志东（武汉工程大学）　　　刘爱民（大连理工大学）

刘开平（长安大学）　　　　　芦　笙（江苏科技大学）

裴　坚（北京大学）　　　　　时海芳（辽宁工程技术大学）

孙凤莲（哈尔滨理工大学）　　孙玉福（郑州大学）

万发荣（北京科技大学）　　　王春青（哈尔滨工业大学）

王　峰（北京化工大学）　　　王金淑（北京工业大学）

王昆林（清华大学）　　　　　卫英慧（太原理工大学）

伍玉娇（贵州大学）　　　　　夏　华（重庆理工大学）

徐　鸿（华北电力大学）　　　余心宏（西北工业大学）

张朝晖（北京理工大学）　　　张海涛（安徽工程大学）

张敏刚（太原科技大学）　　　张　锐（郑州航空工业管理学院）

张晓燕（贵州大学）　　　　　赵惠忠（武汉科技大学）

赵莉萍（内蒙古科技大学）　　赵玉涛（江苏大学）

第 2 版前言

各种工程零部件在受力或力与其他环境因素综合作用时都会呈现出多样的、不同程度的损伤，严重时会造成零部件的失效。如果这些零部件位于设备中比较重要的位置，就会给国民经济及人身财产安全带来巨大损失，因此研究机件材料的力学性能显得尤为重要。本书是根据教育部最新颁布的课程教学基本要求和国家提出的创新型人才培养要求编写的。"材料力学性能"是高等院校材料类、机械类和近材料类、近机械类专业的一门重要的专业基础课。全书共分 9 章，系统地阐述了材料在静荷载、动荷载作用下的力学性能、材料的断裂和断裂韧度、材料的摩擦与磨损、高温下材料的力学性能以及纳米材料的力学性能，主要研究力或力与其他外界条件共同作用下的材料的变形和断裂的基本规律及其本质，分析各种内在因素和外在条件对材料力学性能的影响及机制，为正确选材和合理使用材料提供依据，为研制新材料、改进和开发冷热加工新工艺以及充分发挥材料力学性能潜力指明方向，并为机器零件或构件的失效分析奠定一定基础。

本书在第 1 版基础上对部分内容进行了更新，如原 GB/T 228—2002《金属材料 室温拉伸实验方法》被新国标 GB/T 228. 1—2010《金属材料 拉伸试验 室温试验方法》代替，对相应国标中规定的力学参数符号及曲线做了相应更新；增加了部分章节的例题和习题，尤其是对于涉及公式较多、难于理解的章节，增加了例题的数量，以便对知识更好地理解和掌握；鉴于纳米材料应用日趋广泛，并且具有不同于常规晶粒材料的力学性能，特增加了纳米材料的力学性能一章。

本书力求将材料力学行为的微观物理本质与力学行为的宏观规律有机结合，既强调材料力学性能的基本概念，又尽可能介绍与本学科相关的一些新成就，因此本书在内容的编排和设计上有所创新。每一章均采取知识框架、导入案例以及穿插相关阅读材料等编排形式，便于读者深入学习研究。本书语言简洁，信息量大，科学性和实用性强，内容新颖，引入新成果和新进展，有利于培养学生的创新意识，拓宽读者专业知识面，便于读者了解当前国内外材料力学性能研究动态和发展趋势。

本书由辽宁工程技术大学时海芳、任鑫主编，张勇副主编。其中绪论和第 1 章由时海芳编写，第 2、3、7、8 章由任鑫编写，第 4、5、6、9 章由张勇编写。

本书在编写过程中，参阅了大量的有关著作、教材和技术资料，在此谨对这些著作、教材和技术资料的编著者表示衷心的感谢。

由于编者水平有限，书中不妥之处在所难免，恳请广大读者批评指正。

编　者

2014 年 12 月

【资源索引】

目　　录

绪　　论

材料是人类赖以生存和发展、征服自然和改造自然的物质基础与先导，是人类社会进步的里程碑。历史学家曾用材料来划分时代，如石器时代、陶器时代、青铜器时代、铁器时代，以及聚合物时代、半导体时代、复合材料时代等，可见材料对人类文明发展的重要作用。按 1986 年英国《材料科学与工程百科全书》提出的定义：材料科学与工程是研究有关材料组成(成分、组织与结构)、性能、生产流程(工艺)和使用效能以及它们之间关系的学科。据此，材料科学与工程的组成要素如图 0.1 所示。

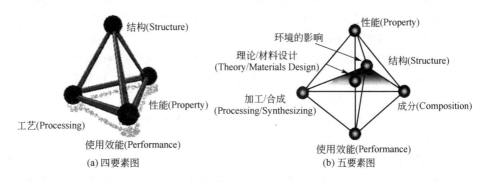

图 0.1　材料科学与工程的基本要素

由图 0.1 可以看出，材料科学与工程学科由四方面的基本要素组成：成分/结构 (Composition/Structure)、制备合成/加工工艺(Synthesis/Processing)、性能(Property) 和使用效能(Performance)。

(1) 材料的成分/结构是指材料的原子类型和排列方式，其包含四个层次：原子结构、结合键、原子排列方式(晶体与非晶体)和组织。材料的性能取决于材料的成分及其组织类型。

(2) 制备合成/加工工艺是指实现特定原子排列的演变过程，相对性能的影响随材料种类的不同而不同。

(3) 材料的性能是指对材料功能特性和效用(如电、磁、光、热、力学等性质)、化学性能(如抗氧化和抗腐蚀、聚合物的降解)和力学性能(如强度、塑性、韧性)的定量度量和描述。

(4) 使用效能是指材料性能在使用条件(如受力状态、气氛、介质与温度)下的表现。它把材料的固有性能和产品设计、工程应用能力联系了起来。度量使用性能的指标有：寿命、速度、能量利用率、安全可靠程度、利用成本等，在利用物理性能时包括能量转换效率、灵敏度等。

材料的性能是一种参量，用于表征材料在给定外界条件下的行为。性能必须量化，即材料的性能需要定量地加以表述。多数的性能都有单位，通过对单位的分析(量纲分析),可以加深对性能的理解。在不同的外界条件(应力、温度、化学介质、磁场、电场、辐照)下,同一材料也会有不同的性能。

材料力学性能是关于材料强度的一门学科,即是关于材料在外加载荷(外力)作用下或载荷和环境因素(温度、介质和加载速率)联合作用下表现的变形、损伤与断裂的行为规律,及其物理本质和评定方法的学科。

材料的力学性能常用材料的力学性能指标来表述。材料的力学性能指标是材料在载荷和环境因素作用下所发生的力学行为的量化因子,是评定材料质量的主要依据和结构设计时选材的根据。材料的力学性能指标作为表征材料力学行为特征的参量,其反映的是材料的某种力学行为发生的能力或材料对某种力学行为发生的抗力的大小。力学行为是指材料在外加载荷、环境条件或二者的综合作用下所表现出的现象和特征。材料的力学行为有变形和断裂两种情况,材料力学性能指标是材料在载荷和环境因素作用下抵抗变形与断裂的量化因子。机械零件(构件)在不同的载荷和环境条件下服役,如果其所使用材料对变形和断裂的抗力不足,不能与服役条件的要求相适应,则零件(构件)就会无法实现预定的效能而失效。材料常见的失效形式有两种:一种是材料发生断裂而失效;另一种是非断裂性失效,它主要包括过量的变形(弹性变形和塑性变形)、过量的磨损、过量的腐蚀等。寿命是指材料或构件在外加应力和环境作用下能够安全、有效使用(运行)的期限,如疲劳裂纹扩展寿命 N_f 等。因此材料的力学性能在某种意义上来说,又可以称作材料对失效的抗力。

材料的力学性能主要包括弹性、强度、塑性、韧性、硬度、耐磨性、缺口敏感性、裂纹扩展速率和寿命等。其中,弹性是指材料在外力作用下发生一定的变形,在外力去除后恢复固有形状的尺寸的能力,如比例极限和弹性极限等;强度是指材料对塑性变形和断裂的抗力,如屈服强度、抗拉强度、疲劳强度、断裂强度等;塑性是指材料在外力作用下发生不可逆的永久变形的能力,如断后伸长率 A、断面收缩率 Z 等;韧性是指材料在断裂前吸收塑性变形功和断裂功的能力,如静力韧性、冲击韧性、断裂韧性等;硬度是指材料的软硬程度,如布氏硬度 HB、洛氏硬度 HRC、维氏硬度 HV、努氏硬度 HK、莫氏硬度等;耐磨性是指材料抵抗磨损的能力,如线(质量、体积)磨损量、相对耐磨性等;缺口敏感性是指材料对缺口(截面变化)的力学响应,如应力集中系数 K_t、静拉伸缺口敏感性 NSR、疲劳缺口系数 K_f、疲劳缺口敏感系数 q_f 等;裂纹扩展速率是表征裂纹试样在外力和环境作用下演化行为的参量,如应力腐蚀裂纹扩展速率 da/dt、疲劳裂纹扩展速率 da/dN 等。材料力学性能的优劣就是用这些力学性能指标的具体数值来表示的。

材料的力学性能取决于材料的化学成分、组织结构、残余应力、表面和内部的缺陷等因素,但如果外在的因素,如载荷的性质、应力状态、工作温度、环境介质等条件发生变化,也会极大地影响材料力学性能。例如,退火态低碳钢在单向静拉伸载荷条件作用下,随着载荷的增加首先产生弹性变形,当应力达到屈服应力后开始塑性变形,到载荷达到最高值后材料经过颈缩后发生断裂,材料显示出良好的塑性特征;但当低碳钢承受交变载荷作用时,在应力低于屈服极限的条件下同样会发生断裂,而且在试样上观察不到明显的塑性变形的痕迹;如果低碳钢在很低的温度下工作,同样也会产生脆性断裂。所以,综合分析各种内在和外在因素对材料力学性能的影响,掌握各种因素对材料力学性能影响的规律,对于正确选择材料,提出改善材料力学性能的措施,制定和改进材料的加工工艺,提高零件(构件)的使用寿命具有重要的意义。

材料的力学性能是建立在试验的基础之上的,各种力学性能指标需要根据相应的国家标准通过试验来测定,所以在材料力学性能研究过程中,必须高度重视力学性能指标的测试技术。

综上所述,材料力学性能课程的主要内容包括:

(1)各种服役条件下材料的力学行为及其微观机理。

(2)各种力学性能指标的本质、物理概念、应用意义及各种力学性能指标间的关系。

(3)影响力学性能的因素,提高材料力学性能的方法和途径。

(4)力学性能指标的测试技术及方法。

材料力学性能与材料科学基础(金属学与热处理)、工程力学、材料力学、工程材料学及材料加工制备工艺等课程密切相关。这些课程为材料力学性能研究提供了材料的化学成分与微观组织结构、材料的各种性能与加工制备方法、应力分析和材料宏观强度理论等方面的知识,本课程为评定材料及其加工制备方法提供了理论依据。它们之间构成了相互关联的系统。

材料的力学性能与工程应用密切联系,各种零件(构件)的失效是在不同服役条件下产生的。因此,学习本门课程必须密切联系实际,注重与相关课程之间的联系,要充分利用相关课程的知识,理解、掌握本课程的理论,又要从具体的服役条件出发,分析具体的零件(构件)的失效原因,从而从材料成分、组织及材料的加工制备工艺等方面提出避免和防止零件(构件)产生早期失效的措施和方法。

第1章

材料在单向静拉伸载荷下的力学性能

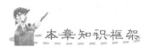
本章知识框架

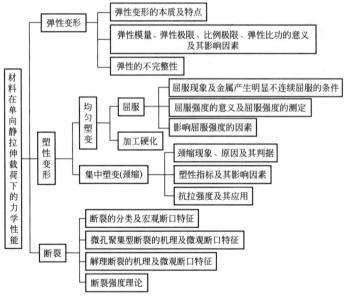

本章教学目标与要求

1. 掌握金属在单向静拉伸载荷下的力学行为。

2. 理解弹性模量、屈服强度及塑性等性能指标的含义及其主要影响因素；掌握弹性变形、塑性变形的本质和特点及相应的力学性能指标的测试方法；了解有关弹性不完整性的表现及其机理。

3. 掌握金属断裂的过程及不同类型断裂的特点及其机理；了解有关断裂强度的理论和应用。

4. 熟悉高分子材料及无机非金属材料的拉伸变形特点。

导入案例

一般机械零件和构件在工作过程中处于弹性状态，工作过程中不允许发生塑性变形或过大的弹性变形。所以，在机械设计中，常以屈服强度作为设计和选材的依据。同时考虑到节能、环保等方面的要求，所选用的材料应具有较高的比强度和比刚度，这样可以使零件或构件自身的质量轻、体积小、承载能力强。

镁、铝合金具有密度小、比强度高、阻尼性及切削加工性好、导热性好、减振性好、无毒、无磁性，而且易于回收等优点。与最轻的塑料相比，镁合金密度虽为塑料的1.5倍，但塑料的刚度仅为镁合金的1/10，同时其散热性以及可回收方面均不及镁合金；镁合金的刚性与铝合金、锌合金相近，其密度仅为金属铝的2/3，是所有结构用合金中最轻的材料。在汽车工业上用镁合金代替钢、铸铁可以使零件的质量降低65%～75%，可以有效地达到节能、减排的目的，如图1.1所示。

(a) 镁合金汽车变速器壳   (b) 镁合金轮毂

图 1.1 镁合金

静载拉伸试验是最基本的、应用最广泛的力学性能试验方法。静载拉伸试验可以揭示材料的基本力学行为规律，并且得到材料弹性、强度、塑性和韧性等许多重要的力学性能指标。由静载拉伸试验测定的力学性能指标，可以作为工程设计、评定材料和优选工艺的依据，可以作为预测材料的其他力学性能的参量(如抗疲劳、断裂性能)的基础数据，具有重要的工程实际意义。

1.1 拉伸力-伸长曲线和应力-应变曲线

根据 GB/T 228.1—2010《金属材料 拉伸试验 室温试验方法》的规定：静载拉伸试样一般为光滑圆柱试样或板状试样。若采用光滑圆柱试样，试样工作长度(标长)$l_0 = 5d_0$ 或 $l_0 = 10d_0$，试样的形状如图1.2所示。静拉伸试验，通常是在室温（10～35℃）和轴向加载条件下进行的，其特点是计算机控制拉伸试验机加载，静拉轴线与试样轴线重合，载荷缓慢施加，应变与应力同步，试样在屈服以前应变速率建议控制在 $\dot{e}_{Le} = 0.0025s^{-1}$，相对误差±20%；屈服阶段及屈服后根据试样平行长度估计的应变速率建议分别控制为 $\dot{e}_{Lc} = 0.0025s^{-1}$ 和 $\dot{e}_{Lc} = 0.0067s^{-1}$，相对误差±20%。

【拉伸实验演示】

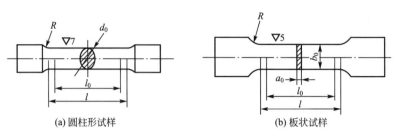

(a) 圆柱形试样　　　　　　　　(b) 板状试样

图 1.2　拉伸试样的形状

【材料力学实验演示】

1.1.1　拉伸力-伸长曲线

　　拉伸力-伸长曲线是拉伸试验中记录的拉伸力和伸长量的关系曲线。图 1.3 所示为退火低碳钢拉伸力-伸长曲线。

　　图 1.3 所示曲线的纵坐标为拉伸力 F，横坐标是绝对伸长 ΔL。拉伸力 F 在 e 以下阶段，试样在受力时发生形变，卸载后变形能完全恢复，该区段为弹性变形阶段。当所加的拉伸力达到 e 后，试样开始塑性变形。最初，试样上局部区域产生不均匀塑性变形，曲线上出现平台或锯齿，直至 C 点结束。继而，进入均匀塑性变形阶段。达到最大拉伸力 B 时，试样再次产生不均匀塑性变形，在局部产生颈缩。最后，在拉伸力 k 处，试样发生断裂。

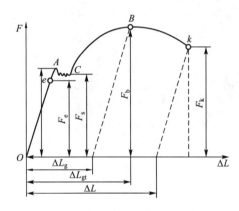

图 1.3　退火低碳钢拉伸力-伸长曲线

　　由此可知，退火低碳钢在拉伸力作用下的力学行为可分为弹性变形、不均匀屈服塑性变形、均匀塑性变形、不均匀集中塑性变形和断裂几个阶段。

1.1.2　应力-应变曲线

　　将图 1.3 拉伸力-伸长曲线的纵、横坐标分别用拉伸试样的原始截面积 S_0，原始标距长度 L_0 去除，就得到应力-应变曲线(图 1.4)。因均系以一相应常数相除，故应力-应变曲线形状与拉伸力-伸长曲线相似。这样的曲线为工程(条件)应力-应变曲线(简称应力-应变曲线)。根据该曲线便可以建立金属材料在拉伸条件下的力学性能指标。一般条件应力用 R 表示和条件应变用 e 表示，则有

$$R = F/S_0 \qquad (1-1)$$

$$e = \Delta L/L_0 \qquad (1-2)$$

式中，F 为载荷；ΔL 为试样伸长量；$\Delta L = L - L_0$；L_0 为试样原始标长；L 为与 F 相对应的标长部分的长度；S_0 为原始部分的截面积。

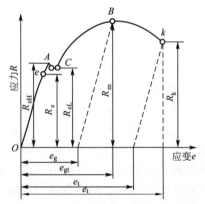

图 1.4　退火低碳钢应力-应变曲线

如果用真实应力 S 和真实应变 $\varepsilon(\Psi_e)$ 绘制曲线，则得到真应力-真应变曲线，如图 1.5 所示。相应计算公式为

$$S = \frac{F}{A} \tag{1-3}$$

$$\varepsilon = \int_{l_0}^{l} \frac{\mathrm{d}L}{L} = \ln \frac{L}{L_0} = \ln \frac{L_0 + \Delta L}{L_0} = \ln(1 + e) \tag{1-4}$$

$$\Psi_e = \int_{F_0}^{F} \frac{\mathrm{d}A}{A} = \ln \frac{A}{A_0} = \ln \frac{A_0 - \Delta A}{A_o} = \ln(1 + Z) \tag{1-5}$$

正火、退火碳素结构钢和一般高合金结构钢，也都具有类似的应力-应变曲线，只是力的大小和变形量不同。但是并非所有的金属材料或同一材料在不同条件下都具有相同类型的应力-应变曲线。

图 1.6 所示为脆性材料退火低碳钢的应力-应变曲线。其行为特点是应变与应力单值对应，成直线比例关系，只发生弹性变形，不发生塑性变形，在最高载荷点处断裂，形成平断口，断口平面与拉力轴线垂直。应力-应变曲线与横轴夹角的大小表示材料对弹性变形的抗力，用弹性模量 E 表示，即

$$E = \tan\alpha \tag{1-6}$$

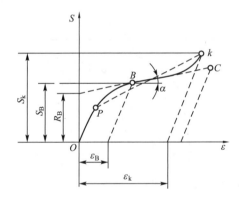

图 1.5 真应力-真应变曲线

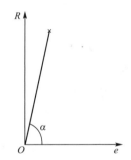

图 1.6 脆性材料退火高碳钢
应力-应变曲线

工程上大多数玻璃、陶瓷、岩石、横向交联很好的聚合物、淬火状态的高碳钢和普通灰铸铁等均具有此类应力-应变曲线。

图 1.7 所示为工程塑性材料应力-应变曲线的几种形式。图 1.7(a) 为最常见的金属材料应力-应变曲线，Oa 为弹性变形阶段，其行为特点与图 1.4 相同。在 a 点偏离直线关系，进入弹-塑性阶段，开始发生塑性变形，过程沿 abk 进行。开始发生塑性变形的应力称为屈服点。屈服以后的变形包括弹性变形和塑性变形，如在 m 点卸载，应力沿 mn 降至零，m 点所对应的应变 Om' 为总应变量，在卸载后恢复的部分 $m'n$ 为弹性应变量，残留部分 nO 为塑性应变量。如果重新加载，继续拉伸试验，应力-应变曲线沿 nm 上升，至 m 点后沿 mbk 进行。nm 与 Oa 平行，属于弹性变形阶段，塑性变形在 m 点开始，其相应的应力值高于首次加载时塑性变形开始的应力值，这表明材料经历一定的塑性变形后，其屈服应力升高了，这种现象称为应变强化或加工硬化。b 点为应力-应变曲线的最高点，b 点之

前，曲线是上升的，与 ab 段曲线相对应的试样变形是整个工作长度内的均匀变形，即在试样各处截面均匀缩小。从 b 点开始，试样的变形便集中于某局部地方，即试样开始集中变形，出现"缩颈"。材料经均匀形变后出现集中变形的现象称为颈缩。试样的颈缩在 b 点开始，颈缩开始后，试样的变形只发生在颈部的有限长度上，试样的承载能力迅速降低，按式（1-1）计算的工程应力值也降低，应力-应变曲线沿 bk 下降，最后在 k 点断裂，形成杯状断口。工程上很多金属材料，如调质钢和一些轻合金都具有此类应力-应变行为。

图 1.7(b) 所示为具有明显屈服点材料的应力-应变曲线，与图 1.7(a) 相比，不同之处在于，出现了明显屈服点 aa'。这种屈服点在应力-应变曲线上有时呈屈服平台状，有时呈齿状，相应的应变量在 1%～3%。退火低碳钢和某些有色金属具有此类应力-应变行为。

图 1.7(c) 所示为拉伸时不出现颈缩的应力-应变曲线，只有弹性变形和均匀塑性变形的阶段。某些塑性较低的金属（如铝青铜）就是在未出现颈缩前的均匀变形过程中断裂的，其具有此类应力-应变曲线。还有些形变强化能力特别强的金属，如 ZGMn13 等高锰钢也具有此类应力-应变行为，不但塑性大，而且形变强化潜力大。

图 1.7(d) 所示为拉伸不稳定型材料的应力-应变曲线。其变形特点是在形变强化过程中出现多次局部失稳，原因是孪生变形机制的参与。当孪生应变速率超过试验机夹头运动速度时，导致局部应力松弛，在应力-应变曲线上相应出现齿形特征。某些低溶质固溶体铝合金及含杂质的铁合金具有此类应力-应变行为。

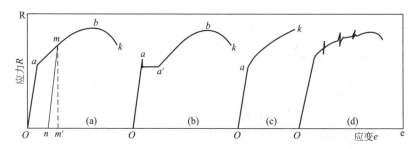

图 1.7　塑性材料应力-应变曲线

综上所述，根据拉伸试验可以判断材料呈宏观脆性还是塑性，以及塑性的大小、对弹性变形和塑性变形的抗力以及形变强化能力的大小等。此外，还可以反映断裂过程的某些特点。在工程上，拉伸试验被广泛用来测定材料的常规力学性能指标，为合理评定、鉴别和选用材料提供依据。

1.2　弹　性　变　形

1.2.1　弹性变形及其实质

材料受外力作用发生尺寸和形状的变化，称为变形。外力去除后，随之消失的变形为弹性变形，剩余的（即永久性的）变形为塑性变形。

弹性变形的重要特征是其可逆性，即受力作用后产生变形，卸除载荷后，变形消失。

它是金属晶格中原子自平衡位置产生可逆位移的反映,如图 1.8 所示。在没有外在载荷作用时,金属中的原子 N_1、N_2 在其平衡位置附近产生振动。相邻两个原子之间的作用力(曲线 3)由引力(曲线 1)$F_1 = A/r^2$ 与斥力(曲线 2)$F_2 = Ar_0^2/r^4$ 叠加而成。引力与斥力都是原子间距的函数。当两原子因受力而接近时,斥力开始缓慢增加,而后迅速增加;而引力则随原子间距减小而增加缓慢。合力(曲线 3)在原子平衡位置处为零。当原子间相互平衡力因受外力作用而受到破坏时,原

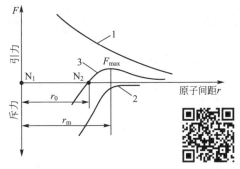

图 1.8 弹性变形的双原子模型【弹性变形的物理本质】

子的位置必须作相应调整,即产生位移,以期外力、引力和斥力三者达到新的平衡。原子的位移总和在宏观上就表现为变形。外力去除后,原子依靠彼此之间的作用力又回到原来的平衡位置,位移消失,宏观上变形也就消失。这就是弹性变形的可逆性。

在弹性变形过程中,不论是在加载期还是卸载期内,应力与应变之间都保持单值线性关系,即服从胡克定律。

假定有两个原子,原子之间存在长程的吸引力和短程的排斥力,作用力 F 随原子间距的变化关系为

$$F = A/r^2 - Ar_0^2/r^4 = A/r^2 - B/r^4 \qquad (1-7)$$

式中,A、B 分别为与原子特性和晶格类型有关的常数。

由式(1-7)可以看出,原子间的作用力与原子间距的关系为抛物线,并不是线性关系。当原子间距与平衡位置 r_0 的偏离很小时,经数学处理(级数展开)可得

$$\Delta F = \frac{2A^2}{B} \cdot \frac{\Delta r}{r_0} \qquad (1-8)$$

式中,$E = \dfrac{2A^2}{B}$,说明小变形条件下,ΔF 与 Δr 呈线性比例关系(胡克定律)。

对于理想的弹性体,当 $r = r_m [(2B/A)^{1/2}]$ 时,原子间作用力的合力表现为引力,而且出现极大值 F_{max}($A^2/2B = E/4$)。如果外力达到 F_{max},就可以克服原子间的引力而将它们拉开。这就是晶体在弹性状态下的断裂强度,即理论正断强度。由于 $r_0 = [(B/A)^{1/2}]$,相应的所产生的弹性变形量的最大理论值为 41%。

实际上,由于晶体中含有缺陷(如位错),对于塑性材料,在弹性变形量尚小时的应力足以激活位错运动,而代之以塑性变形,所以实际上可实现的弹性变形量不会很大;对于脆性材料,由于对应力集中敏感,应力稍大时,缺陷处的集中应力即可导致裂纹的产生与扩展,使晶体在弹性状态下断裂。所以,金属弹性变形量比较小,不超过 1%。

1.2.2 广义胡克定律

已知在单向应力状态下应力和应变的关系为

$$R = Ee$$
$$\tau = G\gamma$$

现讨论在三向应力状态下应力和应变的关系。设一单元体上作用有正应力 R_x、R_y、R_z 和切应力 τ_{xy}、τ_{yz} 和 τ_{zx}。因为 R_x 除了产生 x 方向的正应变 e_x 外,还在 y 和 z 方向产生

横向收缩，$e_y = e_z = -\nu e_x = \nu \dfrac{R_x}{E}$；同样，$R_y$ 除了产生 y 方向的正应变 R_y 外，还在 x 方向和 z 方向产生横向收缩，$e_x = e_z = -\nu e_y = -\nu \dfrac{\sigma_y}{E}$。将三个正应力在 x，y，z 三个方向上产生的应变叠加，得到

$$\left. \begin{aligned} e_x &= \frac{1}{E}\left[R_x - \nu(R_y + R_z)\right], \quad \gamma_{xy} = \frac{1}{G}\tau_{xy} \\ e_y &= \frac{1}{E}\left[R_y - \nu(R_z + R_x)\right], \quad \gamma_{yz} = \frac{1}{G}\tau_{yz} \\ e_z &= \frac{1}{E}\left[R_z - \nu(R_x + R_y)\right], \quad \gamma_{zx} = \frac{1}{G}\tau_{zx} \end{aligned} \right\} \qquad (1-9)$$

这就是一般应力状态下各向同性材料的广义胡克定律。

如用主应力状态表示广义胡克定律，则有

$$\left. \begin{aligned} e_1 &= \frac{1}{E}\left[R_1 - \nu(R_2 + R_3)\right] \\ e_2 &= \frac{1}{E}\left[R_2 - \nu(R_3 + R_1)\right] \\ e_3 &= \frac{1}{E}\left[R_3 - \nu(R_1 + R_2)\right] \end{aligned} \right\} \qquad (1-10)$$

在广义胡克定律中，把材料的弹性常数视为各向同性。对金属多晶体表现出伪各向同性，通常给出的是弹性常数平均值；但在金属单晶体中由于各向异性，材料的弹性常数在各个方向上可相差几倍。在式(1-9)中有三个弹性常数：E、G、ν，但真正独立的只有两个，其中 E 和 G 有以下关系

$$G = \frac{E}{2(1+\nu)} \qquad (1-11)$$

对完全各向同性材料，可取泊松比 $\nu = 0.25$；对多数金属，ν 值近于 0.33。因此，当 $\nu = 0.25$ 时，$G = 0.4E$；当 $\nu = 0.33$ 时，$G = 0.375E$。

还有一个弹性常数为体积弹性模量，以 K 表示。设材料的原始体积为 V_0，在一般的应力状态下变形后的体积为 V_1，则 $V_1 = V_0(1 + e_x + e_y + e_z)$，单位体积变形 Δ 为

$$\Delta = \frac{V_1 - V_0}{V_0} = e_x + e_y + e_z = \frac{1-2\nu}{E}(R_x + R_y + R_z)$$

令 $R_m = \dfrac{1}{3}(R_x + R_y + R_z)$，则 $\Delta = \dfrac{1-2\nu}{E}3R_m$，所以定义

$$K = \frac{R_m}{\Delta} = \frac{E}{3(1-2\upsilon)} \qquad (1-12)$$

如 $\nu = 0.33$，则 $K \approx E$。因此，在四个弹性常数中，只要已知 E 和 ν，就可求出 G 和 K。由于弹性模量 E 易于测定，因此用得最多。

1.2.3 弹性性能

1. 弹性模量

各种材料弹性行为的不同，表现在弹性常数的差异上。工程材料弹性常数除 E、ν、G 外，还有一个体积弹性模量 K。下面分别说明这些弹性常数的物理意义。

在单向受力状态下，由式(1-9)中第 1 式有

$$E=\frac{R_x}{e_x} \tag{1-13}$$

由式(1-13)可见，当应变为一个单位时，弹性模量 E 即等于弹性应力，即弹性模量是产生 100% 弹性变形所需的应力。这个定义对金属而言是没有任何意义的，因为金属材料所能产生的弹性变形量是很小的。而弹性模量 E 真正的物理含义是表征材料抵抗正应变的能力。

在纯剪切应力状态下由式(1-9)有

$$G=\frac{\tau_{xy}}{\gamma_{xy}} \tag{1-14}$$

可见，G 表征材料抵抗剪切变形的能力。

泊松比 ν 在单向受力状态下，由式(1-9)有

$$\nu=-\frac{e_y}{e_x} \tag{1-15}$$

可见，ν 反映材料受力后横向正应变与受力方向上正应变之比。

体积弹性模量 K，表示物体在三向压缩(流体静压力)下，压强 p 与体积变化率 $\Delta V/V$ 之间的线性比例关系，由式(1-9)前三式中任何一式有

$$e=\frac{F}{E}(2\nu-1)$$

而在 p 作用下的体积相对变化为

$$\Delta V/V=3e=\frac{3F}{E}(2\nu-1)$$

所以

$$K=\frac{-F}{\Delta V/V}=\frac{E}{3(1-2\nu)} \tag{1-16}$$

由于各向同性体只有两个独立的弹性常数，所以上述四个弹性常数中必然有两个关系式把它们联系起来，即

$$E=2G(1+\nu) \tag{1-17}$$

或

$$E=3K(1-2\nu) \tag{1-18}$$

常用弹性常数 E、G、ν 通常是用静拉伸或扭转试验测定的。不过，当要求精确测定或要给出单晶特定方向上的弹性模量时，则宜采用动态试验法，一般是利用某种形式的共振试验测出共振频率，然后通过相应的关系式计算相应的弹性模量或切变弹性模量。

工程上弹性模量被称为材料的刚度，表征金属材料对弹性变形的抗力，其值越大，则在相同的应力状态下产生的弹性变形量越小。

单晶体金属的弹性模量在不同晶体学方向上是不一样的，表现为弹性各向异性。多晶

体金属的弹性模量为单个晶粒弹性模量的各向统计平均值，呈现伪各向同性。

新标准中屈服强度这一术语的含义与旧标准中的屈服点有所不同，前者是泛指上、下屈服强度性能；而后者既是泛指屈服点和上、下屈服点性能，也特指单一屈服状态的屈服点性能(σ_s)。因为新标准已将旧标准中的屈服点性能 σ_s 归入为下屈服强度 R_{eL}。所以，新标准中不再有与旧标准中的屈服点性能(σ_s)相对应的性能定义。也就是说新标准定义的下屈服强度 R_{eL} 包含了 σ_s 和 σ_{sL} 两种性能。

由于弹性变形是原子间距在外力作用下可逆变化的结果，应力与应变关系实际上是原子间作用力与原子间距的关系，所以弹性模量与原子间作用力和原子间距有关系。原子间作用力取决于金属原子本性和晶格类型，故弹性模量也主要取决于金属原子本性和晶格类型。

合金化、热处理(显微组织)、冷塑性变形对弹性模量的影响较小，所以，金属材料的弹性模量是一个对组织不敏感的力学性能指标。温度、加载速率等外在因素对其影响也不大。

一些材料在室温下的弹性模量见表 1-1 和图 1.9。不同类型的材料，其弹性模量可以差别很大，因而在给定载荷下，产生的弹性变形也就会相差悬殊。例如，一个悬臂梁结构，在梁长度和截面尺寸相同的情况下，选用钢、铝合金和聚苯乙烯这三种材料进行比较，当外加载荷是 98N 时，钢梁的弹性变形为 1cm，铝合金为 3cm，而聚苯乙烯则为 60cm。材料的弹性模量主要取决于结合键的本性和原子间的结合力，且首先取决于结合键。共价键结合的材料弹性模量最高，所以像 SiC、Si_3N_4 等的陶瓷材料和碳纤维的复合材料有很高的弹性模量，主要依靠分子键结合的高分子，由于键力弱其弹性模量最低。金属键有较强的键力，材料容易塑性变形，其弹性模量适中，但由于各种金属原子结合力的不同，也会有很大的差别。例如，铁(钢)的弹性模量为 210GPa，是铝(铝合金)的 3 倍($E_{Al} \approx 70GPa$)，而钨的弹性模量又是铁的两倍($E_W \approx 410GPa$)。弹性模量和材料的熔点成正比，越难熔的材料，弹性模量也越高。

表 1-1 一些材料在室温下的弹性模量

金属材料	$E(\times 10^5)$/MPa	金属材料	$E(\times 10^5)$/MPa
铁	2.17	金刚石	~9.65
铜	1.25	玻璃	0.801
铝	0.72	尼龙 66	0.012~0.029
铁及低碳钢	2.0	聚碳酸酯	0.024
铸铁	1.7~1.9	聚乙烯	0.004~0.013
低合金钢	2.0~2.1	聚苯乙烯	0.027~0.042
奥氏体不锈钢	1.9~2.0	碳化硅	~4.70
氧化铝	~4.15	碳化钨	5.34

2. 弹性比功

弹性比功又称弹性比能、应变比能，表示金属材料吸收弹性变形功的能力，一般用金属在塑性变形开始前单位体积材料吸收的最大弹性变形功表示。金属拉伸时的弹性比功用图 1.10 应力-应变曲线下影线的面积表示，即

$$a_e = \frac{1}{2} R_e e_e = \frac{R_e^2}{2E}$$

(1-19)

式中，a_e 为弹性比功；R_e 为弹性极限（是材料由弹性变形过渡到弹-塑性变形时的应力）；e_e 为最大弹性应变。

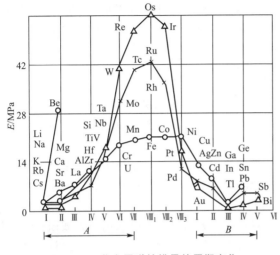

图 1.9　一些金属弹性模量的周期变化

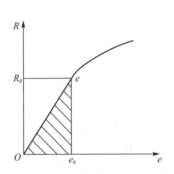

图 1.10　弹性比功示意图

从式(1-19)可以看出，欲提高材料的弹性比功，可以提高 R_e 或者降低 E。由于 R_e 是二次方，所以提高 R_e 对提高弹性比功的作用更显著。表 1-2 列出了一些材料的弹性比功的数据。

表 1-2　几种材料的弹性比功

材　　料	E/MPa	R_e/MPa	弹性比功/MPa
中碳钢	206800	310	0.23
高碳弹簧钢	206800	970	2.27
杜拉铝	68950	127	0.12
铜	110320	28	0.0036
橡皮	1	2	2

1.2.4　**弹性性能的工程意义**

任何一部机器(或构造物)的零(构)件在服役过程中都是处于弹性变形状态的。结构中的部分零(构)件要求将弹性变形量控制在一定范围之内，以避免因过量弹性变形而失效；而另一部分零(构)件，如弹簧，则要求其在弹性变形量符合规定的条件下，有足够的承受载荷的能力，即不仅要求起缓冲和减振的作用，而且要有足够的吸收和释放弹性功的能力，以避免弹力不足而失效。前者反映的是刚度问题，后者则为弹性比功问题。

1. 刚度的工程意义

机械零件或构件的刚度与材料刚度不同，前者除与材料刚度有关外，还与其截面形状和尺寸及载荷作用的方式有关。刚度是金属材料重要的力学性能指标之一，是一些机械零件或构件在选材和设计时的依据。例如，桥式起重梁应有足够的刚度，以免挠度偏大，在起吊重物时引起振动；精密机床和压力机等的主轴、机身和工作台等都有刚度要求，还要按刚度条件进行设计，以保

【刚度的工程意义】

证加工精度；内燃机、离心机和压力机等主要构件(如曲轴)也要有足够的刚度，以免工作时产生过大的振动。

在弹性变形范围，构件抵抗变形的能力称为刚度。构件刚度不足，会造成过量弹性变形而失效。以镗杆为例，若在镗孔过程中，发生了过量的弹性变形，则镗出的内孔直径偏小。应如何提高构件的刚度呢？根据刚度的定义，有

$$Q = \frac{F}{E} = \frac{R \cdot S}{e} = E \cdot S \tag{1-20}$$

可见，构件刚度 Q 与材料弹性模量 E 和构件截面积 S 有关，对于一定材料的制件，刚度只与其截面积成正比。可见要增加零(构)件的刚度，要么选用正弹性模量 E 高的材料，要么增大零(构)件的截面积 S。

零件的刚度除了取决于材料的刚度、零件的截面尺寸外，还与零件的形状以及载荷作用的方式有关。例如，拉棒受拉伸时的抗拉刚度为 Et^2/l、梁受弯时其抗变刚度为 Et^4/l^3、板受均弯布载荷时其抗弯刚度为 Ewt^3/l^3。

对于结构质量不受严格限制的地面装置，在多数情况下可以采用增大截面积的方法提高刚度。但对于空间受严格限制的场合，如航空、航天装置中的一些零(构)件，往往既要求刚度高，又要求质量轻。因此加大截面积是无论如何不可取的，只有选用高弹性模量的材料才可以提高其刚度。不仅如此，为了追求质量轻，还提出比弹性模量，用来衡量材料的弹性性能。比弹性模量等于弹性模量与密度的比值，几种金属拉伸杆件的比弹性模量见表 1-3。可见，金属中铍的比弹性模量最大，为 16.8，因此在导航设备中得到广泛应用。另外氧化铝、碳化硅等也显示出明显的优势。

表 1-3　几种常用材料的比弹性模量

材　　料	铜	钼	铁	钛	铝	铍	氧化铝	碳化硅
比弹性模量	1.3	2.7	2.6	2.7	2.7	16.8	10.5	17.5

材料的比刚度依载荷形式而定，拉伸试棒或杆件时，其比刚度以 E/ρ 来度量；当零件或构件以梁的形式出现时，其比刚度以 $E^{1/2}/\rho$ 来度量；板受弯曲时材料的比刚度以 $E^{1/3}/\rho$ 度量。表 1-4 列出了几种典型材料的比刚度。可以看出，当零件是受拉伸的杆件时，如以 E/ρ 作为选材判据，高强钢、铝合金和玻璃纤维增强的复合材料三者没有多大差别；但如果是悬臂梁，最大刚度由 $E^{1/2}/\rho$ 决定，铝合金就比钢好得多，这就是飞机的主框架选用铝合金的道理，而玻璃纤维复合材料并不比铝合金好多少；如为一大平板均匀受载时，最大刚度由 $E^{1/3}/\rho$ 决定，碳纤维增强的复合材料的优点很突出。

表 1-4　几种材料的比刚度

材　　料	$\rho/$ (g/m³)	E/GPa	E/ρ	$E^{1/2}/\rho$	$E^{1/3}/\rho$
CFRP，58%单向碳纤维在环氧树脂中	1.5	189	126	9	3.8
GFRP，50%单向玻璃纤维在聚酯中	2.0	48	24	3.5	1.8
高强度钢	7.8	207	27	1.8	0.76
铝合金	2.8	71	25	3.0	1.5

2. 弹性比功的工程意义

弹性比功是指材料吸收变形功而不发生永久变形的能力，它标志着单位体积材料所吸

收的最大弹性变形功，是一个韧度指标。

将式(1-19)改写为

$$\frac{1}{2}R_e \cdot e_e = \frac{1}{2}\frac{F_e}{S_0} \cdot \frac{\Delta l}{l_0} = \frac{R_e^{\,2}}{2E}$$

$$\frac{1}{2}F_e \cdot \Delta l = \frac{1}{2}\frac{R_e^{\,2}}{E} \cdot S_0 l_0 \qquad\qquad (1-21)$$

式中，$\frac{1}{2}F_e \cdot \Delta l$ 为弹性功；$S_0 l_0$ 为体积。

这表明欲提高一个具体零件的弹性比功，除上述采取提高 R_e 或降低 E 的措施外，还可以改变零件的体积。体积越大，弹性比功越大，亦即储存在零件中的弹性能越大。

生产中的弹簧主要是作为减振元件使用的，它既要吸收大量变形功，又不允许发生塑性变形。因此，作为减振用的弹簧要求材料应尽可能具有最大的弹性比功。从这个意义上说，理想的弹性材料应该是具有高弹性极限和低弹性模量的材料。

这里应强调指出的是弹性极限与弹性模量的区别。前者是材料的强度指标，它敏感地取决于材料的成分、组织及其他结构因素，而后者是刚度指标，只取决于原子间的结合力，属结构不敏感的性质，如前所述。因此，在弹簧或弹簧钢的生产中，普遍采用的合金化、热处理以及冷加工等措施，其目的都是为了最大限度地提高弹性极限，从而提高材料的弹性比功。弹簧钢采用淬火中温回火，是为了获得回火屈氏体组织，即通过改变第二相的形态(指碳化物相的形状、大小和分布特点)来提高其弹性极限。另外，由于形变硬化可以大大地提高 R_e，所以冷拔弹簧钢丝采用直接冷拉成形和中间铅浴等温淬火再冷拔成形的工艺。弹簧钢中加入的合金元素之所以常采用 Si 和 Mn，目的之一是由于弹簧钢的基体为铁素体，而 Si、Mn 是强化铁素体诸元素中最为强烈的元素，特别是 Si，主要以固溶在铁素体中的形式存在，可以大大提高钢基体的 R_e。至于弹簧钢的碳含量之所以确定为 0.5%~0.7%(质量分数)，一方面是由于碳含量的增加，第二相数量增加，这将有利于 R_e 的提高；另一方面考虑到过高的碳含量将对冷热加工不利。

制造某些仪表时，生产上常采用磷青铜或铍青铜，除因为它们是顺磁性的、适于制造仪表弹簧外，更重要的是因为它们既具有较高的弹性极限，又具有较小的弹性模量 E。这样，能保证在较大的形变量下仍处于弹性变形状态，即从 E 的角度来获取较大弹性比功，这样的弹簧材料称为软弹簧材料。

1.2.5　弹性不完整性

完整的弹性应该是加载时立即变形，卸载时立即恢复原状，应力-应变曲线上加载线与卸载线完全重合，即应力与应变同相，变形值大小与时间无关，即变形的性质的确是完全弹性的。但实际上，如上所述，弹性变形时加载线与卸载线并不重合，应变落后于应力，存在着弹性后效、弹性滞后、Bauschinger 效应等。这些现象属于弹性变形中的非弹性问题，称为弹性的不完整性。

1. 弹性后效

如图 1.11 所示，把一定大小的应力骤然加到多晶体试样上，试样立即产生的弹性应变仅是该应力所应该引起的总应变(OH)中的一部分(OC)，其

【弹性后效】

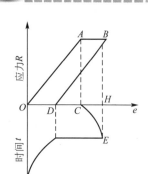

图 1.11　弹性后效示意图

余部分的应变(CH)是在保持该应力大小不变的条件下逐渐产生的，此现象称为正弹性后效，或称弹性蠕变或冷蠕变。当外力骤然去除后，弹性应变消失，但也不是全部应变同时消失，而只先消失一部分(DH)，其余部分(OD)也是逐渐消失的，此现象称为反弹性后效。工程上通常所说的弹性后效就是指的这种反弹性后效。总之，这种在应力作用下应变不断随时间而发展的行为，以及应力去除后应变逐渐恢复的现象都可统称为弹性后效。

弹性后效现象在仪表、精密机械制造业中极为重要。如长期承受载荷的测力弹簧材料、薄膜材料等，就应考虑正弹性后效问题；如油压表(或气压表)的测力弹簧，就不允许有弹性后效现象，否则测量失真甚至无法使用。通常经过校直的工件，放置一段时间后又会变弯，这便是反弹性后效引起的结果，也可能是由于工件中存在的第Ⅰ类残余内应力引起的正弹性后效的结果。反弹性后效可以在校直后通过合理选择回火温度(钢为 300～450℃，铜合金为 150～200℃)，在回火过程中设法使反弹性后效最充分地进行，从而避免工件在以后使用中再发生变形。

实际工程多晶体材料的弹性后效与起始塑性变形的非同时性有关，所以随着材料组织不均匀性的增大，材料的弹性后效也会加剧。金属镁有强烈的弹性后效，可能和它的六方晶格结构有关。因为和立方晶格金属相比，六方晶格的对称性较低，故具有较大的"结晶学上的不均匀性"。在固溶体合金系中，Cu‐Ni、Cu‐Ag、Cu‐Zn 的弹性后效随固溶体浓度增加而减小。

除材料本身外，外在服役条件也影响弹性后效的大小及其进行速度，如温度升高，弹性后效速度将加快(如温度提高 15℃，锌的弹性后效速度增加 50%)同时也影响弹性后效形变量的绝对值。假若以 10℃时弹性后效形变量为 100%，则在扭转时，温度每升高 1℃，黄铜的弹性后效形变量值增加 2.9%，铜增加 3.4%，银增加 3.6%。反之，若温度下降，则弹性后效形变量急剧下降，以致有时在低温(如−185℃)时无法确定弹性后效现象是否存在。

应力状态也严重影响弹性后效，应力状态柔度越大，即切应力成分越大时，弹性后效现象(即变形量)越显著。所以扭转时的弹性后效现象比弯曲或拉伸时更大。

弹性后效产生的原因是在应力作用下，造成溶质原子的有序分布，从而产生沿某一晶向的附加应变，并因此出现滞弹性现象，或由于在宏观或微观范围内变形的不均匀性，在应变量不同地区间出现温度梯度，形成热流。若热流从压缩区流向拉伸区，则压缩区将因冷却而收缩，拉伸区将因受热而膨胀，由此产生附加应变，既然这种应变是由于热流引起的，那么它就不容易和应力同步变化，因此出现滞弹性现象。此外，也可能由于晶界的黏滞性流变或由于磁致伸缩效应产生附加应变，而这些应变又往往是滞后于应力的。关于这些效应的详细讨论可看有关金属物理方面的书籍。

2. 弹性滞后环

从上面对弹性后效现象的讨论中可知，在弹性变形范围内，骤然加载和卸载的开始阶段，应变总要落后于应力，不同步。因此，其结果必然会使得加载线和卸载线不重合，而形成一个封闭的滞后回线，如图 1.11 中的 OABDO 所示。这个回线称为弹性滞后环。这个环说明加载时消耗在变形上的功大于卸载时金属恢复变形所做的功。这就是说，有一部分变形功被金属吸收了，这个环面积的大小相当于被金属吸收的那部分变形功的大小。

如果所加载荷不是单向的循环载荷，而是交变的循环载荷，并且加载速度比较缓慢，弹性后效现象来得及表现，那么可得到两个对称的弹性滞后环，如图 1.12(a)所示。如果加载速度比较快，弹性后效来不及表现时，则得到图 1.12(b)和图 1.12(c)所示的弹性滞后环。如果交变载荷中最大应力大于弹性极限，则得到图 1.13 所示的塑性滞后环。存在滞后环的现象说明，加载时金属消耗的变形功大于卸载时金属恢复变形释放出的功，有一部分功被金属所吸收了。

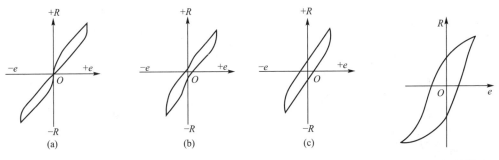

图 1.12　弹性滞后环　　　　　　　　　　　　图 1.13　塑性滞后环

滞后环的面积相当于金属在单向循环应力或交变循环应力作用下消耗不可逆能量的多少，即表示金属吸收不可逆变形功的能力，称为金属的内耗，又称循环韧性。严格地说，内耗和循环韧性是有区别的：循环韧性是指在塑性区加载时材料吸收不可逆变形功的能力；内耗是指在弹性区加载时材料吸收不可逆变形功的能力。一般这两个名词可以混用。

循环韧性是一个重要的机械性能指标，因为它代表着金属靠自身来消除机械振动的能力大小（即消振性的好坏），所以在生产上有很重要的意义。例如，飞机的螺旋桨和汽轮机叶片等零件由于结构条件限制，很难采取结构因素（外界能量吸收器）来达到消振的目的，此时材料本身的消振能力就显得特别重要。Cr13 系列钢之所以常用作制造汽轮机叶片材料，除其耐热强度高外，还有个重要原因就是它的循环韧性大，即消振性好；灰铸铁循环韧性大，也是很好的消振材料，所以常用它做机床和动力机器的底座、支架，以达到机器稳定运转的目的。相反，在另外一些场合下，追求音响效果的元件音叉、簧片、钟等，希望声音持久不衰，即振动的延续时间长久，则必须使循环韧性尽可能小。

3. 包申格效应

图 1.14 所示为退火态轧制黄铜在不同加载条件下弹性极限变化的情况。曲线 1 为初始拉伸，$R_e = 240\text{MPa}$；曲线 2 为初始压缩，$R_e = 176\text{MPa}$；如果将初始压缩后的试样卸载，再进行第二次压缩，则 $R_e = 287\text{MPa}$（曲线 3）；如果将初始压缩后的试样卸载，再进行第二次拉伸，则 $R_e = 85\text{MPa}$（曲线 4）。

金属材料经过预先加载产生少量塑性变形（残余应变为 1%～4%），卸载后再同向加载，规定残余伸长应力（弹性极限或屈服强度，下同）增加；反向加载，规定残余伸长应力降低（特别是弹性极限，在反向加载时几乎降低到零）的现象，称为包申格（Bauschinger）效应。几乎所有的

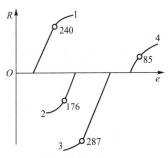

图 1.14　包申格效应

退火或高温回火态金属或合金都有该效应。图 1.15 所示为包申格效应的实例，T10 钢淬火 350℃回火试样，拉伸时屈服强度为 1130MPa，但如事先经过预压缩变形再拉伸时，其屈服强度就降至 880MPa。

度量包申格效应大小时，除可直接对比弹性极限(屈服强度)下降程度外，还可对比在某指定应力下正向与反向应力–应变曲线间的应变差异，如图 1.16 中的 β 值，即包申格应变。它是指在给定压力下，拉伸卸载后第二次再拉伸与拉伸卸载后压缩两曲线之间的应变差。

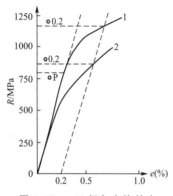
图 1.15　T10 钢包申格效应

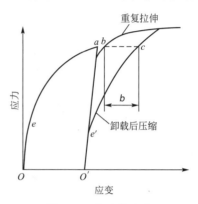
图 1.16　包申格应变

包申格效应可以用位错理论解释。首先，在原先加载变形时，位错源在滑移面上产生的位错遇到障碍，塞积后便产生了背应力，背应力反作用于位错源，当背应力(取决于塞积时产生的应力集中)足够大时，可使位错源停止开动。背应力是一种长程(晶粒或位错胞尺寸范围)内应力，是金属基体平均内应力的度量。因为预变形时位错运动的方向和背应力的方向相反，而当反向加载时位错运动的方向和背应力方向一致，背应力帮助位错运动，塑性变形容易了，于是，经过预变形再反向加载，其屈服强度就降低了。这一般被认为是产生包申格效应的主要原因。其次，在反向加载时，在滑移面上产生的位错与预变形的位错异号，要引起异号位错抵消，也会引起材料的软化、屈服强度的降低。

包申格效应在理论上和实际上都有其重要意义。在理论上由于它是金属变形时长程内应力的度量(长程内应力的大小可用 X 光方法测量)，可用来研究材料加工硬化的机制。在工程应用上，首先，材料加工成型工艺需要考虑包申格效应。例如，大型精油输气管道管线的 UOE 制造工艺：U 阶段是将原始板材冲压弯曲成 U 形，O 阶段是将 U 形板材进行径向压缩成 O 形，再进行周边焊接，最后将管子内径进行扩展，达到给定大小，即 E 阶段。按 UOE 工艺制造的管子，希望材料具有非常小的或几乎没有包申格效应，以免管子成型后的强度损失。其次，包申格效应大的材料，内应力较大。例如，铁素体＋马氏体的双相钢对氢脆就比较敏感，而普通低碳钢或低合金高强度钢则对氢脆不敏感，这是因为双相钢中铁素体周围有高密度位错和内应力，氢原子与长程内应力交互作用导致氢脆。包申格效应和材料的疲劳强度也有密切关系。在高周疲劳(材料承受的应力或应变幅较小，断裂周次高，详见第 5 章)中，包申格效应小的疲劳寿命高，包申格效应大的，由于疲劳软化(详见第 5 章)较严重，对高周疲劳寿命不利。相反，在低周疲劳中，包申格效应大的材料，在拉压循环一周时回线所包围的面积小，这意味着能量损耗小，要多次循环才能萌生疲劳裂纹或者使裂纹扩展，因而疲劳寿命较高。

要消除包申格效应，可以予以较大残余塑性变形，或者在引起金属回复或再结晶的温度下退火，如钢在 400～500℃以上退火，铜合金在 250～270℃以上退火。

1.3　塑　性　变　形

塑性变形和形变强化是金属材料区别于其他工业材料的重要特征，也是金属材料在人类文明史上能够发挥无与伦比的作用的原因。金属由于可以承受塑性变形而可被加工成形，又由于其具有形变强化特性而可以采用塑性变形工艺提高其强度，使承载零件在超载变形情况下免于破坏。对塑性变形机制和规律的研究，有助于更好地理解材料强度和塑性的本质，从而为发展新材料，创制提高材料强度和塑性的新工艺奠定了基础。

1.3.1　塑性变形的方式与特点

材料常见的塑性变形方式主要为滑移和孪生。滑移是金属材料在切应力作用下，位错沿滑移面和滑移方向运动而进行的切变过程。通常滑移面是原子最密排的晶面，而滑移方向是原子最密排的方向。滑移面和滑移方向的组合称为滑移系。滑移系越多，金属的塑性越好，但滑移系的数目不是决定金属塑性的唯一因素。例如，fcc 金属（如 Cu、Al）的滑移系虽然比 bcc 金属（如 α-Fe)的少，但因前者晶格阻力低，位错容易运动，故塑性优于后者。

【螺位错、刃位错滑移】

孪生也是金属材料在切应力作用下的一种塑性变形方式。fcc、bcc 和 hcp 三类金属材料都能以孪生方式产生塑性变形，但 fcc 金属只在很低的温度下才能产生孪生变形，bcc 金属及其合金，在冲击载荷或低温下也常发生孪生变形，hcp 金属及其合金滑移系少，并且在 c 轴方向没有滑移矢量，因而更易产生孪生变形。孪生本身提供的变形量很小，如 Cd 孪生变形只有 7.4% 的变形度，而滑移变形度可达 300%。孪生变形可以调整滑移面的方向，使新的滑移系开动，有助于塑性变形的进行。

孪生变形也是沿特定晶面和特定晶向进行的。

多晶体金属中，每一晶粒滑移变形的规律与单晶体金属相同。但由于多晶体金属存在着晶界，各晶粒的取向也不相同，因而其塑性变形具有如下一些特点。

1. 各晶粒塑性变形的不同时性和不均匀性

多晶体试样受到外力作用后，大部分区域尚处在弹性变形范围时，在个别取向有利的晶粒内，与试样的宏观切应力方向一致的滑移系上首先达到滑移所要求的临界条件，塑性变形首先在这些晶粒内开始。以后，随着应力的加大，进入塑性变形的晶粒越来越多。因此，多晶体材料的塑性变形不可能在不同晶粒中同时开始，这也是连续屈服材料的应力-应变曲线上弹性变形与塑性变形之间没有严格界限的原因。

此外，一个晶粒的塑性变形必然受到相邻不同位向晶粒的限制。由于各晶粒的位向差异，这种限制在变形晶粒的不同区域上是不同的，因此，在同一晶粒内的不同区域的变形量也是不同的。这种变形的不均匀性，不仅反映在同一晶粒内部，而且还体现在各晶粒之间和试样的不同区域之间。对于多相合金，则变形首先在软相上开始，各相性质差异越大、组织越不均匀，变形的不同时性越明显，变形的不均匀性越严重。

2. 各晶粒塑性变形的相互制约与协调

由于各晶粒塑性变形的不同时性和不均匀性，为维持试样的整体性和连续性，各晶粒间必须相互协调。为了保证变形的协调进行，滑移必须在更多的滑移系上配合进行。由于物体内任一点的应变状态可用3个正应变分量和3个切应变分量表示，且可以认为塑性变形中材料体积保持不变，即

$$e_x + e_y + e_z = 0 \qquad\qquad (1-22)$$

因此，在6个应变分量中只有5个是独立的。由此可见，多晶体内任一晶粒可以实现任意变形的条件是同时开动五个滑移系。曾经在多晶铝中观察到在同一晶粒内同时有5个滑移系发生滑移的事实。实际上，晶体塑性变形的过程是比较复杂的。当初期的滑移系受阻或晶体转动后，原来未启动的滑移系上的切应力升高，达到其临界切应力时，便进入滑移状态。这样，一个晶粒内便有几个滑移系开动，于是形成了多系滑移的局面，多系滑移的发展必然导致滑移系的交叉和相互切割，这便是拉伸试样表面出现的滑移带交叉的情况。在塑性变形中，还可能启动孪生机制。所以，实际的塑性变形是比较复杂的。只要滑移系足够多，就可以保证变形中的协调性，适应宏观变形的要求。因此，滑移系越多，变形协调越方便，越容易适应任意变形的要求，材料塑性越好。反之亦然。

1.3.2 屈服现象及其本质

【屈服现象】

受力试样中，应力达到某一特定值后，开始大规模塑性变形的现象称为屈服。它标志着材料的力学响应由弹性变形阶段进入塑性变形阶段，这一变化属于质的变化，有特定的物理含义，因此又称物理屈服现象。金属材料在拉伸试验时产生的屈服现象是其开始产生宏观塑性变形的一种标志。在介绍退火低碳钢的拉伸力-伸长曲线(图1.3)时，曾经指出这类材料从弹性变形阶段向塑性变形阶段过渡是明显的，表现在试验过程中外力不增加(保持恒定)试样仍能继续伸长或外力增加到一定数值时突然下降，随后，在外力不增加或上下波动情况下，试样继续伸长变形，这便是屈服现象。

呈现屈服现象的金属材料拉伸时，试样发生屈服而首次下降前的最大应力称为上屈服应力，记为 R_{eH}[图1.17(a)]；当不计初始瞬时效应(指在屈服过程中试验力第一次发生

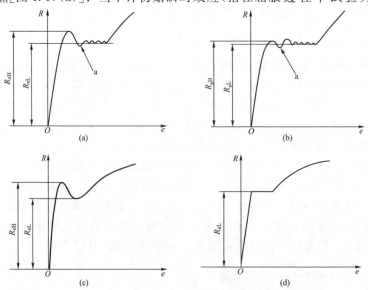

图1.17 不同类型拉伸曲线的上屈服强度和下屈服强度

下降)时屈服阶段中的最小应力称为下屈服应力,记为 R_{eL}[图 1.17(b)~图 1.17(d)]。

在屈服过程中产生的伸长称作屈服伸长。屈服伸长对应的水平线段或曲折线段称为屈服平台或屈服齿。屈服伸长变形是不均匀的,外力从上屈服点下降到下屈服点时,在试样局部区域开始形成与拉伸轴约成 45°的吕德斯带或屈服线,随后再沿试样长度方向逐渐扩展。当屈服线布满整个试样长度时,屈服伸长结束,试样开始进入均匀塑性变形阶段。屈服现象在退火、正火的中、低碳钢和低合金钢中最为常见。

【吕德斯带】

物理屈服现象首先在低碳钢中发现,而后在含有微量间隙溶质原子的体心立方金属(如 Fe、Mo、Nb、Ta 等),以及密排六方金属,(如 Cd 和 Zn)中也有发现。对屈服现象的解释,早期比较公认的是溶质原子形成 Cottrell 气团对位错钉扎的理论。以后在共价键晶体(如 Si 和 Ge),以及无位错晶体(如铜晶须)中也观察到物理屈服现象。这些事实说明,晶体材料的屈服是带有一定普遍性的现象,对屈服的理解也比当初复杂一些。

实际上,拉伸曲线表明的物理屈服点是材料特性和试验机系统共同作用的结果。试样的变形是受试验机夹头运动控制的,夹头恒速运动时,试样以恒定的速度变形。在弹性变形阶段,试样伸长完全受夹头运动控制,载荷和伸长都均匀增加。但开始塑性变形后,弹性变形速度降低,应力增加速度减慢,应力-应变偏离直线关系。如果塑性变形量应变增加较快,等于夹头运动速度,则弹性变形量不再增加,应力不再升高,这在应力线上就表现为屈服平台。如果塑性变形速度超过了机器夹头运动速度,则在应力-应变曲线上就表现为应力的降落,即屈服降落。

从材料方面考虑研究指出,屈服现象与下述三个因素有关:①材料变形前可动位错密度很小(或虽有大量位错但被钉扎住,如钢中的位错为杂质原子或第二相质点所钉扎);②随塑性变形发生,位错能快速增殖;③位错运动速率与外加应力有强烈依存关系。

材料的塑性应变速率 $\dot{e}$ 与材料中的可动位错密度 ρ、位错运动速度 $\bar{v}$ 和位错柏氏矢量 b 的关系为

$$\dot{e} = b\rho\bar{v} \tag{1-23}$$

有明显屈服点的材料中,由于溶质原子对位错的钉扎作用,可动位错密度 ρ 较小,在塑性变形开始时,可动位错必须以较高速度运动,才能适应试验机夹头运动的要求。但位错运动速度取决于其所受外力的大小,即

$$\bar{v} = \left(\frac{\tau}{\tau_0}\right)^m \tag{1-24}$$

式中,τ 为作用于滑移面上的切应力;τ_0 为位错以单位速度运动时所需的切应力;m 为位错运动速率的应力敏感性指数,表明位错速度对应力的依赖程度。

因此,欲提高位错运动速度,就需要较高的应力。塑性变形一旦开始,位错便大量增殖,使 ρ 迅速增加,从而使 $\bar{v}$ 相应降低和所需应力下降。这就是屈服开始时观察到的上屈服点及屈服降落。

在上述过程中,位错速度的应力敏感性也是一个重要因素,m 值越小,为使位错运动速度变化所需的应力变化越大,屈服现象就越明显,反之亦然。如体心立方金属,$m<20$,而面心立方金属,$m>100$,因此,前者屈服现象明显。

由于屈服塑性变形是不均匀的，因而易使低碳钢冲压件表面产生皱褶现象。若将钢板先在 1%～2% 压下量(超过屈服伸长量)下预轧一次，消除屈服现象成为无明显屈服点的钢，而后再尽快进行冲压变形，可保证工件表面平整光洁。显然，用应力表示的上屈服点或下屈服点就是表征材料对微量塑性变形的抗力，即屈服强度。

许多具有连续屈服特征的金属材料，在拉伸试验时看不到屈服现象。对于这类材料，用规定微量塑性伸长应力表征材料对微量塑性变形的抗力。规定微量塑性伸长应力是人为规定的拉伸试样标距部分产生一定的微量塑性伸长率(如 0.01%、0.05%、0.2%)时的应力。根据测定方法不同，又可区分为三种指标：

(1) 规定塑性延伸强度 (R_p)：塑性延伸率等于引伸计标距 L_e 百分率时对应的应力。在拉伸曲线上，作一条与弹性直线段部分平行，且在延伸(伸长)轴上与此直线段的距离等于规定塑性延伸率的直线(图 1.18)。此平行线与拉伸曲线交截点对应的应力即为规定塑性延伸强度(R_p)，如 $R_{p0.01}$，$R_{p0.05}$，$R_{p0.2}$ 等。

(2) 规定残余延伸强度(R_r)：试样卸除应力后残余延伸率等于规定的原始标距 L_0 或引伸计标距 L_e 时对应的应力(图 1.19)。常用的为 $R_{r0.2}$，表示规定残余伸长率为 0.2% 时的应力。

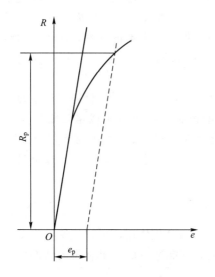 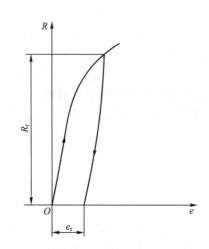

图 1.18 规定塑性延伸强度(R_p)　　图 1.19 规定残余延伸强度(R_r)

(3) 规定总延伸强度(R_t)：总延伸率(弹性伸长加塑性伸长)等于规定的引伸计标距 L_e 百分比时的应力(图 1.20)。常用的规定总伸长率为 0.5%，$R_{t0.5}$ 表示规定总伸长率为 0.5% 时的应力。

在使用 R_p、R_r、R_t 应力符号时，其角注应加以标注，以表明塑性延伸率、规定残余延伸率及规定总延伸率的数值。

上述诸力学性能指标 R_p、R_r、R_t 和 R_{eH}、R_{eL} 一样，都可以表征材料的屈服强度，其中 R_p、R_t 是在加载过程中测定的，试验效率较卸力法测 R_r 高，且易于实现测量自动化。工业纯铜及灰铸铁等常用 $R_{t0.5}$ 表示其屈服强度。在规定非比例伸长率较小时，常用 R_p 表示材料的条件比例极限或弹性极限。本书以后各章叙述涉及屈服强度有关的具体问题时，不计测定方法，统一用 R_{eL} 或 $R_{0.2}$ 表示材料的屈服强度。

屈服强度是金属材料重要的力学性能指标，它是工程上从静强度角度选择韧性材料的基本依据，因为实际零件不可能在抗拉强度对应的那样大的均匀塑性变形条件下服役。因此，传统的强度设计方法规定，许用应力 $[R]=R_{eL}/n$，n 为安全系数，$n \geqslant 1$。对于复杂的受载状况，单向拉伸试验测得的 R_{eL} 仍然是建立屈服判据的重要指标。例如：

屈雷斯加（Tresca）最大切应力判据

$$R_1 - R_3 = R_{eL} \qquad (1-27)$$

米塞斯（Mises）畸变能判据

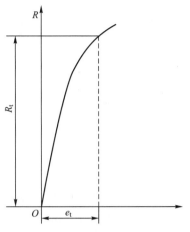

图 1.20　规定总延伸强度(R_t)

$$(R_1-R_2)^2+(R_2-R_3)^2+(R_3-R_1)^2=2R_{eL}^2 \qquad (1-28)$$

式中，R_1、R_2、R_3 为主应力，$R_1 > R_2 > R_3$。

可见，屈服判据实际上就是机件开始塑性变形的强度设计准则。按这些准则设计机件，人们自然希望选择屈服强度高的材料，以减轻机件的质量，减小机件的体积和尺寸。但追求过高的屈服强度，会增大屈服强度与抗拉强度的比值（屈强比），不利于某些应力集中部位的应力重新分布，极易引起脆性断裂。对于具体机件，选择多大数值的屈服强度的材料为最佳，原则上应视机件的形状及其所受的应力状态、应变速率等决定。若机件截面形状变化较大、所受应力状态较硬、应变速率较高，则应选择屈服强度数值较低的材料，以防机件发生脆性断裂。

1.3.3　影响屈服强度的因素

金属材料一般是多晶体合金，往往具有多相组织，因此，讨论影响屈服强度的因素，必须注意：

（1）屈服变形是位错增殖和运动的结果，凡影响位错增殖和运动的各种因素必然要影响屈服强度。

（2）实际金属材料的力学行为是由许多晶粒综合作用的结果，因此，要考虑晶界、相邻晶粒的约束、材料的化学成分以及第二相的影响。

（3）各种外界因素通过影响位错运动而影响屈服强度。

1. 影响屈服强度的内在因素

1）金属的本性及晶格类型

塑性变形是位错在晶体中产生划一的结果。对于纯金属单晶体的屈服强度，从理论上来说是位错开始运动所需要的临界切应力，其大小取决于位错所受到的阻力。纯金属单晶体中位错的运动阻力主要包括晶格阻力、位错间的交互作用力等。

晶格阻力，即派纳力（τ_{P-N}），是在只有一个位错的理想晶体中位错运动时所需克服的阻力，即

$$\tau_{\mathrm{P-N}} = \frac{2G}{1-\nu} \mathrm{e}^{\frac{-2\pi a}{b(1-\nu)}} = \frac{2G}{1-\nu} \mathrm{e}^{\frac{-2\pi \omega}{b}} \qquad (1-27)$$

式中，G 为切变模量；ν 为泊松比；a 为滑移面面间距；ω 为位错宽度，$\omega = \dfrac{a}{1-\nu}$；$b$ 为柏氏矢量。

金属原子种类不同，其原子间的结合力不同，则其切变模量不同；不同的金属及晶格类型，其面间距和原子间距不同。所以，在不同的金属及晶格类型中位错运动的晶格阻力（$\tau_{\mathrm{P-N}}$）也不相同。通过热处理等方式，在不改变金属成分的前提下，改变金属的晶格结构，使金属的强度得以提高的方法称为相变强化。

由位错间的交互作用产生的位错运动阻力可以分为两种类型：一种是相互平行的位错间产生的阻力；另一种是运动位错与林位错间交互作用产生的阻力。二者都与 Gb 成正比，而与位错间的距离 L 成反比，表达式为

$$\tau = \frac{aGb}{L} \qquad (1-28)$$

由于位错的密度 ρ 与 $1/L^2$ 成正比，所以式（1-28）又可以写成

$$\tau = aGb\rho^{1/2} \qquad (1-29)$$

在平行位错的情况下，ρ 为主滑移面中位错的密度；在林位错的情况下，ρ 为林位错的密度。a 为常数，其大小与金属的晶体结构、位错结构及其分布有关，如 $f$cc 的金属 $a \approx 0.2$；bcc 的金属 $a \approx 0.4$。

可见，位错密度增加，位错的运动阻力增加，屈服强度提高。

2）晶格大小和亚结构

工程实际中应用的金属材料绝大多数是多晶粒晶体，其晶粒尺寸（d）代表了晶界的多少。晶界是两个晶粒间原子排列的过渡区，如图 1.21 所示。因为在晶界附近原子排列无规则，位错滑移不能通过晶界，所以晶界是位错运动的障碍。屈服是塑性变形的开始，其实质上是位错在软位相的晶粒中开始滑移、增殖，位错在晶界处塞积（图 1.22），在塞积点处引起应力集中，而后塑性变形扩展到其他晶粒中的过程。在一个晶粒内部，必须塞积足够数量的位错，才能提供必要的应力，使相邻晶粒中的位错源开动，产生宏观塑性变形。

图 1.21　晶界示意图

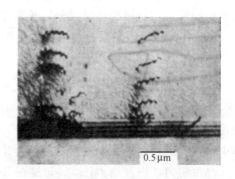

0.5 μm

图 1.22　Cu4Ti 合金中位错在晶界附近的塞积

所以，减少晶粒尺寸会减少晶粒内部位错塞积的数量，减少位错塞积群的长度，降低塞积点处的应力，相邻晶粒中位错源开动所需的外加切应力提高，屈服强度增加。这种通过细化晶粒尺寸提高材料强度的方法称为细晶强化。

许多金属及合金的屈服强度与晶粒大小之间的关系符合 Hall‐Petch 公式，即

$$R_{eL} = \sigma_i + k_y d^{-1/2} \qquad (1-30)$$

式中，σ_i 为位错在基体中运动的总阻力（其中包括 τ_{P-N}），又称摩擦阻力，其大小取决于晶体结构和位错密度；k_y 为度量晶界对强化贡献大小的钉扎常数，表示滑移带端部的应力集中系数；d 为晶粒的平均直径。

对于以铁素体为基体的钢，其晶粒尺寸在 $0.3 \sim 400 \mu m$ 都符合这一关系。奥氏体钢也适用这一关系，bcc 金属较 fcc 和 hcp 金属的 k_y 值高，bcc 金属的细晶强化效果好。图 1.23 所示为部分金属的晶粒尺寸与其屈服强度的关系。

亚晶界对屈服强度的影响与晶界类似，亚晶界同样会阻碍位错的运动。Hall‐Petch 公式完全适用于亚晶粒，但其 k_y 值不同。将有亚晶的多晶材料与无亚晶的同一材料相比，其 k_y 值低 $1/2 \sim 4/5$，且 d 为亚晶粒的直径。另外，在亚晶界上产生屈服变形所需要的应力对亚晶间的取向差不十分敏感。

3) 溶质元素

金属中溶入溶质原子（间隙固溶、置换固溶）形成固溶体，其屈服强度会明显提高，这种提高强度的方法称为固溶强化。因为，溶质原子溶入溶剂原子组成的晶格中，由于溶质原子和溶剂原子的直径不同，在溶质原子的周围引起溶剂原子组成的基体晶格的畸变，产生应力场，使系统能量增高。该应力场与金属中位错引起的应力场相互作用，形成气团，对位错具有钉扎作用。

固溶强化的效果与溶质原子溶入基体金属引起的晶格畸变的大小有关，即固溶强化的效果是溶质原子与位错交互作用能的函数，同时也与溶质的浓度有关。图 1.24 为铁素体中不同溶质元素及其浓度对屈服强度的关系。

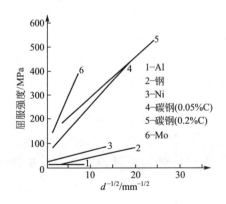
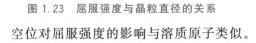
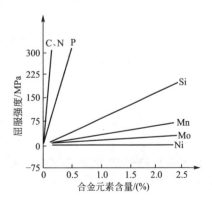

图 1.23　屈服强度与晶粒直径的关系　　图 1.24　铁素体中溶质元素对屈服强度的关系

空位对屈服强度的影响与溶质原子类似。

阅读材料1-1

溶质原子与位错的弹性作用

晶体中有位错存在时，位错周围的应力场有一定的畸变能，如晶体中溶入与溶剂原子尺寸不同的溶质原子时，无论是间隙式原子还是置换式原子，由于溶质原子与基体原子大小不同，弹性模量不同，会造成晶格畸变。这个晶格畸变便与位错发生作用。如果溶质原子引起的晶格畸变是球形对称的，由于螺型位错的应力场只有切应力，则螺型位错和溶质原子不发生交互作用。这样，溶质原子只能和刃型位错发生交互作用（图1.25）。对于刃型位错，在稳定状态时，溶质原子和位错的交互作用能为负。对正刃型位错而言，小的置换型原子处在滑移面上边，大的置换型原子和间隙型原子处在滑移面下边，结果使溶质原子在位错周围作比较稳定的分布，即形成所谓柯氏(Cottrell)气团。柯氏气团有两种结构，一种是稀释气团，一种则是凝聚的或饱和的气团。饱和的柯氏气团是在一温度 T_c 下才会形成，如温度高于 T_c，则会形成稀释气团。柯氏气团结构的不同，对位错的钉扎效应也不同。饱和的气团对位错的钉扎作用很强，位错脱钉所需的应力约为 $\sigma_c = C_1 |\sigma_M| / b^3$。其中，$C_1$ 为溶质的质量分数，约等于1；$|\sigma_M|$ 为溶质原子与位错的键能，约为0.5eV。当温度高于 T_c，形成稀释气团，在位错运动较慢，溶质原子的扩散速率跟得上位错运动时，位错可以拖着气团一起运动。当位错运动速度大于某一临界速度 V_c 时，位错可以单独运动，把气团抛在后面。在临界速度时，使位错运动的力 $\sigma_c = 17AC_0/b$。其中，A 为常数，约为 1.5×10^{-25} N/cm²；C_0 为单位体积晶格中的溶质原子数。对低于临界速度 V_c，位错以速度 V 运动时，所需的力大致为 $\sigma = \dfrac{V_c}{V}\sigma_c$。

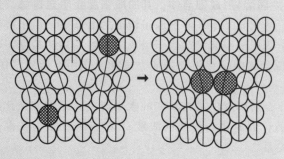

图1.25 溶质原子被吸引到刃型位错处

对于碳原子在 $\alpha-Fe$ 中，其产生的畸变不对称，不但与刃型位错相互作用，而且与螺型位错交互作用。当螺型位错运动接近碳原子时，在螺型位错的切应力场下，碳原子将在晶胞内呈有序排列，形成 Snoek 气团(史氏气团)。而这种交互作用，将降低螺型位错的弹性能。

和柯氏气团比较，史氏气团不像柯氏气团在形成时需要溶质原子的长程扩散，也不会产生溶质原子富集，它只是通过碳原子在晶胞内简单的跳动，变换位置作有序排列，就可以阻碍位错运动。因此，史氏气团形成时比柯氏气团快，消失得比柯氏气团早。

【第二相阻碍位错运动】

4）第二相

工程中应用的金属材料，其组织多为多相组织，第二相对金属的屈服强度也具有明显的影响。第二相质点对屈服强度的影响与其在屈服过程中是否变形有关。

对于不可以变形的第二相质点，根据位错理论，位错在运动过程中，只能绕过第二相质点，如图 1.26 所示。由于第二相质点对位错的排斥作用，位错运动过程中必须克服位错弯曲所产生的线张力，使位错运动阻力增加。当位错绕过第二相质点后，在第二相质点周围留下位错环，位错环对后续位错产生斥力，提高位错的运动阻力。

【位错绕过第二相】

对于可以变形的第二相质点，位错可以切过第二相质点(图 1.27)，使之与基体一同变形。由于第二相质点的晶格结构与基体不同，质点与基体间存在着晶格错排，同时，位错切过第二相质点产生新的界面，界面能增加，需要额外做功，所以使屈服强度提高。

【位错切过第二相】

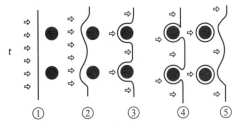

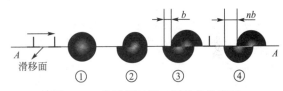

图 1.26　位错绕过第二相质点示意图　　　　图 1.27　位错切过第二相质点示意图

金属中的第二相质点有的可以用粉末冶金等方法获得，称为弥散强化；有的可以用固溶处理加时效等方法获得，称为沉淀强化或析出强化。

第二相的强化效果与其数量、大小、形状等因素有关。在第二相质点体积分数一定的前提下，第二相质点尺寸越小，第二相质点间的距离越小，位错可以运动的自由行程越短，强化效果越高；同样，当第二相质点大小一定时，第二相质点的体积分数越高，位错可以运动的自由行程越短，强化效果越高；在其他条件一定的前提下，长形的第二相比球形的第二相与位错交割的概率高，对位错的阻碍作用大，强化效果好。

阅读材料1-2

高速钢深冷处理及应用

高速钢主要是用来制造冷挤压模具、冷墩压模具及刀具(图 1.28)，目前我国使用最广泛的高速钢是钨系 W18Cr4V 钢和钨钼系 W6Mo5Cr4V2 钢。这两种钢的传统淬火回火工艺特点是高温淬火后需在一次硬化范围内回火三次，以获得高硬度和热硬性；其主要缺点是在某些场所硬度不足。这是由于，高速钢中的马氏体最终转变点 M_f 非常低，例如

　　(a)刀具　　　　　　　(b)模具　　　　　　　(c)深冷处理设备

图 1.28　高速钢应用

W18Cr4V 钢的 M_f 点约为 $-100℃$，因此淬火冷却到室温会残留大量的奥氏体。一般认为钢中残留较多的奥氏体是有害的，会降低钢的硬度、耐磨性及使用寿命，还使许多物理性能特别是热性能和磁性下降。

冷处理的目的是将淬火钢件冷却到零下（一般为 $-70\sim-60℃$），使钢内的残余奥氏体转变为马氏体。过去工业上采用高速钢冷处理主要应用于缩短热处理生产周期，即用淬火加冷处理再加一次回火来代替处理方法，即在 $-196\sim-100℃$（液氮）处理淬火零件，其后在 $400℃$ 回火一次，无须原来 $2\sim3$ 次的重复回火。经深冷处理后零件的硬度和耐磨性进一步改善，耐磨性可提高 40%，既缩短回火时间，节省了能量，又明显提高了模具使用寿命。

深冷处理过程中，大量的残留奥氏体转变为马氏体，特别是过饱和的亚稳定马氏体在从 $-196℃$ 至室温过程中会降低过饱和度，析出弥散、尺寸仅为 $20\sim60$Å 并与基体保持共格关系的超微细碳化物，可以使马氏体晶格畸变减小，微观应力降低，而细小弥散的碳化物在材料塑性变形时可以阻碍位错运动，从而强化基体组织。同时由于超微细碳化物颗粒析出，均匀分布在马氏体基体上，减弱了晶界催化作用，而基体组织的细化既减弱了杂质元素在晶界的偏聚程度，又发挥了晶界强化作用，从而改善了高速钢的性能，使硬度、冲击韧性和耐磨性都显著提高。模具硬度高，其耐磨性也就好，如硬度由 HRC60 提高至 HRC62$\sim$63，模具耐磨性增加 $30\%\sim40\%$。

📖 资料来源：刘劲松. 高速钢冷作模具深冷处理及应用. 模具制造，2002(11)

2. 影响屈服强度的外部因素

影响屈服强度的外部因素有温度、应变速率、应力状态等。

一般温度降低，材料的屈服强度会提高。对于金属来讲，其晶体结构不同，屈服强度的变化趋势不同，如图 1.29 所示。

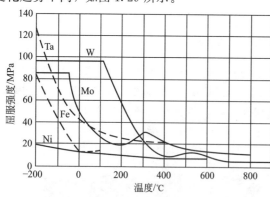

图 1.29　温度对 Ta、W、Mo、Fe、Ni 屈服强度的影响

由图 1.29 可见，bcc 结构的金属（如 Fe）随温度的下降，其屈服强度急剧增高；而 fcc 结构的金属（如 Ni），随温度的下降，其屈服强度变化不明显；hcp 的金属其温度效应与 bcc 类似。这主要是由于温度降低，原子的运动能力下降；加之，在纯金属单晶体中，位错的运动阻力主要取决于位错的晶格阻力（τ_{P-N}）的大小，bcc 金属的 τ_{P-N} 比 fcc 的金属高，在屈服强度中所占比例高，而且，τ_{P-N} 属于短程力，对温度变化敏感。所以 bcc 金属随温度下降屈服强度提高主要是由于 τ_{P-N} 提高引起的。

应变速率对金属屈服强度的影响如图 1.30 所示。可以看出，应变速率增大，材料的屈服强度提高；而且，屈服强度随应变速率的变化比抗拉强度明显。这种屈服强度随应变速率提高而提高的现象称为应变速率硬化。

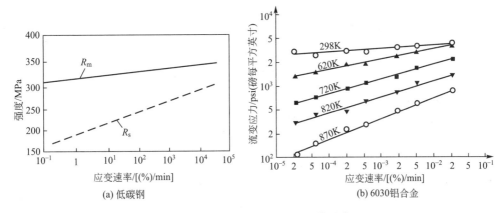

(a) 低碳钢   (b) 6030铝合金

图 1.30　应变速率对金属强度的影响

在应变量和温度一定的前提下，流变应力与应变速率的关系为

$$\sigma_{\varepsilon,t} = C_1(\dot{\varepsilon})^m \tag{1-31}$$

式中，$\sigma_{\varepsilon,t}$ 为应变量和温度一定时的流变应力；C_1 为在一定应力状态下为常数；$\dot{\varepsilon}$ 为应变速率；m 为应变速率敏感指数。

C_1 和 m 与试验温度及晶粒大小有关。$m=0$ 时，材料对应变速率不敏感；$m=1$ 时，流变应力与应变速率呈线性关系，材料为黏性固体。金属拉伸试验时，能否产生颈缩与 m 值有关，m 值高者，颈缩难以形成；反之，容易产生颈缩。

位错运动的驱动力为切应力，切应力分量越大，越有利于塑性变形，则屈服强度越低。

【例 1.1】　Cr12MoV 钢 1130℃加热油淬后的硬度为 HRC40～45，经 520℃2～3 次回火，硬度上升到 HRC60～61，试分析其原因。

解：其淬火后的组织为 M+A′+K。

在回火过程中残余奥氏体变为马氏体，产生相变强化。奥氏体为 fcc 结构，而马氏体为体心正方结构，其密排面间距及密排晶向原子间距不同，切变模量不同，位错运动的晶格阻力（派－纳力）不同，M 的阻力大于 A 的阻力，硬度上升（二次淬火）。

在回火过程中 M 变为 M′，碳化物弥散分布于基体上，产生析出（沉淀）强化。位错运动过程中遇到碳化物颗粒，位错线弯曲，线张力增大；位错绕过第二相颗粒产生位错环，对后续位错产生排斥，位错运动阻力增大，硬度上升（二次硬化）。

M 变为 M′，溶质元素固溶度下降，晶格畸变降低，与位错的交互作用下降，硬度降低，但是二次淬火和二次硬化的效果远高于固溶度下降的影响，所以硬度上升。

1.3.4 　加工硬化（应变硬化、形变强化）

材料开始屈服以后，继续变形将产生加工硬化。但材料的加工硬化行为，不能用条件的应力-应变曲线来描述，因为条件应力 $R=\dfrac{F}{A}$，条件应变 $e=\dfrac{\Delta l}{l_0}$，应力的变化是以不变的原始截面积来计量，而应变是以初始的试样

【加工硬化】

标距长度 l_0 来度量。但实际上在变形过程的每一瞬时试样的截面积和长度都在变化，这样，自然不能真实反映变形过程中的应力和应变的变化，而必须采用真实应力-应变曲线。

在真应力-真应变曲线(图 1.5)上，PB 为均匀塑性变形阶段，此时，应力与应变之间符合 Hollomon 关系，即

$$S = K\varepsilon^n \tag{1-32}$$

式中，n 为加工硬化指数或应变硬化指数；K 为强度系数。

对式(1-32)取对数有

$$\ln S = \ln K + n \ln \varepsilon \tag{1-33}$$

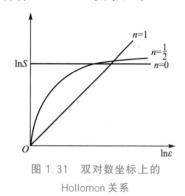

图 1.31 双对数坐标上的 Hollomon 关系

在双对数的坐标中真应力和真应变成线性关系，直线的斜率即为 n，而 K 相当于 $\varepsilon = 1.0$ 时的真应力，如图 1.31 所示。理想的弹性体和理想的塑性体限定了一般材料加工硬化指数 n 的变化的范围，如用 $S = K\varepsilon^n$ 方程描述，则在图 1.31 中，理想弹性体 $n = 1$ 为一条 45° 斜线，理想塑性体 $n = 0$ 为一条水平直线，$n = \frac{1}{2}$ 的为一条抛物线。多数金属的 n 值为 0.1~0.5，见表 1-5。

表 1-5　室温下各种金属的 n 值和 K 值

金　　属	条　　件	n	K/MPa
0.05%C 碳钢	退火	0.26	530.9
40CrNiMo	退火	0.15	641.2
0.6%C 碳钢	淬火+540℃回火	0.10	1572
0.6%C 碳钢	淬火+704℃回火	0.19	1227.3
铜	退火	0.54	317.2
70/30 黄铜	退火	0.49	896.3

加工硬化指数 n 反映了材料开始屈服以后，继续变形时材料的应变硬化情况，它决定了材料开始发生颈缩时的最大应力(R_m 或 S_b)。另外，从颈缩判据(下一节)中可以知道，出现颈缩时 $n = \varepsilon_b$。也就是说，n 决定了材料能够产生的最大均匀应变量，这一数值在冷加工成型工艺(如拉拔、挤压)中是很重要的。

金属的加工硬化能力对冷加工成型工艺是很重要的，不难理解，若金属没有加工硬化能力，像理想塑性体($n = 0$)那样(图 1.31)，任何冷加工成型的工艺都是无法进行的。对于深冲的薄板，为什么广泛采用低碳钢？就是因为低碳钢有较高的加工硬化指数 n，n 约为 0.2。在减轻汽车的质量时，人们也曾考虑过使用铝合金，但铝合金的加工硬化能力不如低碳钢(或低合金高强度钢)，成型困难，这是汽车车身未能应用铝合金的原因之一。

对于工作中的零件，也要求材料有一定的加工硬化能力，否则，在偶然过载的情况下，会产生过量的塑性变形，甚至有局部的不均匀变形或断裂。因此材料的加工硬化能力是零件安全使用的可靠保证。

形变硬化是提高材料强度的重要手段。不锈钢有很大的加工硬化指数($n = 0.5$)，因

而也有很高的均匀变形量。不锈钢的屈服强度不高，但如用冷变形加工可以成倍地提高其屈服强度。高碳钢丝经过铅浴等温处理后拉拔，屈服强度可以达到 2000MPa 以上。但是，传统的形变强化方法只能使强度提高，而塑性损失了很多。现在研制的一些新材料中，注意到当改变了显微组织和组织的分布时，变形中既能提高强度又能提高塑性。例如，汽车工业中出现的复相钢，其组织为铁素体＋15％马氏体，比较一下普通低碳钢、高强度低合金钢和复相钢的拉伸曲线（图 1.32）。可以看出，虽然复相钢的 R_{eL} 为 275～345MPa，而高强度低合金钢 R_{eL} 为

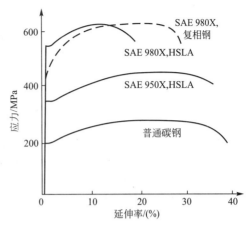

图 1.32　复相钢的应力-应变曲线

550MPa，但复相钢经过 3％～4％的变形后，由于强烈的形变硬化，很快就赶上高强度低合金钢的流变应力，使两种钢的 R_m 相同，但复相钢的均匀变形量却是后者的两倍，断裂时总的延伸率也大约是后者的两倍。由于复相钢低的屈服强度，没有不连续屈服以及很大的均匀变形量，使其很适宜用作深冲的薄板。

关于加工硬化指数的影响因素，现在还不十分清楚，有人认为它取决于材料层错能的大小，材料的层错能越低，交滑移越困难，反映出 n 的数值就越大。表 1-6 给出了典型的材料层错能和 n 值大小的关系。从原理上讲这种理论是正确的，因为凡是层错能低的材料（像不锈钢、高锰钢、α-黄铜）都有较大的 n 值。但是反过来说，层错能高的或较高的材料却未必 n 值就一定低，例如比较纯铜和 70/30 黄铜，前者的层错能比后者高很多，但指数 n 并不低于黄铜甚至略高，见表 1-6。同样纯铁或低碳钢的层错能（迄今未能测出）高于纯铝，但加工硬化指数仍比纯铝高，可见，这还是需要探讨的问题。

表 1-6　不同层错能材料的 n 值和滑移特征

金　　属	层错能/（mJ/m³）	n	滑移特征
不锈钢	＜10	0.45	平坦的
铜	～90	～0.54	两者之间
铝	～250	～0.15	波纹状
黄铜（含 30％Zn ）	～15	～0.5	—

在工程上，对冷加工成型的低碳钢或低合金高强度钢，其加工硬化指数 n 可通过屈服强度 R_{eL} 估算，即

$$n=\frac{70}{R_{eL}} \tag{1-34}$$

显然，加工硬化指数越高，R_{eL} 和 R_m 的差值越大，即 $\dfrac{R_{eL}}{R_m}$ 比值越小。这一数值也定性地反映了 n 值的高低。

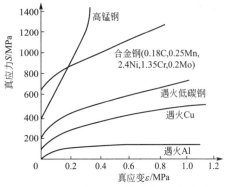

图 1.33 几种典型金属的真应力-应变曲线

要注意加工硬化速率 $dS/d\varepsilon$ 和加工硬化指数并非等同，照定义，$n = \dfrac{d\ln S}{d\ln \varepsilon} = \dfrac{\varepsilon}{S}\dfrac{dS}{d\varepsilon}$，即 $\dfrac{dS}{d\varepsilon} = n\dfrac{S}{\varepsilon}$。在相同变形量 e 的情况下，加工硬化指数 n 大的，加工硬化率也高。图 1.33 给出了几种典型金属的真应力-应变曲线。

需要指出的是，对有些金属材料，像双相钢、一些铝合金和不锈钢，用 $S = K\varepsilon^n$ 方程不能正确描述这些材料的真应力-应变关系，在 $\ln S - \ln \varepsilon$ 图中会得出两段不同斜率的直线，这种情况称为双 n 行为。

 阅读材料1-3

C-Si-Mn 热轧双相钢的应变硬化特性

钢的化学成分为(质量分数/%)：C 为 $0.06 \sim 0.09$；Si 为 $0.25 \sim 0.5$；Mn 为 $1.5 \sim 1.8$；P 为小于 0.015；S 为小于 0.01。真空感应炉冶炼并浇铸成厚度为 90mm 的铸坯，热轧厚度为 7mm，终轧温度大于 $880℃$，卷曲温度为 $690 \sim 720℃$，水冷速率小于 $10℃/s$。热轧板经酸洗后冷轧，冷轧板厚度为 1.4mm。将冷轧硬板加工成 $5cm \times 20cm$(宽×长)的试样，在盐浴中进行退火试验。将试样在 $700 \sim 780℃$ 不同两相区温度保温 300s 后立即水淬以得到不同马氏体体积分数的双相钢。

热轧试样的屈服强度较高，抗拉强度较低，且具有明显的物理屈服平台。淬火后的双相钢表现为连续屈服，在较低的应力水平发生屈服后，给予较小的应变增量，应力水平就有较大的提升。

热轧钢只有一个加工硬化指数 $m = 8.85$，表现为单一的加工硬化特性；淬火双相钢具有两个加工硬化指数，第一阶段低应变区的加工硬化强烈 $m_2 = 15.75$，而第二阶段高应变区加工硬化能力减弱 $m_1 = 5.48$。

双相钢中的马氏体体积分数低于 16% 时，随马氏体体积分数的增加，硬化指数减小；马氏体体积分数高于 16% 时，随马氏体体积分数的增加，硬化指数均表现为增加，并且第二阶段的硬化指数增加幅度较大。从图 1.34(b) 的分析结果可以看出，随马氏体的增加，转折应变向低应变值方向移动，但是马氏体体积分数不足 10% 时，转折应变消失。

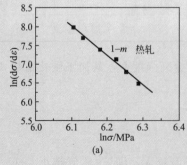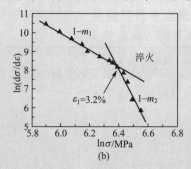

图 1.34 分析结果

由铁素体与珠光体构成的热轧组织中，两相之间没有应变分配，因此单轴拉伸试样的均匀变形阶段只有一个加工硬化值。双相钢中，由于两相均为弹塑性体，且两相的弹塑性行为差别很大，因此在外加应力作用下，两相之间存在明显的应变分配。双相钢的弹塑性行为表现为三个阶段：第一阶段，由于两相均处于弹性，从而双相钢也处于弹性阶段。第二阶段铁素体发生塑性变形，而马氏体仍然保持为弹性。两相由于变形行为不同，变形具有严重的不相容性，因此双相钢的加工硬化能力较强。同时，在这个阶段，铁素体中的塑性变形使得大量自由位错开动，随着塑性变形的增加，位错相互作用，并且在铁素体/马氏体界面塞积，使得加工硬化能力增强。第三阶段由于相界面的集中应力向马氏体中扩展，使得马氏体发生了塑性变形，两相发生塑性变形的结果导致变形的不相容性下降，加工硬化能力也相应降低。

马氏体体积分数与马氏体碳含量对双相钢的应变硬化行为有较大影响。随着马氏体体积分数的增加，其强化效果增加，但是由于马氏体中的碳含量降低，马氏体类型由孪晶转变为板条，其塑性变形抗力降低。马氏体体积分数在一个较低的水平时，由于马氏体量增加而带来的强化效应大于碳含量减少的弱化效应，双相钢的应变硬化能力增加，但随着马氏体量的进一步增加，马氏体中碳含量急剧下降，这不仅降低了双相钢的应变硬化能力，而且由于马氏体塑性屈服更容易发生，因此转折应变降低。另一方面，由于马氏体体积分数的增加，马氏体岛的直径增加，马氏体作为强化粒子的尺寸优势减弱，相界面的集中应力可以在较大的面积上得以分散，因而两相的不相容性得到缓解，所以双相钢的应变硬化性能下降。

资料来源：邝霜，康永林，于浩，刘仁东. C-Si-Mn冷轧双相钢的应变硬化特性材料工程，2009(2)

1.3.5 颈缩现象和抗拉强度

1. 颈缩现象

颈缩是韧性金属材料在拉伸试验时，变形集中于局部区域的现象，是材料加工硬化和试样截面减小共同作用的结果。应力-应变曲线上的应力达到最大值时开始颈缩。颈缩前，试样的变形在整个试样长度上是均匀分布的，颈缩开始后，变形便集中于颈部区域。

在应力-应变曲线的最高点处有

$$dP = SdA + AdS = 0 \tag{1-35}$$

在拉伸过程中，一方面试样截面积不断减小，使 $dA<0$，SdA 所表示的试样承载能力也下降，另一方面，材料在形变强化，使 $dS>0$，AdS 表示试样承载能力的升高，在开始颈缩的时刻，这两个相互矛盾的方面达到平衡。在颈缩前的均匀形变阶段，$AdS>-SdA$，$dP>0$，这时的变形特征为，因形变强化导致的承载能力提高，大于承载能力的下降，即材料的形变强化在变形过程起主导作用。于是，有较大塑性变形的地方，那里的形变强化足以补偿变形引起的承载能力的下降，从而将进一步的塑性变形转移到其他地方，实现整个试样的均匀变形。但颈缩开始以后，随应变量增加，材料的形变强化趋势逐渐减小，出现了 $AdS<-SdA$，$dP<0$ 的情况，这时变形的特征为，塑性变形导致的承载能力下降超过了形变强化引起的承载能力提高，即削弱承载能力的方面上升为控制变形过程的因素。此时，尽管材料仍在形变强化，但这种强化趋势已不足以转移进一步的塑性变形，于

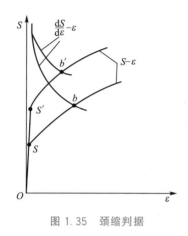

图 1.35 颈缩判据

是，塑性变形量较大的局部地区，应力水平增高，进一步的变形继续在该区域发展，即形成颈缩。由 $\mathrm{d}P=0$ 可得

$$\frac{\mathrm{d}S}{S}=-\frac{\mathrm{d}A}{A}=\mathrm{d}\varepsilon$$

所以

$$\frac{\mathrm{d}S}{\mathrm{d}\varepsilon}=S \tag{1-36}$$

此式说明颈缩开始于应变强化速率与真应力相等的时刻，如图 1.35 所示。

由应变强化指数 n 的定义得出

$$\frac{\mathrm{d}S}{\mathrm{d}\varepsilon}=n\,\frac{S}{\varepsilon}$$

将颈缩条件 $\dfrac{\mathrm{d}S}{\mathrm{d}\varepsilon}=S$ 代入上式，得

$$n=\varepsilon_\mathrm{b} \tag{1-37}$$

说明在颈缩开始时的真应变在数值上与应变强化指数相等。利用这一关系，可以大致估计材料 n 的均匀变形能力。对于冷成形用材料来说，总是希望获得尽量大的均匀塑性变形量 ε_b，避免冷变形过程中发生塑性失稳乃至断裂。但事实上，材料的均匀塑性变形能力不可能很大，在数值上大致与应变强化指数相等。

2. 颈缩判据

颈缩前的变形是在单向应力条件下进行的，颈缩开始以后，颈部的应力状态由单向应力变为三向应力，除轴向应力 S_1 外，还有径向应力 S_r 和切向应力 S_t，如图 1.36 所示。颈部形状这种几何特点导致的三向应力状态，使变形来得困难，按真应力计算式计算得到的真应力比实际的真应力高，随着颈缩过程的发展，三向应力状态加剧，计算真应力的误差越来越大。这就是图 1.5 中真应力-应变曲线尾部上翘的原因。为了扣除这种几何因素造成的影响，对颈缩后的真应力应引入颈缩修正。

Bridgman 对颈部应力状态及分布进行了分析。假设颈部轮廓为以 R 为半径的圆弧，颈部最小截面为以 a 为半径的圆，并且截面上应变均匀分布。在上述条件下导出了颈缩后的真应力计算式，即

$$S'=\frac{S}{\left(1+\dfrac{2R}{a}\right)\ln\left(1+\dfrac{a}{2R}\right)} \tag{1-38}$$

式中，S 为三向应力条件下的轴向应力；S' 为修正后的真应力。

图 1.37 为工程应力-应变曲线、经过颈缩区应力修正的应力-应变曲线和真应力-应变曲线的对比。

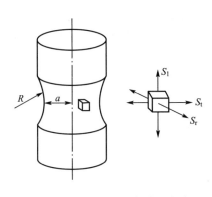

图 1.36 拉伸试样颈部应力状态

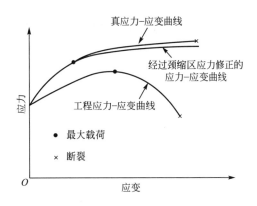

图 1.37 工程应力-应变曲线与
真应力-应变曲线对比

3. 抗拉强度

试件断裂前所能承受的最大工程应力称为抗拉强度，以前称为强度极限，用来表征材料对最大均匀塑性变形的抗力。

取拉伸图上的最大载荷，即对应于 b 点的载荷除以试件的原始截面积，即得抗拉强度之值，记为 R_m，则

$$R_m = \frac{F_b}{A_0}$$

(1-39)

式中，R_m 为抗拉强度；F_b 为最大载荷；A_0 为试件的原始截面积。

抗拉强度的工程意义：

(1) 标志塑性金属材料的实际承载能力，但这种承载能力也仅限于光滑试样单向拉伸的受载条件，且韧性材料的不能作为设计参数。因为 R_m 所对应的应变不是实际应用中零件(构件)所要达到的，如果在复杂的应力状态下其并不能代表材料的实际承载能力。

(2) 对于脆性材料，R_m 就是断裂强度，用于产品设计，许用应力以 R_m 作判据。

(3) R_m 的高低取决于屈服强度和应变硬化指数。在屈服强度一定时，应变硬化指数越高，R_m 越大，所以知道 R_m 和 R_{eL} 就可以间接得知应变硬化指数。

(4) 与布氏硬度 HB、疲劳极限 σ_{-1} 等之间有一定经验关系，如 $R_m \approx 0.345$HB，对淬火回火钢 $\sigma_{-1} \approx \frac{1}{2} R_m$。

1.3.6 塑性

塑性是指金属材料断裂前发生塑性变形(不可逆永久变形)的能力。金属材料断裂前所产生的塑性变形由均匀塑性变形和集中塑性变形两部分构成。试样拉伸至颈缩前的塑性变形是均匀塑性变形，颈缩后颈缩区的塑性变形是集中塑性变形。大多数拉伸时形成颈缩的韧性金属材料，其均匀塑性变形量比集中塑形变形量要小得多，一般均不超过集中变形量的 50%。许多钢材(尤其是高强度钢)均匀塑变量仅占集中塑变量的 5%～10%，铝和硬铝占 18%～20%，黄铜占 35%～45%。这就是说，拉伸颈缩形成后，塑性变形主要集中于

试样颈缩附近。

金属材料常用的塑性指标为断后伸长率和断面收缩率。

(1) 断后伸长率是试样拉断后标距的伸长量与原始标距的百分比，用 A 表示，则

$$A=\frac{L_1-L_0}{L_0}\times100\%$$ (1-40)

式中，L_0 为试样原始标距长度；L_1 为试样断裂后的标距长度。

实验结果证明

$$A=\frac{L_1-L_0}{L_0}=\frac{\beta L_0+\gamma\sqrt{A}}{L_0}=\beta+\gamma\sqrt{A}/L_0$$ (1-41)

式中，β、γ 为对同一金属材料制成的几何形状相似的试样来说为常数。

因此为了使同一金属材料制成的不同尺寸拉伸试样得到相同的 A 值，要求 $L_0/A_0=K$（常数）。通常取 K 为 5.65 或 11.3（在特殊情况下，K 也可取 2.82 、4.52 或 9.04 ），即对于圆柱形拉伸试样，相应的尺寸为 $L_0=5d_0$ 或 $L_0=10d_0$。这种拉伸试样称为比例试样，且前者为短比例试样，后者为长比例试样，所得到的断后伸长率分别以符号 A_5 和 A_{10} 表示。由于大多数韧性金属材料的集中塑性变形量大于均匀塑性变形量，因此，比例试样的尺寸越短，其断后伸长率越大，反映在 A_5 与 A_{10} 的关系上是 $A_5>A_{10}$。必须指出，只有测定断后伸长率时才要求应用比例拉伸试样，其他性能指标则不要求。

除了用断后伸长率表示金属材料的塑性性能外，还可用最大力下的总伸长率表示材料的塑性。最大力下的总伸长率，指试样拉伸至最大力时标距的总伸长与原始标距的百分比，符号为 A_{gt}。这个定义说明，A_{gt} 实际上是金属材料拉伸时产生的最大均匀塑性变形（工程应变）量。用它表示材料的塑性与塑性性能本身的含义并不一致。之所以引入这一个塑性指标，是因为 A_{gt} 与 ε_B（真实应变）之间存在如下关系：$\varepsilon_B=\ln(1+A_{gt})$。对于退火、正火态的低中碳钢，在拉伸试验时，测出材料的 A_{gt}，换算成 ε_B，就可方便地求出材料的应变硬化指数 n。因此，A_{gt} 对于评定冲压用板材的极限变形程度，如翻边系数、扩口系数、最小弯曲半径、胀形系数等很有用。试验表明，大多数材料的翻边变形程度与 A_{gt} 成正比。对于深拉伸用钢板，一般要求有很高的 A_{gt} 值。

(2) 断面收缩率是试样拉断后，颈缩处横截面积的最大缩减量与原始横截面积的百分比，用符号 Z 表示，则

$$Z=\frac{A_0-A_1}{A_0}\times100\%$$ (1-42)

式中，A_0 为试样原始横截面积；A_1 为颈缩处最小横截面。

上述塑性指标的具体选用原则是，对于在单一拉伸条件下工作的长形件，无论其是否产生颈缩，都用 A 或 A_{gt} 评定材料的塑性，因为产生颈缩时局部区域的塑性变形量对总伸长量实际上没有什么影响。如果金属材料机件是非长形件，在拉伸时形成颈缩（包括因试样标距部分截面微小不均匀或结构不均匀导致过早形成的颈缩），则用 Z 作为塑性指标。因为 Z 反映了材料断裂前的最大塑性变形量，而此时 A 则不能显示材料的最大塑性。Z 是

在复杂应力状态下形成的，冶金因素的变化对性能的影响在 Z 上更为突出，所以 Z 比 A 对组织变化更为敏感。

金属的塑性指标通常不能直接用于机件的设计，因为塑性与材料服役行为之间并无直接联系，但对静载下工作的机件，都要求材料具有一定塑性以防止机件偶然过载时产生突然破坏。这是因为塑性变形有缓和应力集中的作用，对于有裂纹的机件，塑性可以松弛裂纹尖端的局部应力，有利于阻止裂纹扩展。从这些意义上说，塑性指标是安全力学性能指标。塑性对金属成形加工很重要，金属有了塑性才能通过轧制挤压等冷热变形工序生产出合格的产品来，为使机器装配、修复工序顺利完成也需要材料有一定的塑性；塑性还能反映冶金质量的优劣，故可用以评定材料质量。

金属材料的塑性常与其强度性能有关。当材料的断后伸长率与断面收缩率的数值较高时（A、$Z > 20\%$），表示材料的塑性较高，强度较低。屈强比也与断后伸长率有关。通常，材料的塑性越高，屈强比越小。如高塑性的退火铝合金，$A = 15\% \sim 35\%$，$R_{0.2}/R_m = 0.38 \sim 0.45$；人工时效的铝合金，$A < 5\%$，$R_{0.2}/R_m = 0.77 \sim 0.96$。

强度是材料对变形和断裂的抗力，一般来讲，**材料强度提高，其变形抗力提高，变形能力下降，塑性降低。相变强化、固溶强化、加工硬化及第二相弥散(沉淀、析出)强化一般都会使塑性降低。**在其他条件一定的前提下，细化晶粒在提高强度的同时，可以使塑性提高。这是由于晶粒尺寸减小，晶粒内部位错堆积群位错数目减少，位错塞积群前端应力降低；晶界面积增加，分布于晶界附近的杂质浓度降低，晶界不易开裂。同时，一定体积金属内部的晶粒数目越多，晶粒之间的位相差可能越小，塑性变形可以被更多的晶粒所分担，所以塑性提高。

在工程中，为了充分发挥材料的潜力，会尽量地提高材料的屈服强度，使材料的屈强比（R_{eL}/R_m）提高，导致材料塑性变形推迟，不能通过塑性变形缓解应力集中，塑性降低。

【例1.2】 对静载拉伸试验，根据体积不变条件及延伸率、断面收缩率的概念，推导均匀变形阶段材料的断面伸长率 A 与断面收缩率 Z 的关系式。

解：假设均匀变形前，材料的长度和截面积分别为 l_0、A_0；变形后材料的长度和截面积变化为 l、A_1。

根据断面伸长率 A、断面收缩率 Z 的定义：$A = \dfrac{l - l_0}{l_0}$，$Z = \dfrac{A_0 - A_1}{A_0}$，在均匀变形阶段，有变形前后体积不变的条件 $l_0 A_0 = l A_1$ 及 $l = l_0 + \Delta l = l_0 \left(1 + \dfrac{\Delta l}{l_0}\right) = l_0 (1 + A_1)$，$A_1 = A_0 - \Delta A = A_0 \left(1 - \dfrac{\Delta A}{A_0}\right) = A_0 (1 - Z)$，可推出材料的断面伸长率 A 与断面收缩率 Z 间的关系为

$$1 + A = \frac{1}{1 - Z}$$

于是

$$A = \frac{Z}{1 - Z}$$

上式表明，在均匀变形阶段 A 恒大于 Z。

一种碳素和低合金结构钢组织细化的方法

这种碳素和低合金钢组织细化的方法为：

洁净化冶炼→充分等轴晶化凝固→强力和低温初轧→"形变诱导铁素体相变"精轧→冷却控制。

洁净化冶炼使材料的强度得到提高，使由于钢中夹杂物带来的脆化敏感性得以避免，保证使用（特别是低温使用）的安全性。如果发展并采用提高等轴晶率的凝固技术，就可以使顺序凝固形成的柱状晶得以消除或减弱，使材料的宏观偏析特别是中心偏析明显减少，进而使材料的成分分布均匀性得以提高，这就保证了高质量、均匀力学性能铸坯的形成。洁净化和高均匀性（成分及性能）提高了采用强力和低温开坯的可能性。在初轧阶段应用奥氏体的再结晶细化基础上，精轧阶段就可以采用关键的"形变诱导铁素体相变"（Deformation Induced Ferrite Transformation, DIFT）技术，而这其中凝固的充分等轴晶化技术和初轧充分应用再结晶细化为DIFT的应用创造了前提条件。

DIFT不同于传统控轧控冷（TMCP）之处，是它的相变（低碳钢中 $\gamma \rightarrow \alpha + P$）主要发生在轧钢过程中而不是轧后冷却过程中。

通常，多数钢铁结构材料热轧是在单一奥氏体相区轧制。研究和生产都关注有关轧制温度、应力-应变和产品的质量控制（板形、尺寸、精度）等参数，一般不关注或不追求产生相变的条件。TMCP关注轧制是因为它为以后冷却时 $\gamma \rightarrow \alpha + P$ 的形核和相转变以及分布创造了条件。从热力学分析表明，由于轧制产生的变形能不可能在轧后由热弛豫、弹塑性恢复等完全释放，特别在现代高速轧制条件下总有部分形变能被保留在被变形的钢材中，这部分能量在适当条件下，转变为相变自由能变化的一部分，增加了相变的驱动力。一般轧制区间（在 $A_{c3} \sim A_{r3}$ 区间）过程有可能使钢材进入 $(\gamma + \alpha)$ 的实际双相区，即诱导产生新生 α 相，即是形变诱导铁素体相变，而不是双相区保温或缓冷应当出现块状粗大的 α 相。

图1.38所示为一种低碳钢，当在1150℃奥氏体化加热后，以5℃/s冷却速度到825℃，再825℃保温均匀化后水淬，得到马氏体组织［图1.38(a)］；若825℃保温均匀化后变形60%，变形后立即水淬，则得到超细铁素体［图1.38(b)］。因此通过形变，使在单一奥氏体相区内可以诱导产生超细的铁素体。

(a) 马氏体组织   (b) 超细铁素体

图1.38 低碳钢

➡ 资料来源：翁宇庆. 钢铁结构材料的组织细化. 钢铁，2005，38(5).

1.3.7　韧性的概念及静力韧度分析

韧性是指材料在断裂前吸收塑性变形功和断裂功的能力。韧度是度量材料韧性的力学性能指标，又分静力韧度、冲击韧度和断裂韧度。金属材料在静拉伸时单位体积材料断裂前所吸收的功定义为静力韧度，它是强度和塑性的综合指标。韧度可以理解为应力-应变曲线下的面积(图 1.39)。

静力韧度计算公式为

$$U_{\mathrm{T}} = \int_0^\varepsilon \sigma \mathrm{d}\varepsilon \tag{1-43}$$

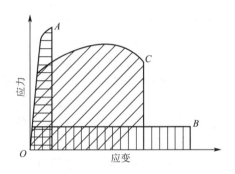

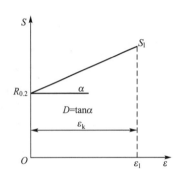

图 1.39　静力韧度示意图
A—高强度、低塑性，低韧性材料；
B—高塑性、低强度，低韧性材料；
C—中等强度、中等塑性，高韧性材料

图 1.40　静力韧度简化计算示意图

将曲线的弹性变形部分省略，形变强化从 $R_{0.2}$ 开始，至 S_{k} 断裂，对应的真应变为 ε_{k}，应力-应变曲线的斜率为形变硬化模量 $D = \tan\alpha$(图 1.40)，材料的韧度为

$$U_{\mathrm{T}} = \frac{S + R_{0.2}}{2}\varepsilon_{\mathrm{k}} \tag{1-44}$$

因

$$\varepsilon_{\mathrm{k}} = \frac{S_{\mathrm{k}} - R_{0.2}}{D}$$

有

$$U_{\mathrm{T}} = \frac{S_{\mathrm{k}}^2 - R_{0.2}^2}{2D} \tag{1-45}$$

工程上为了计算方便，可以采用下述公式近似计算

$$U_{\mathrm{T}} = R_{\mathrm{m}} A \tag{1-46}$$

$$U_{\mathrm{T}} = \frac{1}{2}(R_{\mathrm{eL}} + R_{\mathrm{m}}) A \tag{1-47}$$

可以看出，在不改变材料断裂应力的情况下，提高材料屈服强度将导致材料韧性降低，或者说材料强度的提高是以牺牲韧性为代价的。

静力韧度对于按屈服强度设计，在工作中有可能遇到偶然过载的机件，如链条、起重吊钩等，是必须考虑的重要指标。

1.4 聚合物材料的变形

1.4.1 聚合物拉伸过程中的载荷-伸长曲线

不同的聚合物材料在拉伸过程中，其载荷-伸长曲线或应力-应变曲线大致可分为三种类型(图1.41)。

(1) 第Ⅰ类(图1.41中曲线1)：恒速拉伸(夹头移动速度恒定)下，载荷随伸长增大而增高，达到极大值后，试样在某一处(或几处)产生颈缩(或应力白化区)，载荷降低。随拉伸变形继续进行，颈缩(或应力白化区)部位的截面尺寸稳定。颈缩(或应力白化区)沿轴向向试样两端扩展，出现冷变形强化现象。一般当颈缩部扩展到两端后，载荷随伸长增加又出现增大趋势。呈现这类曲线的材料有聚碳酸酯(PC)、聚丙烯(PP)和高抗冲聚苯乙烯(HIPS)等。

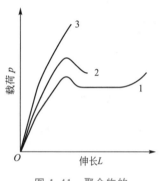

图1.41 聚合物的载荷-伸长曲线

(2) 第Ⅱ类(图1.41中曲线2)：恒速拉伸下，载荷随伸长增加而增大，达到极大值后，试样出现颈缩，载荷降低。随拉伸变形继续进行，颈缩处的横截面积逐渐减小，试样在伸长变形不大的情况下断裂。出现这类曲线的材料有ABS塑料、聚甲醛(POM)和增强尼龙(GF-PA)等。

(3) 第Ⅲ类(图1.41中曲线3)：随伸长增大，载荷增至最大值后，材料发生脆性断裂。聚苯乙烯(PS)、增强聚碳酸酯(GFPC)的拉伸曲线呈这种类型。

应当指出，聚合物中的颈缩现象与金属中有重大差别。金属中，一旦出现颈缩，颈缩处聚集塑性变形加剧，最后在颈缩处发生断裂。而在聚合物中，颈缩发生后，在名义应力几乎保持不变的条件下，颈缩后会发生均匀塑性变形。产生颈缩区沿试样长度方向扩展。

聚合物颈缩后，颈缩均匀地向两端扩展的现象可以从分子链结构形态的变化来解释。在这一过程中，分子链由未取向状态(各向同性材料)或取向度较低的状态(成形加工中造成的取向或预拉伸取向)，转变成颈缩中较高程度的取向状态。这一局部转移过程中产生的分子链取向化过程，也是一种由于取向化程度增高引起的局部应变强化，保证了颈缩向两端均匀地扩展，这一点与金属中形变强化引起的均匀变形是类似的。

1.4.2 聚合物的弹性变形和弹性模量

非晶态聚合物受力后产生的变形是通过调整内部分子构象实现的。因为主链旋转困难而被冻结，所以，在外力作用下，以无规线团的形态(即相互穿插堆积在一起的分子链)，主要发生键长与键角的变化。

由于分子构象的改变需要时间，因而受力后除普通弹性变形外，聚合物的变形强烈地与时间有关，表现为应变落后于应力。除瞬间的普通弹性变形外，聚合物往往还有慢性的黏性流变，通常称为黏弹性。聚合物的黏弹性表现为滞后环、应力松弛和蠕变。但上述现象与温度、时间密切有关。

非晶态聚合物弹性模量的大小实质上也是反映了分子链与分子链间的原子间键合力与位能的变化。非晶态聚合物与晶体态不同，沿不同方向加载时差别小。另外，由于分子之间的距离比呈规则排列的晶区中的大，因此非晶态聚合物的弹性模量也小，一般只有$(2\sim 3)\times 10^3$MPa。

聚合物的弹性模量对结构非常敏感，这与金属和陶瓷不同。聚合物的弹性模量随下列因素的变化而增加：①主键热力学稳定性的增加；②结晶区百分比的增加；③分子链填充密度的增加；④分子链拉伸方向取向程度的增加；⑤聚合物晶体中链端适应性增加；⑥链折叠程度的减小。

聚合物另一种特殊的弹性变形行为是高弹态。高弹态是聚合物特有的基于链段运动的一种力学状态，这种高弹性是其他材料难以替代的，具有高弹性的典型聚合物材料是橡胶。

橡胶具有高弹态的原因在于，橡胶是由线型的长链分子组成，并有少量的交联（硫化）。由于热运动，这种长分子链在不断地改变着自己的形状。在常温下橡胶的长分子链呈蜷曲状态。根据计算，蜷曲分子的均方末端距比完全伸直的分子的均方末端距小 100～1000 倍，因此把蜷曲分子拉直就会显出形变量很大的特点。

橡胶类物质的高弹性与其他固体物质比较有如下特征：

（1）弹性模量很小，而形变量很大。一般，铜、钢等材料的弹性变形量只有原试样的 1%～2%，而橡胶的高弹形变量则可达 1000%，橡胶的弹性模量比其他固体物质小一万倍以上（表 1-7）。当外力使蜷曲的分子拉直时，由于分子链各个环节的热运动和少量交联所引起的共价结合，力图恢复到原来比较自然的蜷曲状态，形成了对抗外力的回缩力，正是这种力促使橡胶形变的自发恢复，造成形变的可逆性。但是这种回缩力毕竟是不大的，所以橡胶在外力不大时就可以发生较大的形变，因而弹性模量很小。

表 1-7 各种材料的弹性模量

材 料	弹性模量/MPa	材 料	弹性模量/MPa
钢	200000～220000	赛璐珞	1300～2500
铜	104000	硬橡皮	260～500
石英晶体	80000～100000	聚乙烯	200
天然丝线	6500	皮革	120～400
牵伸尼龙 66	5000	橡胶	0.2～8
聚苯乙烯	2500	气体（标准态）	0.1

温度升高时，分子链内各部分的热运动比较激烈，回缩力就要增大，所以橡胶类物质的弹性模量随着温度的上升而增加。这一点与金属、陶瓷等材料是相反的。

（2）形变需要时间。橡胶受到外力压缩或拉伸时，形变总是随时间而发展的，最后达到最大形变。拉紧的橡皮带会逐渐变松，这实际上是一种蠕变和应力松弛现象。

（3）形变时有热效应。橡皮在伸长时发热，回缩时吸热，这种热效应随伸长率而增加，通常称为热弹效应。

橡胶伸长变形时，分子链或链段由混乱排列变成比较有规则的排列，此时熵值减少；同时由于分子间的内摩擦而产生热量；另外分子规则排列而易发生结晶，在结晶过程中也会放出热量。由于上述三种原因，使橡胶被拉伸时放出热量。

聚合物晶体不受外力作用时，聚合物晶体中分子链共价键上的原子处于位能最低的状态。受外力作用时，原子之间距离增大(由于共价键键长与键角增大，键的内旋转角也发生一定变化)，位能升高。当外力除去时，原子回到平衡位置，位能也回到最低状态。这就是高分子材料弹性模量的物理本质，它与金属材料是相似的。由于分子链上原子间为共价键，而分子链之间的作用力，通常是范德瓦尔斯力、氢键、偶极作用，因此沿聚合物晶体中分子链方向加载与垂直于分子链方向加载时，其弹性模量相差很大(可相差1～2个数量级)，见表1-8与表1-9。

表1-8　沿高分子链轴向的高分子晶体的弹性模量

高分子	晶体结构	弹性模量 $E(\times 10^{-6})/(kg/cm^2)$	
		理论值	实验值
聚乙烯	平面锯齿状	1.82，3.33	2.35
聚丙烯	螺旋状	0.43	0.41
聚甲醛	螺旋状	1.47	0.53
涤纶	平面锯齿状	1.19	0.75
聚对苯二甲酸乙二醇酯	平面锯齿状	2.50	0.25
尼龙6	平面锯齿状	1.92	0.21

表1-9　与分子链垂直方向的高分子晶体的弹性模量

高分子	弹性模量 $E(\times 10^{-4})/(kg/cm^2)$		
聚乙烯	4.3(110)	3.2(200)	3.9(020)
聚丙烯	2.9(200)	3.2(040)	—
聚乙烯醇	8.9(200)	9.0(101)	—
聚甲醛	8.0(1010)	—	—

注：括号内的数值为晶面指数。

1.4.3　聚合物的变形机制

1. 结晶聚合物的变形机制

对于单行排列的结晶薄片块，当受到垂直或成夹角的拉应力作用时，变形可能沿着晶体间的非晶边界分离，而其他的结晶薄片束则开始转向应力方向。晶体本身先破碎成小块，但分子链仍保持它的折叠结构，随变形继续进行，这些小束沿着拉应力方向串联排列，形成长的微纤维(图1.42、图1.43)。应当指出，这时每一束内已伸展开的链以及许多充分伸展开的联系分子链的取向都平行于拉应力方向。由于许多串联排列的小晶块是从同一个薄片中撕裂出来的，并产生更多的相互联系在一起的分子链段。每个小纤维束的定向排列和充分伸展开的分子链的共同作用，使其强度与刚度大幅度增大。

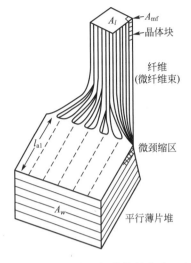

图 1.42 由一堆平行薄片转变为一束密实的、整齐排列的微纤维束的模型

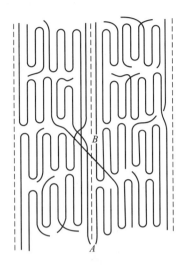

图 1.43 微纤维晶块的排列
A—纤维内伸开的联系分子；
B—纤维间伸开的联系分子

对于球状结晶，在塑性变形初始阶段之后，球状结晶开始破坏，形成微纤维，从而引起形变硬化。因为每个微纤维有很高的强度，再加上微纤维间联系分子链的充分伸展开，微纤维结构的继续变形是非常困难的。这是因为分子或分子链平行于应力方向的排列可使力学性能得到极大改善，这时载荷被沿着分子链的原始共价键所承担，而不是由分子链间较弱的范德瓦尔斯键承担。

2. 非晶聚合物的变形机制

（1）银纹机制。聚合物塑性变形的一种特殊机制是产生银纹现象。银纹类似于裂纹又不同于裂纹，裂纹中不含聚合物，银纹中除有空穴外，还有一定取向的聚合物（该聚合物又称银纹质），如图 1.44 所示。

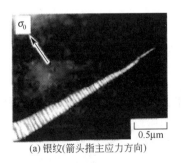

(a) 银纹(箭头指主应力方向)

(b) 局部放大图

图 1.44 聚苯乙烯板中的银纹

银纹现象是聚合物材料特有的。它是聚合物在张应力作用下，在材料某些薄弱处应力集中产生局部塑性变形，而在材料表面或内部出现垂直于应力方向，长度在 $100\mu m$、宽

为 $10\mu m$ 左右的"裂纹"现象。

引起银纹的基本因素是拉应力作用，纯压应力不会产生银纹。在银纹中仅含有46%左右体积的空穴，在银纹的两个银纹面(银纹与聚合物基体间的界面)之间有银纹质，它是在拉应力方向上高度取向维系两个银纹面的束状或片状聚合物。故银纹仍然具有强度，它不仅是非晶态聚合物塑性变形的一种特殊形式，它的产生还增加了聚合物裂纹扩展的抗力，使应力得到松弛，使材料韧性提高。

银纹现象是聚合物材料宏观破坏前微观上损伤、破坏的开始。在聚合物材料的断裂、蠕变、环境应力开裂以及疲劳破坏中，银纹都具有十分重要的作用。

银纹主要在非晶聚合物中产生，但某些结晶性聚合物(如聚丙烯和尼龙)在低温变形时也能产生银纹。热固性环氧树脂也能产生类银纹结构。银纹能在材料表面、内部和裂纹端部形成。在裂纹端形成的银纹，相当于裂纹顶端部塑性屈服区的一种形式。疲劳裂纹的扩展，从本质上讲，就是裂纹顶端部银纹的扩展过程，在应力腐蚀的条件下，腐蚀介质能加速银纹的引发和生长。

(2) 在多轴应力作用下，非晶聚合物能够以下述两种不同的机制屈服(图1.45)。

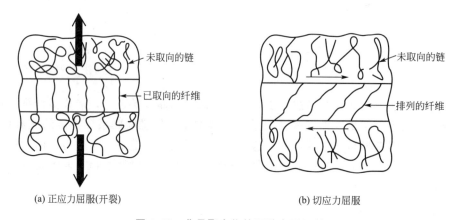

(a) 正应力屈服(开裂) 　　(b) 切应力屈服

图 1.45　非晶聚合物的两种变形机制

在正应力屈服条件下，塑性变形首先开始于塑变区，纤维在拉应力方向上的取向排列达到极限长度后发生断裂。在剪应力屈服的条件下，塑性变形区的纤维也发生取向性排列，但纤维取向与切应力成45°左右。

1.5　陶瓷材料的变形

陶瓷材料在室温静拉伸(或静弯曲)载荷下，一般均不出现塑性变形阶段，即弹性变形阶段结束后，立即发生脆性断裂。描写弹性变形阶段的重要性能指标弹性模量 E 的物理意义与金属一样，它是材料产生单位应变所需的应力，它的大小反映了材料原子间的结合力。

与金属材料相比，陶瓷材料的弹性模量有以下特点：

(1) 陶瓷材料的弹性模量一般高于金属。这是因为陶瓷材料具有强固的离子键和共价键。几种常见的陶瓷材料与金属材料的弹性模量见表 1-10。

表 1-10　几种常见的陶瓷材料和金属材料的弹性模量(室温)

材　　料	E/GPa	材　　料	E/GPa
Al_2O_3	390	金刚石	1000
MgO	250	Al	65
ZrO_2	200	Cu	100
SiC	470	碳素钢	200
Si_3N_4	270	—	—

应当指出,陶瓷材料耐高温、耐磨损、硬度和强度高等一系列特性与陶瓷的结合键性质和弹性模量高是相关的。

(2)陶瓷材料的弹性模量,不仅与结合键有关,还与陶瓷结构及气孔率有关。这一点与金属不同,金属的弹性模量是一个极为稳定的力学性能指标,合金化、热处理、冷热加工难以改变其数值。但是陶瓷的工艺过程却对陶瓷材料的弹性模量有着重大的影响。例如气孔率 P 较小时,弹性模量随气孔率的增加而线性降低,可用下面的经验式表示,即

$$E=E_0(1-KP) \tag{1-48}$$

式中,E_0 为无气孔时的弹性模量,K 为常数。

(3)众所周知,金属不论是拉伸还是在压缩状态下,其弹性模量相等,即拉伸与压缩两部分 $R-e$ 曲线为一直线,如图 1.46(a)所示。而陶瓷材料(特别是气孔率较高时)压缩时的弹性模量一般高于拉伸时的弹性模量,即压缩时的 $R-e$ 曲线斜率比拉伸时大,如图 1.46(b)所示。这与陶瓷材料显微结构的复杂性有关。

由于陶瓷材料在弹性变形后立即发生脆性断裂,不出现塑性变形阶段,因此陶瓷与金属不同,只出现断裂强度 σ_f,而金属在 σ_f 前,还存在屈服强度 R_{eL} 和抗拉强度 R_m。

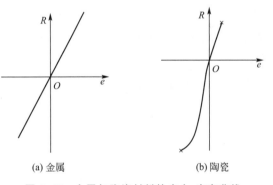

图 1.46　金属与陶瓷材料的应力-应变曲线
(弹性部分)

陶瓷材料在室温下不出现塑性变形或很难发生塑性变形,这与陶瓷材料结合键性质和晶体结构有关。例如,①金属键没有方向性,而离子键与共价键都具有明显的方向性;②金属晶体的结构密排、简单、对称性高,而陶瓷材料晶体结构复杂,对称性低;③金属中相邻原子(或离子)电性质相同或相近,价电子组成公有电子云,不属于个别原子或离子,而属于整个晶体,陶瓷材料中,若为离子键,则正负离子相邻,位错在其中若要运动,会引起同号离子相遇,斥力大,位能急剧升高。基于上述原因,位错在金属中运动的阻力远小于陶瓷中,在金属中位错极易产生滑移运动和塑性变形,而陶瓷中,位错极难运动,几乎不发生塑性变形,致使塑韧性差成了陶瓷材料的致命弱点,也是影响陶瓷材料工程应用的主要障碍。

虽然,在室温下绝大多数陶瓷材料均不产生塑性变形。但是,近年的研究表明,当陶

瓷材料在下述条件时，在高温下还可显示超塑性。这些条件是：①晶粒细小（尺寸小于 $1\mu m$），晶粒是等轴的；②第二相弥散分布，能抑制高温下基体晶粒生长；③晶粒间存在液相或无定形相。典型的具有超塑性的陶瓷材料是用化学共沉淀方法制备的含 Y_2O_3 的 ZrO_2 粉体，成形后在 1250℃ 左右烧结，可获得理论密度 98% 左右的烧结体。这种陶瓷在 1250℃、$3.5\times10^{-2}s^{-1}$ 应变速率下，最大应变量可达 400%。陶瓷材料的超塑性是微晶超塑性，与晶界滑动或晶界液相流动有关；与金属一样，陶瓷材料的超塑性流动也是扩散控制过程。

利用陶瓷超塑性，可以对陶瓷材料进行超塑性加工，提高烧结体的尺寸精度和表面质量，甚至可以对 Y-TZP 陶瓷反挤压成形，制造中空的活塞环和阀门。超塑性加工还可用于扩散焊接，超塑性成形与焊接结合是一种新的复合加工方法。

1.6 材料的断裂

断裂是工程材料的主要失效形式之一。工程结构或机件的断裂会造成重大的经济损失，甚至人员伤亡。因此，如何提高材料的断裂抗力，防止断裂事故发生，一直是人们普遍关注的课题。在材料塑性变形过程中，也在产生微孔损伤。微孔的产生与发展，即损伤的累积，导致材料中微裂纹的形成与长大，即连续性的不断丧失，这种损伤达到临界状态时，裂纹失稳扩展，实现最终的断裂。可以说，任何断裂过程都是由裂纹形成和扩展两个过程组成的，而裂纹形成则是塑性变形的结果。对断裂的研究，主要关注的是断裂过程的机理及其影响因素，其目的在于根据对断裂过程的认识制订合理的措施，实现有效的断裂控制。

1.6.1 金属材料的断裂

按断裂前有无产生明显的宏观塑性变形，金属的断裂分为韧性断裂和脆性断裂两种。

按照断裂机理对断裂进行分类，可分为切离、微孔聚集型断裂、解理断裂、准解理断裂和沿晶断裂。

按断裂面的取向或按作用力方式不同分类：若断裂面取向垂直于最大正应力，即为正断型断裂；断裂面取向与最大切应力方向一致而与最大正应力方向约成 45°者，即为切断型断裂。

1. 韧性断裂与脆性断裂

(1) 韧性断裂是金属材料断裂前产生明显宏观塑性变形的断裂。这种断裂有一个缓慢的撕裂过程，在裂纹扩展过程中不断地消耗能量。韧性断裂的断裂面一般平行于最大切应力并与主应力成 45°角。用肉眼或放大镜观察时，断口呈纤维状，灰暗色。纤维状是塑性变形过程中微裂纹不断扩展和相互连接造成的，而灰暗色则是纤维断口表面对光反射能力很弱所致。

中、低强度钢的光滑圆柱试样在室温下的静拉伸断裂是典型的韧性断裂，其宏观断口呈杯锥状，由纤维区、放射区和剪切唇三个区域组成（图 1.47），即所谓的断口特征三要素。这种断口的形成过程如图 1.48 所示。

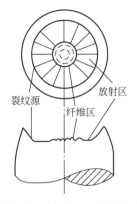

裂纹源 放射区 纤维区

图 1.47 拉伸宏观断口示意图

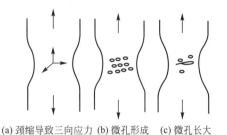

(a) 颈缩导致三向应力 (b) 微孔形成 (c) 微孔长大

图 1.48 杯锥状断口形成示意图

如前所述，当光滑圆柱拉伸试样受拉伸作用，在试验力达到拉伸力伸长曲线最高点时，便在试样局部区域产生颈缩，同时试样的应力状态也由单向变为三向，且中心轴向应力最大。在中心三向拉应力作用下，塑性变形难于进行，致使试样中各部分的夹杂物或第二相质点本身碎裂，或使夹杂物质点与基体界面脱离而形成微孔。微孔不断长大和聚合就形成显微裂纹。早期形成的显微裂纹其端部产生较大塑性变形，且集中于极窄的变形带内。这些剪切变形带从宏观上看大致与径向呈 40°～50°角。新的微孔就在变形带内成核、长大和聚合，当其与裂纹连接时，裂纹便向前扩展了一段距离。这样的过程重复进行就形成锯齿形的纤维区。纤维区所在平面(即裂纹扩展的宏观平面)垂直于拉伸应力方向。纤维区中裂纹扩展是很慢的，当其达到临界尺寸后就快速扩展而形成放射区。放射区是裂纹作快速低能撕裂形成的。放射区有放射线花样特征，放射线平行于裂纹扩展方向而垂直于裂纹前端(每一瞬间)的轮廓线，并逆指向裂纹源。撕裂时塑性变形量越大则放射线越粗。对于几乎不产生塑性变形的极脆材料，放射线消失。温度降低或材料强度增加，会使其塑性降低，放射线由粗变细乃至消失。

试样拉伸断裂的最后阶段形成杯状或锥状的剪切唇。剪切唇表面光滑，与拉伸轴呈45°，是典型的切断型断裂。

试样塑性的好坏由这三个区域的比例而定。如放射区较大，则材料的塑性低，因为这个区域是裂纹快速扩展部分，伴随的塑性变形也小。反之，塑性好的材料，必然表现为纤维区和剪切唇占很大比例，甚至中间的放射区可以消失。材料强度提高，塑性降低，则放射区比例增大；试样尺寸加大，放射区增大明显，而纤维区变化不大。对圆柱形试样的脆断，断面上有许多放射状条纹，这些条纹汇聚于一个中心，此中心区域就是裂纹源，断口表面越光滑，放射条纹越细；对板状试样，断裂呈"人"字形花样，"人"字的尖端指向裂纹源。

金属材料的韧性断裂不及脆性断裂危险，在生产实践中也较少出现(因为许多机件，在材料产生较大塑性变形后就已经失效了)。但是研究韧性断裂对于正确制订金属压力加工工艺(如挤压、拉深)规范还是重要的，因为在这些加工工艺中材料要产生较大的塑性变形，并且不允许产生断裂。

(2) 脆性断裂是突然发生的断裂，断裂前基本上不发生塑性变形，没有明显征兆，因而危害性很大。脆性断裂的断裂面一般与正应力垂直，断口平齐而光亮，常呈放射状或结晶状。

板状矩形拉伸试样断口中的"人"字纹花样如图 1.49 所示。"人"字纹花样的放射方向也与裂纹扩展方向平行，但其尖顶指向裂纹源。实际多晶体金属断裂时主裂纹向前扩展，其前沿可能形成一些次生裂纹，这些裂纹向后扩展借低能量撕裂材料与主裂纹连接，便形成"人"字纹，通常脆性断裂前也产生微量塑性变形。

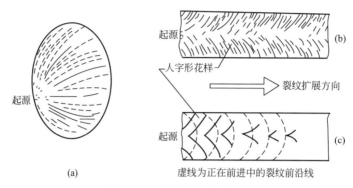

图 1.49　脆性断裂宏观断口

一般规定光滑拉伸试样的断面收缩率小于 5%（反映微量的均匀塑性变形，因为脆性断裂没有颈缩形成）者为脆性断裂；反之，大于 5% 者为韧性断裂。由此可见金属材料的韧性与脆性是根据特定条件下的塑性变形量来规定的，但是一般情况下，条件改变，材料的韧性与脆性行为也将随之变化。

2. 沿晶断裂

多晶体金属断裂时，裂纹扩展的路径可能是不同的。穿晶断裂的裂纹穿过晶内，沿晶断裂的裂纹沿晶界扩展。

宏观上看，穿晶断裂可以是韧性断裂（如韧脆转变温度以上的穿晶断裂），也可以是脆性断裂（低温下的穿晶解理断裂），而沿晶断裂则大多数是脆性断裂。

沿晶断裂是指裂纹在晶界上形成并沿晶界扩展的断裂形式。在多晶体变形中，晶界起协调相邻晶粒的变形的作用，但当晶界受到损伤，其变形能力被削弱，不足以协调相邻晶粒的变形时，便形成晶界开裂。裂纹扩展总是沿阻力最小的路径发展，遂表现为沿晶断裂。工业金属材料晶界损伤有下列几种情况：

（1）晶界有脆性相析出，基本呈连续分布，这种脆性相形成空间骨架，严重损伤了晶界变形能力，如过共析钢二次渗碳体析出即属此类。

（2）材料在热加工过程中，因加热温度过高，造成晶界熔化即过烧，严重减弱了晶界结合力和晶界处的强度，在受载荷时，产生早期的低应力沿晶断裂。

（3）某些有害元素沿晶界富集，降低了晶界处表面能，使脆性转变温度向高温推移，如合金钢的回火脆性，就是由于 As、Sn、Sb 和 P 等元素在晶界富集，明显提高了材料对温度和加载速率的敏感性，在低温或动载条件下发生沿晶脆断。

（4）晶界上有弥散相析出，如奥氏体高锰钢固溶处理后，再加热时沿晶界析出非常细小的碳化物，从而改变了晶界层材料的性质。这也属于晶界受损伤的情况，虽尚有一定的塑性变形能力，但经一定变形后，沿晶界形成微孔型开裂。

除上述冶金因素引起的晶界脆化以外，材料在腐蚀性环境中，也可因与介质互相作用导致晶界脆化。

当晶界的强度小于屈服强度时，晶界无塑性变形，产生冰糖状断口；当晶界的强度大于屈服强度时，晶界有塑性变形，产生石状断口。沿晶断裂断口形貌如图 1.50 所示。

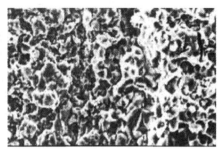

(a) 冰糖状断口　　　　　　　　　　(b) 石状断口

图 1.50　沿晶断裂断口形貌

沿晶断裂过程包括裂纹的形成与扩展。晶界受损的材料受力变形时，晶内的运动位错受阻于晶界，在晶界处造成应力集中，当集中应力达到晶界强度时，便将晶界挤裂。这个集中应力与位错塞积群中的位错数目和滑移带长度有关，因此沿晶断裂应力与晶粒尺寸有下列关系，即

$$\sigma_g = \sigma_0 + k_g d^{-\frac{1}{2}} \tag{1-49}$$

式中，σ_g 为沿晶断裂应力；σ_0 和 k_g 为与晶界结合力有关的常数。

沿晶断裂的性质取决于 σ_g 与屈服强度 R_{eL} 的相对大小。当 $\sigma_g < R_{eL}$ 时，晶界开裂发生于宏观屈服之前，断裂呈宏观脆性，在晶界上有脆性相连续分布时的断裂即属此类。当 $\sigma_g < R_{eL}$ 时，先发生宏观屈服变形及形变强化，在完成一定的变形量后发生微孔型沿晶断裂，在晶界上有弥散相析出时的断裂即属此类。由于弥散相析出，改变了晶界区的材料成分，虽然开始时晶界强度比晶内高，晶界具有协调变形的能力，但因晶界区形变强化能力受到损伤而很快耗尽，在晶界强度低于晶内时便丧失了协调变形的能力，遂在晶界弯折及三晶交叉处等有应力集中的地方按微孔聚集型断裂机制形成微孔并沿晶界扩展，形成韧窝型断口，但韧窝很细小而且沿晶界分布，如图 1.50(b)所示，称为石状断口。这种沿晶断裂属于延性断裂范畴，材料的塑性、韧性水平取决于晶界受损的程度。

3. 纯剪切断裂与微孔聚集型断裂、解理断裂

1) 纯剪切断裂与微孔聚集型断裂

剪切断裂是金属材料在切应力作用下沿滑移面分离而造成的滑移面分离断裂，其中又分滑断(纯剪切断裂)和微孔聚集型断裂。纯金属尤其是单晶体金属常产生纯剪切断裂，其断口呈锋利的楔形(单晶体金属)或刀尖形(多晶体金属的完全韧性断裂)，这是纯粹由滑移流变所造成的断裂。微孔聚集型断裂是通过微孔形核、长大聚合而导致材料分离的。由于实际材料中常同时形成许多微孔，通过微孔长大互相连接而最终导致断裂，故常用金属材料一般均产生这类性质的断裂，如低碳钢室温下的拉伸断裂。

微孔聚集型断裂过程是由微孔形成、长大和连接等不同阶段组成的。

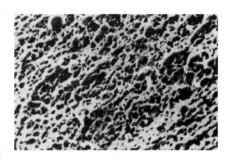

微孔聚集型断裂的断口形貌如图 1.51 所示，称为韧窝花样。在每一个韧窝内都含有一个第二相质点或者折断的夹杂物或者夹杂物颗粒，并且已经确定，材料中的非金属夹杂物和第二相或其他脆性

图 1.51　微孔聚集型断裂的断口形貌

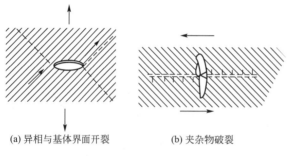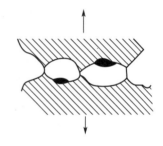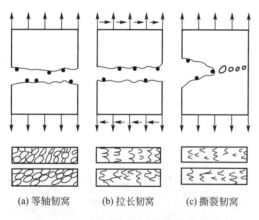

相(统称为异相)颗粒是微孔形成的核心。韧窝断口就是微孔开裂后继续长大和连接的结果。

材料中的异相在力学性能上，如强度、塑性和弹性模量等，均与基体不同。塑性变形时，滑移沿基体滑移面进行，异相起阻碍滑移的作用。滑移的结果，在异相前方形成位错塞积群，在异相与滑移面交界处造成应力集中。随着应变的增大，塞积群中的位错个数增多，应力集中加剧。当集中应力达到异相本身的强度或异相与基体的界面结合强度时，便导致异相本身折断或界面脱离，这就是最初的微孔开裂，如图1.52所示。异相尺寸越大，与基体结合越弱，微孔开裂越早。如果异相与基体结合很弱，可能因其弹性模量的差异，在弹性变形阶段便形成界面开裂。

微孔的长大与连接是基体金属塑性变形的结果。在拉伸应力作用下，微孔可按图1.53所示的方式长大和连接。当相邻两个异相质点周围形成微孔开裂后，其间的金属犹如两侧带有切口的小试样继续变形。塑性变形优先在微孔所在截面内发展，并由于形变强化使其承载能力提高，进一步的变形便在该截面附近的材料中进行，结果该局部的材料被拉长，微孔钝化。此时，微孔间的材料犹如颈缩试样，在继续变形中伸长，并最终以内颈缩方式断裂。内颈缩的发展使微孔长大，局部断裂导致微孔连接。微孔连接遗留的痕迹即是断口上的韧窝。

(a) 异相与基体界面开裂　　(b) 夹杂物破裂

图1.52　微孔形成过程示意图　　　　　图1.53　微孔的长大和连接

(a) 等轴韧窝　(b) 拉长韧窝　(c) 撕裂韧窝

图1.54　三种应力状态下的韧窝状态

微孔聚集断裂的微观断口特征是微孔形核长大和聚合在断口上留下的痕迹，就是在电子显微镜下观察到的大小不等的圆形或椭圆形韧窝。韧窝是微孔聚集断裂的基本特征。韧窝形状视应力状态不同而异，有下列三类：等轴韧窝、拉长韧窝和撕裂韧窝(图1.54)。

韧窝的大小(直径和深度)取决于第二相质点的大小和密度、基体材料的塑性变形能力和应变硬化指数，以及外加应力的大小和状态等。第二相质点密度增大或其间距减小，则微孔尺寸减小。金属材料的塑性变形能力及其应变硬化指数大小直接影响着已长成一定尺寸的微孔的连接、聚合方式。应变硬化指数值越大的材料，越难于发生内颈缩，故微孔尺寸变小。应力大小和状态的改变，实际上是通过影响材料塑性变形能力而间接影响韧窝深度的。在高的静水压力之中内颈缩易于产生，故韧窝深度增加；相反，在多向拉伸应力下或在缺口根部，韧窝则较浅。必须指出，微孔聚集断裂一定有韧窝存在，但在微观形态上出现韧窝，其宏观上不一定就是韧性断裂。因为如前所述，宏观上为脆性断裂在局部区域内也可能有塑性变形，从而显示出韧窝形态。

2）解理断裂

解理断裂是金属材料在一定条件下（如低温）当外加正应力达到一定数值后以极快速率沿一定晶体学平面产生的穿晶断裂，因与大理石断裂类似，故称此种晶体学平面为解理面。解理面一般是低指数晶面或表面能最低的晶面，如体心立方点阵金属的(100)面和密排六方点阵金属的(0001)面。

通常，解理断裂总是脆性断裂，但有时在解理断裂前也显示一定的塑性变形，所以解理断裂与脆性断裂不是同义词，前者是就断裂机理而言，后者则指断裂的宏观形态。

解理断口的宏观平面与最大拉应力垂直，断口由许多小晶面组成，这些小晶面就是解理面，其大小与晶粒尺寸相对应。在电子显微镜下观察，解理断裂并不是沿单一的解理面进行，而是沿一组平行的解理面进行，不同高度上的解理面以解理"台阶"相连。在解理裂纹扩展过程中，"台阶"汇合形成"河流"花样（图1.55和图1.56）。解理"台阶"、"河流"为典型的解理断口微观形貌特征。

图1.55 "河流"花样形成示意图

裂纹扩展方向

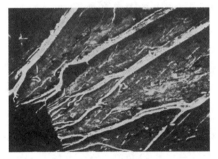

图1.56 "河流"花样

"河流"的流向与裂纹扩展方向一致，所以可以根据"河流"流向确定在微观范围内解理裂纹的扩展方向，而按"河流"反方向去寻找断裂源。

解理断裂的另一微观特征是存在"舌状"花样（图1.57），因其在电子显微镜下的形貌类似于人舌而得名。它是由于解理裂纹沿孪晶界扩展留下的舌头状凹坑或凸台，故在匹配断口上舌头为黑白对应的。解理舌是解理裂纹与形变孪晶相交，并沿孪晶与基体的界面扩展形成的。其机制如图1.58所示，解理裂纹遇到孪晶，解理裂纹沿孪晶面扩展，越过孪晶面后继续沿解理面扩展，而形成"舌状"花样。

图1.57 "舌状"花样

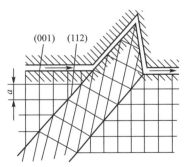

(001) (112)

图1.58 "舌状"花样形成示意图

解理断裂同样分为裂纹形成和裂纹扩展两个阶段，解理断裂前也显示一定的塑性变形，所以其裂纹的形成与位错运动有关。

（1）甄纳-斯特罗位错塞积理论。其模型如图 1.59 所示，在滑移面上的切应力作用下，在晶界附近位错受阻，刃型位错互相靠近形成位错塞积。当切应力达到某一临界值时，塞积头处位错相互挤紧、聚合成为高为 nb，长为 r 的楔形裂纹或孔洞型位错。如果塞积头处的应力集中不能为塑性变形所松弛，则塞积头处的最大拉应力

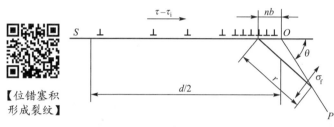

【位错塞积形成裂纹】

图 1.59　位错塞积形成裂纹

力 $\sigma_{f,max}$ 达到理论断裂强度时，形成裂纹。

塞积头前端距领先位错 r 处 P 点的应力为

$$\sigma = \frac{3}{2}(\tau - \tau_i)\left(\frac{d/2}{r}\right)^{1/2} \tag{1-50}$$

式中，$(\tau - \tau_i)$ 为滑移面上的有效切应力；d 为晶粒直径；r 为自位错塞积头到裂纹形成点间的距离。

当 $\theta = 70.5°$ 时 σ 最大，为

$$\sigma_{f,max} = \frac{2}{\sqrt{3}}(\tau - \tau_i)\left(\frac{d/2}{r}\right)^{1/2} \tag{1-51}$$

当位错在障碍物前端塞积时，塞积的位错对于后续位错产生斥力，整个位错塞积群对位错源有一反作用力 (τ_i)，塞积位错数目越多，反作用力越大，只有当滑移面上的有效切应力 $(\tau - \tau_i)$ 大于位错源开动的临界切应力时，位错源才能连续不断地释放出位错。塑性变形增加，位错塞积数目增多，τ_i 增大，所以外加切应力 τ 不断增大，这就是加工硬化。

塞积头处的应力集中不能为塑性变形所松弛，塞积头处垂直于 OP 的拉应力达到理想晶体沿解理面断裂的理论断裂强度时，就会形成解理裂纹。所以，形成解理裂纹的力学条件是

$$(\tau - \tau_i)\left(\frac{d}{2r}\right)^{1/2} \geqslant \left(\frac{E\gamma_s}{a_0}\right)^{1/2} \tag{1-52}$$

$$\tau_f = \tau_i + \sqrt{\frac{2Er\gamma_s}{da_0}} \tag{1-53}$$

式中，γ_s 为比表面能；a_0 为晶面间距；τ_f 为形成裂纹所需切应力。

此时形成的裂纹并不一定可以迅速扩展，解理裂纹扩展的临界条件为

$$\sigma nb = 2\gamma_s \tag{1-54}$$

式中，σ 为外加正应力；n 为塞积的位错数；b 为位错柏氏矢量的模。

式（1-54）说明为了产生解理断裂，裂纹扩展时外加正应力所做的功必须等于产生裂纹新表面的表面能。

解理断裂过程包括通过塑性变形形成裂纹、裂纹在一个晶粒内部初期长大、越过晶界向相邻晶粒扩展三个阶段，如图 1.60 所示。

由图 1.59 可以看出，在有效切应力 $(\tau - \tau_i)$ 的作用下，裂纹的底部边长为切变位移

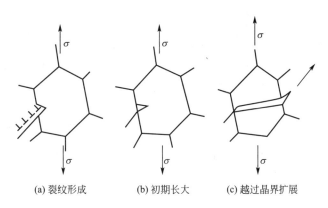

(a) 裂纹形成   (b) 初期长大   (c) 越过晶界扩展

图 1.60　解理裂纹扩展示意图

nb。假设滑移带穿过直径为 d 的晶粒，则分布到滑移带上的弹性切变位移为 $\dfrac{(\tau-\tau_i)}{G}d=nb$，由于滑移作用于滑移带上的应力被松弛，所以弹性切变位移等于塑性位移。根据式(1-54)有

$$\sigma(\tau-\tau_i)d=2\gamma_sG \tag{1-55}$$

对于脆性的解理断裂，位错滑移产生塑性变形，即屈服时就意味着裂纹形成。所以，当切应力 τ 等于屈服应力 τ_s 时，就形成解理裂纹。由于屈服应力与晶粒直径间符合 Hall-Petch 关系：$\tau_s-\tau_i=k_yd^{-1/2}$，所以有

$$\sigma_c=\frac{2G\gamma_s}{k_y\sqrt{d}} \tag{1-56}$$

式(1-56)表示形成长度相当于晶粒直径 d 的裂纹所需要的应力，是裂纹体的实际断裂强度。对于存在第二相质点的合金，d 代表质点间距。d 越小，材料的断裂应力越高。

(2) 柯垂耳位错反应理论。在 bcc 金属晶体中，有两个相交滑移面 $(10\bar{1})$、(101) 与解理面 (001) 相交，三面之交线为 $[001]$。现沿 (101) 面有一群柏氏矢量为 $\dfrac{a}{2}[\bar{1}11]$ 的刃型位错，而沿 $(10\bar{1})$ 面有一群柏氏矢量为 $\dfrac{a}{2}[111]$ 的刃型位错，两者于 (010) 轴相遇（图 1.61），并产生如图 1.62 所示的反应，即

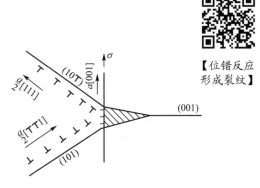

图 1.61　位错反应形成裂纹

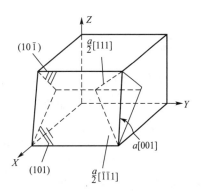

图 1.62　柯垂耳位错

$$\frac{a}{2}[\overline{1}\overline{1}1] + \frac{a}{2}[111] \rightarrow a[001]$$

新形成的位错线在(001)面上,其柏氏矢量为 $a[001]$。因为(001)面不是 bcc 金属晶体的固有滑移面,故 $a[001]$ 为不动位错。结果,两相交滑移面上的位错群就在该不动位错附近产生塞积。当塞积位错较多时,其多余半原子面如同楔子一样插入解理面中间形成宽度为 nb 的裂纹。

位错反应是降低能量的过程,因而裂纹成核是自动进行的。fcc 金属虽有类似的位错反应,但不是降低能量的过程,故 fcc 金属不可能具有这样的裂纹成核机理。位错反应形成的解理裂纹,其扩展力学条件与位错塞积形成裂纹的相同。

上述两种解理裂纹形成模型的共同之处在于:裂纹形核前均需有塑性变形;位错运动受阻,在一定条件下便会形成裂纹。实验证实,裂纹往往在晶界、亚晶界、孪晶交叉处出现。

3)准解理

在许多淬火回火钢的回火产物中会有弥散细小的碳化物质点,这些碳化物质点会影响裂纹的形成与扩展。当裂纹在晶粒内扩展时,难于严格地沿一定晶体学平面扩展。断裂路径不再与晶粒位向有关,而主要与细小碳化物质点有关。其微观形态特征似解理河流但又非真正解理,故称准解理(图 1.63)。准解理与解理的共同点是都是穿晶断裂、有小解理刻面、有台阶或撕裂棱及河流花样;不同点是准解理小刻面不是晶体学解理面。真正解理裂纹常源于晶界,而准解理裂纹则常源于晶内硬质点,形成从晶内某点发源的放射状河流花样,准解理不是一种独立的断裂机理,而是解理断裂的变种。

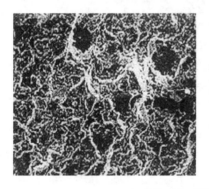

图 1.63　准解理断口形貌

1.6.2　金属断裂强度

1. 理论断裂强度

金属材料之所以具有工业价值,是因为它们有较高的强度,同时又有一定的塑性。决定材料强度的最基本因素是原子间结合力,原子间结合力越高,则弹性模量、熔点就越高。人们曾经根据原子间结合力推导出晶体在切应力作用下,两原子面作相对刚性滑移时所需的理论切应力,即理论切变强度。结果表明,理论切变强度与切变模量之间相差一定数量级。同样的办法也可以推导出在外加正应力作用下,将晶体的两个原子面沿垂直于外力方向拉断所需的应力,即理论断裂强度。粗略计算表明,理论断裂强度与弹性模量之间也相差一定数量级。

晶体材料正断是材料在拉应力作用下，沿与拉应力垂直的原子面被拉开的过程。在这一过程中，外力做的功消耗在断口的形成上，即外力功与断口的表面能相等。按这一思想，晶体材料的理论断裂强度可由原子间结合力的图形算出，如图 1.64 所示。图中纵坐标表示原子间作用力，横轴上方为吸引力，下方为斥力。当两原子间距为 a_0（即点阵常数）

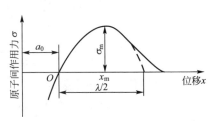

时，原子处于平衡位置，原子间的作用力为零。晶体材料（如金属）受拉伸离开平衡位置，位移越大需克服的引力越大。引力和位移的关系如以正弦函数关系表示，当位移达到 x_m 时引力最大，以 σ_m 表示。拉力超过此值以后，引力逐渐减小，在位移达到正弦周期一半 $\left(\dfrac{\lambda}{2}\right)$ 时，原子间的作用力为零，即原子的键合已完全被破坏，达到完全分离的程度。可见理论断裂强度即相当于克服最大引力 σ_m，即

图 1.64　原子间结合力与原子间
位移的关系曲线

$$\sigma = \sigma_m \sin \frac{2\pi x}{\lambda} \tag{1-57}$$

式中，λ 为正弦曲线的波长；x 为原子间位移。

正弦曲线下所包围的面积代表使金属原子完全分离所需的能量。分离后形成两个新表面，表面能为 γ_s，则

$$\int_0^{\lambda/2} \sigma_m \sin \frac{2\pi x}{\lambda} \mathrm{d}x = \frac{\lambda \sigma_m}{\pi} = 2\gamma_s \tag{1-58}$$

为求得理论断裂强度 σ_m，必须消去 λ。

如果原子位移很小，$\sin \dfrac{2\pi x}{\lambda} \approx \dfrac{2\pi x}{\lambda}$，则

$$\sigma = \sigma_m \frac{2\pi x}{\lambda} \tag{1-59}$$

当原子位移很小时，根据胡克定律有

$$\sigma = E\epsilon = E \frac{x}{a_0} \tag{1-60}$$

式中，ϵ 为弹性应变；a_0 为原子间平衡距离。

合并式（1-59）和式（1-60），消去 x 得

$$\sigma_m = \frac{\lambda}{2\pi} \frac{E}{a_0} \tag{1-61}$$

将式（1-58）的 λ 值代入式（1-61），可得

$$\sigma_m = \left(\frac{E\gamma_s}{a_0}\right)^{1/2} \tag{1-62}$$

这就是理想晶体脆性（解理）断裂的理论断裂强度。可见，晶体弹性模量越大、表面能越大、原子间距越小，即结合越紧密，则理论断裂强度就越大。在 E、a_0 一定时，σ_m 和 γ_s 有关，解理面的 γ_s 低，所以 σ_m 小而易解理。

如果用 E、a_0 和 γ_s 的具体数值代入，则可以获得 σ_m 的实际值。如铁的 $E = 2 \times 10^5 \mathrm{MPa}$，$a_0 = 2.5 \times 10^{-10} \mathrm{m}$，$\gamma_s = 2\mathrm{J/m^2}$，则 $\sigma_m = 4.0 \times 10^4 \mathrm{MPa}$。若用 E 的百分数表示，则 $\sigma_m = E/5.5$，通常 $\sigma_m = E/10$。实际金属材料的断裂应力仅为理论值的 $1/1000 \sim 1/10$。

与引进位错理论以解释实际金属的屈服强度低于理论切变强度相似,人们自然想到,实际金属材料中一定存在某种缺陷,使断裂强度显著下降。

2. 断裂强度的裂纹理论(格里菲斯裂纹理论)

固体材料的实际断裂强度低的原因是材料内部存在有裂纹。玻璃结晶后,由于热应力产生固有的裂纹;陶瓷粉末在压制烧结时也不可避免地残存裂纹。金属结晶是紧密的,并不是先天性的就含有裂纹。金属中含有的裂纹来自两方面:一是在制造工艺过程中产生,如锻压和焊接等;一是在受力时由于塑性变形不均匀,当变形受到阻碍(如晶界、第二相)产生了很大的应力集中,当应力集中达到理论断裂强度,而材料又不能通过塑性变形使应力松弛,这样便开始萌生裂纹。

材料内部含有裂纹对材料强度有多大影响呢? 早在 20 世纪 20 年代 Griffith(格里菲斯)首先研究了陶瓷、玻璃等脆性材料的断裂问题。假定有一很宽的薄板,受均匀应力 σ 作用后,将其两端固定,这时板不再伸长,外力就不做功了。两端固定的受载薄板可视为隔离系统。如果板内制造一椭圆形的穿透裂纹,裂纹长度为 $2a$。此时因与外界无能量交换,裂纹的扩展动力只能来自系统内部储存的弹性能的释放。裂纹扩展时裂纹的表面积增加了,增加单位表面积所需的能量为比表面能 γ_s。

设想有一单位厚度的无限宽薄板,对之施加拉应力,而后使其固定以隔绝外界能源[图 1.65(a)]。用无限宽宽板是为了消除板的自由边界的约束。在垂直板表面的方向上可以自由位移,$\sigma_z=0$,板处于平面应力状态。

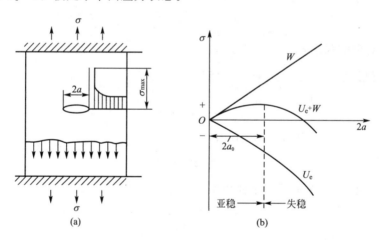

图 1.65 格里菲斯裂纹模型

板材每单位体积储存的弹性能为 $\sigma^2/2E$。因为是单位厚度,故 $\sigma^2/2E$ 实际上亦代表单位面积的弹性能。如果在这个板的中心割开一个垂直于应力、长度为 $2a$ 的裂纹,则原来弹性拉紧的平板就要释放弹性能。根据弹性理论计算,释放的弹性能为

$$U_e = \frac{\pi\sigma^2 a^2}{E} \tag{1-63}$$

这是系统释放的弹性能,其前端应冠以负号,即

$$U_e = -\frac{\pi\sigma^2 a^2}{E} \tag{1-64}$$

另外,裂纹形成时产生新表面需提供表面能,设裂纹的比表面能为 γ_s,则表面能为

$$W = 4a\gamma_s \qquad (1-65)$$

于是，整个系统的总能量变化为

$$U_e + W = -\frac{\pi\sigma^2 a^2}{E} + 4a\gamma_s \qquad (1-66)$$

由于 γ_s 及 σ 是恒定的，则系统总能量变化及每一项能量均与裂纹半长 a 有关 [图 1.65(b)]。在总能量曲线的最高点处，系统总能量对裂纹半长 a 的一阶偏导数应等于 0，即

$$\frac{\partial\left(\dfrac{-\pi\sigma^2 a^2}{E} + 4a\gamma_s\right)}{\partial a} = 0 \qquad (1-67)$$

于是，裂纹失稳扩展的临界应力为

$$\sigma_c = \left(\frac{2E\gamma_s}{\pi a}\right)^{1/2} \qquad (1-68)$$

这就是格里菲斯公式，σ_c 即为裂纹物体的断裂强度(实际断裂强度)。它表明，在脆性材料中，裂纹扩展所需之应力 σ_c 反比于裂纹半长的平方根。如物体所受的外加应力 σ 达到 σ_c，则裂纹产生失稳扩展。如外加应力不变，裂纹在物体服役时不断长大，则当裂纹长大到式(1-69)所示尺寸 a_c 时，也达到失稳扩展的临界状态，即

$$a_c = \frac{2E\gamma_s}{\pi\sigma^2} \qquad (1-69)$$

式(1-68)和式(1-69)适用于薄板情况。对于厚板，厚板处于平面应变状态，因

$$U_e = -\left(\frac{\pi\sigma^2 a^2}{E}\right)(1-\nu^2) \qquad (1-70)$$

所以

$$\sigma_c = \left[\frac{2E\gamma_s}{\pi(1-\nu^2)a}\right]^{1/2} \qquad (1-71)$$

$$a_c = \frac{2E\gamma_s}{\pi(1-\nu^2)\sigma^2} \qquad (1-72)$$

a_c 为在一定应力水平下的裂纹失稳扩展的临界尺寸，具有临界尺寸的裂纹称为格里菲斯裂纹。式(1-68)、式(1-69)、式(1-71)、式(1-72)都是脆性断裂的断裂判据。

图 1.66 所示为存在圆孔、椭圆孔型裂纹时板的应力分布。可见，在裂纹尖端产生了应力集中现象。

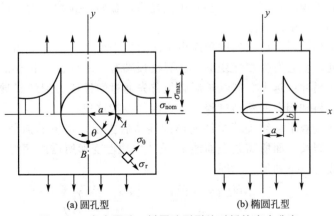

(a) 圆孔型　　**(b) 椭圆孔型**

图 1.66　存在圆孔、椭圆孔型裂纹时板的应力分布

无限大平板的圆孔周围的应力分布为

$$\sigma_r = \frac{\sigma}{2}\left(1 - \frac{a^2}{r^2}\right) + \frac{\sigma}{2}\left(1 + 3\frac{a^4}{r^4} - 4\frac{a^2}{r^2}\right)\cos 2\theta \tag{1-73}$$

$$\sigma_\theta = \frac{\sigma}{2}\left(1 + \frac{a^2}{r^2}\right) - \frac{\sigma}{2}\left(1 + 3\frac{a^4}{r^4}\right)\cos 2\theta \tag{1-74}$$

$$\tau = \frac{\sigma}{2}\left(1 - 3\frac{a^4}{r^4} - 2\frac{a^2}{r^2}\right)\sin 2\theta \tag{1-75}$$

当 $r = a$，$\theta = \pi/2$ 时

$$\sigma_\theta = 3\sigma = \sigma_{max} \tag{1-76}$$

无限大平板的椭圆孔周围的最大应力为

$$\sigma_{max} = \sigma\left[1 + 2\left(\frac{a}{b}\right)^{1/2}\right] \tag{1-77}$$

其值比圆孔大。

如果椭圆孔尖端曲率半径 ρ 很小，即裂纹很尖，此时最大应力为

$$\sigma_{max} = \sigma\left[1 + 2\left(\frac{a}{\rho}\right)^{1/2}\right] \approx 2\sigma\left(\frac{a}{\rho}\right)^{1/2} \tag{1-78}$$

当 $\sigma_{max} = \left(\frac{E\gamma_s}{a_0}\right)^{1/2}$ 时，对于一般裂纹有

$$\sigma_c = \left(\frac{E\gamma_s\rho}{4aa_0}\right)^{1/2} \tag{1-79}$$

当裂纹很尖时，有

$$\sigma_c = \left(\frac{E\gamma_s}{4a}\right)^{1/2} \tag{1-80}$$

比较式(1-79)和式(1-68)可见，当 $\rho = 3a_0$ 时，这两个公式得到的数值相近，$3a_0$ 代表格里菲斯公式适用的弹性裂纹有效曲率半径的下限。如 $\rho < 3a_0$，则适用格里菲斯公式计算脆断强度，但是 ρ 不能趋近于零；如 $\rho > 3a_0$，则适用式(1-79)计算脆性断裂的应力。

格里菲斯公式只适用于计算裂纹尖端塑性变形可以忽略的，如陶瓷、金刚石、超高强度钢等脆性体的断裂强度。虽然，格里菲斯公式是对长为 $2a$ 的中心穿透裂纹计算得到的，但其适用于长为 a 的表面椭圆裂纹。对于表面椭圆裂纹公式中 a 为裂纹的长度。

Griffith 成功解释了材料的实际断裂强度远低于其理论强度的原因，定量地说明了裂纹尺寸对断裂强度的影响，但他研究的对象主要是玻璃这类很脆的材料，因此这一实验结果在当时并未引起重视。直到 20 世纪 40 年代之后，金属的脆性断裂事故不断发生，人们又重新开始审视 Griffith 的断裂理论。

对于大多数金属材料，虽然裂纹顶端由于应力集中作用，局部应力很高，但是一旦超过材料的屈服强度，就会发生塑性变形。在裂纹顶端有一塑性区，材料的塑性越好强度越低，产生的塑性区尺寸越大。裂纹扩展必须首先通过塑性区，裂纹扩展功主要耗费在塑性变形上，金属材料和陶瓷的断裂过程的主要区别也在这里。

奥罗万和欧文调查了裂纹尖端塑性变形的性质后指出，格里菲斯公式即式(1-68)中的表面能应由形成裂纹表面所需之表面能 γ_s 及产生塑性变形所需之塑性功 γ_p 构成。于是，格里菲斯公式应代之以下列形式，即

$$\sigma_c = \sqrt{\frac{2E(\gamma_s + \gamma_p)}{\pi a}} = \sqrt{\frac{2E\gamma_s}{\pi a}\left(1 + \frac{\gamma_p}{\gamma_s}\right)} \tag{1-81}$$

式中，γ_p 为单位面积裂纹表面所消耗的塑性功；$(\gamma_p + \gamma_s)$ 为有效表面能。因为 $(\gamma_p + \gamma_s)$ 远大于 γ_s，故式(1-81)可改写为

$$\sigma_c = \left(\frac{2E\gamma_p}{\pi a}\right)^{\frac{1}{2}} \tag{1-82}$$

格里菲斯理论的前提是，承认实际金属材料中已经存在的裂纹，不涉及裂纹的来源问题。裂纹可能是原材料在冶炼中，或工件在铸、锻、焊、热处理等加工过程中产生的；也可能是材料在受载过程中因塑性变形诱发而产生的。无论何种来源的裂纹，其扩展的力学条件是一致的，这可以从表 1-11 中看出来。为了比较起见，表中还列出了理论断裂强度的表达式。表中格里菲斯公式或格里菲斯-奥罗万-欧文公式适用于两种来源的裂纹，位错理论公式则适用于塑性变形诱发的裂纹。

表 1-11　裂纹扩展力学条件比较

模　　型	裂纹扩展表达式	备　　注
理想晶体模型	$\sigma_m = \left(\dfrac{E\gamma_s}{a_0}\right)^{1/2}$	—
格里菲斯理论	$\sigma_c = \left(\dfrac{2E\gamma_s}{\pi a}\right)^{1/2}$	格里菲斯公式
	$\sigma_c = \left[\dfrac{2E(\gamma_s + \gamma_p)}{\pi a}\right]^{1/2}$	格里菲斯-奥罗万-欧文公式
位错塞积或位错反应理论	$\sigma_c = \dfrac{2G\gamma_s}{k_y\sqrt{d}}$	—

由上所述，$\sigma_c = \dfrac{2G\gamma_s}{k_y\sqrt{d}}$ 是金属材料屈服时产生解理断裂的判据。既然是在屈服时产生的解理断裂，则 $\sigma_c = R_{eL}$，而 R_{eL} 和晶粒大小之间又存在 Hall-Petch 关系 $R_{eL} = \sigma_i + k_y d^{-1/2}$，因此

$$\sigma_i d^{1/2} + k_y = \frac{2G\gamma_s}{k_y d^{1/2}} \tag{1-83}$$

如等式左边项小于右边项，则裂纹虽能形成但不能扩展，此即存在非发展裂纹的情况；反之，若等式左边项大于右边项，则裂纹形成后就能自动扩展。

如果考虑到应力状态对裂纹的影响，式(1-83)可写成

$$(\sigma_i d^{1/2} + k_y)k_y = 2G\gamma_s q \tag{1-84}$$

式中，q 为应力状态系数。

由式(1-84)可见，为了降低金属材料脆断倾向，应采用下述措施：提高 G、γ_s 及 q；降低 σ_i、d 与 k_y。其中，q 是外界条件(试验条件或服役条件)，其他参量都与材料本质有关。如果考虑到位错在晶体中运动所受的摩擦阻力有一部分与温度有关，则式(1-84)实际上反映了内、外因素对金属材料韧性的影响，它们的变化必然会导致材料韧性行为的转化。

G 为材料切变模量，不同的金属材料具有不同的 G 值。材料的 G 值越高，则脆性强度也越高。热处理、合金化或冷热变形对 G 值影响很小，故现今常用的强化方法很难通过改变 G 而使金属材料韧化。

γ_s为金属材料的有效表面能，由表面能和塑性变形功两部分构成，其中塑性变形功占主要部分。塑性变形功大小与材料的有效滑移系数目及裂纹尖端附近可动位错数目有关，主要决定于材料本身。如 bcc 金属虽然有效滑移系数目多，但因位错受杂质原子钉扎，故可动位错数目少，易于脆性断裂；fcc 金属的有效滑移系和可动位错数目都比较多，易于塑性变形而不易于产生脆性断裂。某些环境因素(如腐蚀介质侵入)会降低表面能，使材料变脆。

q为表示应力状态的系数，其值等于滑移面上切应力与正应力之比，故含义与本书第 2 章将要介绍的应力状态软性系数相近，但彼此数值上不等。切应力是位错运动的推动力，同时它也决定了在障碍物前位错塞积的数目，因此对塑性变形和裂纹的形成及扩展过程都有作用；正应力影响裂纹扩展过程，拉应力促进裂纹扩展。因而，任何减小切应力与正应力比值的应力状态都将增加金属材料的脆性。

晶粒大小反映滑移距离的大小，因而影响障碍前位错塞积的数目。细化晶粒，裂纹不易形成，并且裂纹形成后也不易扩展，因为裂纹扩展时要多次改变方向，将消耗更多能量。因此，具有细晶粒组织的金属材料，其抗断性能优于具有粗晶粒组织的金属材料。

σ_i与τ_{P-N}与位错运动所遇到的障碍有关。高的σ_i与τ_{P-N}易导致脆性断裂，因为材料屈服能达到的应力值比较大。由于位错运动速率应随应力提高而增加，所以在σ_i较高时，外力较大，位错加速运动，解理裂纹形核的机会也就随之增加。若因σ_i较高而使应力达到σ_c，则裂纹必将快速扩展。

bcc 金属具有低温变脆现象，其原因之一就是σ_i随温度降低急剧升高。但 bcc 金属低温变脆还和形变方式有关。在低温下，孪生是塑性变形的主要方式。孪晶彼此相交或孪晶与晶界相交处常常是解理裂纹形成的地方，因而在相同条件下，裂纹好像是在具有孪晶组织的金属中进行，加之因温度较低，裂纹前沿地区难于进行塑性变形。这些都有利于裂纹扩展而显示出较大脆性。

k_y为钉扎常数，位错被钉扎越强，k_y越大，越易出现脆性断裂。

合金元素对钢的韧脆性影响比较复杂。凡加入合金元素引起单系滑移或孪生、产生位错钉扎而增加k_y及减小表面能的都增大脆性。若在合金中形成粗大的第二相，也会引起脆性增大。但若合金元素是晶粒细化，获得弥散状态的第二相，则必将提高材料的韧性。

以上根据裂纹扩展的临界力学条件定性地讨论了影响金属材料韧性、脆性的因素，韧性和脆性是金属材料在不同条件下表现的力学行为或力学状态，两者相对并可以互相转化。在一定条件下，金属材料表现为脆性还是韧性取决于裂纹扩展过程。如果裂纹(已存在裂纹或塑性变形诱发的裂纹)扩展时，其前沿地区能产生显著塑性变形或受某种障碍所阻，使断裂判据中表面能项增大，则裂纹扩展便会停止下来，材料显示为韧性；反之，若在裂纹扩展中始终能满足脆性断裂判据的要求，则材料便显示为脆性。

1.6.3 陶瓷材料的断裂

陶瓷材料的断裂过程都是以其内部或表面存在的缺陷为起点而发生的。晶粒和气孔(及杂质)尺寸在决定陶瓷材料强度方面与裂纹尺寸有等效作用。缺陷的存在是概率性的。当内部缺陷成为断裂原因时，随试样体积增加，缺陷存在的概率增加，材料强度下降；表面缺陷成为断裂源时，随表面积增加，缺陷存在概率也增加，材料强度也下降。陶瓷材料断裂概率可以以最弱环节理论为基础，按韦伯分布函数考虑。韦伯分布函数表示材料断裂概率的一般公式为

$$F(\sigma) = 1 - \exp\left[-\int_V \left(\frac{\sigma - \sigma_u}{\sigma_0}\right)^m dV\right] \quad\quad (1-85)$$

式中，$F(\sigma)$ 为断裂概率，体积 V 的函数；m 为韦伯模数；V 为体积；σ 为特征应力，在该应力下断裂概率为 0.632；σ_u 为相当于最小断裂强度，当施加应力小于该值时，断裂概率为零。

对陶瓷材料，常令 $\sigma_u = 0$。则

$$F(\sigma) = 1 - \exp\left[-\left(\frac{\sigma}{\sigma_0}\right)^m \int_V \left(\frac{\sigma'}{\sigma_0}\right)^m dV\right] \quad\quad (1-86)$$

式中，σ'、σ 为试样内各部位的应力及它们的最大值。

可以认为，同一组陶瓷材料试样，其韦伯模数是固定值。陶瓷材料在考虑其平均强度时，用韦伯模数 m 度量其强度均匀性。m 值大，材料强度分布窄，即分散性小；反之，m 值小，材料强度分散性大。优质工程陶瓷典型 m 值为 10，高可靠性 Si_3N_4 陶瓷的 m 值甚至超过 20。当两种陶瓷材料平均强度相同时，在一定断裂应力下，m 值大的材料比 m 值小的材料发生断裂的概率要小。解理是陶瓷材料的主要断裂机理，而且很容易从穿晶解理转变成沿晶断裂。陶瓷材料的断裂是以各种缺陷为裂纹源，在一定拉伸应力作用下，其最薄弱环节处的微小裂纹扩展，当裂纹尺寸达到临界值时陶瓷瞬时脆断。

大量试验结果表明，陶瓷的实际强度比其理论值小 1～2 个数量级，只有晶须和纤维的实际强度才较接近理论值（表 1-12）。

表 1-12 陶瓷材料的断裂强度

材　料	理论值 σ_c/MPa	测定值 σ_c'/MPa	σ_c/σ_c'
Al_2O_3 晶须	50000	15400	3.3
铁晶须	30000	13000	2.3
奥氏体型钢	20480	3200	6.4
高碳钢琴丝	14000	2500	5.6
硼	34800	2400	14.5
玻璃	6930	105	66.0
Al_2O_3（蓝宝石）	50000	644	77.6
BeO	35700	238	150.0
MgO	24500	301	81.4
Si_3N_4（热压）	38500	1000	38.5
SiC（热压）	49000	950	51.5
Si_3N_4（反应烧结）	38500	295	130.5
AlN（热压）	28000	600～1000	46.7～28.0

从表1-12中可以看出，陶瓷材料断裂强度理论值和实测值有巨大差异，实际材料的断裂强度 σ_c' 仅为理论值的 $\frac{1}{100} \sim \frac{1}{10}$。可用格里菲斯裂缝强度理论 $\sigma_c = \left(\frac{2E\gamma_s}{\pi a}\right)^{1/2}$ 解释。若原子间距离 $a_0 = 10^{-8}$ mm，材料中的裂纹长度 $a \approx 0.1$ mm，则带裂纹体的断裂强度 σ_c 仅为无裂纹体理论强度的万分之一。

研究表明，陶瓷材料的断裂强度具有下述特点。

由表1-1可以看出，陶瓷的弹性模量比金属大几倍，根据 $\sigma_c = \left(\frac{E\gamma_s}{a_0}\right)^{1/2}$，如果弹性模量大，则理论断裂强度也应当大。陶瓷材料具有高的熔点和高的硬度也反映陶瓷应当具有高的强度。陶瓷材料尽管本质上应当具有很高的断裂强度，但实际断裂强度却往往低于金属。这是由陶瓷的离子键、共价键强度高于金属键强度所决定的。但是陶瓷材料是由固体粉料烧结而成，在粉料成形、烧结反应过程中，存在大量气孔，这些气孔不都是球形，很多呈不规则形状，其作用相当于裂纹。在加热烧成过程中，固体颗粒的凝聚或反应往往在固相间进行，烧结反应中的固溶、第二相析出、晶粒长大等大多数过程也是在固相中进行，反应进行的程度与烧成条件有很大关系，这就导致陶瓷材料不同于金属材料的第二个特点，即内部组织结构的复杂性与不均匀性，即陶瓷中的缺陷或裂纹比金属材料中多而且大得多。另外金属中裂纹扩展时要克服比表面能大得多的塑性功，因此陶瓷的断裂强度反而低于金属。

金属材料即使是脆性的铸铁，其抗拉强度与抗压强度之比也有1/4~1/3，而陶瓷材料的抗拉强度与抗压强度之比几乎都在1/10。这表明陶瓷材料承受压应力的能力大大超过承受拉应力的能力，其原因是陶瓷材料内部缺陷(气孔、裂纹等)和不均匀性对拉应力十分敏感。这对陶瓷材料在工程上的合理使用有着重要意义。

设计陶瓷零件时常用其拉伸强度值作为判据。陶瓷材料由于脆性大，在拉伸试验时易在夹持部位断裂，加之夹具与试样轴心不一致产生附加弯矩，因而往往测不出陶瓷材料真正的抗拉强度。为保证正确进行陶瓷材料的拉伸试验，需要在试样及夹头设计方面做许多工作，如在平行夹头中加橡胶垫固定薄片状试样，可防止试样在夹持部位断裂，并利用试样的弹性变形减少附加弯矩。

由于测定陶瓷材料抗拉强度在技术上有一定难度，所以常用抗弯强度代之，抗弯强度比抗拉强度高20%~40%。实际上，两者之差随试样尺寸、韦伯模数和断裂源位置等不同而异。图1.67为 Si_3N_4 陶瓷在不同温度下的抗弯强度与抗拉强度值。

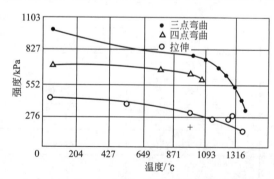

图1.67 Si_3N_4 陶瓷的抗弯强度与抗拉强度比较

对陶瓷材料进行强度设计时应注意以下几点：

(1) 陶瓷材料应当尽可能避免用于较硬的应力状态(如拉伸、多向拉伸或缺口拉伸)。当结构设计中孔槽截面过渡不可避免时，应当尽可能设法降低结构设计中的应力集中，应加大圆角过渡及避免三向拉应力状态等。

（2）采用组合式结构，将拉应力状态尽可能地转化为较软的应力状态。

高分子材料的断裂

聚合物的抗拉强度一般为 20~80MPa，比金属低得多，但其比强度较金属的高。

表 1-13 为几种聚合物的抗拉强度。

表 1-13　几种聚合物的抗拉强度

名　　称	抗拉强度/MPa	名　　称	抗拉强度/MPa
高密度聚乙烯（HDPE）	60	尼龙 610	60
聚四氟乙烯（PTFE）	25	聚甲基丙烯酸甲酯（PMMA）	65
聚丙烯（PP）	33	聚碳酸酯（PC）	67
聚氯乙烯（PVC）	50	聚对苯二甲酸乙二醇酯（PET）	80
聚苯乙烯（PS）	50	尼龙 66	83
酚醛树脂（PF）	55	聚苯醚（PPO）	85
不饱和聚酯（UP）	60	聚砜（PSU）	85
环氧树脂（EP）	90	—	—

聚合物具有一定强度，是由分子间范德瓦尔斯键、原子间共价键及分子间氢键决定的。聚合物的实际强度仅为其理论值的 1/200。此与其结构缺陷（如裂纹、杂质、气泡、空洞和表面划痕）和分子链断裂不同时性有关。

影响聚合物实际强度的因素仍然是其自身的结构，主要的结构因素有：

（1）高分子链极性大或形成氢键能显著提高强度，如聚氯乙烯极性比聚乙烯大，所以前者强度高，尼龙有氢键，其强度又比聚氯乙烯高。

（2）主链刚性大，强度高，但是链刚性太大，会使材料变脆。

（3）分子链支化程度增加，因分子链间距增大，降低抗拉强度。如低密度聚乙烯支化程度高，其抗拉强度就比高密度聚乙烯的低。

（4）分子间适度进行交联，提高抗拉强度，如辐射交联的 PE（聚乙烯）比未交联 PE 的抗拉强度提高一倍；但交联过多，因影响分子链取向，反而降低强度等。

在拉应力作用下，非晶态聚合物（如聚苯乙烯、聚甲基丙烯酸甲酯和聚氯乙烯）的某些薄弱地区，因应力集中产生局部塑性变形，结果在其表面或内部或在裂纹尖端附近出现闪亮的、细长形的银纹（Craze）。

银纹在非晶态聚合物的拉伸脆性断裂中有重要作用。一般认为，银纹生成是非晶态聚合物断裂的先兆。在外力作用下，银纹质因其内部存在非均匀性（如有外来物质或杂质）而产生开裂，并形成孔洞。随后形成的孔洞与已有的孔洞连接起来，在垂直应力方向上形成微裂纹。微裂纹尖端区连续出现银纹，使微裂纹相连扩展，引起宏观断裂。因此，在工程上非晶态聚合物的断裂过程，包括外力作用下银纹和非均匀区的形成、银纹质的断裂、微裂纹的形成、裂纹扩展和最后断裂等几个阶段。与金属材料相比，聚合物形成银纹类似于金属韧性断裂前产生的微孔。

结晶态聚合物的脆性断裂过程与上述类似。

如果聚合物屈服后局部塑性变形方式为产生剪切形变带，当剪切形变带穿越过试样时，材料就产生韧性剪切断裂。

小 结

材料在单向静拉伸载荷作用下所产生的力学行为有变形和断裂两种，而变形又可以分为弹性变形和塑性变形。

对于金属和陶瓷玻璃态而言，弹性变形是原子在其平衡位置附近发生可逆性位移的结果。弹性模量的大小表征了材料对弹性变形的抗力，其大小与原子之间的结合力大小有关。金属的弹性模量对组织的变化不敏感；陶瓷材料的弹性模量不仅与结合键有关，还与陶瓷结构及气孔率有关；而聚合物的弹性变形还与其构型和构象的变化有关，其弹性模量结构非常敏感，高弹态聚合物弹性变形量远大于金属。对于部分实际的工程材料弹性变形具有不完整性，表现为弹性后效、循环韧性和包申格效应。

塑性变形是不可逆的变形，对于金属和陶瓷一类的晶体，塑性变形是位错在晶体内部运动的结果，凡是影响位错运动阻力的因素会影响其塑性变形阻力(强度)和塑性变形能力(塑性)。金属材料一般常用的强化方式有相变强化、固溶强化、细晶强化、加工硬化、析出强化(沉淀强化、弥散强化)。同时，随着外部条件的变化其塑性和强度都会发生变化。一般使材料强度提高的方法会使得材料的塑性降低，而细化晶粒不但可以提高强度，同时还可以提高塑性，是一种典型的强韧化方法。

断裂可以分为裂纹产生和裂纹扩展两个阶段；典型的韧性金属材料的拉伸断口呈杯锥状，可以分为三个区。对于金属一般都会在其断口上发现塑性变形的痕迹，所以其裂纹的产生与位错运动有关。对于微孔聚集型断裂其显微特征为韧窝；解理断裂的微观特征是"河流"花样和舌状花样。

材料的实际断裂强度远小于其理论断裂强度。这与材料内部存在缺陷有关。如果材料在断裂过程中存在明显的塑性变形，则其断裂过程中消耗的功会大大增加，材料的韧性也会增加。

复习思考题

1. 解释下列名词：

(1)滞弹性；(2)弹性比功；(3)循环韧性；(4)包申格效应；(5)塑性；(6)韧性；(7)加工硬化；(8)解理断裂。

2. 解释下列力学性能指标的意义：

(1)E；(2)R_{eL}；(3)R_m；(4)n；(5)A、Z。

3. 金属的弹性模量主要取决于什么？为什么说它是一个对结构不敏感的力学性能？

4. 常用的标准试样有5倍试样和10倍试样，其延伸率分别用A_5和A_{10}表示，说明为什么$A_5 > A_{10}$？

5. 某汽车弹簧，在未装满载时已变形到最大位置，卸载后可完全恢复到原来状态；

另一汽车弹簧，使用一段时间后，发现弹簧弓形越来越小，即产生了塑性变形，而且塑性变形量越来越大。试分析这两种故障的本质及改变措施。

6. 有 45、40Cr、35CrMo 钢和灰铸铁几种材料，应选择哪种材料作为机床机身？为什么？

7. 什么是包申格效应？如何解释？它有什么实际意义？

8. 产生颈缩的应力条件是什么？要抑制颈缩的发生有哪些方法？

9. 加工硬化在工程上有什么实际意义？

10. 试用位错理论解释：粗晶粒不仅屈服强度低，断裂塑性也低；而细晶粒不仅使材料的屈服强度提高，断裂塑性也提高。

11. 韧性断口由几部分组成？其形成过程如何？

12. 简述韧性断裂过程中基体和第二相的作用，其形态对材料韧性水平有何影响。

13. 由 Hall - Petch 关系式和解理断裂表达式讨论晶粒尺寸细化在强韧化中的作用。

14. 为什么材料发生脆断要先有局部的塑性变形？试从理论上给予解释，并从试验上举出一两个实验结果证明上述的论点是正确的。

15. 为何室温下陶瓷材料塑性变形能力较差？

16. 分析板条马氏体的强化机制？

17. 分析回火温度对钢强度和塑性的影响机制。

第 2 章
材料在其他静载荷下的力学性能

 本章知识框架

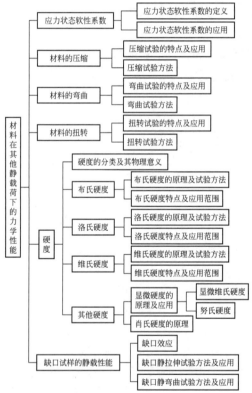

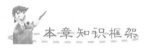 本章教学目标与要求

1. 掌握应力状态软性系数的概念，熟悉应力状态对材料性能的影响。
2. 理解金属弯曲、扭转、压缩试验特点；掌握金属弯曲、扭转及压缩试验的方法。
3. 理解不同硬度的意义；掌握不同硬度的测试方法及应用范围。
4. 掌握缺口效应；熟悉缺口拉伸的试验方法。

导入案例

灰铸铁具有拉伸脆性，强度低，压缩强度高，有一定的塑性，循环韧性高，常用作机床床身。

1. 优良的耐磨性和消振性

灰铸铁中的石墨本身具有润滑作用，石墨掉落后的空洞能吸附和储存润滑油，使铸件有良好的耐磨性。此外，由于铸件中带有硬度很高的磷共晶，又能使耐磨能力进一步提高。这对于制备活塞环、气缸套等受摩擦零件具有重要意义。

石墨还可以阻止振动的传播，灰铸铁的消振能力是钢的 10 倍，常用来制作承受振动的机床底座。

2. 较低的缺口敏感性

灰铸铁中由于石墨的存在，相当于存在很多小的缺口，表面的缺陷、缺口等几乎没有敏感性，因此，表面的缺陷对灰铸铁的疲劳强度影响较小，但其疲劳强度比钢低。

3. 灰铸铁的机械性能

灰铸铁的抗拉强度、塑性、韧性及弹性模量都低于碳素钢。灰铸铁的抗压强度和硬度主要取决于基体组织。灰铸铁的抗压强度一般比抗拉强度高出三四倍，这是灰铸铁的一种特性。因此，与其把灰铸铁用作抗拉零件，还不如做耐压零件更适合。这就是灰铸铁广泛用作机床床身和支柱等受耐压零件的原因，如图 2.1 所示。

(a) 机床床身   (b) 汽缸套

图 2.1　灰铸铁应用实例

2.1　应力状态软性系数

塑性变形和断裂是金属材料在静载荷下失效的主要形式，它们是金属所承受的应力达到其相应的强度极限而产生的。当金属所受的最大切应力 τ_{max} 达到屈服强度 τ_s 时产生屈服；当 τ_{max} 达到切断强度 τ_k 时，产生剪切型断裂；当最大正应力 σ_{max} 达到正断强度时产生正断型断裂。但同一种金属材料，在一定承载条件下产生何种失效形式，除与其自身的强度大小有关外，还与承载条件下的应力状态有关。不同的应力状态，其最大正应力 σ_{max} 与最大切应力 τ_{max} 的相对大小是不一样的，因此，会对金属的变形和断裂性质产生不同的影响。为此，必须知道在不同的静加载方式下试样中 τ_{max} 和 σ_{max} 的计算方法及其相对大小的表示方法。

任何复杂应力状态都可用三个主应力 σ_1、σ_2 和 σ_3($\sigma_1 > \sigma_2 > \sigma_3$)来表示。根据这三个主应力，可以按"最大切应力理论"计算最大切应力，即 $\tau_{max} = (\sigma_1 - \sigma_3)/2$；按相当于"最大正应力理论"计算最大正应力，即 $\sigma_{max} = \sigma_1 - \nu(\sigma_2 - \sigma_3)$，$\nu$ 为泊松比。τ_{max} 与 σ_{max} 的比值表示它们的相对大小，称为应力状态软性系数，记为 α。对于金属材料取 $\nu = 0.25$，则 α 值为

$$\alpha = \frac{\tau_{max}}{\sigma_{max}} = (\sigma_1 - \sigma_3)/[2\sigma_1 - 2\nu(\sigma_2 + \sigma_3)] \qquad (2-1)$$

例如，单向拉伸时的应力状态只有 σ_1，$\sigma_2 = \sigma_3 = 0$，代入式(2-1)后得 $\alpha = 0.5$。

常用的几种静加载方式的应力状态软性系数 α 值见表 2-1。

α 值越大，试样中最大切应力分量越大，表示应力状态越"软"，金属越易于产生塑性变形和韧性断裂。反之，α 值越小，试样中最大正应力分量越大，应力状态越"硬"，金属越不易产生塑性变形而易于产生脆性断裂。注意，α 的绝对值并不能定量评定材料的塑性变形(或塑性)特性，仅用于比较不同试验方法应力状态的"硬"或"软"，以供选择试验方法之用。

由表 2-1 可见，单向静拉伸的应力状态较硬，故一般适用于那些塑性变形抗力与切断强度较低的所谓塑性材料试验。对于那些正断强度较低的所谓脆性材料(如淬火并低温回火的高碳钢、灰铸铁及某些铸造合金)，在这种加载方式下，试验金属将产生脆性正断，显示不出它们在韧性状态下所表现的各种力学行为。此时，如在弯曲、扭转等应力状态较"软"的加载方式下，试验则可以揭示那些客观存在而在静拉伸下不能反映的塑性性能。反之，对于塑性较好的金属材料则常采用三向不等拉伸的加载方法，使之在更"硬"的应力状态下显示其脆性倾向。

表 2-1　常用的几种静加载方式的应力状态软性系数 $\alpha(\nu = 0.25)$

加载方式	主应力			α
	σ_1	σ_2	σ_3	
三向不等拉伸	σ	$\frac{8}{9}\sigma$	$\frac{8}{9}\sigma$	0.1
单向拉伸	σ	0	0	0.5
扭转	σ	0	$-\sigma$	0.8
二向等压缩	0	$-\sigma$	$-\sigma$	1
单向压缩	0	0	$-\sigma$	2
三向不等压缩	$-\sigma$	$-\frac{7}{3}\sigma$	$-\frac{7}{3}\sigma$	4

注：表中三向不等拉伸和三向不等压缩中的 σ_2 和 σ_3 值是假定的。

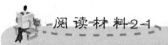
阅读材料2-1

铝合金在三种应力状态下的力学性能

铝合金以其密度小、耐蚀性好、比强度较高等特点，在汽车等交通工具中应用广泛。铝合金汽车构件在撞击过程中，构件各点的应力状态均不相同，而且在撞击的过程中各点的应力状态还随着时间变化而变化。为了研究铝合金在不同应力状态下的性能，特采

用 6063 铝合金,进行了平板拉伸、缺口拉伸和纯剪切三种应力状态的测试。图 2.2 所示为三种试样的形状及几何尺寸(单位为 mm)。

图 2.3 所示为试验的工程应力-应变曲线。平板拉伸时的断裂应变大于缺口拉伸时的断裂应变,而平板拉伸时的屈服及峰值应力小于缺口拉伸时的屈服及峰值应力。通过有限元计算知:平板拉伸时,在材料中的三轴应力始终为 0.34;而在缺口拉伸中产生的三轴应力最大值可以达到 0.515。缺口拉伸时,相对较高的三轴应力使材料的塑性变形变得比较困难,要达到相同的应变,需要的应力就会升高。但是三轴应力升高时,材料断裂的驱动力增大,导致材料提前断裂,所以缺口拉伸的应变小于平板拉伸时的应变。

在剪切时,材料的剪切断裂应变远远大于平板拉伸时的断裂应变,说明剪切时材料的变形能力远远大于平板拉伸时的变形能力。剪切断口上出现了典型的"蛇行滑移"花样和"涟波"花样,而且剪切平面的比例占到断口总面积的 93.2%,说明断面与最大切应力面一致。而切应力是位错滑移的驱动力,其塑性变形能力大。平板拉伸试样存在剪切断裂和正拉伸断裂两种方式,最终的断裂以剪切断裂为主。缺口拉伸试样中主要以正拉伸断裂为主,所以,其塑性变形能力低。

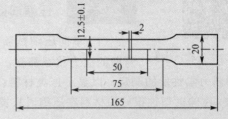

(a) 平板拉伸试样

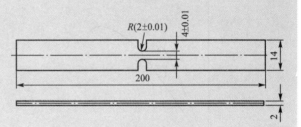

(b) 缺口拉伸试样

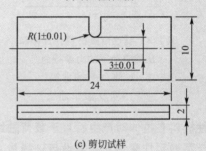

(c) 剪切试样

图 2.2　试样的形状及几何尺寸

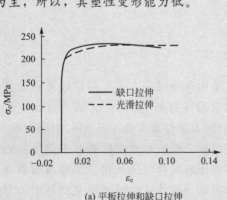

(a) 平板拉伸和缺口拉伸

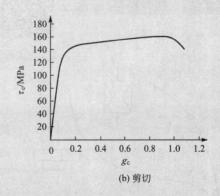

(b) 剪切

图 2.3　试验的工程应力-应变曲线

📚 资料来源:朱浩. 铝合金在三种应力状态下的力学性能研究及断口分析.

兰州理工大学学报,2006,32(6).

2.2　材料的压缩

【材料力学实验演示】

2.2.1　压缩试验的特点

（1）单向压缩试验的应力状态软性系数 $\alpha=2$，比拉伸、扭转、弯曲的应力状态都软，所以单向压缩试验主要用于拉伸时呈脆性的金属材料力学性能的测定，以显示这类材料在塑性状态下的力学行为(图2.4)。

（2）拉伸时塑性很好的材料在压缩时只发生压缩变形而不会断裂(图2.5)。

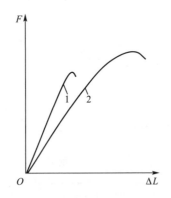

图2.4　脆性金属材料在拉伸和
压缩载荷下的力学行为
1—拉伸力-伸长曲线；
2—压缩力-变形曲线

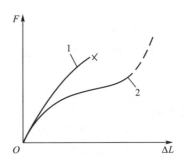

图2.5　金属压缩力-变形曲线
(压缩曲线)
1—脆性材料；2—塑性材料

脆性材料在拉伸时产生垂直于载荷轴线的正断，塑性变形量几乎为零；而在压缩时除能产生一定的塑性变形外，常沿与轴线呈**45°**方向产生断裂，具有切断特征。

2.2.2　压缩试验

1. 单向压缩试验

【压缩实验】

单向压缩时应力状态的软性系数较大，故用于测定脆性材料(如铸铁、轴承合金、水泥和砖石等)的力学性能。由于压缩时的应力状态较软，故在拉伸、扭转和弯曲试验时不能显示的力学行为，在压缩时有可能获得。压缩可以看作反向拉伸。因此，拉伸试验时所定义的各个力学性能指标和相应的计算公式在压缩试验中基本上都能应用。但两者之间也存在着差别，如压缩时试件不是伸长而是缩短，横截面不是缩小而是胀大。此外，塑性材料压缩时只发生压缩变形而不断裂，

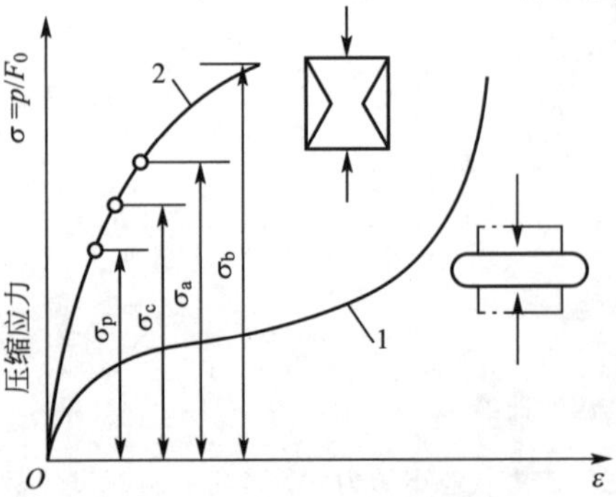

图2.6　压缩载荷变形曲线

压缩曲线一直上升,如图 2.6 中的曲线 2 所示。正因为如此,塑性材料很少做压缩试验,如需做压缩试验,也是为了考察材料对加工工艺的适应性。

图 2.6 中的曲线 1 是脆性材料的压缩曲线。根据压缩曲线,可以求出压缩强度和塑性指标。对于低塑性和脆性材料,一般只测抗压强度 σ_{bc}、相对压缩率 ε_{ck} 和相对断面扩胀率 ψ_{ck},即

$$\sigma_{bc} = p_{bc}/A_0 \tag{2-2}$$

$$\varepsilon_{ck} = [(h_0 - h_k)/h_0] \times 100\% \tag{2-3}$$

$$\psi_{ck} = [(A_k - A_0)/A_0] \times 100\% \tag{2-4}$$

式中,p_{bc} 为试件压缩断裂时的载荷;h_0、h_k 为试件的原始高度和断裂时的高度;A_0、A_k 为试件的原始截面积和断裂时的截面积。

式(2-2)表明,σ_{bc} 是条件抗压强度。若考虑试件截面变化的影响,可求得真抗压强度 (p_k/A_k)。由于 $A_k \geqslant A_0$,故真抗压强度小于或等于条件抗压强度。

常用的压缩试件为圆柱体,也可用立方体和棱柱体。为防止压缩时试件失稳,试件的高度和直径之比 h_0/d_0 应取 $1.5 \sim 2.0$。高径比 h_0/d_0 对试验结果有很大影响,h_0/d_0 越大,抗压强度越低。为使抗压强度的试验结果能互相比较,一般规定 $h_0/\sqrt{A_0}$ 为定值。

压缩试验时,在上下压头与试件端面之间存在很大的摩擦力。这不仅影响试验结果,而且还会改变断裂形式。为减小摩擦阻力的影响,试件的两端面必须光滑平整,相互平行,并涂润滑油或石墨粉进行润滑。还可将试件的端面加工成凹锥面,且使锥面的倾角等于摩擦角,即 $\tan\alpha = f$,f 为摩擦因数;同时,也要将压头改制成相应的锥体(图 2.7)。

2. 压环强度试验

在陶瓷材料工业中,管状制品很多,故在研究、试制和质量检验中,也常采用压环强度试验方法。此外,在粉末冶金制品的质量检验中也常用这种试验方法。压环强度试验采用圆环试件,其形状与加载方式如图 2.8 所示。

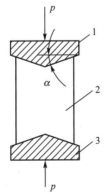

图 2.7 减小端面摩擦的
压头和试件的形状

1—上压头;2—试件;3—下压头

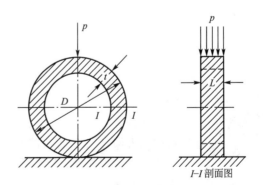

图 2.8 压环强度试验示意图

试验时将试件放在试验机上下压头之间,自上向下加压直至试件断裂。根据断裂时的压力求出压环强度。由材料力学可知,试件的 I—I 截面处受到最大弯矩的作用,该处拉

应力最大。试件断裂时 I—I 截面上的最大拉应力即为压环强度，可根据式（2-5）求得

$$\sigma_r = 1.908 p_r (D-t)/2Lt^2 \qquad\qquad (2-5)$$

式中，p_r 为试件压断时的载荷；D 为压环外径；t 为试件壁厚；L 为试件宽度（图 2.8）。

应当注意，试件必须保持圆整度，表面无伤痕且壁厚均匀。

2.3　材料的弯曲

2.3.1　弯曲试验的特点

金属杆状试样承受弯矩作用后，其内部应力主要为正应力，与单向拉伸和压缩时产生的应力类同。但由于杆件截面上的应力分布不均匀，表面最大，中心为零，且应力方向发生变化，因此，金属在弯曲加载下所表现的力学行为与单纯拉应力或压应力作用下的不完全相同。例如，很多材料的拉伸弹性模量与压缩弹性模量不同，而弯曲弹性模量却是两者的复合结果。又如，在拉伸或压缩载荷下产生屈服现象的金属，在弯曲载荷下显示不出来。因此对于承受弯曲载荷的机件，如轴、板状弹簧等，常用弯曲试验测定其力学性能，以作为设计或选材的依据。弯曲试验与拉伸试验相比还有以下特点：

（1）弯曲试验试件形状简单、操作方便。同时，弯曲试验不存在拉伸试验时的试件偏斜（力的作用线不能准确通过拉伸试件的轴线而产生附加弯曲应力）对试验结果的影响，并可用试件弯曲的挠度显示材料的塑性。因此，弯曲试验方法常用于测定铸铁、铸造合金、工具钢及硬质合金等脆性与低塑性材料的强度和显示塑性的差别。图 2.9 所示为热处理工艺对合金工具钢弯曲力学性能影响的试验结果，据此可确定最佳淬火温度范围。

（2）弯曲试件表面应力最大，可较灵敏地反映材料表面缺陷。因此，常用来比较和鉴别渗碳和表面淬火等化学热处理及表面热处理机件的质量和性能。

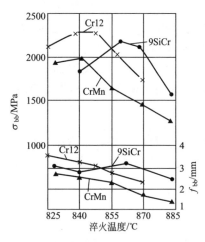

图 2.9　热处理工艺对合金工具钢弯曲力学性能的影响

【弯曲实验】

2.3.2　弯曲试验

弯曲试验时，试件一侧为单向拉伸，另一侧为单向压缩，最大正应力出现在试件表面，对表面缺陷敏感，因此，弯曲试验常用于检验材料表面缺陷，如渗碳或表面淬火层质量等。另外，对于脆性材料，因对偏心敏感，利用拉伸试验不容易准确测定其力学性能指标，因此，常用弯曲试验测定其抗弯强度，并相对比较材料的变形能力。

1. 弯曲试验方法

弯曲试验分为三点弯曲和四点弯曲，弯曲试件主要有矩形截面和圆形截面两种。通常用弯曲试件的最大挠度 f_{max} 表示材料的变形性能。试验时，在试件跨距的中心测定挠度，

绘成 p-f_{max} 关系曲线，称为**弯曲图**。图 2.10 表示三种不同材料的弯曲图。

对于高塑性材料，弯曲试验不能使试件发生断裂，其 p-f_{max} 曲线的最后部分可延伸很长 [图 2.10(a)]。因此，弯曲试验难以测得塑性材料的强度，而且试验结果的分析也很复杂，故塑性材料的力学性能由拉伸试验测定，而不采用弯曲试验。

对于脆性材料，可根据弯曲图 [图 2.10(c)]，求得**抗弯强度** σ_{bb}，即

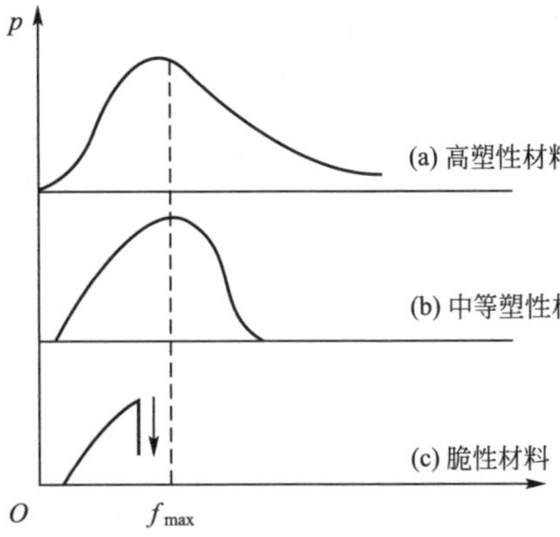

$$\sigma_{bb} = M_b/W \qquad (2-6)$$

图 2.10 典型的弯曲图

式中，M_b 为试件断裂时的弯矩，M_b 可根据弯曲图上的最大载荷 p_B 按下式计算：对三点弯曲试件，$M_b = p_B L_s/4$，其中 L_s 为跨距；对四点弯曲试件，$M_b = p_B l/2$，其中 l 为支点与相邻施力点的间距；W 为截面抗弯系数，对于直径为 d_0 的圆柱试件，$W = \pi d_0^3/32$；对于宽为 b、高度为 h 的矩形截面试件，$W = bh^2/6$。

材料弯曲变形的大小用 f_{max} 表示，其值可用百分表或挠度计直接读出。

弯曲试验的加载方式如图 2.11 所示。

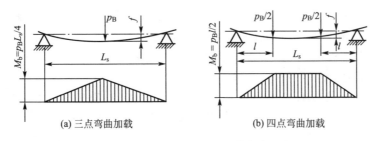

图 2.11 弯曲试验的加载方式

2. 弯曲试验的应用

1）用于测定灰铸铁的抗弯强度

灰铸铁的弯曲试件一般采用铸态毛坯圆柱试件。试验时加载速度不大于 0.1mm/s。若试件的断裂位置不在跨距的中点，而在距中点 x 处，则抗弯强度应按下式计算，即

$$\sigma_{bb} = \frac{8p_B(L-2x)}{\pi d_0^3} \qquad (2-7)$$

2）用于测定硬质合金的抗弯强度

硬质合金由于硬度高，难以加工成拉伸试件，故常做弯曲试验以评价其性能和质量。由于硬质合金价格昂贵，故常采用方形或矩形截面的小尺寸试件，常用的规格是 5mm×5mm×30mm，跨距为 24mm。

3）陶瓷材料的抗弯强度测定

由于陶瓷材料脆性大，测定抗拉强度很困难，故目前主要是把测定其抗弯强度作为评价陶瓷材料性能的方法。

陶瓷材料的弯曲试验常采用方形或矩形截面的试件。考虑到试验结果的分散性，试件应从同一块或同质坯料上切出尽可能多的小试件，以便对试验结果进行统计分析。试件的表面粗糙度对陶瓷材料的抗弯强度有很大的影响，表面越粗糙，抗弯强度越低。磨削方向与试件表面的拉应力垂直，也会降低陶瓷材料的抗弯强度。

M42 高速钢刀具的抗弯强度试验及分析

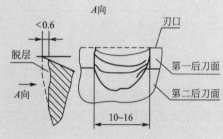

图 2.12　M42 高速钢立铣刀的脆性崩刃

硬度是影响高速钢刀具性能的重要指标之一。M42 高速钢(国外牌号)立铣刀经分级淬火后硬度达 HRC68～70。由于硬度偏高，该刀具切削工件时，切削刃口会很快发生崩刃，导致刀具快速失效。刃口产生图 2.12 所示的脆性崩刃，如剥皮似的沿第一、第二后刀面脱层崩刃，即刀具碎片以薄层形式从刀具后表面上剥落，刃口崩刃处局部有放射状和"人"字形花纹，无疲劳源迹象，因此属脆性崩刃。

一般来说，刀具硬度高，其耐磨性较好，但韧性较差，脆性较大。通常可用韧性指标来表示刀具抵抗裂纹产生和扩展的能力。评定脆性材料韧性的常用方法是抗弯强度试验(高速钢刀具经淬火后可认为是脆性材料或低塑性材料)。该试验不受试件偏斜的影响，可稳定测出刀具的抗弯强度值。由于强度与韧性相互关联，因此抗弯强度值越高，刀具抗脆性断裂的能力(即韧性)越强。

M42 高速钢立铣刀的抗弯强度试验方案如下：首先用经不同热处理工艺处理的 M42 高速钢立铣刀进行切削，并观察刀具的失效形式，然后用失效刀具制成不同尺寸的方形小桁条试件，将试件置于万能材料试验机上，在试件三点弯曲状态下以缓慢速率对试件加载，测出其抗弯强度值。

采用不同热处理工艺的 M42 高速钢立铣刀的切削试验与抗弯强度试验结果见表 2-2。

表 2-2　M42 高速钢立铣刀的切削试验与抗弯强度试验结果

序号	试样尺寸/ mm×mm×mm	热处理工艺	硬度/ HRC	抗弯强度 σ_{bb}(平均值)	刀具失效形式与强度试验表现
1	5×5×60	原分级淬火：1160～1200℃淬火，540～550℃三次回火	67.3～67.9	3024	切削不久产生均匀崩刃(尺寸10mm×1mm)；强度试验时 3 个试样受力即一端崩掉，表明刀具脆性大，不适合较高速切削，切削参数较低
2	5×5×51	原分级淬火：1160～1200℃淬火，540～550℃三次回火	67.9～68.3	2746	切削不久产生大块脱层；强度试验时 3 个试件受力即一端崩掉，表明刀具脆性大，不适合较高速切削，切削参数较低

（续）

序 号	试样尺寸/ mm×mm×mm	热处理工艺	硬度/ HRC	抗弯强度 σ_{bb}（平均值）	刀具失效形式与 强度试验表现
3	5×5×51	原分级淬火； 1160～1200℃淬火， 540～550℃三次回火	68～68.4	2518	切削不久产生11处崩刃（尺寸2mm×0.3mm）；不适合较高速切削，切削参数较低
4	5×5×51	原分级淬火； 1160～1200℃淬火， 540～550℃三次回火	64～64.4	3543	磨损较快，切削参数较低
5	5×5×55	改进分级淬火； 1160～1200℃淬火， 540～560℃四次回火	67～67.1	3429	切削时有1处崩刃（尺寸1mm×0.3mm）；适合较高速切削，切削参数较高
6	5×5×55	等温淬火； 1160～1200℃淬火， 540～560℃四次回火	67～67.1	3605	切削正常，无崩刃；适应较高速切削，切削参数较高

　　分析试验结果可看出：M42 高速钢立铣刀的硬度超过 HRC67.5 后，刀具脆性增大，韧性较差，抗弯强度值较低，只适合用于小余量精铣，不适合用于切削力、冲击力较大的粗铣、半精铣及高速切削。如刀具硬度低于 HRC65，虽然可适应较大加工范围，抗弯强度值高，韧性较好，但刀具耐磨性差，工作寿命降低，同样不利于高速切削，难以体现出 M42 高速钢切削速度高、耐磨性好的特点。为使刀具兼有较大加工范围和较理想的切削性能，将刀具硬度控制在 HRC 65～67.5 之间较为适宜，在此硬度范围内，刀具可保持较高的红硬性和耐磨性，而韧性及强度又可得到适当改善，刃口韧性好，不易崩刃，可选取较高切削速度及较大走刀量。

资料来源：金属加工世界．2007(3)．

2.4　材料的扭转

2.4.1　应力-应变分析

　　扭转加载时，应力状态软性系数 $\alpha=0.8$，最大切应力 $\tau_{max}=\frac{1}{2}\sigma_{max}$。假定一圆柱形试件受扭矩作用，其应力-应变分布如图 2.13 所示。

　　扭转试件在横截面上无正应力作用，只有切应力。弹性变形阶段，横截面上各点切应力与半径方向垂直，其大小与该点距中心的距离成正比，中心处切应力为零，表面处最大，如图 2.13(b)所示，表层产生塑性变形后，各点切应力仍与距中心的距离成正比，但切应力水平却因塑性变形而降低，如图 2.13(c)所示。在与轴线成45°角的平面上承受最大正应力。最大正应力与最大切应力相等，即

$$\tau_{max}=\frac{\sigma_1-\sigma_3}{2}=\frac{2\sigma_1}{2}=\sigma_{max} \qquad (2-8)$$

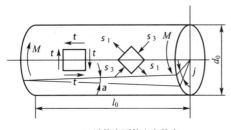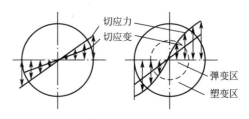

| (a) 试件表面的应力状态 | (b) 弹性变形阶段横截面 上的切应力与切应变分布 | (c) 弹塑性变形阶段横截面 上的切应力与切应变分布 |

图 2.13　扭转试件中的应力–应变分布

在弹性变形范围内，圆杆表面的切应力计算公式为

$$\tau = M/W \qquad\qquad (2-9)$$

式中，M 为扭矩；W 为截面系数，对于实心圆杆，$W = \pi d_0^3/16$；对于空心圆杆，$W = \pi d_0^3(1 - d_1^4/d_0^4)/16$，其中 d_0 为外径，d_1 为内径。

因切应力作用而在圆杆表面产生的切应变为

$$\gamma = \tan\alpha = \frac{\varphi d_0}{2l_0} \times 100\% \qquad\qquad (2-10)$$

式中，α 为圆杆表面任一行等于轴线的直线因 τ 的作用而转动的角度 [图 2.13(a)]；φ 为扭转角；l_0 为杆的长度。

2.4.2　扭转试验及测定的力学性能

1. 扭转试验的特点

当圆柱试件承受扭矩进行扭转时，试样表面的应力状态如图 2.13(a)所示。在与试件轴线呈 45°角的两个斜截面上作用最大与最小正应力 σ_1 及 σ_3，在与试样轴线平行和垂直的截面上作用最大切应力 τ，两种应力的比值近似等于 1。在弹性变形阶段，试件横截面上的切应力和切应变沿半径方向的分布是线性的 [图 2.13(b)]。当表层产生塑性变形后切应变的分布仍保持线性关系，但切应力则因塑性变形而有所降低，不再呈线性分布 [图 2.13(c)]。

根据上述应力状态和应力分布，可以看出扭转试验具有如下特点。

(1) 扭转的应力状态软性系数 $\alpha = 0.8$，比拉伸时的 α 大，易于显示金属的塑性行为。

(2) 圆柱形试件扭转时整个长度上塑性变形是均匀的，没有颈缩现象，所以能实现大塑性变形量下的试验。高温扭转试验(热扭转试验)可以用来研究金属在热加工条件下的流变性能与断裂性能，评定材料的热压力加工性，并为确定生产条件下的热压力加工工艺(如轧制、锻造、挤压)参数提供依据。

(3) 扭转试验时，试件截面上的应力应变分布表明，该试验对金属表面缺陷及表面硬化层的性能有很大的敏感性。因此，可利用扭转试验研究或检验工件热处理的表面质量和各种表面强化工艺的效果。

(4) 扭转时试件中的最大正应力与最大切应力在数值上大体相等，而生产上所使用的大部分金属材料的正断强度大于切断强度，所以，扭转试验是测定这些材料切断强度最可靠的方法。此外，根据扭转试件的宏观断口特征还可明确区分金属材料最终断裂方式是正断还是切断。塑性材料的断裂面与试件轴线垂直、断口平整，有回旋状塑性变形痕迹［图2.14(a)］，这是由切应力造成的切断；脆性材料的断裂面与试件轴线成45°角，呈螺旋状［图2.14(b)］，这是在正应力作用下产生的正断。图2.14(c)所示为木纹状断口断裂面顺着试件轴线形成纵向剥层或裂纹。这是因为金属中存在较多的非金属夹杂物或偏析，并在轧制过程中使其沿轴向分布，降低了试样轴向切断强度造成的。因此，可以根据断口宏观特征，来判断承受扭矩而断裂的机件的性能。

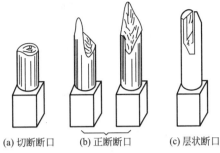

(a) 切断断口   (b) 正断断口   (c) 层状断口

图2.14   扭转试样的宏观断口

（5）扭转试验时，试件受到较大的切应力，因而还被广泛地应用于研究有关初始塑性变形的非同时性的问题，如弹性后效、弹性滞后以及内耗等。

综上所述，扭转试验可用于测定塑性材料和脆性材料的剪切变形和断裂的全部力学性能指标，并且还有着其他力学性能试验方法所无法比拟的优点。因此，扭转试验在科研和生产检验中得到较广泛的应用。然而，扭转试验的特点和优点在某些情况下也会变为缺点。例如，由于扭转试件中表面切应力大，越往心部切应力越小，当表层发生塑性变形时，心部仍处于弹性状态［图2.13(c)］。因此，很难精确地测定表层开始塑性变形的时刻，故用扭转试验难以精确地测定材料的微量塑性变形抗力。

2. 扭转试验

扭转试验采用圆柱形(实心或空心)试件，在扭转试验机上进行。扭转试件如图2.15所示，有时也采用标距为50mm的短试件。

【扭转实验】

在试验过程中，随着扭矩的增大，试件标距两端截面不断产生相对转动，使扭转角 φ 增大，利用试验机的绘图装置可得出 M-φ 关系曲线，称为扭转图，如图2.16所示。它与拉伸试验测定的真应力-真应变曲线相似，这是因为在扭转时试件的形状不变，其变形始终是均匀的，即使进入塑性变形阶段，扭矩仍随变形的增大而增加，直至试件断裂。

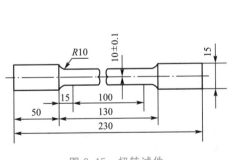

图2.15   扭转试件

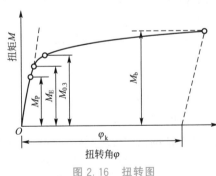

【扭转图】

图2.16   扭转图

根据图2.16和式(2-9)、式(2-10)，可确定材料的切变量 G、扭转比例极限 τ_p、扭转屈服强度 $\tau_{0.3}$ 和抗扭强度 τ_b，即

$$G = \tau/\gamma = 32Ml_0/(\pi\varphi d_0^4) \tag{2-11}$$

$$\tau_p = M_p/W \tag{2-12}$$

式中，M_p 为扭转曲线开始偏离直线时的扭矩，确定 M_p 时，使曲线上某点的切线与纵坐标

轴夹角的正切值较直线与纵坐标夹角的正切值大 50%，该点所对应的扭矩即为 M_P。

$$\tau_{0.3} = M_{0.3}/W \qquad (2-13)$$

式中，$M_{0.3}$ 为残余扭转切应变为 0.3% 时的扭矩。

确定扭转屈服强度时的残余切应变取 0.3%，是为了与确定拉伸屈服强度时取残余正应变为 0.2% 相当。条件抗扭强度的计算公式为

$$\tau_b = M_b/W \qquad (2-14)$$

式中，M_b 为试件断裂前的最大扭矩。

应当指出，τ_b 仍然是按弹性变形状态下的公式计算的，由图 2.13(c) 可知，它比真实的抗扭强度大，故称为条件抗扭强度，考虑塑性变形的影响，应采用塑性状态下的公式计算真实抗扭强度 t_K，即

$$t_K = \frac{4}{\pi d_0^2} \left[3M_K + \theta_K \left(\frac{dM}{d\theta} \right)_K \right] \qquad (2-15)$$

式中，M_K 为试件断裂前的最大扭矩；θ_K 为试件断裂时单位长度上的相对扭转角，$\theta_K = \dfrac{d\varphi}{dl}$；

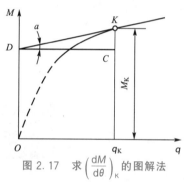

图 2.17 求 $\left(\dfrac{dM}{d\theta} \right)_K$ 的图解法

$\left(\dfrac{dM}{d\theta} \right)_K$ 为 $M-\theta$ 曲线上 $M = M_K$ 点的切线的斜率 $\tan a$，如图 2.17 所示，若 $M-\theta$ 曲线的最后部分与横坐标轴近似于平行，则 $\left(\dfrac{dM}{d\theta} \right)_K \approx 0$。

于是，式(2-15)可简化为

$$t_K = 12M_K/\pi d_0^2 \qquad (2-16)$$

真抗扭强度 t_K 也可用薄壁圆管试件进行试验直接测出。由于管壁很薄，可以认为，试件横截面上的切应力近似地相等。因此，当管状试件断裂时的切应力即为真抗扭强度 t_K，可用下式求得

$$t_K = M_K/2\pi a r^2 \qquad (2-17)$$

式中，M_K 为断裂时的扭矩；r 为管状试件内、外半径的平均值；a 为管壁厚度；$2\pi a r^2$ 为管状试件的截面系数。

扭转时的塑性变形可用残余扭转相对切应变 γ_K 表示，即

$$\gamma_K = [\varphi_K d_0/2l_0] \times 100\% \qquad (2-18)$$

式中，φ_K 为试件断裂时标距长度 l_0 上的相对扭转角。

扭转总切应变是扭转塑性应变与弹性应变之和。对于高塑性材料，弹性切应变很小，故由式(2-18)求得的塑性切应变近似地等于总切应变。

关于扭转试验方法的技术规定可参阅 GB/T 10128—2007《金属材料 室温扭转试验方法》。

2.5 材料的硬度

【材料的硬度】

2.5.1 硬度的概念与分类

硬度并不是金属独立的基本性能，它是指金属在表面上的不大体积内

抵抗变形或者破裂的能力。究竟它表征哪一种抗力则取决于采用的试验方法，如刻划法型硬度试验表征金属抵抗破裂的能力，而压入法型硬度试验则表征金属抵抗变形的能力。

　　生产中应用最多的是压入法型硬度，如布氏硬度、洛氏硬度、维氏硬度和显微硬度等。所得到的硬度值的大小实质上是表示金属表面抵抗外物压入所引起的塑性变形的抗力大小。它在真应力-真应变曲线上的位置如图 2.18 所示。这是属于侧压加载方式下的应力状态。在力学状态图上，这一应力状态线很陡，如图 2.19 所示，所以压入法型硬度试验也可以认为是金属侧压试验。

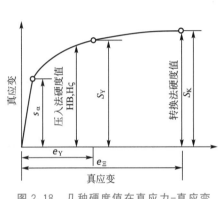

图 2.18　几种硬度值在真应力-真应变
曲线上的位置

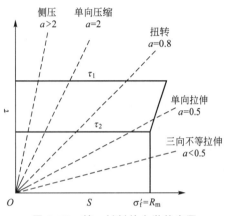

图 2.19　某一材料的力学状态图

　　由于压入法型(侧压)加载方式属于极"软"性的应力状态，$a>2$，即最大切应力远远大于最大正应力，所以在这种加载方式下几乎所有金属材料都会发生塑性变形，而起始塑性变形抗力和继续塑性变形的抗力(即形变强化能力)就直接决定压入硬度值的大小。正因为如此，压入硬度值和金属抗拉强度 R_m 之间近似地成正比关系，如 R_m 值和布氏硬度值 HB 之间近似关系可写为

$$R_m = K \text{HB} \qquad\qquad (2-19)$$

对不同材料，有不同的 K 值。对铜及其合金和不锈钢，$K=0.4\sim0.55$，对钢铁材料及铝合金，K 值为 $0.33\sim0.36$，粗略地可认为 $K=1/3$。

　　在前面讨论抗拉强度 R_m 时说过，钢铁材料的旋转弯曲疲劳极限 σ_{-1} 大致相当于 σ_b 的一半。现在，既然 R_m 大约为 HB/3，那么 σ_{-1} 就应该相当于 HB/6，即 $\sigma_{-1}\approx0.16\text{HB}$ (表 2-3)。由此可见，只要知道了布氏硬度值，就可间接推知许多其他力学性能数据。硬度试验又简单易行，不损毁试件或工件，所以在生产上得到最广泛的应用。

表 2-3　抗拉强度 σ_b、疲劳强度 σ_{-1} 和布氏硬度值 HB 的关系

金属材料(退火态)	R_m/MPa	HB	R_m/HB	σ_{-1}/MPa	σ_{-1}/HB
RR56 铝合金	456	138	0.33	163	0.12
杜拉铝	455	116	0.40	163	0.14
工业纯铁(0.02%)	301	87	0.35	160	0.19

(续)

金属材料(退火态)	R_m/MPa	HB	R_m/HB	σ_{-1}/MPa	σ_{-1}/HB
20 钢	479	141	0.35	213	0.15
45 钢	638	182	0.36	278	0.16
T8 钢	754	211	0.36	264	0.13
T12 钢	793	224	0.36	339	0.15
2Cr13(0.02%C, 13.3% Cr)	661	194	0.35	318	0.16
不锈钢(0.16%C, 17.3%Cr, 8.2%Ni)	903	175	0.53	368	0.21
铜	220	47	0.48	163	0.15

硬度试验按其试验方法的物理意义可分为刻划硬度、回跳硬度(肖氏硬度)和压入硬度。刻划硬度主要表征材料对切断式破坏的抗力,所以它与 S_K 之间有明确的对应关系。回跳硬度主要表征材料弹性比功大小,因此,必须对弹性模量相同的材料才能进行回弹硬力试验。压入硬度的含义如上述,由于此法在生产上应用最为广泛,故下面主要谈压入法硬度。

2.5.2 布氏硬度

1. 布氏硬度试验

布氏硬度试验始于 1900 年,是应用最久、最广泛的压入法硬度试验之一。

布氏硬度的测定原理是:在直径 D 的钢珠上,加一定载荷 p,压在被试金属的表面(图 2.20),根据金属表面压痕的陷凹面积 F 计算出应力值,以此值作为硬度值大小的计量指标。布氏硬度值的符号以 HB(kgf/mm², 1kgf=9.80665N)标记,则

$$HB = \frac{p}{F} = \frac{p}{\pi Dt} \qquad (2-20)$$

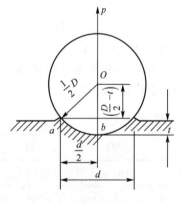

图 2.20 压痕深度 t 和压痕直径 d 的关系

式中,t 为压痕陷凹深度;πDt 为压痕陷凹面积,这可以从压痕陷凹面积和整个球面积之比等于压痕陷凹深度 t 和球直径 D 之比的关系中求得。

由式(2-20)可知,在 p 和 D 一定时,HB 的高低取决于 t 的大小,二者呈反比。t 大说明金属形变抗力低,故硬度值 HB 小,反之则 HB 大。

在实际测定时,由于测定 t 较困难,而测定压痕直径 d 却较容易,因此,要将式(2-20)中的 t 换成 d。这一换算可以从图 2.20 中△Oab 的关系中求出,即

$$t = \frac{D}{2} - \frac{1}{2}(D^2 - d^2)^{1/2} \qquad (2-21)$$

将式(2-21)代入式(2-20)得

$$HB = \frac{2p}{\pi D[D - (D^2 - d^2)^{1/2}]} \qquad (2-22)$$

式(2-22)中只有 d 是变数，故实验时只要量出 d 即可计算出 HB 值(生产中 p 和 D 都有规定，故 HB 值已计算成表，根据 d 值查表即得 HB 值)。

2. 布氏硬度试验规程

布氏硬度试验的基本条件是载荷 p 和钢球直径 D 必须事先确定，这样所得数据才能进行比较。但由于金属有硬有软，所试工件有厚有薄，如果只采用一个标准的载荷 p(如3000kgf)和钢球直径 D(如 10mm)时，对于硬合金(如钢)虽然适合，但对于软合金(如铅、锡)就不适合，这时，整个钢球都会陷入金属中；同样，这个值对厚的工件虽然适合，对于薄的工件(如厚度小于 2mm)就不适合，这时工件可能被压透。此外，压痕直径 d 和钢球直径 D 的比值也不能太大或太小，否则所得 HB 值失真，只有二者的比值在一定范围($0.2D < d < 0.5D$)才能得到可靠的数据。因此，在生产上应用这一试验时，就要求采用不同的 p 和 D 的搭配。如果采用不同的 p 和 D 的搭配进行试验时，对 p 和 D 应该采取什么样的规定条件才能保证同一材料得到同样的 HB 值。为了解决这个问题，需要运用相似原理。

图 2.21 表示两个不同直径的钢球 D_1 和 D_2 在不同负荷 p_1 和 p_2 下压入金属表面的情况。由图可知，如果要得到相等的 HB 值，就必须使二者的压入角 φ 相等，这就是确定 p 和 D 的规定条件的依据。从图 2.21 可看出，φ 和 d 的关系是

$d = D \sin \dfrac{\varphi}{2} \left(\dfrac{D}{2} \sin \dfrac{\varphi}{2} = \dfrac{d}{2} \right)$，将其代入式(2-22)，得

$$HB = \frac{p}{D^2} \cdot \frac{2}{\pi \left[1 - \left(1 - \sin \dfrac{\varphi}{2} \right)^{1/2} \right]} \qquad (2-23)$$

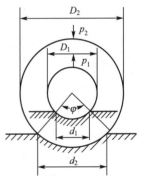

图 2.21 相似原理的运用

由式(2-23)可知，要保证所得压入角 φ 相等，必须使 p/D^2 为一常数，只有这样才能保证对同一材料得到相同的 HB 值。这就是对 p 和 D 必须规定的条件。生产上常用的 p/D^2 值规定有 30、10、2.5 三种，根据金属种类不同而分别采用，见表 2-4。

表 2-4　布氏硬度试验规程

材　　　料	HB 范围/(kgf/mm²)	试件厚度/mm	p/D^2	钢球直径 D/mm	载荷 p/kgf	载荷保持时间/s
黑色金属	140~450	>6	30	10	3000	10
		3~6		5	750	
		<3		2.5	187.5	
黑色金属	<140	>6	30	10	3000	30
		3~6		5	750	
		<3		2.5	187.5	

（续）

材　　料	HB 范围/ (kgf/mm²)	试件厚度/mm	p/D^2	钢球直径 D/mm	载荷 p/ kgf	载荷保持时间/s
有色金属及合金（铜、黄铜、青铜、镁合金等）	31.8～130	＞6	10	10	1000	30
		3～6		5	750	
		＜3		2.5	187.5	
有色金属及合金（铝、轴承合金）	8～35	＞6	2.5	10	250	60
		3～6		5	62.5	
		＜3		2.5	15.6	

表 2-4 中列有载荷保持时间，这是因为金属越软，塑性变形量越大，变形本身需要一段时间，故载荷必须保持一定时间。但也不能保持得太长，如铅、锡等在室温下即有显著冷蠕变现象，变形会随着时间一直增大。所以要得到可以比较的数据，必须对载荷的保持时间做出恰当规定。为了表明试验时的条件，HB 值的表示方法规定如下：如果在 $D=$ 10mm，$p=3000kgf$，负荷保持时间为 10s 时测得的硬度值为 270kgf/mm²，则直接用 270HB 表示。如果在其他试验条件下测定时，则以相应的指数注明所采用的条件，例如，120HB/5/250/30，表示 HB 值是在 $D=5mm$，$p=250kgf$，载荷保持时间为 30s 下测定的，HB 值为 120。

布氏硬度试验方法和技术条件在 GB/T 231.1—2009《金属材料　布氏硬度试验第 1 部分：试验方法》中有明确规定。

3. 布氏硬度试验的优缺点和适用范围

布氏硬度试验的优点是：因为其压痕面积较大，能反映金属表面较大体积范围内各组成相综合平均的性能数据，故特别适宜于测定灰铸铁、轴承合金等具有粗大晶粒或粗大组成相的金属材料。试验数据稳定，试验数据从小到大都可以统一起来。

布氏硬度试验的缺点是：钢球本身变形问题。对于 450HB 以上的硬材料，因钢球变形已很显著，影响所测数据的正确性，因此不能使用。由于此法产生的压痕较大，故不适用于某些表面不允许有较大压痕的成品的检验，也不适用于薄件试验。此外，因需测量 d 值，故被测处要求平稳，操作和测量都需较长时间，在要求迅速检定大量成品时不适用。

2.5.3　洛氏硬度

鉴于布氏硬度存在的缺点，1919 年出现了直接用压痕深度大小作为标志硬度值高低的洛氏硬度试验。

1. 洛氏硬度值的规定

洛氏硬度的压头（即硬度头）分硬质和软质两种。硬质的由顶角为 120°的金刚石圆锥体制成，适于测定淬火钢材等较硬的金属材料；软质的为直径 1/16″(1.5875mm)的或 1/8″ (3.175mm)的钢球，适于退火钢、有色金属等较软材料硬度值的测定。洛氏硬度所加载荷根据被试金属本身硬软不等做不同规定。随不同压头和所加不同载荷的搭配出现了各种称号的洛氏硬度级，见表 2 - 5。

表 2 - 5　洛氏硬度不同硬度级规定

硬度级	压　头	载荷/kgf	称　　号	测量硬度范围
A	金刚石圆锥	60	HRA	20～88
B	1/16″钢球	100	HRB	20～100
C	金刚石圆锥	150	HRC	20～70
D	金刚石圆锥	100	HRD	40～77
E	1/8″钢球	100	HRE	70～100
F	1/16″钢球	60	HRF	60～100
G	1/16″钢球	150	HRG	30～94
15N	金刚石圆锥	15	HR15N	70～94
30N	金刚石圆锥	30	HR30N	42～86
45N	金刚石圆锥	45	HR45N	20～77
15T	1/16″钢球	15	HR15T	67～93
30T	1/16″钢球	30	HR30T	29～82
45T	1/16″钢球	45	HR45T	1～72

生产上用得最多的是 A 级、B 级和 C 级，即 HRA（金刚石圆锥压头、60kgf 载荷），HRB（1/16″钢球压头、100kgf 载荷）和 HRC（金刚石圆锥压头、150kgf 载荷），而其中又以 HRC 用得最普遍。

因为洛氏硬度是以压痕陷凹深度 t 作为计量硬度值的指标，所以在同一硬度级下，金属越硬则压痕深度 t 越小，越软则 t 越大。如果直接以 t 的大小作为指标，则将出现硬金属 t 值小从而硬度值小，软金属的 t 值大从而硬度值大的现象，这和布氏硬度值所表示的硬度大小的概念相矛盾，也和人们的习惯不一致。为此，只能采取一个不得已的措施，即用选定的常数来减去所得 t 值，以其差值来表示洛氏硬度值。此常数规定为 0.2mm（用于 HRA、HRC）和 0.26mm（用于 HRB），此外在读数上再规定 0.002mm 为一度，这样前一常数为 100 度（在试验机表盘上为 100 格，正好是表盘上的一圈），后一常数为 130 度（在表盘上为一圈再加 30 格，为 130 格）。因此

$$HRC = 0.2 - t = 100 - \frac{t}{0.002} \qquad (2-24)$$

$$HRB = 0.26 - t = 130 - \frac{t}{0.002} \qquad (2-25)$$

由式（2-24）和式（2-25）可知，当压痕深度 $t=0$ 时，HRC＝100 或 HRB＝130；$t=0.2$mm 时，HRC＝0 或 HRB＝30。由此不难理解，为什么 HRC 测定硬度值的有效范围为 20～70（相当于 230～700HB），HRB 的有效范围为 20～100（相当于 60～230HB）。因为在上述有效范围以外，不是压头压入过浅，就是压头压入过深，都将使测得的值不准确。

图 2.22 所示为洛氏硬度试验过程的示意图。以 HRC 为例，为保证压头与试件表面接触良好，首先加一预加载荷 10kgf，在金属表面得一压痕深度 t_0。此时指针在表盘上位置指零 [图 2.22(a)]，这也表明 t_0 压痕深度是不计入硬度值的。然后再加上主载荷 140kgf，压头压入深度 t_1，表盘上指针以逆时针方向转动到相应的刻度位置，即相当于 $\frac{t_1}{0.002}$ 格数的位置 [图 2.22(b)]。在这样的主载荷作用下，金属表面产生的总变形 t_1 中包括弹性变形部分和塑性变形部分。当将主载荷卸去后，总变形中的弹性变形部分得到恢复，压头将回升一段距离 (t_1-t)，表盘上指针也将相应回转 $(t_1-t/0.002)$ 格 [图 2.22(c)]。这时在金属表面总变形中残留下来的塑性变形部分即为压痕深度 t，而在表盘上顺时针方向指针所指位置，相当于 $\left(100-\frac{t}{0.002}\right)$ 格，即代表 HRC 硬度值。表 2-5 中的 15N~45T 称为洛氏表面硬度，是用于测定渗氮层、金属镀层及各种薄片材料用的。洛氏表面硬度试验时预加载荷不是 10kgf 而是 3kgf，并且读数上规定以 0.001mm 为一度。

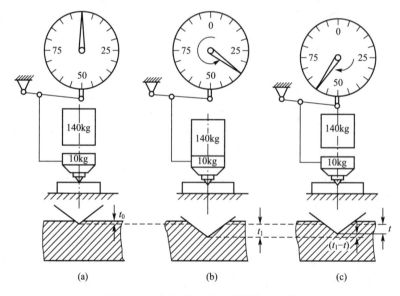

图 2.22　洛氏硬度试验过程的示意图

2. 洛氏硬度试验的优缺点

洛氏硬度试验避免了布氏硬度试验所存在的缺点，它的优点如下。

（1）有硬质、软质两种压头，故适于各种不同硬质材料的检验，不存在压头变形问题。

（2）压痕小，不伤工件表面。

（3）操作迅速，立即得出数据，生产效率高，适用于大量生产中的成品检验。

洛氏硬度试验的缺点是：用不同硬度级测得的硬度值无法统一起来，无法进行比较，不像布氏硬度可以从小到大统一起来。这正是洛氏硬度中纯粹由人为规定所带来的结果。此外，对组织结构不一致，特别是具有粗大组成相(如灰铸铁中的石墨片)或粗大晶粒的金属材料，因压痕太小，可能正好压在个别组成相上，缺乏代表性，因此不宜用此法进行试验。

关于洛氏硬度试验技术条件等可参看 GB/T 230.1—2009《金属材料　洛氏硬度试验　第1部分：试验方法(A、B、C、D、E、F、G、H、K、N、T标尺)》。

2.5.4　维氏硬度

维氏硬度试验法开始于1925年。维氏硬度的测定原理和布氏硬度相同，也是根据单位压痕陷凹面积上承受的载荷，即应力值作为硬度值的计量指标。所不同的是维氏硬度采用锥面夹角为136°的四方角锥体，由金刚石制成。之所以采用四方角锥，是针对布氏硬度的载荷 p 和钢球直径 D 之间必须遵循 p/D^2 为定值的这一制约关系的缺点而提出来的。采用了四方角锥，当载荷改变时压入角不变，因此载荷可以任意选择，这是维氏硬度试验最主要的特点，也是最大的优点。四方角锥之所以选取136°，是为了所测数据与HB值能得到最好的配合。因为一般布氏硬度试验时，压痕直径 d 多半在 $0.25D\sim$ $0.5D$，当

$$d=\frac{0.25D+0.5D}{2}=0.375D$$

时，通过此压痕直径作钢球的切线，切线的夹角正好等于136°，如图2.23所示。所以通过维氏硬度试验所得到的硬度值和通过布氏硬度试验所得到的硬度值能完全相等，这是维氏硬度试验的第二个特点。

此外，采用四方角锥后，压痕为一具有清晰轮廓的正方形，在测量压痕对角线长度 d 时误差小(图2.23)，这点比用布氏硬度测量压痕直径 d 要方便得多。还有，采用金刚石制压头可适用于试验任何硬质的材料。

维氏硬度值以 HV 符号标志，由于压痕陷凹面积 $F=\dfrac{d^2}{2\sin68°}=\dfrac{d^2}{1.854}$，所以得

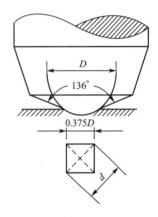

图 2.23　维氏硬度试验四方角锥压头锥面夹角的确定

$$HV=\frac{p}{F}=1.854\,\frac{p}{d^2} \tag{2-26}$$

试验时，只要量得 d，代入式(2-26)后即可求出 HV 值。

一般维氏硬度试验机载荷为 $5\sim120$kgf，通常用得最多的载荷是5kgf、10kgf、20kgf、30kgf、50kgf、100kgf、120kgf几种。载荷选择原则是根据工件厚度、硬度层深度(如渗碳层、渗氮层)和材料预期硬度而尽可能选取较大的载荷。这是因为载荷选得太小时，一方面受工件表面因素的影响(如加工时在表面造成的形变硬化层的影响)，另一方面使得压痕太小，这样在测量时造成的误差大，造成测定数值不可靠。但是要注意，当试验硬度大于500HV的材料时，所加载荷也不宜大于50kgf，以保护金刚石压头。试验薄件时，所加载荷应使工件厚度大于 $1.5d$。对于 0.05mm 左右渗氮层或 $0.05\sim0.1$mm 渗碳层，以采用5kgf或10kgf载荷为宜。

与布氏、洛氏硬度试验比较起来，维氏硬度试验具有许多优点，它不存在布氏硬度试验那种载荷 p 和压头直径 D 的规定条件的约束，以及压头变形问题；也不存在洛氏硬度试验那种硬度值无法统一的问题。维氏硬度试验和洛氏硬度试验一样可以试验任何软硬的材料，并且比洛氏硬度试验能更好地测试极薄件(或薄层)的硬度，这点只有洛氏硬度试验

表面硬度级才能做到，但即使在这样的条件下，也只能在该洛氏硬度级内进行比较，和其他硬度级统一不起来。此外洛氏硬度试验由于是以压痕深度为计量指标，而压痕深度总比压痕宽度要小些，故其相对误差也越大些。因此，洛氏硬度数据不如布氏、维氏硬度试验稳定，当然更不如维氏硬度试验精确。

总的来说，维氏硬度试验具有另外两种试验的优点而摒弃了它们的缺点，此外还有它本身突出的特点——载荷大小可任意选择。唯一缺点是硬度值需通过测量对角线后才能计算(或查表)出来，因此生产效率没有洛氏硬度试验高。

有关维氏硬度试验的一些规定可参看 GB/T 4340.1—2009《金属材料 维氏硬度试验 第 1 部分：试验方法》。

2.5.5 显微硬度

显微硬度所用的载荷很小，一般在 $100 \sim 500 gf$，所用的压头有两种：一种是维氏压头，和宏观的维氏硬度压头一样，只是在金刚石四方锥的制造上和测量上更加严格；另一种是努氏压头，它是一菱形的金刚锥体，如图 2.24 所示。在纵向上锥体的顶角为 $172°30'$，横向上锥体的顶角为 $130°$，压痕的长短对角线长度之比为 $7:1$，压痕的深度约为其长度的 $1/30$。努氏硬度的计算公式为

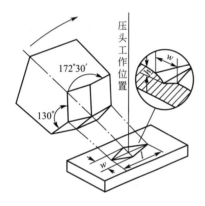

图 2.24　努氏显微硬度试验
压头与压痕图

$$HK = \frac{p}{A} = \frac{p}{Cl^2} \qquad (2-27)$$

式中，A 为投影面积而不是压痕表面积；l 为长对角线的长度(μm)；C 为制造厂家提供的常数。

总的说来，显微硬度是用来测量尺寸很小或很薄零件的硬度，或者是用来测量各种显微组织的硬度。

但是，努氏与维氏显微硬度比较，有些突出的优点：

(1) 在测量渗碳(或氮化)淬硬层的硬度分布时，努氏压痕的排列与分布较维氏压痕更紧凑，开始测量点离表面 $0.025mm(0.001in)$，然后每间隔 $0.127mm(0.005in)$ 测量一点，能很好地显示渗碳层的硬度梯度，如图 2.25(a) 所示；同样当工件表面有脱碳或有较多残留奥氏体时，其硬度梯度就会改变成图 2.25(b) 的形状。

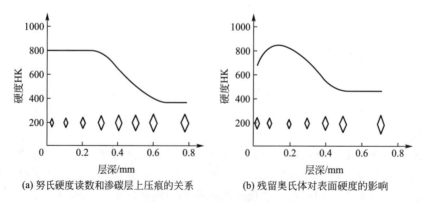

(a) 努氏硬度读数和渗碳层上压痕的关系　　　(b) 残留奥氏体对表面硬度的影响

图 2.25　努氏硬度的应用

（2）在相同的对角线长度下（努氏压痕以长对角线计），努氏压痕的深度与面积只有维氏压痕的15%，这对测量薄层硬度如电镀层特别适宜，而在测量脆性材料如玻璃、陶瓷的硬度时，在压痕周围不容易碎裂，因为断裂倾向是和受应力材料的体积成正比的。

综上所述，努氏硬度在一些特定的场合下使用时更方便。

2.5.6 肖氏硬度

肖氏硬度实验是一种动载荷实验法，其原理是将一定质量的带有金刚石圆头或钢球的重锤，从一定高度落于金属试件表面，根据重锤回跳的高度来表征金属硬度值大小，因而又称回跳硬度。肖氏硬度的符号用 HS 表示，在表硬度时 HS 前方的数字为肖氏硬度值，HS 后面的符号为硬度计类型。如 25HSC 表示用 C 型（目测型）肖氏硬度计测得的肖氏硬度值为25；51HSD 表示用 D 型（指示型）肖氏硬度计测得的肖氏硬度值为51。

阅读材料2-3

在生产中有些零件如齿轮、花键轴、活塞销等（图2.26和图2.27），要求表面具有高硬度和耐磨性，心部具有一定的强度和足够的韧性。在这种情况下，要达到上述要求，如果只从材料方面去解决是很困难的。如选用高碳钢，淬火后硬度虽然很高，但心部韧性不足；如采用低碳钢，虽然心部韧性好，但表面硬度低、耐磨性差。这时就需要对零件进行表面热处理或化学热处理，以满足上述要求。

图 2.26 齿轮

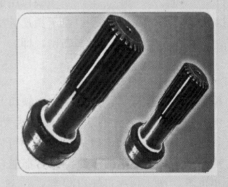

图 2.27 花键轴

表面热处理是为改变工件表面的组织和性能，仅对其表面进行热处理的工艺。表面淬火是最常用的表面热处理工艺。

表面淬火是指仅对工件表层进行淬火的工艺，其目的是使工件表面获得高硬度和耐磨性，而心部保持较好的塑性和韧性，以提高其在扭转、弯曲等交变载荷或在摩擦、冲击、接触应力大等工作条件下的使用寿命。它不改变工件表面化学成分，而是采用快速加热方式，使工件表层迅速奥氏体化，使心部仍处于临界点以下，并随之淬火，使表层硬化。依加热方法的不同，表面淬火方法主要有：感应加热表面淬火、火焰加热表面淬火、电接触加热表面淬火及电解液加热表面淬火等。目前生产中应用最多的是感应加热表面淬火和火焰加热表面淬火。

2.6 缺口试样在静载荷下的力学性能

2.6.1 缺口效应

前面介绍的拉伸、压缩、弯曲、扭转等静载荷试验方法，都是采用横截面均匀的光滑试件，但实际生产中的机件绝大多数都不是截面均匀而无变化的光滑体，往往存在截面的急剧变化，如键槽、油孔、轴肩、螺纹、退刀槽及焊缝等。这种截面变化的部位可视为缺口。由于缺口的存在，在静载荷作用下缺口截面上的应力状态将发生变化，产生所谓缺口效应，从而影响金属材料的力学性能。

1. 缺口试件在弹性状态下的应力分布

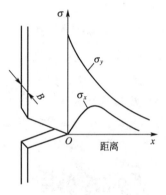

图 2.28 薄板缺口拉伸时
弹性状态下的应力分布

设一薄板的边缘开有缺口，并承受拉应力 σ 作用。当板材处于弹性范围内时其缺口截面上的应力分布如图 2.28 所示。可见，缺口截面上的应力分布是不均匀的。轴向应力 σ_y 在缺口根部最大。随着离开根部距离的增大，σ_y 不断下降，即在缺口根部产生应力集中。其最大应力取决于缺口几何参数(形状、深度、角度及根部曲率半径)，以根部曲率半径影响最大，缺口越尖锐，应力越大。

缺口引起的应力集中程度通常用理论应力集中系数 K 表示。K 定义为缺口净截面上的最大应力 $\sigma_{\max}$ 与平均应力 σ 之比，即

$$K = \frac{\sigma_{\max}}{\sigma} \tag{2-28}$$

K 值与材料性质无关，只决定于缺口几何形状，可从有关手册中查到。

由图 2.28 可见，开有缺口的薄板承受拉伸应力后，缺口根部内侧还出现了横向拉应力 σ_x，它是由于材料横向收缩引起的。可以设想，假如沿 x 方向将薄板等分成很多细小的纵向拉伸试样，每一小试样受拉伸后都能自由变形。根据小试样所处位置不同它们所受的 σ_y 大小也不一样。越靠近缺口根部，σ_y 越大，相应的纵向应变 ε_y 也越大。每一小试样在产生纵向应变的同时，必然要产生横向收缩应变 ε_x，且 $\varepsilon_x = -\nu\varepsilon_y$($\nu$ 为泊松比)。如果横向收缩能自由进行，则每个小试样将彼此分离开来。但是，实际上薄板是弹性连续介质，不允许各部分自由收缩变形。由于此种约束，各小试样在相邻界面上必然要产生横向拉应力 σ_x，以阻止横向收缩分离。因此，σ_x 的出现是金属变形连续性要求的结果。在缺口截面上 σ_x 的分布是先增后减，这是由于在缺口根部金属能自由收缩，所以根部的 $\sigma_x = 0$。自缺口根部向内部发展，收缩变形阻力增大，因此 σ_x 逐渐增加。当增大到一定数值后，随着 σ_y 的不断减小，σ_x 也随之下降。

对于薄板，在垂直于板面方向可以自由收缩变形，于是 $\sigma_z = 0$。这样具有缺口的薄板受拉伸后，其中心部分是两向拉伸的平面应力状态。但在缺口根部($x=0$ 处)，$\sigma_x=0$，仍为单向拉伸应力状态。

如果在厚板上开有缺口，则受拉伸力作用后在垂直于板厚方向的收缩变形受到约束，即 $\varepsilon_z = 0$，故 $\sigma_z \neq 0$，$\sigma_z = \nu(\sigma_x + \sigma_y)$。厚板缺口拉伸时弹性状态下的应力分布如图 2.29 所示。由图可见，在缺口根部为两向拉伸应力状态，缺口内侧为三向拉伸的平面应变状态，且 $\sigma_y > \sigma_z > \sigma_x$。

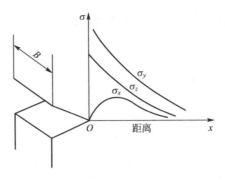

图 2.29　厚板缺口拉伸时弹性状态下的应力分布

由上述分析可知缺口的第一个效应是引起应力集中，并改变了缺口前方的应力状态使缺口试件或机件中所受的应力由原来的单向应力状态改变为两向或三向应力状态，也就是出现了 σ_x（平面应力状态）或 σ_y 与 σ_z（平面应变状态），这要视板厚或直径而定。两向或三向不等拉伸的应力状态软性系数 $\alpha < 0.5$，使金属难以产生塑性变形。脆性材料或低塑性材料进行缺口试件拉伸时，很难通过缺口根部极为有限的塑性变形使应力重新分布，往往直接由弹性变形过渡到断裂。由于断裂是在试件缺口根部的最大纵向应力 σ_y 作用下产生的，因此其抗拉强度必然比光滑试件的抗拉强度低。

2. 缺口试件在塑性状态下的应力分布

对于塑性较好的金属材料，若缺口根部产生塑性变形，应力将重新分布，并随载荷的增大塑性区逐渐扩大，直至整个截面上都产生塑性变形。

现以厚板为例，讨论缺口截面上应力重新分布的过程。根据屈雷斯加判据，金属屈服的条件是 $\sigma_{max} = \sigma_y - \sigma_x$（$\sigma_{max}$ 为在三向应力状态下换算的最大正应力）。在缺口根部，$\sigma_x = 0$，故 $\sigma_{max} = \sigma_y = R_{eL}$。因此，当外加载荷增加时，$\sigma_y$ 也随之增加，缺口根部将最先满足 $\sigma_{max} = \sigma_y = R_{eL}$ 的要求而首先屈服。一旦根部屈服，则 σ_y 便松弛而降低到材料的 R_{eL} 值。但在缺口内侧的截面上，由于 $\sigma_x \neq 0$，故要满足屈雷斯加判据要求必须增大纵向应力 σ_y，即心部屈服要在 σ_y 不断增大的情况下才能产生。如果满足这一条件，则塑性变形将自表面向内部扩展。与此同时，σ_y、σ_z 随 σ_x 快速增大而增大〔因 $\sigma_y = \sigma_x + R_{eL}$，$\sigma_z = \nu(\sigma_x + \sigma_y)$〕，且塑性变形时，$\sigma_y$ 引起的横向收缩约比弹性变形时大一倍，需要较大的 σ_x 才能保持变形的连续性，一直增大到塑性区与弹性区交界处为止（图 2.30）。因此当缺口内侧截面上局部区域产生塑性变形后最大应力已不在缺口根部，而在其内侧一定距离 r_y 处时，该处 σ_x 最大，所以 σ_y 及 σ_z 也最大。越过交界处，弹性区内的应力分布与前述弹性变形状态的应力分布稍有不同，σ_x 是连续下降的。显然，随着塑性变形逐步向内部转移，各应力峰值越来越大，它们的位置也逐步移向中心，可以预料，试件中心区 σ_y 最大。

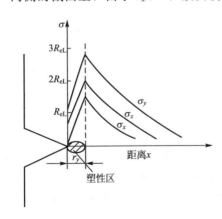

图 2.30　缺口内侧截面上局部区域屈服后的应力分布

由此可见，在存在缺口的条件下由于出现了三向应力状态并产生了应力集中，所以试件的屈服应力比单向拉伸时高，产生了所谓的"缺口强化"现象。"缺口强化"并不是金属内在性能发生变化，纯粹是由于三向拉伸应力约束了塑性变形所致。因此不能把"缺口强化"看作是强化金属材料的手段。在有缺口时，塑性材料的抗拉强度也因塑性变形受约束而增高了。

虽然缺口提高了塑性材料的强度，但由于缺口约束塑性变形，故使塑性降低，增加材料的变脆倾向。

缺口使塑性材料强度增高，塑性降低，这是缺口的第二个效应。

综上所述，无论脆性材料或塑性材料，其机件上的缺口都因造成两向或三向应力状态和应力应变集中而产生变脆倾向，降低了使用的安全性。为了评定不同金属材料的缺口变脆倾向，必须将缺口试件进行静载力学性能试验。一般采用的试验方法是进行缺口试件静拉伸和缺口试件静弯曲试验。

2.6.2 缺口试件的力学性能

1. 缺口试件静拉伸试验

缺口试件静拉伸试验分为缺口试件轴向拉伸和缺口试件偏斜拉伸两种。

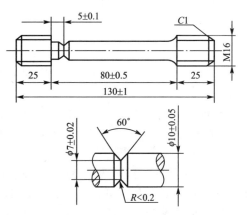

图 2.31 缺口拉伸试件的形状及尺寸

缺口拉伸试件的形状及尺寸如图 2.31 所示。

金属材料的缺口敏感性指标用缺口试件的抗拉强度 R_{mn} 与等截面尺寸光滑试件的抗拉强度 R_m 的比值表示，称为缺口敏感度，记为 NSR(Notch Sensitivity Ratio)，即

$$NSR = \frac{R_{mn}}{R_m}$$

NSR 越大，缺口敏感性越小。脆性材料(如铸铁、高碳钢)的 NSR 总是小于1，表明缺口根部尚未发生明显塑性变形时就已经断裂，对缺口很敏感。高强度材料的 NSR 一般也小于1；塑性材料的 NSR 一般大于1。

缺口试件静拉伸试验，广泛用于研究高强度钢(淬火低中温回火)的力学性能、钢和钛的氢脆以及用于研究高温合金的缺口敏感性等。缺口敏感度指标 NSR 如同材料的塑性指标一样，也是安全性的力学性能指标。在选材时只能根据使用经验确定对 NSR 的要求，不能进行定量计算。

在进行缺口试件偏斜拉伸试验时，因试件同时承受拉伸和弯曲载荷复合作用，故其应力状态更复杂，缺口截面上的应力分布更不均匀，因而更能显示材料对缺口的敏感性。这种试验方法很适合高强度螺栓之类零件的选材和热处理工艺的优化，因为螺栓带有缺口，并且在工作时难免有偏斜。

图 2.32 所示为缺口试件偏斜拉伸试验装置。与一般缺口拉伸不同，在试件与试验机夹头之间有一垫圈，垫圈的偏斜角 α 有 $4°$ 和 $8°$ 两种，相应的缺口抗拉强度以 R_{mn}^4 和 R_{mn}^8 表示。一般也用缺口试件的 R_{mn}^α 与光滑试件的 R_m 之比表示材料的缺口敏感度。

图 2.33 所示为 30CrMnSiA 钢的热处理工艺对缺口试件偏斜拉伸性能的影响。图中虚线表示光滑试件的 R_m，实线为缺口试件的抗拉强度。偏斜角为 $0°$，即为缺口试件轴向拉

伸，所得结果为 R_{mn}，将其除以 R_m 即为 NSR。试件经淬火后在 200℃和 500℃两种温度下回火，其缺口试件轴向拉伸试验的 NSR 都是 1.2 左右，但两者偏斜拉伸的结果却不相同。由图 2.33 可见，该钢经 200℃回火后，R_m 较高，但对偏斜十分敏感，表现为偏斜角增大强度急剧下降；经 500℃ 回火后 R_{mn} 仍高于 R_m，但由于金属的塑性升高，使应力分布均匀化，故 R_{mn} 对偏斜不敏感数据分散性也很小。这个试验结果表明，对于 30CrMnSiA 钢制造的高强度螺栓，其热处理工艺以淬火 500℃回火为佳。进一步试验证明若对 30CrMnSiA 钢施以 860℃加热，370℃等温淬火，其偏斜 4°、8°的缺口强度均优于淬火 500℃回火；偏斜 8°时，两者相差一倍有余。

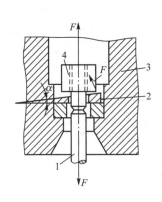

图 2.32 缺口试件偏斜
拉伸试验装置

1—试样；2—垫圈；3—试验机夹头；
4—试件螺纹夹头

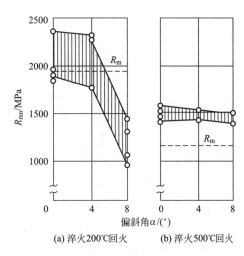

(a) 淬火200℃回火　　(b) 淬火500℃回火

图 2.33 30CrMnSiA 钢的热处理工艺对
缺口试件偏斜拉伸性能的影响

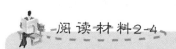

35CrMo 钢的缺口拉伸试验

35CrMo 钢是一种常见的调质钢，一般通过淬火＋高温回火（即调质）的热处理工艺来保证其综合性能，常用作轴类、齿轮、螺杆等。

通过对 35CrMo 进行 860℃淬火、550℃回火，860℃淬火、380℃回火和调质三种热处理后，对比了热处理工艺对光滑试件拉伸、缺口试件拉伸和缺口试件偏斜拉伸性能的影响，见表 2-6、表 2-7 和图 2.34。

表 2-6　光滑试件的拉伸性能

编　号	热处理	R_m/MPa	$R_{p,0.2}$/MPa	A/(%)
1	860℃淬火 550℃回火	985	856	14
2	860℃淬火 380℃回火	1053	940	10
3	调质	972	760	18.8

表 2-7 缺口试件拉伸和缺口试件偏斜拉伸的抗拉强度　　（单位：MPa）

编号	偏斜角度/(°)				
	0	2	4	6	8
1	1403	1320	1100	792	748
	1430	1290	1020	750	770
	1410	1370	1200	770	800
2	1821	1580	1100	506	496
	1830	1660	1040	620	480
	1850	1530	1210	730	510
3	1390	1410	1260	935	836
	1420	1370	1200	900	840
	1430	1390	1320	1000	850

三个样品由于采用不同的热处理工艺，其金相组织各不相同。1 号样为回火索氏体＋少量贝氏体，2 号样为回火索氏体与少量贝氏体呈条带分布，3 号样为回火索氏体。

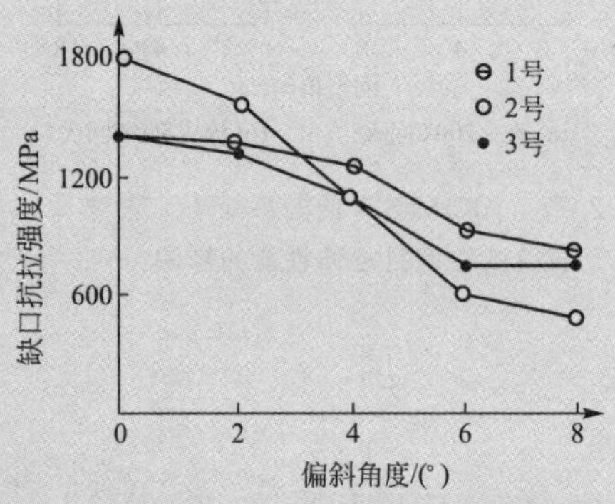

调质热处理的 3 号样与 860℃淬火 380℃回火的 2 号样的组织相比，具有更好的使用性能，其缺口偏斜拉伸强度较 2 号样高一倍左右，明显地显示出了调质热处理的优越性。

▷ 资料来源：马秋荣，张毅. 35CrMo 钢的缺口拉伸试验. 理化检验-物理分册，1998, 34(7).

图 2.34 缺口拉伸强度与偏斜角度

2. 缺口试件静弯曲试验

缺口试件静弯曲试验也可显示材料的缺口敏感性，由于缺口和弯曲所引起的应力不均匀性叠加，使试件缺口弯曲的应力应变分布的不均匀性较缺口拉伸时更甚，但应力应变的多向性则减少。缺口试件静弯曲试验可采用图 2.35 所示的试样及装置，也可采用尺寸为 10mm×10mm×55mm、缺口深度为 2mm、夹角为 60°的 V 形缺口试件。试验时记录弯曲曲线(试验力 F 与挠度 f 关系曲线)，直至试样断裂。

图 2.36 所示为某种金属材料的缺口试件静弯曲曲线。试样在 F_{max} 时形成裂纹，在 F_I 时裂纹扩展到临界尺寸随即失稳扩展而断裂。曲线所包围的面积分为弹性区Ⅰ、塑性区Ⅱ、断裂区Ⅲ，各区所占面积分别表示弹性变形功、塑性变形功和断裂功的大小。断裂功的大小取决于材料塑性。塑性好的材料裂纹扩展慢，断裂功增大，因此可用断裂功或 F_{max}/F_I 的比值来表示金属的缺口敏感度。断裂功大或 F_{max}/F_I 大，缺口敏感性小；反之，

缺口敏感性大。若断裂功为零或 $F_{\max}/F_{\mathrm{I}}=1$，表明裂纹扩展极快，金属易产生突然脆性断裂，缺口敏感性最大。

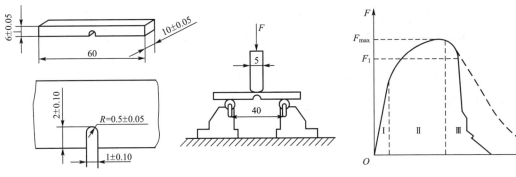

图 2.35 缺口试件静弯曲试验的试样及装置   图 2.36 缺口试件静弯曲曲线

小　结

　　本章首先介绍了应力状态软性系数的概念，然后主要讨论了材料在扭转、弯曲、压缩、剪切等条件下的受力特点、应力状态系数、试验方法、性能指标、断口特征和应用范围，并比较了与静载拉伸试验方法的异同。

　　硬度是衡量材料软硬程度的性能指标，在工业生产及材料研究中的应用极为广泛。本章从硬度的分类出发，着重讲授了布氏硬度、洛氏硬度、维氏硬度、显微硬度等压入法试验的试验原理、试验特点、表征方法和应用范围。另外，还粗略介绍了肖氏硬度、努氏硬度试验方法。在此基础上，给出了常用材料的硬度，并分析了材料的硬度与其他力学性能指标及材料键合特征的关系。

　　从应力集中、双向或三向应力、缺口试件的屈服、应变集中等角度，分析了缺口对试件应力分布和材料力学性能的影响。定义了表征缺口敏感性的参数 NSR，叙述了缺口试件静拉伸、缺口试件偏斜拉伸、缺口试件静弯曲试验的特点和要求。

复习思考题

　　1. 解释下列名词：

　　(1)应力状态软性系数；(2)布氏硬度；(3)洛氏硬度；(4)维氏硬度；(5)努氏硬度；(6)肖氏硬度；(7)缺口效应；(8)缺口敏感度。

　　2. 说明下列性能指标的意义：

　　(1)σ_{bc}；(2)σ_{bb}；(3)τ_s；(4)τ_b；(5)τ_p；(6)R_{mn}；(7)HBS；(8)HBW；(9)HRA；(10)HRB；(11)HRC；(12)HV；(13)HK；(14)HS；(15)K；(16)NSR。

　　3. 有如下零件和材料等需测定硬度，试说明选用何种硬度试验方法为宜：

(1)渗碳层的硬度分布；(2)淬火钢；(3)灰铸铁；(4)鉴别钢中的隐晶马氏体与残余奥氏体；(5)仪表小黄铜齿轮；(6)龙门刨床导轨；(7)陶瓷涂层；(8)高速钢刀具；(9)退火态低碳钢；(10)硬质合金。

4. 说明几何强化现象的成因，并说明其本质与形变强化有何不同。

5. 在评定材料的缺口敏感度时，什么情况下宜选用缺口试件静拉伸试验？什么情况下宜选用缺口试件偏斜拉伸试验？什么情况下宜选用缺口试件静弯曲试验？

6. 试综合比较单向拉伸、压缩、弯曲及扭转试验的特点和应用范围。

7. 为何铸铁件抗压能力高于其抗拉能力？

第**3**章
材料在冲击载荷下的力学性能

 本章知识框架

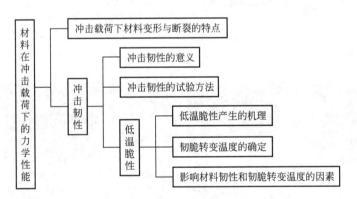

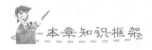 本章教学目标与要求

1. 了解冲击载荷作用下金属的变形特点。
2. 掌握冲击弯曲的试验方法及冲击吸收功的意义及应用。
3. 掌握金属冷脆现象及其机理。
4. 掌握影响金属冲击韧性和韧脆转变温度的主要因素。

导入案例

1912 年当年最为豪华、号称永不沉没的泰坦尼克号(Titanic)首航沉没于冰海,成了 20 世纪令人难以忘怀的悲惨海难。

1985 年以后,探险家们数次深潜到 12612 英尺(1 英尺＝0.3048m)深的海底研究沉船,起出遗物。1995 年 2 月美国《科学大众》(*Popular Science*)杂志发表了 R Gannon 的文章,标题是 *What Really Sank The Titanic*,副标题是"为什么'不会沉没的船'在撞上一个冰山后 3h 就沉没了?"他回答了 80 年未解之谜:由于早年的 Titanic 号采用了含硫高的钢板,韧性很差,特别是在低温状态呈脆性。

Titanic 号在水线上下由 10 张 30 英尺长的高含硫量脆性钢板焊接成 300 英尺的船体(图 3.1)。长长的焊缝在冰水中撞击冰山而裂开时,脆性的焊缝无异于一条 300 英尺长的大拉链,使船体产生很长的裂纹,海水大量涌入使船迅速沉没。

Titanic 号钢板和近代船用钢板的冲击结果如图 3.2 所示。

图 3.1　建造中的 Titanic 号(可以看到船身上长长的焊缝)

(a) Titanic号钢板

(b) 近代船用钢板

图 3.2　Titanic 号钢板和近代船用钢板的冲击试验结果

许多机器零件在服役时往往受冲击载荷的作用,如汽车行驶通过道路上的凹坑、飞机起飞和降落及金属压力加工(锻造、模锻)等。为了评定金属材料传递冲击载荷的能力,揭示金属材料在冲击载荷作用下的力学行为就需要进行相应的力学性能试验。

冲击载荷与静载荷的主要区别在于加载速率不同。加载速率是指载荷施加于试样或机件时的速率,用单位时间内应力增加的数值表示。由于加载速率提高,形变速率也随之增加,因此可用形变速率间接地反映加载速率的变化。形变速率是单位时间内的变形量。变形量有绝对变形量与相对变形量两种表示方法,因此形变速率有绝对形变速率与相对形变速率之分,后者应用较为广泛,又称应变速率,用 $\dot{\varepsilon}$ 表示,$\dot{\varepsilon} = \dfrac{\mathrm{d}e}{\mathrm{d}\tau}$($e$ 为真应变)。可见,应变速率是单位时间内应变的变化量。

现代机器中，各种不同机件的应变速率范围为 $10^{-6} \sim 10^{6} \mathrm{s}^{-1}$。如静拉伸试验的应变速率为 $10^{-5} \sim 10^{-2} \mathrm{s}^{-1}$，冲击试验的应变速率为 $10^{2} \sim 10^{4} \mathrm{s}^{-1}$。实践表明，应变速率在 $10^{-4} \sim 10^{-2} \mathrm{s}^{-1}$ 内，金属力学性能没有明显的变化，可按静载荷处理；当应变速率大于 $10^{-2} \mathrm{s}^{-1}$ 时，金属力学性能将发生显著变化，这就必须考虑由于应变速率增大而带来的力学性能的一系列变化。

如同降低温度一样，提高应变速率将使金属材料的变脆倾向增大，因此冲击力学性能试验方法可以揭示金属材料在高应变速率下的脆断趋势。

本章除了介绍金属材料在冲击载荷下的力学行为的特点外，还会着重讨论缺口试样冲击弯曲试验方法以及金属材料的低温脆胜。

3.1 冲击载荷下材料变形与断裂的特点

在冲击载荷下，由于载荷的能量性质使整个承载系统（包括机件）承受冲击能，因此，机件及与机件相连物体的刚度都直接关系到冲击过程的持续时间，从而影响加速度和惯性力的大小。由于冲击过程持续时间很短，故测不准确，难于按惯性力计算机件内的应力。所以，机件在冲击载荷下所受的应力，通常是假定冲击能全部转换成机件内的弹性能，再按能量守恒法计算。

众所周知，弹性变形是以声速在介质中传播的。在金属介质中声速是相当大的，如在钢中为 4982m/s，普通摆锤冲击试验时绝对变形速度只有 $5 \sim 5.5 \mathrm{m/s}$。这样，冲击弹性变形总能紧跟上冲击外力的变化，因而应变速率对金属材料的弹性行为及弹性模量没有影响。

但是应变速率对塑性变形、断裂及有关的力学性能却有显著的影响。

在冲击载荷下，瞬时作用于位错上的应力相当高，结果使位错运动速率增加 $\left(\bar{v} = \left(\dfrac{\tau}{\tau_0} \right)^{m'} \right)$。位错运动速率增加将使派纳力 $(\tau_{\mathrm{P-N}})$ 增大，因为位错宽度及其能量与位错运动速率有关。运动速率越大，则能量越大、宽度越小，故派纳力越大 $\left(G = \dfrac{E}{2(1+\nu)} \right)$。结果滑移临界切应力增大，金属产生附加强化，即第 1 章中所述及的应变速率硬化现象。

由于冲击载荷下应力水平比较高，将使许多位错源同时开动，结果抑制了单晶体中的易滑移阶段的产生和发展。此外，冲击载荷还增加位错密度和滑移系数目，出现孪晶，减小位错运动自由行程平均长度，增加缺陷浓度。上述诸点均使金属材料在冲击载荷作用下塑性变形难于充分进行。显微观察表明，在静载荷下塑性变形比较均匀地分布在各个晶粒中；而在冲击载荷下，塑性变形则比较集中在某些局部区域，这反映了塑性变形是极不均匀的。这种不均匀的情况也限制了塑性变形的发展，导致屈服强度（和流变应力）、抗拉强度提高，且屈服强度提高得较多，抗拉强度提高得较少，如图 3.3 所示。

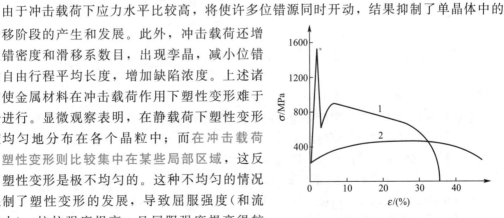

图 3.3　纯铁的应力-应变曲线
1—冲击载荷；2—静载荷

材料塑性和应变速率之间无单值依存关系。在大多数情况下，缺口试样冲击试验时的塑性比类似静载试验的要低。在高速变形下，某些金属可能显示较高塑性，如密排六方金属爆炸成形就是如此。

塑性和韧性随应变速率增加而变化的特征与断裂方式有关。如在一定加载规范和温度下，材料产生正断则断裂应力变化不大，塑性随应变速率增加而减小；如果材料产生切断，则断裂应力随应变速率提高显著增加，塑性可能不变也可能提高。

下面介绍冲击试样断裂过程。

冲击试验所得到的冲击功 A_{KV} 或 A_{KU} 包括试样在冲击断裂过程中吸收的弹性变形功、塑性变形功和裂纹形成及扩展功等。简单的冲击试验不能将这些不同阶段的功耗区分开来，因此，虽然冲击功属于韧性指标，但只是一种混合的性能指标，其物理含义是不明确的，在设计中不能定量使用。在夏比冲击试验机上装备的冲击过程的监测系统(示波冲击系统)可以记录试样冲击变形和断裂的全过程，从而得以对断裂过程进行分析。示波冲击系统得到的载荷-挠度($P-f$)曲线如图 3.4 所示。曲线所围成的面积即为冲击功。曲线上 P_{Gy} 之前为弹性变形阶段，从 P_{Gy} 开始，试样进入塑性变形和形变强化阶段，由于缺口的存在，塑性变形只发生于缺口附近的局部范围，而且缺口越尖锐，参与塑性变形的材料体积越小，得到的冲击功越低。缺口形式对冲击试验结果的影响很大。一般评定材料时，希望揭示不同材料在冲击功方面的差异，因此，应根据材料的韧性情况，选择合适的缺口形式。如对于一组韧性很高的材料，应选用尖锐缺口试样，而对于韧性差的材料，则应选用钝缺口试样，甚至不开缺口。

当载荷达到 P_{max} 时，塑性变形已贯穿整个缺口截面，缺口根部开始横向收缩(相当于颈缩变形)，承载面积减小，试样承载能力降低，载荷下降。在 P_{max} 附近试样内部萌生裂纹，视材料韧性情况，裂纹可能萌生于 P_{max} 之前，也可能在之后。缺口根部为三向应力状态，应力最大值不在缺口根部表面，而是在试样内部距缺口根部一定距离处，因而裂纹萌生于距缺口一定距离的试样内部，如图 3.5 所示。

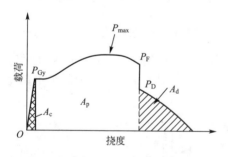

图 3.4　载荷-挠度曲线

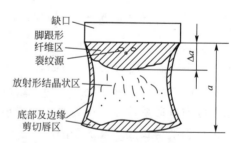

图 3.5　韧性材料冲击试样断口

裂纹形成以后，向两侧宽度方向和前方深度方向扩展，其机制遵循微孔聚集型断裂规律。在裂纹扩展过程中，载荷继续下降，载荷达 P_F 时，裂纹已扩展到缺口根部的整个宽度。因试样中部约束较强，裂纹扩展较快，形成缺口前方的脚跟形纤维区。随 P_F 点开始失稳扩展，形成试样中心的结晶状断口区，呈放射状特征，与此对应的载荷陡降到 P_D。此时裂纹前沿已进入试样的压应力区，尚未断裂的截面积已比较小，与两侧一样已处在平面应力状态下，变形比较自由，形成二次纤维区和剪切唇，相应的载荷由 P_F 降到零。研究表明，试样背面横向扩展量、缺口根部横向收缩量以及剪切唇的厚度都是衡量材料韧性的参数。

根据对断裂过程的分析，可将冲击功分为 A_c、A_p 和 A_d（图 3.4）。可以近似认为，A_c 为弹性变形功，A_p 为塑性变形、形变强化以及裂纹形成等过程吸收的功，A_d 为裂纹扩展功。不同材料或相同材料但试样不同，各阶段吸收的功的相对比例不同。因此，有时尽管冲击功相同，但断裂的物理过程不同，并由此而引起对材料评定的差异。这也是冲击功不能用作定量设计指标的原因。

3.2 冲击弯曲和冲击韧性

3.2.1 缺口韧性冲击试验

1. 试验方法

【冲击韧性实验】【冲击韧性实验1】

缺口韧性冲击试验是综合运用了缺口、低温及高应变速率这三个对材料脆化的影响的因素，使材料由原来的韧性状态变为脆性状态，这样可以显示和比较材料因成分和组织的改变所产生的脆断倾向。在影响材料脆化的这三个因素中，缺口所造成的脆化是最主要的，如果不用缺口试样而用光滑试样，即使降至很低温度，也难以使低中强度钢产生脆断。同样，在规定的试验方法中，由冲击造成的高应变速率也是有限的，它只在试样有缺口的前提下促进材料的脆化。

冲击试验原理如图 3.6 所示。将具有一定质量 G 的摆锤举至一定高度 H_1，使其获得一定的势能 GH_1，然后将摆锤释放，在摆锤下落至最低位置处将试样冲断(注意试样的缺口放置时应背向摆锤上的刀口)。摆锤在冲断试样时所做的功，称冲击功，以 A_K 表示。摆锤的剩余能量为 GH_2，故有

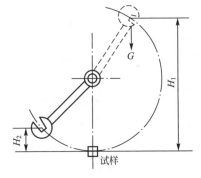

图 3.6 摆锤冲击试验原理

$$A_K = G(H_1 - H_2)$$

摆锤冲击试样时的速度为 $5m/s$，应变速率约为 $10^3 s^{-1}$。

对于冲击试样，我国过去和苏联都采用梅氏试样，美国和日本等国则采用夏氏试样。现在我国国家标准融合梅氏和夏氏两种类型为一体，分别称为夏比 (Charpy) U 形缺口试样和夏比 V 形缺口试样，如图 3.7、图 3.8 所示。用不同缺口试样测得的冲击吸收功分别记为 A_{KU} 和 A_{KV}。

测量球铁或工具钢等脆性材料的冲击吸收功，常采用 $10mm \times 10mm \times 55mm$ 的无缺口冲击试样。

同一材料不仅在不同冲击试验机上测得的冲击吸收功 A_K 值不同，即使在同一试验机上进行冲击弯曲试验，缺口形状和尺寸不同的试样(有缺口试样和无缺口试样、非标准试样和标准试样)，测得的吸收功值也不相同，而且不存在换算关系，不能对比。因此，查阅国内外材料性能数据，评定材料脆断倾向时，要注意冲击弯曲试验的条件。

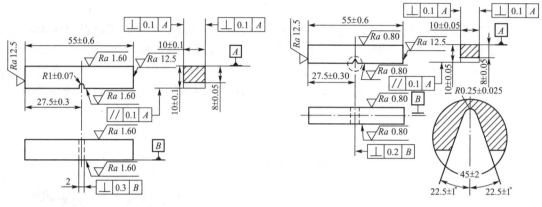

图 3.7　夏比 U 形缺口试样　　　　　　　图 3.8　夏比 V 形缺口试样

虽然冲击吸收功不能真正代表材料的韧脆程度，但由于它们对材料内部组织变化十分敏感，而且冲击弯曲试验方法简便易行，所以仍被广泛采用。

冲击弯曲试验的主要用途有以下两点：

(1) 控制原材料的冶金质量和热加工后的产品质量，即将 A_K 值作为质量控制指标使用。通过测量冲击吸收功和对冲击试样进行断口分析，可揭示原材料中的夹渣、气泡、严重分层偏析以及夹杂物等冶金缺陷，检查过热、过烧、回火脆性等锻造或热处理缺陷。

(2) 根据系列冲击试验(低温冲击试验)可得 A_K 值与温度的关系曲线，测定材料的韧脆转变温度。据此可以评定材料的低温脆性倾向，供选材时参考或用于抗脆断设计。设计时，要求机件的服役温度高于材料的韧脆转变温度。

需要注意如下问题。

(1) 不同缺口形状的试样，其冲击功是无法进行比较的，当比较各种材料的脆断倾向时，必须用相同的缺口。

(2) 旧的梅氏冲击试验机刀口的圆角半径和试样支座的圆角半径(两者均为 $R=2.5\text{mm}$)与夏氏冲击试验机不同(冲头圆角半径为 $R=8\text{mm}$，支座圆角 $R=1\text{mm}$)，因此，只将试样加工成 V 形缺口，而直接在旧的梅氏试验机上进行冲击试验，得出的夏氏冲击值(CVN 或 A_{KU})是不符合规范的，数据也是不可靠的。

(3) 现今国内的一些材料性能数据仍沿用过去梅氏冲击试验结果，并以冲击功除以缺口截面积，即以 $a_K=\dfrac{A_K}{F}$ 来度量材料的冲击韧性，而夏氏冲击试验一直是以总冲击功(不除以截面积)来表示的。在参阅国外材料性能数据时，需注意由于试验条件的不同造成的差异，不能对比，国内冲击韧性数据的标准化问题也亟待解决。

2. 冲击试验的意义

冲击试验产生于 20 世纪 50 年代早期。当时德国克鲁伯炮厂采用 V 形缺口夏比试样的冲击试验分析炮管炸膛事故的原因，发现自爆炮管的 Charpy-V 冲击功都低于 2.5J，因此确立了一个炮管钢材质量的检验标准，即要求 CVN 值高于 3J。这一经验判据逐渐被公认并加以推广。冲击试验的加载速率在 5m/s 左右，冲击试验用来检验材料在该加载条件下的变形能力，或者材料的塑性变形能力对加载条件的适应性。冲击试验可以敏感地显示冶金因素对材料造成的损伤，如回火脆性、过热等，而静载试验方法对此却是无能为力的。因此，长期以来，冲击试验作为检验材料品质、内部缺陷及热加工工艺质量的试验方法被保留下来，广泛应用于工业生产和科学研究中。此外，该试验方法还具有简便、快捷和成本低廉等优点。

在冲击功中，只有裂纹形成和扩展功表示材料的韧性。但在计算冲击韧性时 $\left[a_{KV}(a_{KU}) = \dfrac{A_{KV}(A_{KU})}{F_N}\right]$，将冲击功除以缺口截面有效面积，这是缺乏科学依据的。因此认为冲击韧性 a_K 值不可能作为定量性能指标用于设计。目前，在材料评定中，较多采用冲击功 A_{KV} 或 A_{KU} 表示在一定条件下冲断试样所消耗的功，可以相对比较材料的缺口敏感性。还可利用冲击断口上的结晶区面积的比例表示材料的脆性倾向或评定材料冶金缺陷的严重程度。

由于 Charpy - V 缺口冲击试验具有试样尺寸小、加工方便、操作容易、试验快捷等优点，促使人们寻找用冲击试验代替较复杂试验的途径。一方面研究材料冲击功与断裂韧性的关系，力图用冲击试验代替断裂韧性试验；另一方面正在发展利用预制裂纹试样的示波冲击试验测定材料在冲击加载条件的断裂韧性 K_{kl}。

3.2.2　缺口冲击试验的应用

缺口冲击试验最大的优点就是测量迅速简便，所以将材料的冲击韧性列为材料的常规力学性能。R_{eL}、R_m、A、Z、A_K 被称为材料常规力学性能的五大指标。

缺口冲击韧性试验的应用，主要表现在以下两方面。

（1）用于控制材料的冶金质量和铸造、锻造、焊接及热处理等热加工工艺的质量。

例如，沸腾钢由于钢中高的含氧量，其脆性转化温度高于室温，而用 Si 和 Al 脱氧的全镇静钢，其脆性转化温度（其确切含义下面即将谈到）则为 -20℃左右；钢中的夹杂物严重时，会使纵向和横向取样的冲击韧性值差别很大，如图 3.9 所示。锻造或热处理过热和热处理不当造成回火脆性，都将使材料的冲击韧性大幅度降低。

要正确理解对材料冲击韧性要求的含义，例如某厂生产的柴油机连杆，图样规定用 45 钢调质处理，要求 $a_K \geqslant 78$J/cm^2（旧梅氏试样）。如果生产上的确是用 45 钢，并且原材料经过检验合格，在随后的锻造与热处理过程中都是严格执行工艺的话，那么这一冲击韧性指标完全是可以达到的，厂里所规定的冲击韧性值只是用来检验材

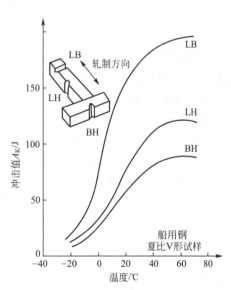

图 3.9　轧制方向对冲击值的影响

料的冶金质量和热加工工艺是否正常，而并不是作为使用性能或服役性能的指标提出的。也就是说柴油机连杆在实际使用时并非一定要具有 a_K 为 78J/cm^2，实际上，经验证明柴油机连杆用球墨铸铁制造也是可以的，而球墨铸铁的冲击韧性值是很低的，用光滑试样测得 a_K 也只有 15J/cm^2 左右。所以不要把 A_K 作为控制生产质量的指标误认为是服役性能指标，这是工厂生产人员经常容易混淆的概念。

（2）用来评定材料的冷脆倾向。评定材料脆断倾向的标准常常是和材料的具体服役条

件相联系的。在这种情况下所提出的材料冲击韧性值要求，虽然不是一个直接的服役性能指标，但应理解为和具体服役条件有关的性能指标。

材料因温度的降低导致冲击韧性的急剧下降并引起脆性破坏的现象称为冷脆。可将材料的冷脆倾向归结为三种类型，如图 3.10 所示。对面心立方金属，冲击韧性很高，温度降低时变化不大，不会导致脆性破坏，这种类型材料可认为没有冷脆现象。对高强度钢、

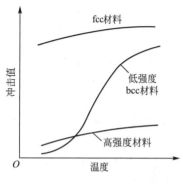

图 3.10　三类不同冷脆倾向的材料

铝合金和钛合金，其在室温下的冲击韧性很低，当材料内有裂纹存在时，可以在任何温度和应变速率时发生脆性破坏，断裂时的名义应力仍处在弹性范围。这种类型的材料本身就是较脆的，它的脆性无须在降低温度时查明，因为实际上它的脆性对温度是不敏感的。另外一种类型材料就是低、中强度的体心立方金属以及 Be、Zn 等材料，这些材料的冲击韧性对温度是很敏感的，如低碳钢或低合金高强度钢在室温以上时韧性很好，但温度降低至 -20～-40℃ 时就变为脆性状态，用扫描电镜观察断口呈解理断裂。所以缺口冲击韧性试验的第二个功用，正是检查或评定这类材料的冷脆倾向。

3.3　低温脆性

工程上的脆性断裂事故多发生于气温较低的条件下，因此人们非常关注温度对材料性能的影响。温度对金属材料屈服强度 σ_s 和断裂强度 σ_c 的影响及缺口约束对 σ_s 的影响如图 3.11 所示。

R_{eL} 与 σ_c 相交，交点对应的温度为脆性转变温度 T_K，当 $T < T_K$ 时，$\sigma_c < R_{eL}$ 为脆性断裂；当 $T > T_K$ 时，$\sigma_c > R_{eL}$ 为韧性断裂，说明光滑试样在 T_K 发生脆性转变。缺口试样屈服强度 R_{sn} 与 σ_c 相交于 $T_{K'}$ 温度，$T_{K'}$ 为缺口试样的脆性转变温度。当 $T < T_{K'}$ 时，缺口试样即出现脆性断裂。在 T_K 和 $T_{K'}$ 之间进行试验时，光滑试样为韧性断裂，缺口试样则表现为脆断。这种随温度降低金属材料由韧性断裂转变为脆性断裂的现象称为低温脆性。发生脆性转变的温度称为脆性转变温度。显然，T_K 与 $T_{K'}$ 的差值表示缺口对脆性转变温度的影响，缺口越尖锐，T_K 升高越多。

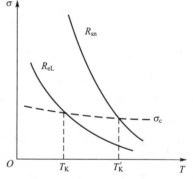

图 3.11　屈服强度和断裂强度随温度的变化

脆性转变温度是金属材料的一个很重要的性能指标。工程构件的工作温度必须在脆性转变温度以上，以防止发生脆性断裂。这在工程上实际事例很多，典型的是第二次世界大战期间，美国焊接的几千艘货轮曾发生脆断，其原因就是这些船体钢的脆性转变温度高于当时的环境温度。

并不是所有金属都表现有低温脆性。对于以面心立方金属为基础的中、低强度材料和大部分密排六方金属，在很宽的温度范围内其冲击功都很高，基本不存在低温脆性问题。而对于高强度材料，其屈服强度 $R_{eL} > E/150$（E 为弹性模量），如超高强度钢、高强度铝

合金、钛合金等在很宽的温度区间冲击功都很低。只有以体心立方金属为基础的，如中低强度钢和铍、锌等具有明显的低温脆性，这些金属材料称为冷脆金属。

评定材料低温脆性的最简便的试验方法是系列温度冲击试验。该试验采用标准夏比冲击试样，在从高温（通常为室温）到低温的一系列温度下进行冲击试验，测定材料冲击功随温度的变化规律，揭示材料的低温脆性倾向。典型的试验结果如图 3.12 所示。在温度较高时，冲击功较高，存在一上平台，称为高阶能，在这一区间表现为韧性断裂。在低温范围，冲击功很低，表现脆性的解理断裂，冲击功的下平台称为低阶能。在高阶能和低阶能之间，存在一很陡的过渡区，该区的冲击功变化较大，数据较分散，可见随着温度降低，冲击功由高阶能转变为低阶能，材料由韧性断裂过渡为脆性断裂。相应断口形式也由纤维状断口经过混合断口过渡为结晶状断口，断裂性质由微孔聚集型断裂过渡为解理断裂。

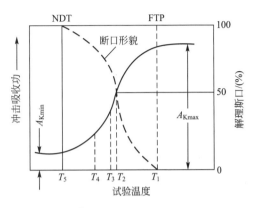

图 3.12　低温脆性金属材料的系列冲击结果

阅读材料3-1

20世纪40年代，国际上发生一起震惊全球的低应力脆性断裂事故。美国仓促用电焊建造了一批钢结构工程，发生脆断事故1442次，有的严重开裂而折断。产生脆断的原因是设计错误、应力严重集中，焊接缺陷以及钢材低温冲击韧性差。半个多世纪以来，业内科技工作者采取有效的防范措施，如规定了钢材等级、使用温度和对应的低温冲击功，并规定了焊缝质量等级和缺陷分级，使设计制作有章可循，在钢结构工程质量验收规范中规定了防止应力集中的规则和要求。

现实生活中脆断事故时有发生，如钢桥折断、液化气球罐低温脆断等。20世纪70年代，上海黄浦江畔一项钢结构工程，有一条焊缝在当天没有封底焊，深夜气温骤降，出现了3m长的冷脆裂缝。

钢结构低应力脆断是突发事故，危害性很大，必须按照规范、规则设计，承重结构应连续、防止应力集中，焊接质量应达标，用料应注重钢材等级等参数，消除质量隐患，防止钢结构低应力脆性断裂引发失效。

→ 资料来源：http://www.3869.com/.

3.3.1　低温脆性现象

体心立方晶体金属及合金或某些密排六方晶体金属及其合金，特别是工程上常用的中、低强度结构钢（铁素体珠光体钢），在试验温度低于某一温度 T_K 时，会由韧性状态变为脆性状态，冲击吸收功明显下降，断裂机理由微孔聚集型变为穿晶解理型，断口特征由纤维状变为结晶状，这就是低温脆性。转变温度 T_K 称为韧脆转变温度，又称冷脆转变温度。面心立方金属及其合金一般没有低温脆胜现象，但有实验证明，在 $4.2 \sim 20K$ 的极低温度下，奥氏体钢及铝合金也有冷脆性。高强度的体心立方合金(如高强度钢及超高强度钢)在很宽温度范围内，冲击吸收功均较低，故韧脆转变不明显。

低温脆性对压力容器、桥梁和船舶结构以及在低温下服役的机件是非常重要的。历史上就曾经发生过多起由低温脆性导致的断裂事故，从而造成了很大损失。

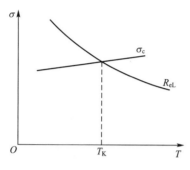

图 3.13 R_{eL} 和 σ_c 随温度变化示意图

低温脆性是材料屈服强度随温度降低急剧增加(对体心立方金属，是派纳力起主要作用所致)的结果。图 3.13 中，屈服点 R_{eL} 随温度下降而升高，但材料的解理断裂强度 σ_c 却随温度变化很小，因为热激活对裂纹扩展的力学条件 $\left[\sigma_c = \left(\dfrac{2E\gamma_P}{\pi a}\right)^{1/2}\right]$，没有显著作用，于是两条曲线相交于一点，交点对应的温度即为 T_K。当温度高于 T_K 时，$\sigma_c > R_{eL}$，材料受载后先屈服再断裂为韧性断裂；低于 T_K 时，外加应力先达到 σ_c，材料表现为脆性断裂。

由于材料化学成分的统计性，韧脆转变温度实际上不是一个温度而是个温度区间。

体心立方金属的低温脆性还可能与迟屈服现象有关。迟屈服即对低碳钢施加一高速载荷到高于 R_{eL}，材料并不立即产生屈服，而需要经过一段孕育期(称为迟屈服时间)才开始塑性变形。在孕育期中只产生弹性变形，由于没有塑性变形消耗能量，故有利于裂纹的扩展，从而易表现为脆性破坏。

3.3.2　低温脆性的本质

柯垂耳(Cottrell)提出的脆断条件，即公式 $(\sigma_i d^{1/2} + k_y)k_y = \alpha G\gamma_s$，清楚地概括了影响冷脆转化的各个因素，只要公式左端大于右端之值，即 $\sigma_y > \sigma_f$，就可发生脆断。

公式左端有三个参数 σ_i、k_y 和 d，公式右端主要是 α 和 γ_s 两个参数，G 是组织结构不敏感的性能。因此，凡是增加 σ_i、k_y 和 d 的因素都将促进脆断，使冷脆断转化温度升高；同样，凡使 α 和 γ_s 值减小的也将促使脆断，使冷脆转化温度升高。现对公式中各个参数的意义说明如下：

(1) σ_i——位错在晶体中运动的点阵摩擦阻力，包括派纳力、溶质原子以及第二相对位错运动的阻力，甚至还要考虑位错间的交互作用对位错运动的阻力。对体心立方金属，派纳力随温度的降低而急剧升高，这是体心立方金属产生冷脆的主要原因。另外，要认识到金属中的几种强化机制(如固溶强化、沉淀强化、弥散强化和应变硬化)的目的都是使 σ_i 升高，因而也增大了脆断倾向。

(2) k_y——反映位错被溶质原子或第二相钉扎运动难易程度的参量。例如同是体心立方金属，Fe 和 Mo 的 k_y 值高，而 Nb 和 Ti 的 k_y 值低，说明在 Fe 和 Mo 中位错运动困难；即使对 α-Fe，氮原子对位错的钉扎比碳原子更强烈，因而含氮的低碳钢 k_y 值更高些。需要说明的是，对低碳钢的试验表明，k_y 并不因为温度降低而显著增加。

(3) d——晶粒直径，但原来的含义是滑移距离，只不过对纯金属或单相合金滑移距离等于晶粒直径的一半。因此对沉淀强化的合金，d 应理解为第二相的平均间距。由公式 $\sigma_f = \dfrac{4G\gamma_s}{k_y d^{1/2}}$ 和 Hall-Petch 公式可以看出，细化晶粒既提高了断裂强度也提高了屈服强度，但相对地断裂强度提高得更多一些，因此细化晶粒总是使冷脆转化温度降低的。

（4）α——和应力状态有关的参数，它表示在外加载荷条件下切应力和正应力之比。扭转时，$\alpha = 1$；拉伸时 $\alpha = 1/2$；对缺口试样拉伸取 $\alpha \approx 1/3$，可见缺口增加了脆断倾向。在公式中没有反映应变速率的影响，但增加应变速率将提高 σ_i 并在与缺口的联合作用下导致材料的脆化。

（5）γ_s——材料的有效表面能。对于脆性材料或者脆性第二相 γ_s 仅为表面能，对于塑性较好的材料 γ_s 还包括裂纹扩展过程中所消耗的塑性变形功。

3.3.3　韧脆转变温度的测定

静拉伸试验、冲击弯曲试验都可显示材料低温脆性倾向和测定韧脆转变温度。当温度降低时，材料屈服强度（R_{eL} 或 $R_{0.2}$）急剧增加，而塑性（A、Z）和冲击吸收功（A_K）急剧减小。材料屈服强度急剧升高的温度或断后伸长率、断面收缩率、冲击吸收功急剧减小的温度就是韧脆转变温度 T_K。拉伸试验测定的 T_K 偏低，且试验方法不方便，故通常还是用缺口试样冲击弯曲试验测定 T_K。在低温下进行系列冲击弯曲试验，测出试样断裂消耗的功、断裂后塑性变形量或断口形貌（各区所占面积）随温度变化的关系曲线，然后根据这些曲线求 T_k。这里只介绍根据能量准则和断口形貌准则定义 T_K 的方法。

1. 按能量法定义 T_K 的方法（图 3.12）

（1）当低于某一温度时，金属材料吸收的冲击能量基本不随温度而变化，形成一平台，该能量称为低阶能，以低阶能开始上升的温度定义为 T_K，并记为 NDT（Nil Ductility Temperature），称为无塑性或零塑性转变温度，这是无预先塑性变形断裂对应的温度，是最易确定 T_K 的准则。在 NDT 以下，断口由 100% 结晶区（解理区）组成。

（2）当高于某一温度时，材料吸收的冲击能量也基本不变，出现一个上平台称为高阶能。以高阶能对应的温度为 T_K，记为 FTP（Fracture Transition Plastic）。高于 FTP 下的断裂，将得到 100% 纤维状断口（零解理断口）。这是一种最保守的定义 T_K 的方法。

（3）以低阶能和高阶能平均值对应的温度定义 T_K，并记为 FTE（Fracture Transition Elastic）。

2. 按断口形貌定义 T_K 的方法

冲击试样冲断后，其断口形貌如图 3.5 所示。

如同拉伸试样一样，冲击试样断口也有纤维区、放射区（结晶区）与剪切唇几部分。有时在断口上还看到有两个纤维区，放射区位于两个纤维区之间。出现两个纤维区的原因是试样冲击时缺口一侧受拉伸作用裂纹首先在缺口处形成，而后向厚度两侧及深度方向扩展。由于缺口处是平面应力状态，若试验材料具有一定塑性，则在裂纹扩展过程中便形成纤维区。当裂纹扩展到一定深度出现平面应变状态，且裂纹达到格里菲斯裂纹尺寸时，裂纹快速扩展而形成结晶区。到了压缩区之后，由于应力状态发生变化，裂纹扩展速率再次减小于是又出现了纤维区。

试验证明，在不同试验温度下纤维区、放射区与剪切唇三者之间的相对面积（或线尺寸）是不同的。温度下降，纤维区面积突然减少，结晶区面积突然增大，材料由韧变脆。通常取结晶区面积占整个断口面积 50% 时的温度为 T_K，并记为 50%FATT（Fracture Appearance Transition Temperature）或 $FATT_{50}$、T_{50}。

50％FATT 反映了裂纹扩展变化特征，可以定性地评定材料在裂纹扩展过程中吸收能量的能力。实验发现，50％FATT 与断裂韧度 K_{tc} 开始急速增加时的温度有较好的对应关系，故得到广泛应用。但此种方法评定各区所占面积受人为因素影响，要求测试人员要有较丰富的经验。

韧脆转变温度 T_K(FTE、$FATT_{50}$、NDT 等)也是金属材料的韧性指标，因为它反映了温度对韧脆性的影响。T_K 与 A、Z、A_K、NSR 一样，也是安全性指标。T_K 是从韧性角度选材的重要依据之一，可用于抗脆断设计，保证机件服役安全，但不能直接用来设计、计算机件(或构件)的承载能力或截面尺寸。对于低温下服役的机件(或构件)，依据材料的 T_K 值可以直接或间接地估计它们的最低使用温度。很明显，机件(或构件)的最低使用温度必须高于 T_K，两者之差越大越安全。为此选用的材料应该具有一定的韧性温度储备，即应该具有一定的 Δ 值：$\Delta = T_0 - T_K$，Δ 为韧性温度储备，T_0 为材料使用温度。通常，T_K 为负值，T_0 应高于 T_K，故 Δ 为正值，Δ 值取 40～60℃实际上已经足够。为了保证可靠性，对于受冲击载荷作用的重要机件，Δ 取 60℃；不受冲击载荷作用的非重要机件，Δ 取 20℃；中间者取 40℃。

必须注意，由于定义 T_K 的方法不同，同一材料所得 T_K 必有差异；同一材料，使用同一定义方法，由于外界因素的改变(如试样尺寸、缺口尖锐度和加载速率)，T_K 也要变化。所以在一定条件下用试样测得的 T_K，因为和实际结构工况之间无直接联系，不能说明该材料制成的机件一定在该温度下脆断。

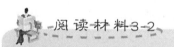

"鸟巢"中的低温焊接技术

2008 年 8 月 8 日，我国在国家体育场——"鸟巢"成功举办了北京奥运会开幕式。"鸟巢"通体均为钢结构，建设过程中大量运用了焊接技术。北京处于我国北方，冬季温度较低，此建筑钢结构焊接工程冬季施工备受焊接界人士的关注。钢结构焊接工程能否在冬季施工？有没有临界施工焊接的最低温度？

钢结构低温焊接对焊缝金属危害的直接表征就是出现裂纹和工作状态下发生脆断，其脆断机理随温度下降的速率变化而变化，有一定的客观规律。

根据美国国家标准 AWSD1.1/D1.1M：2006《钢结构焊接规范》规定：-20℃为停止焊接的温度，但又申明采取了相应措施仍然可以焊接。我国 JGJ 81—2002《建筑钢结构焊接技术规程》规定：焊接作业区环境温度低于 0℃时，应根据钢材、焊材制定适当的措施；而日本建筑学会 JASS6《钢结构工程》规定的最低施焊温度为 -5℃。这些标准各不相同的规定说明：各国有各国的具体情况，没有统一的"临界施焊最低温度"的定义，只能根据具体情况，作出适合于客观环境的正确决策。

国家体育场(鸟巢)钢结构焊接工程，有 10000t 以上的钢结构要在冬季完成焊接施工(图 3.14)，工程实际认为：冬季施焊的临界温度不能只从钢材、焊材的承受能力来规定，而

图 3.14　施工中的国家体育场(鸟巢)

必须从人、机、料、法、环五大管理要素来确定，不能简单从事。根据这一基本思想，国家体育场(鸟巢)组织了很大规模的低温焊接试验，成效良好，制定《国家体育场钢结构低温焊接规程》，确定−15℃为停止施焊的温度。

→ 资料来源：http://www.toweld.com.

3.3.4　落锤试验和断裂分析图

普通的冲击弯曲试样尺寸过小，不能反映实际构件中的应力状态，而且结果分散性大，不能满足一些特殊要求。为此，20 世纪 50 年代初，美国海军研究所派林尼(W.S. Pellini)等提出了落锤试验方法，用于测定全厚钢板的 NDT，以作为评定材料的性能标准。试样厚度与实际使用板厚相同，其典型尺寸为 25mm×90mm×350mm、19mm×50mm×125mm 或 16mm×50mm×125mm。因试样较大，试验时需要较大冲击能量，故不能再用一般摆锤式冲击试验机，而必须用落锤试验机。

落锤试验机由垂直导轨(支承重锤)、能自由落下的重锤和砧座等组成，如图 3.15 所示。重锤锤头是一个半径为 25mm 的钢制半球，硬度不小于 HRC50。重锤能升到不同高度，以获得 340～1650J 的能量。砧座上除了两端的支承块外，中心部分还有一挠度终止块，以限制试样产生过大的塑性变形。落锤具有的能量、支承块的跨距和挠度终止块的厚度应根据材料的屈服强度及板厚选择。试样一面堆焊一层脆性合金(长约 64mm、宽约 15mm、厚约 4mm)，焊块中用薄片砂轮或手锯割开一个缺口，缺口方向与试验拉力方向垂直，其宽度不大于 1.5mm，深度为焊块厚度的一半，用以诱发裂纹。

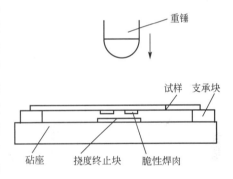

图 3.15　落锤试验示意图

试样冷却到一定温度后放在砧座上，使有焊肉的轧制面向下处于受拉侧，然后落下重锤进行打击。随试样温度下降，其力学行为发生如下变化：

不裂→拉伸侧表面部分形成裂纹，但未发展到边缘→拉伸侧表面裂纹发展到一侧边或两侧边→试样断成两部分。

一般取拉伸侧表面裂纹发展到一侧边或两侧边的最高温度为 NDT。

目前，NDT 已成为低强度钢构件防止脆性断裂设计根据的一部分，如：

(1) NDT 设计标准，保证承载时钢的 NDT 低于工作温度，此时在高应力区的小裂纹处不会造成脆性断裂。

(2) NDT+33℃设计标准，对结构钢而言，FTE≈NDT+33℃，适用于原子能反应堆压力容器标准。

(3) NDT+67℃设计标准，适用于全塑性断裂，在塑性超载条件下，仍能保证最大限度的抗断能力，也适用于原子能反应堆压力容器标准。

落锤试验法的缺点是，对脆性断裂不能给予定量评定。因为试验使用动载荷，其结果能否用于静载荷尚需研究。此外，板厚的影响也未考虑。

通过落锤试验求得的 NDT 可以建立断裂分析图(FAD)，如图 3.16 所示。断裂分析图是表示许用应力、缺陷(裂纹)和温度之间关系的综合图,它明确提供了低强度钢构件在温度、应力和缺陷(裂纹)联合作用下,脆性断裂开始和终止的条件。

图 3.16 所示断裂分析图的纵坐标为应力,横坐标为温度,NDT 左侧附近区域为对压力容器断裂事故分析和有关实验得出的结果,不同尺寸的裂纹对应的断裂应力(σ_c)不同。由图可见,随裂纹长度增加,σ_c 下降;在裂纹很长时,σ_c 仅为 35~56MPa。外加应力低于该值,则不发生脆性破坏,故该应力为脆性破坏的最低应力。图 3.16 中各条曲线(包括虚线)是对应于不同尺寸裂纹的 σ_c-t 曲线;AC 线是小裂纹的 σ_c-t 曲线,位于材料的 σ_c 线以上;BC 线为长裂纹的 σ_c-t 曲线,与材料的 R_{eL} 相交于 B 点,其对应的温度即为 FTE。C 点对应的坐标则为 R_m 和 FTP。因为在 NDT 附近有一不发生脆性破坏的最低应力,于是可得到 A' 点。连 $A'BC$ 线,该曲线又称断裂终止线(CAT),表示不同应力水平线下脆性裂纹扩展的终止温度。

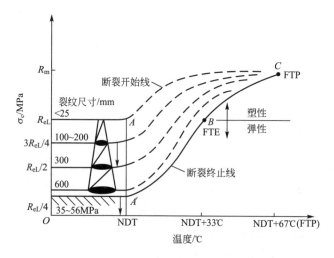

图 3.16 断裂分析图

断裂分析图已成功地用于低强度钢焊接结构的破损安全设计,根据工作应力的大小选用不同的设计准则。

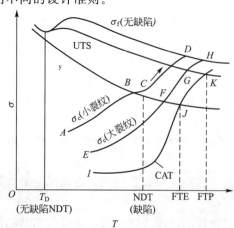

图 3.17 温度对光滑试样和裂纹试样断裂强度或变形强度的影响

断裂分析图是怎样建立的呢?图 3.17 表示出了光滑试样和含裂纹试样的断裂强度随温度的变化关系。对于无缺口(或无宏观缺陷)的结构或试样,随着温度降低,屈服强度 σ_{rs} 抗拉强度 UTS 或 R_m,以及断裂强度都不断升高,且 R_{ys} 比 σ_f 增长得更快,两者的交点 T_D 表示无缺陷材料的 NDT,但是,含有缺陷的材料其 σ_f 却随温度的降低而降低。例如,在宽板中引入一个小裂纹,如果板的宽度远大于裂纹长度,则整个截面的屈服应力将不受裂纹的影响,裂纹只影响断裂强度,这时 σ_f 的变化以曲线 $ABCD$ 表示。在 AB 段,$\sigma_f<R_{ys}$,所以断裂前不产生整个板横截面的屈服,从 A 点到 B

点以及从 C 点到 D 点，R_f 的增加是由于断裂韧性 G_C（见第 4 章）随温度的升高而增加的缘故。在 BC 段，$\sigma_f \cong R_{ys}$，C 点是 σ_f 和 R_{ys} 交汇在一起的温度，称为缺陷体的无塑性转变温度 NDT，在 NDT 温度以下是解理断裂。在 C 点与 D 点之间是脆性断裂到韧性断裂的过渡区域。如果裂纹更大，σ_f 就继续降低，其变化如 $EFGH$ 曲线所示。实验表明，如果裂纹增大到某一数值后，σ_f 就不再降低，而保持一个最低的下限值，如把不同温度的 σ_f 下限应力连接起来，就得到 IJK 曲线，称为断裂终止温度曲线 CAT。在 IJK 曲线的右边区域，不管应力水平大小和温度高低如何，失稳的解理断裂都是不会发生的。

R_{ys} 和 IJK 相交于 J 点，J 点所对应的温度称为 FTE，即弹性断裂转化温度。当温度高于 FTE 时，先有整体屈服，然后裂纹稳态扩展至断裂；当温度低于 FTE 时，断裂时无宏观塑变，裂纹失稳扩展至解理断裂。抗拉强度 UTS 或 R_m 与 IJK 相交于 K 点，此点对应的温度称为 FTP，即塑性断裂转化温度。当温度高于 FTP 时，其受载后的行为和无缺陷材料完全相同，脆性裂纹不能扩展，只表现出完全剪切破坏。

断裂分析图表示了应力、缺陷和温度三个参数之间的关系，只要确定了其中任意两个参数，就可以求出第三个参数。例如，已知缺陷尺寸和温度，就可确定允许的最大工作应力；已知应力和温度，就可确定最大允许的缺陷尺寸。要建立材料的 FAD 图，就必须知道材料的 NDT、FTE 和 FTP 温度。NDT 可用落锤试验测出，FTE 和 FTP 要通过爆炸鼓突试验测出。但在大量试验的基础上发现，FTE、FTP 与 NDT 之间有着较好的定量经验关系，因此可不必通过爆炸鼓突试验而只用落锤试验测出 NDT 后，就可以作出完整的断裂分析图。

当钢板厚度小于 50mm 时，NDT 与 FTE、FTP 之间的关系为
$$\text{FTE} = \text{NDT} + 33℃$$
$$\text{FTP} = \text{NDT} + 67℃$$
常用的设计准则是根据工作应力的大小来选定的。

（1）当工作应力小于 35～55MPa 时，可选择实物的最低工作温度 $T_{min} \geqslant \text{NDT}$ 的材料。

（2）当要求工作应力 $\sigma \leqslant \dfrac{1}{2} R_{ys}$ 时，可选用 $T_{min} \geqslant \text{NDT} + 17℃$ 的材料，压力容器多采用此标准。

（3）当要求工作应力 $\sigma \leqslant R_{ys}$，可选用 $T_{min} \geqslant \text{NDT} + 33℃$ 的材料，即照 FTE 标准选择材料。这一准则应用于核反应堆材料。

（4）如限定材料的工作应力低于材料的抗拉强度，要求其不产生脆断而完全是剪切破坏，这种情况就选用 FTP 标准，即 $T_{min} \geqslant \text{NDT} + 67℃$，潜艇材料就是照这一标准选材的。

以上的设计标准实际上都是根据图 3.16 中的断裂终止曲线来选定的，断裂终止曲线代表了材料已含有相当大的裂纹，它代表不发生破坏的最低应力。这样当然偏于安全，如果用无损检测的方法，检测出不同裂纹尺寸，则可得出一组包含不同裂纹尺寸的断裂曲线图，如图 3.16 中的一组虚线所示，这样即可建立工作应力、裂纹尺寸和温度三者之间的关系。

由图 3.16 还可以看出，在 NDT 以上，$A'BC$ 以左、σ_c 以下的区域中，根据不同尺寸裂纹及应力水平的组合，裂纹可能快速扩展而致脆性断裂，但裂纹也可能不发生脆性扩展。在此区域内当温度一定时，随裂纹长度增加，断裂应力下降；而在相同应力水平下，小尺寸裂纹不发生脆性扩展。

在 CAT 曲线以右，脆性裂纹不产生扩展。在 R_{eL} 以上，AC 线与 BC 线之间区域内，

解理断裂之前先产生塑性变形。温度高于 FTP 时不论裂纹尺寸如何，断裂全部为剪切型，且 $\sigma_c = R_m$。

3.3.5　低温脆性的评定

工程上希望确定一个材料的冷脆转化温度。在此温度以上，只要名义应力还处于弹性

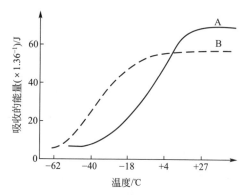

图 3.18　按冷脆转化温度选材

范围，材料就不会发生脆性破坏。在冷脆转化温度的确定标准建立之后，实际上是按照冷脆转化温度的高低来选择材料。例如，有两种材料 A 和 B，在室温以上 A 的冲击韧性高于 B，但当温度降低时，A 的冲击韧性就急剧下降了，如按冷脆转化温度来选择材料时应选材料 B，如图 3.18 所示。

冷脆转化温度的评定有不同的标准，当比较两种材料的脆断倾向或进行选材时，需注意使用同一个标准。评定的标准大体上有三种类型。

1）断口形貌特征

在这种类型时，使用得最多的称为断口形貌转化温度(Fracture Appearance Transition Temperature，FATT)，是根据断口上出现 50%纤维状的韧性断口和 50%结晶状态的脆性断口作标准的。这里需先分析一下缺口冲击试样的断口。和静拉伸断口一样，冲击试样断口一般也存在三个区域。裂纹源在缺口根部的中央并稍离缺口表面的位置，对塑性较好的材料，裂纹通常沿两侧和深度方向稳态扩展，中央部分较深，构成了脚跟形的纤维状区域，然后快速扩展形成放射区。由于缺口的一侧受张应力，不开缺口的一侧受压应力，所以放射区在从拉应力区扩展到压应力区时，裂纹停止扩展，继而出现二次纤维区。断口除了缺口根部附近四周皆为剪切唇，和拉伸断口的边缘是一样的。在温度降低或材料的冲击韧性很低时，二次纤维区和一次纤维区以及剪切唇都可以不出现，只有单一的放射区，呈现 100%结晶状断口，材料处于完全脆性的状态。FATT 标准的依据是通过夏氏冲击试验和服役失效分析结果的对比得到的。对比发现，在服役条件下，当承受的应力不超过材料屈服强度的一半时，只要确定夏氏冲击试样上出现小于 70%结晶状断口的温度，并以此温度为标准来选择材料，高于此温度的材料将不会发生脆性断裂或者说断裂的概率是很小的。这是实验观察的结果。现规定 FATT 为 50%的结晶状断口更趋于安全。

2）能量标准

能量标准是以某一固定能量来确定脆化温度。例如对第二次世界大战期间出现脆断事故的焊接油轮进行大量研究后发现，如果用 20J 来确定船用钢板的脆性转化温度，则具有低于此脆化温度的材料，将不会发生脆性破坏。20J 的能量标准被低强度的船用钢板普遍接受。但是需注意这一能量标准的提出，仅仅是针对船用钢板的脆性破坏而言，对其他构件的破坏将失去意义，而且这是 20 世纪 50 年代提出的指标，随着低合金高强度钢逐渐代替低碳钢，即由于材料强度的提高，能量标准值也在相应提高如 27J 等。

3）断口的变形特征

将缺口试样冲断时，缺口的一侧收缩，另一侧膨胀，测量两侧面的边长，以边长差值

为 0.38mm 作为冷脆转化温度。

这三种不同的标准规定出的冷脆转化温度是不同的，表 3-1 所给出的试验数据说明，以 20J 和 0.38mm 这两个标准所确定的脆化温度比较接近，但低于断口形貌特征确定的 FATT 值。

表 3-1　试验用钢的转化温度

材　　料	R_{eL}/MPa	不同标准规定的冷脆转化温度/℃		
		20J	0.38mm	50%纤维断口
热轧 C-Mn	210	27	17	46
热轧低合金钢	385	−24	22	12
淬火回火钢	618	−71	−67	−54

3.3.6　影响韧脆转变温度的因素

材料的脆性倾向性本质上是其塑性变形能力对低温和高加载速率的适应性的反映。在可用滑移系足够多且阻碍滑移的因素不因变形条件而加剧的情况下，材料将保持足够的变形能力而不表现出脆性断裂。面心立方金属就是这种情况。而体心立方金属如铁、铬、钨及其合金，在温度较高时，变形能力尚好，但在低温条件下，间隙杂质原子与位错和晶界相互作用强度增加，阻碍位错运动、封锁滑移的作用加剧，对变形的适应能力减弱，即表现出加载速率敏感性。因此，低温脆性除取决于晶格类型外，还受材料的成分、组织等因素的影响，这是比较复杂的研究领域，不清楚的问题尚多，今择其要者，简述如下。

1. 成分的影响

以碳钢为例，含碳量对冲击功-温度曲线的影响如图 3.19 所示。随含碳量增加，冲击功上平台下移，脆性转变温度向高温推移，转变温度区间变宽。含碳量每增加 0.1%，脆性转变温度升高 13.9℃（按 20J 准则）。在退火或正火状态下，加入锰不但可细化晶粒，而且还减少 Hall-Petch 公式中的 k_y，改善材料的韧性。含锰量每增加 0.1%，脆性转变温度降低 5.6℃（准则同上）。但合金元素对钢性能的影响不是孤立、单独起作用的。对脆断的船体钢的分析表明，钢中 Mn/C 比值对脆性转变温度有重要影响，只有当 Mn/C≥3 时，船体钢才有比较满意的脆性转变温度。因此对脆断事故进行分析时，对材质的分析和评价，首先要看成分是否超标，不超标时还要考虑合金配比是否合适。如 10 号钢，含碳量名义范围为 0.07%～0.15%（质量百分数），含 Mn 量为 0.35%～0.65%（质量百分数），如果含碳量达上限，含 Mn 量为下限，则 Mn/C=2.3，按牌号虽属合格，但脆性转变温度却不合格。这种成分落在牌号规范内，但因配比不合适，导致使用性能和工艺性能达不到要求的事例还有很多。

2. 晶粒尺寸

由式 $\sigma_c=\left[\dfrac{4G\gamma}{d}\right]^{1/2}$ 和 Hall-Petch 关系可见，当材料晶粒尺寸减小时，解理断裂应力 σ_c 和屈服强度 R_{eL} 都得到提高，同时也使脆性转变向低温推移，如图 3.20 所示。

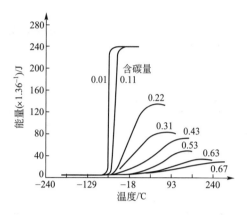

图 3.19 含碳量对韧脆转变温度的影响

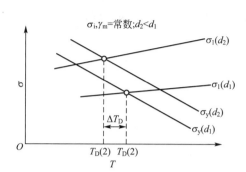

图 3.20 晶粒大小对 σ_c、σ_s 的影响

Hall-Petch 关系式中的位错摩擦力 σ_0 包括两部分，即

$$R_{eL} = \sigma_0 + k_y d^{-1/2} \quad (\text{其中 } \sigma_0 = \sigma_T + \sigma_{ST})$$

式中，σ_T 为短程力，作用范围在 1nm 之内，对温度变化敏感；σ_{ST} 为长程力，作用范围在 $10 \sim 100$nm 范围，对温度变化不敏感。σ_T 可表示为

$$\sigma_T = A e^{-\beta T}$$

注意到脆性转变临界状态时，$\sigma_c = R_{eL}$，$T = T_K$，可得

$$T_K \propto -\ln d^{-1/2}$$

脆性转变温度 T_K 与晶粒尺寸关系的试验结果如图 3.21 所示，与理论分析结果相符。

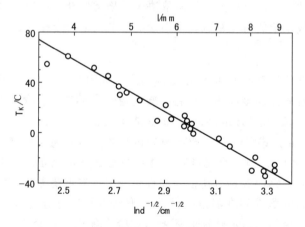

图 3.21 脆性转变温度 T_K 与晶粒尺寸的关系

细化晶粒不但降低脆性转变温度，而且还改善塑性韧性，因此细化晶粒已成为非常重要的强韧化手段。这是固溶强化、弥散强化及形变强化等手段不可比拟的，因为这些强化手段在提高屈服强度的同时，总是导致塑性和韧性的损失。

细化晶粒在工程上应用的事例很多。第二次世界大战中发生脆性破坏的船只都是美国生产的钢板建造的，当时美国采用新式的高速轧钢设备，生产效率高。相反采用英国钢厂生产的钢板建造的船只，未发生脆性破坏，英国钢厂采用老式轧机，设备陈旧，轧速低。因为轧速提高，则终轧温度升高，导致晶粒长大，可使脆性转变温度升高到室温，从而增加了海难事故的概率。

3. 显微组织

显微组织是影响脆性转变温度的重要因素。在给定强度下，钢的冷脆转化温度取决于转变产物。就钢中各种组织来说，珠光体有最高的脆化温度，按照脆化温度由高到低的依次顺序为：**珠光体>上贝氏体>铁素体>下贝氏体>回火马氏体**。这里要说明的是，在中碳合金钢中，当具有100％的下贝氏体(如经等温淬火)时，和同强度下的回火马氏体比较，有更低的脆化温度，冲击韧性也较高。在通常连续冷却下，总得到贝氏体和马氏体的混合组织，这时其韧性较纯粹的回火马氏体差。而在低碳合金钢中，获得下贝氏体和马氏体的混合组织，较纯粹的低碳马氏体有更好的韧性。

钢中的残留奥氏体在通常情况下对韧性是不利的，这主要是因为一般钢中的残留奥氏体都是很不稳定的，很容易转变成马氏体。在高碳工具钢、高速钢中都力求减少残留奥氏体的含量，或者做稳定化处理使残留奥氏体变得更稳定些。但是，也有相反的情况，通过合金化与热处理得到较多的而且比较稳定的奥氏体，而在受力或变形较大时，又能逐渐变成马氏体。虽然马氏体本身较脆，但马氏体转变有较大的体积膨胀(3％左右)。在体积膨胀中能松弛裂纹尖端的三向应力，又因为转变时要消耗较多的能量，这两个因素可使奥氏体转变为马氏体有更多的增益，反使钢的韧性增加，相变诱导塑性钢(TRIP钢)就是这样的例子。残留奥氏体的稳定化程度要控制得恰到好处是较难的，不能很不稳定也不能十分稳定，在试样即将开始发生颈缩的应变量下，奥氏体才逐渐转变为马氏体，产生强烈的加工硬化，抑制了颈缩的发生。因此这种方法要得到工程应用还有一段距离。

阅读材料3-3

第二次世界大战中，美国5000艘全焊接"自由轮"在1942—1946年间发生破断的达1000艘，1946—1956年间发生破断的达200艘。1943年1月，美国的一艘T-2y油船(图3.22)停泊在装货码头时断裂成两截。当时甲板应力仅为70MPa，远远低于船板钢的强度极限。

图3.22 航行中的美国T-2y油船

小　结

在冲击载荷下，材料的力学性能常用冲击韧性 a_K 来表示。但冲击韧性是一个混合性能指标，不同材料可能具有相同的冲击韧性，但其断裂机理可能差别很大。另外，缺口和裂纹的形式对冲击韧性也有很大的影响。

在低温下，材料由韧性状态转变为脆性状态的现象称为低温脆性。本章详细阐述了低温脆性的物理本质、评定方法及其影响因素，并定义出 T_K、NDT、FTP、FTE、$V_{15}TT$ 和 $FATT_{50}$ 等特性指标。

复习思考题

1. 缺口会引起哪些力学响应？
2. 比较平面应力和平面应变的概念。
3. 如何评定材料的缺口敏感性？
4. 在 $A_K - T$ 曲线上，可用多种特征温度来表征材料的韧脆过渡行为，试举三种进行讨论。
5. 由静拉伸试验、冲击试验到落锤试验的发展过程，如何理解试验条件在评定材料方面的局限性？
6. 试分析断裂分析图的局限性。
7. 何谓低温脆性？哪些材料易表现低温脆性？工程上，有哪些方法评定材料低温脆性？
8. 为什么焊接船只比铆接船只易发生脆性破坏？
9. 试说明低温脆性的物理本质及影响因素。
10. 为什么细化晶粒尺寸可以降低脆性转变温度或者说改善材料低温韧性？

第4章
材料的断裂韧性

本章知识框架

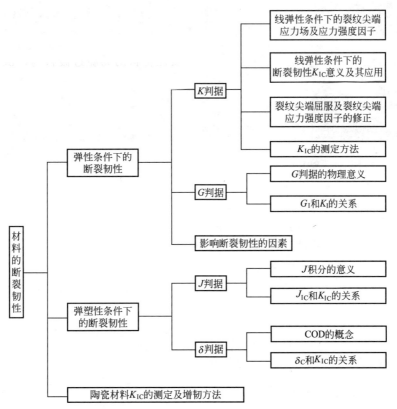

本章教学目标与要求

1. 掌握 K_{IC} 的测试方法、影响因素及其应用。
2. 了解 G_{IC} 和 J_{IC} 的有关概念及其与 K_{IC} 的关系。

材料力学性能(第2版)

导入案例

2003 年 2 月 1 日，"哥伦比亚"号航天飞机完成 16 天的太空研究任务后，在返回大气层时突然发生解体，机上 7 名宇航员全部遇难。调查组对飞机残骸进行了原位重组、残骸材料的冶金分析以及模拟试验，分析结果表明：左机翼隔热瓦受损裂缝是"哥伦比亚"号航天飞机解体的主要原因，在进入大气层过程中，高温热离子流使机翼铝合金、铁基合金、镍基合金结构熔化，导致航天飞机失控、机翼破坏和机体解体，如图 4.1 和图 4.2 所示。

图 4.1 "哥伦比亚"号在发射　　　　图 4.2 残骸原位放置

在发射"哥伦比亚"号时已发现一块泡沫从火箭外燃料箱上脱落，撞上了航天飞机。航空航天局的工程师们很担心泡沫撞击会造成影响，曾请求领导为在轨道上运行的航天飞机拍摄卫星照片，以查看机翼受损情况，但遭到主管领导的拒绝，理由是怕延误航天飞机飞往国际空间站执行任务。在进度和经费的压力下，主管领导作出了错误的决定。而正是从外燃料箱左侧双脚架掉下的这一块冷冻隔热泡沫砸到的左翼碳/碳复合材料面板下半部附近，造成了裂缝。主管领导的错误决策造成了这次悲剧。

4.1 概　述

断裂是工程构件最危险的一种失效方式，尤其是脆性断裂，它是突然发生的破坏，断裂前没有明显的征兆，常常引起灾难性的破坏事故并造成巨大的经济损失。按照传统力学设计，为防止断裂失效，常用强度储备方法确定工程构件的工作应力 σ，即 $\sigma<[\sigma]$，$[\sigma]$ 为许用应力$\left(\text{对于塑性材料，}[\sigma]=\dfrac{R_{eL}}{n}\text{，对于脆性材料，}[\sigma]=\dfrac{R_m}{n}\text{，式中 }n\text{ 为安全系数}\right)$。然后再考虑到工程构件的一些结构特点(存在缺口等)及环境温度的影响，根据材料使用经

验，对塑性(A、Z)、韧度(A_{KU}、A_{KV}、T_K)及缺口敏感度(NSR)等安全性指标提出附加要求。据此设计的工程构件，理论上不会发生塑性变形和断裂，是安全可靠的。

但是，实际情况并非总是这样。美国在第二次世界大战期间有 5000 艘全焊接的"自由轮"，其中有 238 艘完全破坏，有的甚至断成两截。发生破坏的"自由轮"，其断裂源多半是在焊接缺陷处，在气温降至 -3℃，水温降至 -4℃时，破坏处的冲击韧性非常低。1950 年，美国发射北极星导弹，其固体燃料发动机壳体，采用了超高强度钢 D6AC，屈服强度为 1400MPa，按照传统的强度设计与验收时，其各项性能指标(包括强度与韧性)都符合要求，设计时的工作应力远低于材料的屈服强度，但发射点火不久，就发生了爆炸。这两起重大破坏事故引起了当时世界各国研究材料强度的学者的震惊，因为这是传统力学设计无法解释的。

20 世纪四五十年代以后，设计的工程构件尺寸越来越大，应用材料的强度也越来越高，此外，焊接工艺的使用也更加普遍。像上述的两个例子，经焊接的"自由轮"，在焊接处发现有微裂纹，北极星导弹事后在破坏处也发现有小于 1mm 的裂纹。再比如 1965 年英国的一个氨合成塔，设计压力为 36MPa，水压试验压力为 49MPa，材料的屈服强度为 460MPa。此容器在试压过程中加压到 35.2MPa 时，就突然爆炸，其中有一块重达 2t 的碎片竟飞出数十米远。事后检查，发现在焊缝区内埋藏有一长为 10mm 的内部裂纹，容器的爆炸就是从这个裂纹源开始的。裂纹的存在，破坏了材料的连续性，导致了材料中(特别是裂纹附近)应力场的变化。由于裂纹尖端应力集中和应力状态变硬，导致了材料早期脆断。"哥伦比亚"号航天飞机解体爆炸事故亦是由微小裂纹所致。

为什么经典的强度理论无法解释工作应力远低于材料屈服强度时发生的所谓低应力脆断的现象呢？

原来，传统力学是把材料看成均匀的、没有缺陷的、没有裂纹的理想固体，但是实际的工程材料，在制备、加工及使用过程中，都会产生各种宏观缺陷乃至宏观裂纹。大量断裂事例分析表明，工程构件的低应力脆断是由宏观裂纹(工艺裂纹或使用裂纹)扩展引起的。

低应力脆断总是和材料内部含有一定尺寸的裂纹相联系的，当裂纹在给定的作用应力下扩展到一定临界尺寸时，就会突然破裂。由于裂纹破坏了材料的均匀连续性，改变了材料内部应力状态和应力分布，所以工程构件的结构性能就不再相似于无裂纹的试样性能，传统力学强度理论也不再适用。因此，需要研究新的强度理论和新的材料性能评定指标，以解决低应力脆断问题。

断裂力学正是在这种背景下发展起来的一门新型断裂强度科学。它是在承认工程构件存在宏观裂纹的前提下，研究裂纹体的断裂问题，具有重大科学意义和工程价值。它建立了裂纹扩展的各种新的力学参量，并提出了裂纹体的断裂判据和材料固有的性能指标——断裂韧性，用它来比较各种材料的抗断能力。用断裂力学建立起的断裂判据，能真正用于设计上，它能告诉我们，在给定裂纹尺寸和形状时，究竟允许多大的工作应力才不致发生脆断；反之，当工作应力确定后，可根据断裂判据确定构件内部在不发生脆断的前提下所允许的最大裂纹尺寸。

本章将从材料角度出发，在简要介绍断裂力学基本原理的基础之上，重点讨论线弹性条件下金属断裂韧性的意义、测试原理和影响因素及其应用，同时弹塑性条件下的断裂韧性及陶瓷材料的断裂韧性也将于后文进行介绍。

4.2 裂纹尖端的应力场

线弹性断裂力学的研究对象是带有裂纹的线弹性体，它假定裂纹尖端的应力仍服从胡克定律。严格说来，只有玻璃和陶瓷这样的脆性材料才算理想的弹性体。为使线弹性断裂力学能够用于金属，必须符合金属材料裂纹尖端的塑性区尺寸与裂纹长度相比是一很小的数值的条件，它只适用于 $R_{eL}>1200MPa$ 的高强度钢，或者是厚截面的 $R_{eL}>500MPa$ 的中强度钢及低温下的中低强度钢。在这些情况下，裂纹尖端塑性区尺寸很小，可近似看成理想弹性体，应用线弹性力学来进行分析时，所带来的误差在工程计算中是允许的。在线弹性断裂力学中有以 Griffith - Orowan 为基础的能量理论和 Irwin 的应力强度因子理论。本节主要讨论应力强度因子理论。

4.2.1 三种断裂类型

由于裂纹尖端附近的应力场强度与裂纹扩展类型有关，所以，首先讨论裂纹扩展的基本形式，即断裂的基本类型。

含裂纹的金属机件(或构件)根据外加应力与裂纹扩展面的取向关系，裂纹扩展有三种基本形式。

(1) 图 4.3 所示为张开型裂纹，拉应力垂直于裂纹面扩展面，裂纹沿作用力方向张开，沿裂纹面扩展。这种张开型裂纹通常简称Ⅰ型裂纹，如轴的横向裂纹在轴向拉力或弯曲力作用下的扩展或容器纵向裂纹在内压力下的扩展。

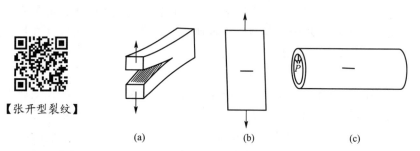

【张开型裂纹】

(a)　　　　　　(b)　　　　　　(c)

图 4.3　Ⅰ型(张开型)裂纹形式

(2) 图 4.4 所示为滑开型(或称剪切型)裂纹，切应力平行于裂纹面且与裂纹线垂直，裂纹沿裂纹面平行滑开扩展，通常简称为Ⅱ型裂纹，如轮齿或花键根部沿切线方向的裂纹或受扭转的薄壁圆筒上的环形裂纹。

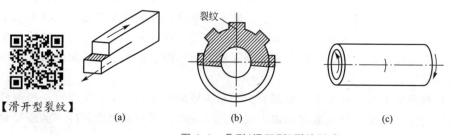

【滑开型裂纹】

(a)　　　　　　(b)　　　　　　(c)

图 4.4　Ⅱ型(滑开型)裂纹形式

（3）图 4.5 所示为撕开型裂纹，切应力平行作用于裂纹面且与裂纹线平行，裂纹沿裂纹面撕开扩展，简称Ⅲ型裂纹，如圆轴的环形切槽受到扭转作用引起的断裂。

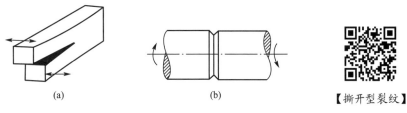

(a)   (b)   【撕开型裂纹】

图 4.5 Ⅲ型(撕开型)裂纹形式

实际裂纹的扩展并不局限于这三种形式，往往是它们的组合，如Ⅰ-Ⅱ、Ⅰ-Ⅲ、Ⅱ-Ⅲ型复合形式。在这些不同的裂纹扩展形式中，以Ⅰ型裂纹扩展最危险，最容易引起低应力脆断。因此，在研究裂纹体的脆性断裂问题时，总是以Ⅰ型裂纹为对象。

4.2.2 Ⅰ型裂纹尖端的应力场

前面分析缺口试样的拉伸时曾指出，缺口根部会出现两向或三向拉应力，使应力状态变硬，增加材料的脆性。可以想象，对于Ⅰ型裂纹试样，在拉伸或弯曲时，其裂纹尖端更是处于复杂的应力状态，最典型的是平面应力和平面应变两种应力状态。前者出现在薄板中，后者则出现在厚板中。

由于裂纹扩展是从其尖端开始向前进行的，所以应该分析裂纹尖端的应力、应变状态，建立裂纹扩展的力学条件。G. R. Irwin(欧文)等对Ⅰ型裂纹尖端附近的应力和应变进行了分析(图 4.6)，建立了应力、应变场的数学解析式。

如图 4.6 所示，假设有无限大板，其中有 $2a$ 长的Ⅰ型裂纹，在无限远处作用有均匀拉应力 σ，应用弹性力学可以分析裂纹尖端附近的应力场、应变场。如用极坐标表示，则各点 (r, θ) 的应力分量、应变分量和位移分量可以近似表达如下。

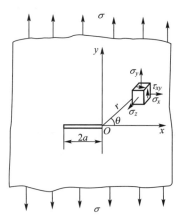

图 4.6 具有Ⅰ型穿透裂纹
无限大板的应力分析

应力分量为

$$\left.\begin{array}{l} \sigma_x = \dfrac{K_{\mathrm{I}}}{\sqrt{2\pi r}} \cos\dfrac{\theta}{2} \left(1 - \sin\dfrac{\theta}{2} \sin\dfrac{3\theta}{2}\right) \\[3mm] \sigma_y = \dfrac{K_{\mathrm{I}}}{\sqrt{2\pi r}} \cos\dfrac{\theta}{2} \left(1 + \sin\dfrac{\theta}{2} \sin\dfrac{3\theta}{2}\right) \\[3mm] \sigma_z = \nu(\sigma_x + \sigma_y) \quad （平面应变） \\[3mm] \sigma_z = 0 \quad （平面应力） \\[3mm] \tau_{xy} = \dfrac{K_{\mathrm{I}}}{\sqrt{2\pi r}} \sin\dfrac{\theta}{2} \cos\dfrac{\theta}{2} \cos\dfrac{3\theta}{2} \end{array}\right\} \qquad (4-1)$$

位移分量(平面应变状态)为

$$
\left.
\begin{aligned}
u &= \frac{1+\nu}{E} K_{\mathrm{I}} \sqrt{\frac{2r}{\pi}} \cos \frac{\theta}{2} \left(1 - 2\nu + \sin^2 \frac{\theta}{2} \right) \\
v &= \frac{1+\nu}{E} K_{\mathrm{I}} \sqrt{\frac{2r}{\pi}} \sin \frac{\theta}{2} \left[2(1-\nu) + \cos^2 \frac{\theta}{2} \right]
\end{aligned}
\right\}
\tag{4-2}
$$

应变分量(平面应变状态)为

$$
\left.
\begin{aligned}
\varepsilon_x &= \frac{(1+\nu)K_{\mathrm{I}}}{E \sqrt{2\pi r}} \cos \frac{\theta}{2} \left(1 - 2\nu - \sin \frac{\theta}{2} \sin \frac{3\theta}{2} \right) \\
\varepsilon_y &= \frac{(1+\nu)K_{\mathrm{I}}}{E \sqrt{2\pi r}} \cos \frac{\theta}{2} \left(1 - 2\nu + \sin \frac{\theta}{2} \sin \frac{3\theta}{2} \right) \\
\gamma_{xy} &= \frac{2(1+\nu)K_{\mathrm{I}}}{E \sqrt{2\pi r}} \sin \frac{\theta}{2} \cos \frac{\theta}{2} \cos \frac{3\theta}{2}
\end{aligned}
\right\}
\tag{4-3}
$$

式中，ν 为泊松比；E 为拉伸弹性模量；u、v 为 x 和 y 方向的位移分量。

以上三式都是近似表达式，越接近裂纹尖端，其精度越高。所以，它们最适用于 $r \ll a$ 的情况。

由式(4-1)可知，在裂纹延长线上，$\theta = 0$，则

$$
\left.
\begin{aligned}
\sigma_y &= \sigma_x = \frac{K_{\mathrm{I}}}{\sqrt{2\pi r}} \\
\tau_{xy} &= 0
\end{aligned}
\right\}
\tag{4-4}
$$

可见，在 x 轴上裂纹尖端的切应力分量为零，拉应力分量最大，裂纹最易沿 x 轴方向扩展。

4.2.3　应力强度因子 K_{I}

由式(4-1)可知，裂纹前端的应力是一个变化复杂的多向应力，若用它去直接建立裂纹扩展的应力判据，显得十分复杂和困难；而且当 $r \to 0$ 时，不论外加平均应力 σ 如何小，裂纹尖端各应力分量均趋于无限大，更无法用应力判据处理这一问题。因此，需要寻求新的力学参量来研究裂纹扩展，建立断裂判据和材料断裂性能。下面将引用一个新的力学参量——应力强度因子 K_{I} 来解决这个问题。

式(4-1)表明，裂纹尖端区域各点的应力分量除了取决于其位置(r，θ)外，尚与强度因子 K_{I} 有关。对于某一确定的点，其应力分量就由 K_{I} 决定。因此 K_{I} 的大小直接影响应力场的大小，K_{I} 越大，则应力场各应力分量也越大。这样 K_{I} 就可以表示应力场的强弱程度，故称为应力强度因子。下脚标"I"表示 I 型裂纹。同理 K_{II}、K_{III} 分别表示 II 型和 III 型裂纹的应力强度因子。

由式(4-1)和式(4-3)还可以看出，当 $r \to 0$ 时，各应力分量和应变分量都以 $r^{-1/2}$ 的速率趋近于无限大，具有 $r^{-1/2}$ 阶奇异性；而应力与应变的乘积则以 r^{-1} 的速率趋于无限大，具有 r^{-1} 阶奇异性。正是这些奇异性的存在，使 K_{I} 具有场参量的特性。

当 $\theta = 0$，$r \to 0$ 时，由式(4-1)可得

$$
K_{\mathrm{I}} = \lim_{r \to 0} \sqrt{2\pi r} \cdot \sigma_y \big|_{\theta=0}
\tag{4-5}
$$

因此，只要知道 $\sigma_y \big|_{\theta=0}$ 的表达式，即可求得 K_{I}。常见的几种裂纹的 K_{I} 表达式见表4-1。

表 4-1 几种裂纹的 K_I 表达式

裂纹类型	K_I 表达式		
无限大板穿透裂纹	$$K_I = \sigma \sqrt{\pi a}$$		
有限宽板穿透裂纹	$$K_I = \sigma \sqrt{\pi a}\, f\left(\frac{a}{b}\right)$$	a/b	$f(a/b)$
		0.074	1.00
		0.207	1.03
		0.275	1.05
		0.337	1.09
		0.410	1.13
		0.466	1.18
		0.535	1.25
		0.592	1.33
有限宽板单边直裂纹	$$K_I = \sigma \sqrt{\pi a}\, f\left(\frac{a}{b}\right)$$ 当 $b \gg a$ 时，$$K_I = 1.12\sigma\sqrt{\pi a}$$	a/b	$f(a/b)$
		0.1	1.15
		0.2	1.20
		0.3	1.29
		0.4	1.37
		0.5	1.51
		0.6	1.68
		0.7	1.89
		0.8	2.14
		0.9	2.46
		1.0	2.89
受弯单边裂纹梁	$$K_I = \frac{6M}{(b-a)^{3/2}} f\left(\frac{a}{b}\right)$$	a/b	$f(a/b)$
		0.05	0.36
		0.1	0.49
		0.2	0.60
		0.3	0.66
		0.4	0.69
		0.5	0.72
		0.6	0.73
		>0.6	0.73

(续)

裂纹类型	K_{I} 表达式
无限大物体内部有椭圆片裂纹，远处受均匀拉伸	在裂纹边缘上任一点的 K_{I} 为： $$K_{\mathrm{I}}=\frac{\sigma\sqrt{\pi a}}{\Phi}\left(\sin^2\beta+\frac{a^2}{c^2}\cos^2\beta\right)^{1/4}$$ Φ 是第二类椭圆积分： $$\Phi=\int_0^{\pi/2}\left(\cos^2\beta+\frac{a^2}{c^2}\sin^2\beta\right)^{1/2}\mathrm{d}\beta$$
无限大物体表面有半椭圆裂纹，远处受均匀拉伸	A 点的 K_{I} 为： $$K_{\mathrm{I}}=\frac{1.1\sigma\sqrt{\pi a}}{\Phi}$$ $$\Phi=\int_0^{\pi/2}\left(\cos^2\beta+\frac{a^2}{c^2}\sin^2\beta\right)^{1/2}\mathrm{d}\beta$$

综合表 4-1 中的公式，可得 I 型裂纹应力场强度因子的一般表达式为

$$K_{\mathrm{I}}=Y\sigma\sqrt{a} \tag{4-6}$$

式中，Y 为裂纹形状系数，无量纲系数，Y 值与裂纹几何形状及加载方式有关，一般 $Y=1\sim2$。

由式(4-6)可知，K_{I} 是一个取决于 σ 和 a 的复合力学参数。不同的 σ 和 a 的组合，可以获得相同的 K_{I}。a 不变时，σ 增大可使 K_{I} 增大；σ 不变时，a 增大也可使 K_{I} 增大；σ 和 a 同时增大时也可使 K_{I} 增大。

K_{I} 的量纲为 [应力]×[长度]$^{1/2}$，其单位为 MPa·m$^{1/2}$ 或 MN·m$^{-3/2}$。同理，对于 II 型和 III 型裂纹其应力场强度因子的表达式为

$$K_{\mathrm{II}}=Y\tau\sqrt{a}$$
$$K_{\mathrm{III}}=Y\tau\sqrt{a}$$

4.3 断裂韧性和断裂判据

4.3.1 断裂韧性 K_c 和 K_{IC}

按照经典的强度理论，当最大应力达到材料的屈服强度或强度极限时，构件就要破

坏。但研究含裂纹体的材料强度时，如 4.2 节所述，由于裂纹尖端的应力具有 $r^{-1/2}$ 的奇异性，当 $r \to 0$，$\sigma \to \infty$，构件就失去了承载能力，也就是说，只要构件一有裂纹就会破坏，这显然是与实际情况不符的。这也说明经典的强度理论单纯用应力大小来判断受载的裂纹体是否破坏，是不正确的。

那么，既然 K_I 是决定应力场强弱的一个复合力学参量，就可将它看作是推动裂纹扩展的动力，以建立裂纹失稳扩展的力学判据和断裂韧性。当 σ 和 a 单独或共同增大时，K_I 和裂纹尖端各应力分量也随之增大。当 K_I 达到某一临界值时，也就是在裂纹尖端足够大的范围内应力达到了材料的断裂强度，裂纹便失稳扩展而导致材料断裂。这个临界或失稳状态的 K_I 值记作 K_C 或 K_{IC}，称为断裂韧性。K_C 是平面应力状态下的断裂韧性，表示在平面应力条件下材料抵抗裂纹失稳扩展的能力。K_{IC} 为平面应变下的断裂韧性，表示在平面应变条件下材料抵抗裂纹失稳扩展的能力。它们都是 I 型裂纹的材料断裂韧性指标，K_C 和 K_{IC} 不同点在于，K_C 与板材或试样厚度有关，而当板材厚度增加到平面应变状态时，断裂韧性就趋于一稳定的最低值，即为 K_{IC}，这时便与板材或试样的厚度无关了(图 4.7)。K_{IC} 才是一个材料常数，反映了材料阻止裂纹扩展的能力。

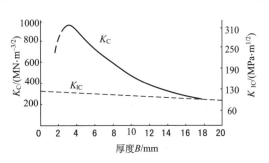

图 4.7　断裂韧性 K_C 与试样厚度 B 的关系
（材料：30CrMnSiN12A，900℃加热，230℃等温，200～220℃回火）

K_C 或 K_{IC} 的量纲及单位和 K_I 相同，常用的单位为 MPa·m$^{1/2}$ 或 MN·m$^{-3/2}$。

有必要说明，K_I 和 K_C 或 K_{IC} 是不同的。K_I 是受外界条件影响的反映裂纹尖端应力场强弱程度的力学度量，它不仅随外加应力和裂纹长度的变化而变化，也与裂纹的形状类型以及加载方式有关，但它与材料本身的固有性能无关。而断裂韧性 K_C 和 K_{IC} 则是力学性能指标，反映材料阻止裂纹扩展的能力，和材料成分、组织结构有关，而和载荷及试样尺寸无关，是材料本身的特性。

通常测定的材料断裂韧性，就是平面应变的断裂韧性 K_{IC}，而建立的断裂判据也是以 K_{IC} 为标准的，因为它反映了最危险的平面应变断裂情况。从平面应力向平面应变过渡的板材厚度取决于材料的强度，材料的屈服强度越高，达到平面应变状态的板材厚度越小。

4.3.2　断裂判据

在临界状态下所对应的平均应力，称为断裂应力或裂纹体实际断裂强度，记作 σ_c；对应的裂纹尺寸称为临界裂纹尺寸，记作 a_c。K_{IC}、σ_c 及 a_c 三者的关系为

$$K_{IC} = Y\sigma_c \sqrt{a_c}$$

可见，材料的 K_{IC} 越高，则裂纹体的断裂应力或临界裂纹尺寸就越大，表明材料越难断裂。因此 K_{IC} 表示材料抵抗断裂的能力。

根据应力强度因子和断裂韧性的相对大小，可以建立裂纹失稳扩展脆断的断裂 K 判据。由于平面应变断裂最危险，通常就以 K_{IC} 为标准建立，即

$$K_I \geqslant K_{IC} \quad 或 \quad Y\sigma \sqrt{a} \geqslant K_{IC} \qquad (4-7)$$

式(4-7)和材料力学中的失效判据 $\sigma \geqslant R_s$ 或 $\sigma \geqslant R_m$ 是相似的,公式的左端都是表示外界载荷条件(K_I 还包含裂纹的形状和尺寸),而公式的右端则表示材料本身的某项固有性能。实际上是用应力强度因子的临界值表示材料的断裂韧性,如同用试样中应力水平的临界值表示材料的屈服强度。裂纹体在受力时,只要满足式(4-7)条件,就会发生脆性断裂。反之,即使存在裂纹,若 $K_I < K_{IC}$ 或 $Y\sigma\sqrt{a} < K_{IC}$,也不会断裂,这种情况称为破损安全。

断裂判据式(4-7)是工程上很有用的关系式,它将材料断裂韧性同机件(或构件)的工作应力及裂纹尺寸的关系定量地联系起来,因此可直接用于设计计算,用以估算裂纹体的最大承载能力 σ、允许的裂纹尺寸 a,以及用于正确选择机件材料、优化工艺等。例如,根据表4-1,无限大平板中心含有尺寸为 $2a$ 的穿透裂纹时,K_I 的表达式为

$$K_I = \sigma\sqrt{\pi a} \tag{4-8a}$$

在临界状态下,其表达式为

$$K_{IC} = \sigma_c\sqrt{\pi a_c} \tag{4-8b}$$

式中,σ_c 为临界状态下所对应的平均应力;a_c 为临界裂纹尺寸。

根据式(4-8b),当用无损检测技术探测出材料内部的裂纹尺寸时,如果材料的断裂韧性 K_{IC} 通过试验已经测出的话,就可立即求出零构件(即零件或构件)的最大工作应力 σ_c。反之,当已知工作应力,可同样根据此公式,求出零构件内部所允许的最大裂纹尺寸 a_c。如裂纹尺寸大于 a_c,零构件将被认为是不安全的,因而不允许使用。

同理,Ⅱ、Ⅲ型裂纹的断裂韧性为 K_{IIC}、K_{IIIC},断裂判据为
$$K_{II} \geqslant K_{IIC}, K_{III} \geqslant K_{IIIC}$$

上述断裂判据是建立在严密的线弹性断裂力学基础之上的,是可靠的定量判据,可以确切地回答裂纹在什么状态时失稳。因此,可以对结构或零件的断裂进行定量的评定,可靠地把握结构的安全性,从而克服了以前设计中为保证结构安全工作,根据经验提出对材料塑性指标或冲击韧性指标的要求的盲目性。下面举例说明断裂判据在工程中的应用。

【例 4.1】 某容器的材料性能 $R_{eL} = 2100$MPa,$K_{IC} = 37$MPa·m$^{1/2}$,容器制成后,发现器壁上有长为 $2a = 3.8$mm 的纵向裂纹(看作穿透裂纹),试估计此容器的剩余强度。

解: 容器的临界环向应力为

$$\sigma_c = \frac{K_{IC}}{\sqrt{\pi a}} = \frac{37}{\sqrt{\pi \times 1.9 \times 10^{-3}}} = 479\text{MPa}$$

设容器直径为 D,壁厚为 t,则容器的剩余强度为

$$P_c = \frac{2\sigma_c t}{D} = 958\frac{t}{D}$$

容器的设计应力可根据第四强度理论来计算,即

$$\frac{1}{2}[(\sigma_1 - \sigma_2)^2 + (\sigma_2 - \sigma_3)^2 + (\sigma_3 - \sigma_1)^2] = [\sigma]^2$$

此处的主应力 σ_1、σ_2、σ_3 分别对应于容器的环向应力、轴向应力和径向应力。由简单的应力分析可知 $\sigma_3 = 0$,$\sigma_2 = \frac{1}{2}\sigma_1$,将此关系式代入第四强度理论表达式,可得

$$\sigma_1 = \frac{2}{3^{1/2}}[\sigma] = \frac{2}{3^{1/2}}\frac{R_{eL}}{n}$$

取安全系数 $n = 1.5$,则

$$\sigma_1 = \frac{2}{3^{1/2}} \times \frac{2100}{1.5} = 1620(\text{MPa})$$

于是设计压力 P_d 即为

$$P_d = \frac{2\sigma_1 t}{D} = 3240\frac{t}{D}$$

由此可见，容器的剩余强度 P_c 约为原设计强度 P_d 的 30%。

4.4 几种常见裂纹的应力强度因子

要计算构件的临界裂纹尺寸 a_c 或断裂临界应力 σ_c，必须测定材料断裂韧性 K_{IC}，并确定应力强度因子 K_I 的表达式。应力强度因子值除与工作应力有关外，还与裂纹的形状和位置有关，如前所述，应力强度因子 K_I 可表达为 $K_I = Y\sigma\sqrt{a}$，式中 Y 为裂纹形状和位置的函数。除表 4-1 所列几种裂纹的 K_I 表达式外，补充下列裂纹形式及其应力强度因子 K_I 表达式，以供应用断裂力学原理分析实际问题时查阅使用。

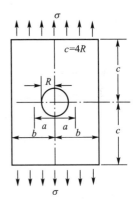

图 4.8 有限宽板中心圆孔边裂纹示意图

(1) 有限宽板中心圆孔边裂纹如图 4.8 所示，其应力强度因子表达式为

$$K_I = F \cdot \sigma\sqrt{\pi a} \tag{4-9}$$

式中，F 为修正系数，可查表 4-2。

表 4-2 有限宽板中心圆孔边裂纹应力强度因子的修正系数 F

a/b	$F/b=0$	a/b	$F/b=0.25$	a/b	$F/b=0.5$
0.0	1.0000	0.25	0.0000	0.50	0.0000
0.1	1.0061	0.26	0.6539	0.51	0.6527
0.2	1.0249	0.27	0.8510	0.52	0.8817
0.3	1.0583	0.28	0.9605	0.525	0.9630
0.4	1.1102	0.29	1.0304	0.53	1.0315
0.5	1.1876	0.30	1.0776	0.54	1.1426
0.6	1.3034	0.35	1.1783	0.55	1.2301
0.7	1.4891	0.40	1.2156	0.60	1.5026
0.8	1.8161	0.50	1.2853	0.70	1.8247
0.9	2.5482	0.60	1.3965	0.78	2.1070
—	—	0.70	1.5797	0.85	2.4775
—	—	0.80	1.9044	0.90	2.9077
—	—	0.85	2.1806	—	—
—	—	0.90	2.6248	—	—

(2) 图 4.9 为"无限大"平板穿透裂纹线集中加载示意图，其应力强度因子表达式为

$$K_I = \frac{p}{\sqrt{\pi a}}\sqrt{\frac{a+b}{a-b}} \quad (\text{A 端}) \tag{4-10a}$$

$$K_I = \frac{p}{\sqrt{\pi a}}\sqrt{\frac{a-b}{a+b}} \quad （B 端）\tag{4-10b}$$

"无限大"平板穿透裂纹线均匀加载示意图如图4.10所示，其应力强度因子表达式为

$$K_I = 2p\sqrt{\frac{a}{\pi}}\arccos\left(\frac{a_1}{a}\right)\tag{4-11}$$

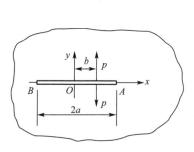

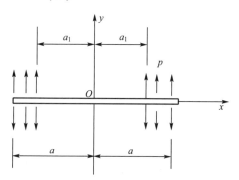

图4.9　"无限大"平板穿透裂纹线
集中加载示意图

图4.10　"无限大"平板穿透裂纹线
均匀加载示意图

阅读材料4-1

一种应力强度因子片及测量方法(发明专利)

　　本发明涉及测量技术领域，是一种用于断裂力学的平面应力应变状态下应力强度因子片的设计方法，及其利用该因子片测量应力强度因子的测试方法。本发明是根据线弹性理论功的互等定理，得到Ⅰ型、Ⅱ型应力强度因子与裂尖为中心图上边界力的积分关系如图4.11所示，并运用应力应变关系、变形几何关系、电阻改变与应变关系，得到因子片的设计公式。根据所测材料的μ值按照设计公式，可做出多层的形状适合的电阻应力强度因子片。在测量中只需将该因子片粘贴在裂尖处，并接入应变仪的测量桥路，便可直接测量应力强度因子，如图4.12所示。

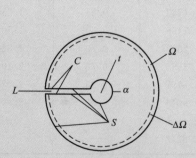

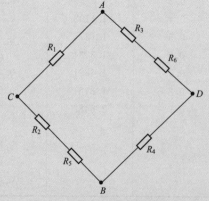

图4.11　裂纹区域示意图
t—裂尖；L—裂纹；C—裂纹上下表面；
α—内环边界；Ω—外环边界；S—边界

图4.12　实例测量电桥连接图

由于本发明使得应力强度因子的测量像单点应变测量那样简单，不需要复杂的后续的数据处理，而且其测量精度与应变测量是同一等级，需要的测量空间小、设备小、成本低，故它极便于在工程中推广使用。

➡ 资料来源：中国专利数据库.

4.5 裂纹尖端的塑性区

根据线弹性力学，由式（4-1）和式（4-3）可知，当 $r \rightarrow 0$，各应力分量和应变分量趋近于无穷大，但实际上对一般金属材料，当应力超过材料的屈服强度，将发生塑性变形，在裂纹顶端出现塑性区。讨论塑性区的大小是有意义的：一方面因为断裂是裂纹的扩展过程，裂纹扩展所需的能量主要支付塑性变形功，材料的塑性区尺寸大，消耗的塑性变形功也越大，材料的断裂韧性 K_{IC} 相应也就越大；另一方面，由于根据线弹性断裂力学来讨论裂纹顶端的应力应变场，当塑性区尺寸过大时，线弹性断裂理论是否适用成了问题。因此必须讨论不同应力状态（平面应力状态和平面应变状态）的塑性区以及塑性区尺寸取决于哪些因素。

首先，来了解塑性区的形状和尺寸。为确定裂纹尖端塑性区的形状和尺寸就要建立符合塑性变形临界条件（屈服判据）的函数表达式 $r = f(\theta)$。该式对应的图形即代表塑性区边界形状，而其边界值即为塑性区的尺寸。

由材料力学中 Von Mises 屈服准则，材料在三向应力状态下的屈服条件为

$$(\sigma_1 - \sigma_2)^2 + (\sigma_2 - \sigma_3)^2 + (\sigma_3 - \sigma_1)^2 = 2R_{eL}^2 \tag{4-12}$$

式中，σ_1、σ_2、σ_3 为主应力，R_{eL} 为材料的屈服强度；主应力由以下公式求得

$$\left.\begin{aligned} \sigma_1 &= \frac{\sigma_x + \sigma_y}{2} + \left[\left(\frac{\sigma_x - \sigma_y}{2}\right)^2 + \tau_{xy}\right]^{1/2} \\ \sigma_2 &= \frac{\sigma_x + \sigma_y}{2} - \left[\left(\frac{\sigma_x - \sigma_y}{2}\right)^2 + \tau_{xy}\right]^{1/2} \\ \sigma_3 &= 0 \quad (平面应力) \\ \sigma_3 &= \nu(\sigma_1 + \sigma_2) \quad (平面应变) \end{aligned}\right\} \tag{4-13}$$

将式（4-1）的应力场各应力分量公式代入式（4-13），得裂纹尖端附近的主应力为

$$\left.\begin{aligned} \sigma_1 &= \frac{K_I}{(2\pi r)^{1/2}} \cos\frac{\theta}{2}\left(1 + \sin\frac{\theta}{2}\right) \\ \sigma_2 &= \frac{K_I}{(2\pi r)^{1/2}} \cos\frac{\theta}{2}\left(1 - \sin\frac{\theta}{2}\right) \\ \sigma_3 &= 0 \quad (平面应力) \\ \sigma_3 &= \frac{2\nu K_I}{(2\pi r)^{1/2}} \cos\frac{\theta}{2} \quad (平面应变) \end{aligned}\right\} \tag{4-14}$$

将式（4-14）再代入 Von Mises 屈服准则中，便可得到裂纹尖端塑性区的边界方程，即

$$\left.\begin{aligned} r &= \frac{1}{2\pi}\left(\frac{K_I}{R_{eL}}\right)^2 \left[\cos^2\frac{\theta}{2}\left(1 + 3\sin^2\frac{\theta}{2}\right)\right] \quad (平面应力) \\ r &= \frac{1}{2\pi}\left(\frac{K_I}{R_{eL}}\right)^2 \left[\cos^2\frac{\theta}{2}\left((1-2\nu)^2 + \frac{3}{4}\sin^2\frac{\theta}{2}\right)\right] \quad (平面应变) \end{aligned}\right\} \tag{4-15}$$

式中，R_{eL} 为材料的屈服点或屈服强度 $R_{0.2}$。

式(4-15)为塑性区边界曲线方程，其所描绘的塑性区形状如图 4.13 所示。由图可见，不管是平面应力还是平面应变的塑性区，都是沿 x 方向的尺寸最小，消耗的塑性变形功也最小，所以裂纹就容易沿 x 方向扩展。这和式(4-4)的结论是一致的。另外，平面应变的塑性区比平面应力的塑性区小得多。对于厚板，表面是平面应力状态，而心部则为平面应变状态。

为了说明塑性区对裂纹在 x 方向扩展的影响，将沿 x 方向的塑性区尺寸定义为塑性区宽度，其值可令 $\theta=0$，由式(4-15)求得

$$
\left.\begin{aligned}
r_0 &= \frac{1}{2\pi}\left(\frac{K_I}{R_{eL}}\right)^2 \quad (\text{平面应力})\\
r_0 &= \frac{(1-2\nu)^2}{2\pi}\left(\frac{K_I}{R_{eL}}\right)^2 = 0.16\frac{K_I^2}{2\pi R_{eL}^2} \quad (\text{平面应变 取 } \nu=0.3)
\end{aligned}\right\} \tag{4-16}
$$

相比之下，平面应变的塑性区只有平面应力的 16%。这是因为在平面应变状态下，沿板厚方向有较强的弹性约束，使材料处于三向拉伸状态，材料不易塑性变形的缘故。实际上反映了这两种不同的应力状态，在裂纹尖端屈服强度的不同。平面应变是一种最硬的应力状态，其塑性区最小。

如图 4.14 所示，图中 R_{ys} 是在 y 方向发生屈服时的应力，称为 y 向有效屈服应力。在平面应力状态下，$R_{ys}=R_{eL}$；在平面应变状态下，$R_{ys}\approx2.5R_{eL}$。前述估算仅指在 x 轴上裂纹尖端的应力分量 $\sigma_y \geqslant R_{ys}$ 的一段距离(即图 4.14 中的 AB)，而没有考虑图中影线部分面积即内应力松弛的影响。这种应力松弛可以使塑性区进一步的扩大，由 r_0 扩大至 R_0。

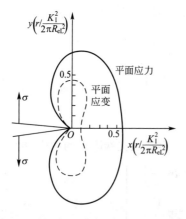

图 4.13 裂纹尖端附近塑性区的形状和尺寸

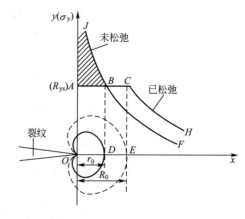

图 4.14 应力松弛对塑性区尺寸的影响

为求 R_0，现从能量角度考虑，图中影线部分面积应该等于矩形面积 $BDEC$，或者是影线面积+矩形面积 $ABDO$，等于面积 $ACEO$，即

$$
\int_0^{r_0}\frac{K_I}{(2\pi r)^{1/2}}\mathrm{d}r = R_{ys}R_0
$$

积分得

$$
K_I\sqrt{\frac{2r_0}{\pi}} = R_{ys}R_0
$$

对于平面应力状态，将式（4-16）中平面应力的 r_0 值代入，并注意 $R_{ys} = R_{eL}$，得

$$K_{\mathrm{I}}\sqrt{\frac{2}{\pi}}\sqrt{\frac{K_{\mathrm{I}}^2}{2\pi R_{eL}^2}} = R_{eL}R_0$$

故

$$R_0 = \frac{1}{\pi}\left(\frac{K_{\mathrm{I}}}{R_{eL}}\right)^2 = 2r_0 \qquad (4-17)$$

由此可见，当考虑应力松弛后，扩大后的塑性区尺寸 R_0 正好是原来 r_0 的两倍。

对于平面应变状态，其塑性区是一个哑铃形的立体形状（图 4.15），中心是平面应变状态，两个表面都处于平面应力状态，所以 y 向有效屈服应力 R_{ys} 小于 $2.5R_{eL}$。Irwin 建议为 $R_{ys} = \sqrt{2\sqrt{2}}\,R_{eL}$。因此，式（4-16）中平面应变实际塑性区的宽度应为

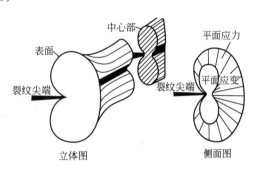

图 4.15　实际试样塑性区的形状和大小

$$r_0 = \frac{1}{4\sqrt{2}\,\pi}\left(\frac{K_{\mathrm{I}}}{R_{eL}}\right)^2 \qquad (4-18)$$

同样可以计算在应力松弛影响下，平面应变塑性区宽度为

$$R_0 = \frac{1}{2\sqrt{2}\,\pi}\left(\frac{K_{\mathrm{I}}}{R_{eL}}\right)^2 = 2r_0 \qquad (4-19)$$

可见，在平面应变条件下，考虑应力松弛的影响，其塑性区宽度 R_0 也是原 r_0 的两倍。

表 4-3 为塑性区宽度计算公式的总结。由表 4-3 可见，不论是平面应力还是平面应变，塑性区宽度总是与 $(K_{\mathrm{IC}}/R_{eL})^2$ 成正比。材料的 K_{IC} 越高和 R_{eL} 越低，其塑性区宽度就越大。因此，在测定材料的 K_{IC} 时，为了使裂纹尖端处于小范围屈服，需参照 $(K_{\mathrm{IC}}/R_{eL})^2$ 值进行试样设计。

表 4-3　裂纹尖端塑性区宽度计算公式

应力状态	未考虑应力松弛影响		考虑应力松弛影响	
	一般条件	临界条件	一般条件	临界条件
平面应力	$r_0 = \dfrac{1}{2\pi}\left(\dfrac{K_{\mathrm{I}}}{R_{eL}}\right)^2$	$r_0 = \dfrac{1}{2\pi}\left(\dfrac{K_{\mathrm{IC}}}{R_{eL}}\right)^2$	$R_0 = \dfrac{1}{\pi}\left(\dfrac{K_{\mathrm{I}}}{R_{eL}}\right)^2$	$R_0 = \dfrac{1}{\pi}\left(\dfrac{K_{\mathrm{IC}}}{R_{eL}}\right)^2$
平面应变	$r_0 = \dfrac{1}{4\sqrt{2}\,\pi}\left(\dfrac{K_{\mathrm{I}}}{R_{eL}}\right)^2$	$r_0 = \dfrac{1}{4\sqrt{2}\,\pi}\left(\dfrac{K_{\mathrm{IC}}}{R_{eL}}\right)^2$	$R_0 = \dfrac{1}{2\sqrt{2}\,\pi}\left(\dfrac{K_{\mathrm{I}}}{R_{eL}}\right)^2$	$R_0 = \dfrac{1}{2\sqrt{2}\,\pi}\left(\dfrac{K_{\mathrm{IC}}}{R_{eL}}\right)^2$

4.6　塑性区及应力强度因子的修正

由于裂纹尖端塑性区的存在，将会降低裂纹体的刚度，相当于裂纹长度的增加，因而影响应力场及 K_{I} 的计算，所以要对 K_{I} 进行修正。最简单而实用的方法是在计算 K_{I} 时，

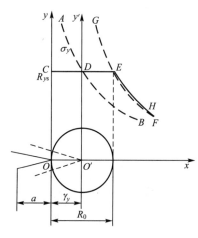

图 4.16 用有效裂纹修正 K_I 值

采用虚拟有效裂纹代替实际裂纹。图 4.16 所示裂纹 a 前方区域在未屈服前，其 σ_y 的分布曲线为 ADB。屈服并应力松弛后的 σ_y 分布曲线为 $CDEF$，塑性区宽度为 R_0。如果将裂纹延长为 $a+\gamma_y$，即裂纹顶点由 O 虚移至 O'，称 $a+\gamma_y$ 为有效裂纹长度，则在它的尖端 O' 外的弹性应力 σ_y 分布曲线为 GEH，基本上和因塑性区存在的实际应力分布曲线 $CDEF$ 中的弹性应力部分 EF 相重合。这就是用有效裂纹代替原有裂纹和塑性区松弛联合作用的原理。这样，线弹性理论仍然有效。计算应力强度因子时应为

$$K_I = Y\sigma\sqrt{a+\gamma_y} \qquad (4-20\text{a})$$

计算表明，有效裂纹的塑性区修正值 γ_y，正好是应力松弛后塑性区的半宽，即

$$\left.\begin{array}{l}\gamma_y = \dfrac{1}{2\pi}\left(\dfrac{K_I}{R_{eL}}\right)^2 \approx 0.16\left(\dfrac{K_I}{R_{eL}}\right)^2 \quad (\text{平面应力}) \\[3mm] \gamma_y = \dfrac{1}{4\sqrt{2}\pi}\left(\dfrac{K_I}{R_{eL}}\right)^2 \approx 0.056\left(\dfrac{K_I}{R_{eL}}\right)^2 \quad (\text{平面应变})\end{array}\right\} \qquad (4-20\text{b})$$

因此，根据不同的应力状态只要将式(4-20b)代入式(4-20a)，可求得修正后的 K_I 值，即

$$\left.\begin{array}{l}K_I = \dfrac{Y\sigma\sqrt{a}}{\sqrt{1-0.16Y^2(\sigma/R_{eL})^2}} \quad (\text{平面应力}) \\[4mm] K_I = \dfrac{Y\sigma\sqrt{a}}{\sqrt{1-0.056Y^2(\sigma/R_{eL})^2}} \quad (\text{平面应变})\end{array}\right\} \qquad (4-20\text{c})$$

例如，对于无限板的中心穿透裂纹，考虑塑性区影响时，将 $Y=\sqrt{\pi}$ 代入式(4-20c)，得 K_I 的修正公式，即

$$\left.\begin{array}{l}K_I = \dfrac{\sigma\sqrt{\pi a}}{\sqrt{1-0.5(\sigma/R_{eL})^2}} \quad (\text{平面应力}) \\[4mm] K_I = \dfrac{\sigma\sqrt{\pi a}}{\sqrt{1-0.177(\sigma/R_{eL})^2}} \quad (\text{平面应变})\end{array}\right\}$$

对于大件表面半椭圆裂纹有

$$Y = \frac{1.1\sqrt{\pi}}{\Phi}$$

代入式(4-20c)，可得 K_I 的修正值公式，即

$$\left.\begin{array}{l}K_I = \dfrac{1.1\sigma\sqrt{\pi a}}{\sqrt{\Phi^2-0.608(\sigma/R_{eL})^2}} \quad (\text{平面应力}) \\[4mm] K_I = \dfrac{1.1\sigma\sqrt{\pi a}}{\sqrt{\Phi^2-0.212(\sigma/R_{eL})^2}} \quad (\text{平面应变})\end{array}\right\}$$

令 $Q = \Phi^2 - 0.212(\sigma/R_{eL})^2$，则平面应变的 K_I 修正值又可写为

$$K_I = 1.1\sigma \sqrt{\frac{\pi a}{Q}}$$

Q 值称为裂纹形状参数，或称为塑性修正值。

上式又可以写为

$$K_I = \frac{\Phi}{\sqrt{Q}} 1.1\sigma \frac{\sqrt{\pi a}}{\Phi} = M_p \times 1.1\sigma \frac{\sqrt{\pi a}}{\Phi}$$

$$M_p = \frac{\Phi}{\sqrt{Q}} = \frac{\Phi}{\sqrt{\Phi^2 - 0.212(\sigma/\sigma)^2}} > 1$$

因为式中 $1.1\sigma \sqrt{\dfrac{\pi a}{\Phi}}$ 是不考虑塑性区影响的应力强度因子，如果考虑塑性区的影响，则应力强度因子 K_I 将增大 M_p 倍，故 M_p 称为塑性区修正因子。

Φ 和 Q 值可参考相关资料查询获得。

在计算应力强度因子 K_I 时，应注意在什么情况下需要修正。由式(4-20c)可知 K_I 的修正项是公式的分母项，若 σ/R_{eL} 越接近于零，则修正项越接近 1，不存在塑性区的影响；若 σ/R_{eL} 越大，并接近于 1，则塑性区的影响最大，其修正值也越大。一般 $\sigma/R_{eL} \geq 0.7$ 时，其 K_I 变化就比较明显，需要进行修正。

【例 4.2】 有一大型板件，材料的屈服强度为 1200MPa，K_{IC} 为 115MPa/m$^{1/2}$，其承受的轴向拉应力为 900MPa，试判断该工件可以允许存在多大的中心穿透裂纹。

解： $\sigma/R_{0.2} = 0.75 > 0.7$ 需要修正。

由 $K_I = \dfrac{\sigma \sqrt{\pi a}}{\sqrt{1 - 0.177(\sigma/R_{0.2})^2}} = K_{IC}$，得

$$a = \frac{K_{IC}^2 \cdot [1 - 0.177(\sigma/R_{0.2})^2]}{\pi \sigma^2} = 2.63 \text{(mm)}，\text{故}$$

$$2a = 5.26\text{mm}$$

【例 4.3】 经试验测得某材料内部存在长 2.0mm 穿透型裂纹时，在承受的拉应力达到 850MPa 时即发生失稳断裂。该材料的屈服强度为 1300MPa，该材料在使用前经探伤发现内部存在一个长 0.5mm 的裂纹，问其能否承受 1000MPa 的平均应力。

解： $\sigma/R_{eL} = 850/1300 = 0.65 < 0.7$，无需修正。

$$K_{IC} = \sigma \sqrt{\pi a} = 850 \sqrt{3.14 \times 1.0 \times 10^{-3}} = 47.6 \text{(MPa} \cdot \text{m}^{\frac{1}{2}})$$

$\sigma/\sigma_s = 1000/1300 = 0.77 > 0.7$，需修正。

$$K_I = \frac{Y\sigma\sqrt{a}}{\sqrt{1 - 0.056Y^2(\sigma/R_{eL})^2}} = \frac{\sigma\sqrt{\pi a}}{\sqrt{1 - 0.177(\sigma/R_{eL})^2}}$$

$$= \frac{1000\sqrt{\pi \times 0.25 \times 10^{-3}}}{\sqrt{1 - 0.177(1000/1300)^2}} = 29.6 \text{(MPa} \cdot \text{m}^{1/2})$$

$K_I < K_{IC}$，可以承受 1000MPa 的平均应力。

【例 4.4】 有一无限大平板，中心含一穿透裂纹，裂纹长度为 16mm，在垂直于裂纹面上作用一 350MPa 的应力。

(1) 假定材料屈服强度为 1400MPa，试求其塑性区尺寸，其修正后的有效应力强度因子是多大？

（2）假定外加应力不变，而所用的材料屈服强度为385MPa，其塑性区尺寸多大，修正后的应力强度因子是否有效？

解：（1）平板原始的应力强度因子为

$$K_I = \sigma \sqrt{\pi a} = 350 \times \sqrt{\pi \times 0.008} = 55.47 (\text{MPa} \cdot \text{m}^{1/2})$$

选用材料屈服强度为1400MPa时，塑性区尺寸为

$$\gamma_y = \frac{1}{2\pi}\left(\frac{K_I}{R_{eL}}\right)^2 = \frac{1}{2\pi} \cdot \frac{350^2 \times \pi \times 0.008}{1400^2} = 0.25(\text{mm})$$

修正后的应力强度因子为

$$K_I = \frac{\sigma \sqrt{\pi a}}{\sqrt{1-0.5\left(\frac{\sigma}{R_{eL}}\right)^2}} = \frac{350 \times \sqrt{\pi \times 0.008}}{\sqrt{1-0.5\times\left(\frac{350}{1400}\right)^2}} = 56.4(\text{MPa} \cdot \text{m}^{1/2})$$

可见，当作用应力远低于材料屈服强度时，修正后的应力强度因子值和原始值相差不大，这通常见于疲劳裂纹扩展的情况，因其工作应力远低于材料屈服强度，修正后的应力强度因子值是有效的。

（2）若工作应力不变，选用了低强度材料$R_{eL}=385$MPa，那么，塑性区尺寸为

$$\gamma_y = \frac{1}{2\pi} \cdot \frac{350^2 \times \pi \times 0.008}{385^2} = 3.3(\text{mm})(\text{平面应力})$$

而 $K_I = \dfrac{350 \times \sqrt{\pi \times 0.008}}{\sqrt{1-0.5\times\left(\frac{350}{385}\right)^2}} = 72.4(\text{MPa} \cdot \text{m}^{1/2})$，将其记为 K'，$\dfrac{K'-K}{K} = \dfrac{72.4-55.47}{55.47}$

$=30\% > 7\%$，不满足工程精度需要，所以此时修正无效，线弹性断裂力学已不适用。

【例4.5】 已知由某种钢材制作的大型厚板结构（属平面应变），承受的工作应力为$\sigma = 560$MPa，板中心有一穿透裂纹（$K_I = \sigma \sqrt{\pi a}$），裂纹的长度为$2a=6$mm，钢料的性能指标见表4-4。

表4-4　钢料的性能指标

温度/℃	R_{eL}/MPa	K_{Ic}/(MPa·m$^{1/2}$)
−50	1000	30
−30	900	50
0	800	90
50	700	150

试求：（1）该构件在哪个温度点使用时是安全的？

（2）该构件在0℃和50℃时的塑性区大小R。

（2）用作图法求出该材料的低温脆性转变温度T_K。

其中已知：$\gamma_y = \dfrac{1}{2\pi}\left(\dfrac{K_I}{R_{eL}}\right)^2$（平面应力）；$\gamma_y = \dfrac{1}{4\sqrt{2}\pi}\left(\dfrac{K_I}{R_{eL}}\right)^2$（平面应变）

$K_I = \dfrac{\sigma\sqrt{\pi a}}{1-\frac{1}{2}\left(\sqrt{\sigma/R_{eL}}\right)}$（平面应力）；$K_I = \dfrac{\sigma\sqrt{\pi a}}{1-\frac{1}{4\sqrt{2}}\left(\sqrt{\sigma/R_{eL}}\right)}$（平面应变）。

解：已知 $\sigma=560\text{MPa}$，裂纹长度为 $2a=6\text{mm}$，于是 $a=0.003\text{m}$；构件为大型厚板结构，属平面应变。

(1) 在 $-50℃$ 下，$\dfrac{\sigma}{R_{\text{eL}}}=560/1000=0.56<0.6$，于是有

$$K_{\text{I}}=\sigma\sqrt{\pi a}=56.4\text{MPa}\cdot\text{m}^{1/2}>30.0\text{MPa}\cdot\text{m}^{1/2}$$

因为在 $-50℃$ 下是不安全的。

在 $-30℃$ 下，$\dfrac{\sigma}{R_{\text{eL}}}=560/900=0.62>0.6$，于是有

$$K_{\text{I}}=\dfrac{\sigma\sqrt{\pi a}}{\sqrt{1-\dfrac{1}{4\sqrt{2}}(\sigma/R_{\text{eL}})^2}}=56.32\text{MPa}\cdot\text{m}^{1/2}>50\text{MPa}\cdot\text{m}^{1/2}$$

因此在 $-30℃$ 下是不安全的。

在 $0℃$ 下，$\dfrac{\sigma}{R_{\text{eL}}}=560/800=0.70>0.6$，于是有

$$K_{\text{I}}=\dfrac{\sigma\sqrt{\pi a}}{\sqrt{1-\dfrac{1}{4\sqrt{2}}(\sigma/R_{\text{eL}})^2}}=56.88\text{MPa}\cdot\text{m}^{1/2}>90\text{MPa}\cdot\text{m}^{1/2}$$

因此在 $0℃$ 下是安全的。

在 $50℃$ 下，$\dfrac{\sigma}{R_{\text{eL}}}=560/700=0.80>0.6$，于是有

$$K_{\text{I}}=\dfrac{\sigma\sqrt{\pi a}}{\sqrt{1-\dfrac{1}{4\sqrt{2}}(\sigma/R_{\text{eL}})^2}}=57.78\text{MPa}\cdot\text{m}^{1/2}<100\text{MPa}\cdot\text{m}^{1/2}$$

因此在 $50℃$ 下是安全的。

该构件在 $0℃$、$50℃$ 下是安全的。

(2) 在 $0℃$ 下，$K_{\text{I}}=56.88\text{MPa}\cdot\text{m}^{1/2}$，$R_{\text{eL}}=800\text{MPa}$，所以有

$$R=\dfrac{1}{2\sqrt{2}\,\pi}\left(\dfrac{K_{\text{I}}}{R_{\text{eL}}}\right)^2=5.69\times10^{-4}\text{m}=0.569\text{mm}$$

在 $50℃$ 下，$K_{\text{I}}=57.78\text{MPa}\cdot\text{m}^{1/2}$，$R_{\text{eL}}=700\text{MPa}$，所以有

$$R=\dfrac{1}{2\sqrt{2}\,\pi}\left(\dfrac{K_{\text{I}}}{R_{\text{eL}}}\right)^2=7.65\times10^{-4}\text{m}=0.765\text{mm}$$

(3) 由 $K_{\text{IC}}=\dfrac{\sigma_{\text{c}}\sqrt{\pi a}}{\sqrt{1-\dfrac{1}{4\sqrt{2}}\left(\dfrac{\sigma_{\text{c}}}{R_{\text{eL}}}\right)^2}}$，可求出断裂应力为 $\sigma_{\text{c}}=\dfrac{K_{\text{IC}}}{\sqrt{\pi a+\dfrac{1}{4\sqrt{2}}\left(\dfrac{K_{\text{IC}}}{R_{\text{eL}}}\right)^2}}$。

将裂纹长度、不同温度下的屈服强度和断裂韧性代入上式得

$$-50℃，\sigma_{\text{c}}=306.5\text{MPa}$$
$$-30℃，\sigma_{\text{c}}=497\text{MPa}$$
$$0℃，\sigma_{\text{c}}=886\text{MPa}$$
$$50℃，\sigma_{\text{c}}=1455\text{MPa}$$

利用不同的屈服强度 R_{eL} 和断裂强度 σ_{c} 与温度作图，如图 4.17 所示。由图可见 R_{eL}-

T 和 $\sigma_c - T$ 两条曲相交于 $-7℃$，于是该材料的低温脆性转变温度 T_K 为 $-7℃$。

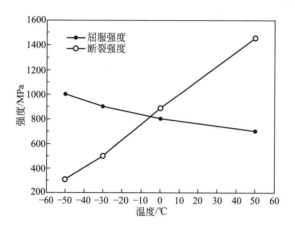

图 4.17　温度对屈服强度和断裂强度的影响

4.7　裂纹扩展的能量判据 G_{I}

在 Griffith 或 Orowan 的断裂理论中，裂纹扩展的阻力为 $2\gamma_s$ 或者为 $2(\gamma_s + \gamma_p)$。设裂纹扩展单位面积所耗费的能量为 R，则 $R = 2(\gamma_s + \gamma_p)$。而裂纹扩展的动力，对于上述的 Griffith 试验情况来说，只来自系统弹性应变能的释放。现定义：

$$G = -\frac{\partial u_E}{\partial(2a)} = -\frac{\partial}{\partial(2a)}\left(-\frac{\pi\sigma^2 a^2}{E}\right) = \frac{\sigma^2 \pi a}{E} \tag{4-21}$$

即用 G 表示弹性应变能的释放率或裂纹扩展力。注意到 Griffith 的试验条件是一无限大的薄板，中心开一穿透裂纹，当加载到 p 后两端就固定，位移就保持不变，这种试验情况通常称为恒位移条件，如图 4.18(a) 所示。当载荷加到 A 点，位移为 OB，此后板的两端固定，平板中贮存的弹性能以面积 OAB 表示。如裂纹扩展 da，引起平板刚度下降，平板内贮存的弹性能下降到面积 OCB，三角形 OAC 相当于由于裂纹扩展释放出的弹性能。

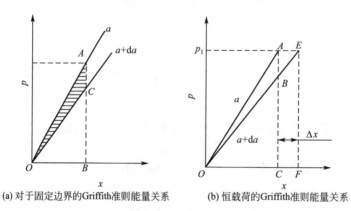

(a) 对于固定边界的Griffith准则能量关系　　(b) 恒载荷的Griffith准则能量关系

图 4.18　固定边界和恒载荷的 Griffith 准则能量关系

更为普遍的情形是载荷恒定外力做功，这时 G 的定义是否会改变呢？如图 4.18(b) 所示，OA 线是裂纹尺寸为 a 时试样的载荷位移线，在恒定载荷为 p_1 时，试样的位移由 C 点增加到 F 点，这时外载荷做功相当于面积 $AEFC$，平板内贮存的弹性能从 OAC 增加到 OEF。由于面积 $AEFC$ 为 OAE 的两倍，当略去三角形 AEB（这是一个二阶无穷小量），可知在外力做功的情况下，其做功的一半用于增加平板的弹性能，一半用于裂纹的扩展，扩展所需的能量为 OAB 面积。比较图 4.18(a) 和(b)可知，不管是恒位移的情况还是恒载荷的情况，裂纹扩展可利用的能量是相同的。只不过恒位移情况 $G=-\dfrac{\partial u_E}{\partial(2a)}$，而恒载荷的情况 $G=+\dfrac{\partial u_E}{\partial(2a)}$，也就是说，对于前者裂纹扩展造成系统弹性能的下降，对于后者由于外力做功，系统的弹性能并不下降，裂纹扩展所需能量来自外力做功，两者的数值仍然相同。

因此可定义 G 为裂纹扩展的能量率或裂纹扩展力。因为 G 是裂纹扩展的动力，那么当 G 达到怎样的数值时，裂纹就开始失稳扩展呢？

按照 Griffith 断裂条件 $G \geqslant R$ 时，$R=2\gamma_s$。

按照 Orowan 修正公式 $G \geqslant R$ 时，$R=2(\gamma_s+\gamma_p)$。

因为表面能 γ_s 和塑性变形功 γ_p 都是材料常数，它们是材料固有的性能，令 $G_{IC}=2\gamma_s$ 或 $G_{IC}=2(\gamma_s+\gamma_p)$，则

$$G_I \geqslant G_{IC} \tag{4-22}$$

这就是断裂的能量判据。原则上讲，对不同形状的裂纹，其 G_I 是可以计算的，而材料的性能 G_{IC} 是可以测定的。因此可以从能量平衡的角度研究材料的断裂是否发生。

4.8 G_I 和 K_I 的关系

上文讲了两种断裂判据，一种是 $G_I \geqslant G_{IC}$，另一种是 $K_I \geqslant K_{IC}$。前者是从能量平衡的观点来讨论断裂，而后者则是从裂纹尖端应力场的角度来讨论断裂的。这两个公式的右端都是反映材料固有性能的材料常数，是材料的断裂韧性值。从研究断裂的历史看，早在 1921 年 Griffith 就已从能量平衡的观点来考虑断裂的问题了，而采用应力强度因子的概念，是直到 1957 年才由 Irwin 正式提出的。那么这两种断裂判据，有没有一定的关系呢？究竟是用 K 判据好呢，还是用 G 判据好呢？本节就来讨论这个问题。

如图 4.19 所示，设想距裂纹尖端 O' 点一小段裂纹 a 长度上，沿 y 轴向逐渐作用非均布的压缩应力，应力从零增大到 σ_y，使 a 长度裂纹闭合。显然闭合裂纹所需的最大应力应当等于裂纹尖端附近应力场的 σ_y 分量，即

$$\sigma_y = \frac{K_I}{\sqrt{2\pi r}} \cos\frac{\theta}{2}\left(1+\sin\frac{\theta}{2}\sin\frac{3\theta}{2}\right)$$

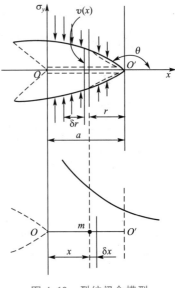

图 4.19 裂纹闭合模型

当 a 长度裂纹闭合后,裂纹尖端移到 O 点。闭合前 a 长度裂纹上任意一点 m,距裂纹尖端 O' 点为 r,距闭合后裂纹尖端 O 点为 x,闭合后 $\theta=\pm\pi$,闭合后 m 点应力为

$$\sigma_{y(m)}=\frac{K_I}{\sqrt{2\pi x}} \tag{4-23}$$

裂纹尖端附近任意一点位置上 y 轴向位移量 v 为

$$v=\frac{K_I}{G(1+\nu')}\left(\frac{r}{2\pi}\right)^{1/2}\sin\frac{\theta}{2}\left[2-(1+\nu')\cos^2\frac{\theta}{2}\right]$$

式中,$\nu'=\nu$(平面应力情况);$\nu'=\nu/(1-\nu)$(平面应变情况)。

小段裂纹上 m 点从张开到闭合,在 y 轴向位移量为

$$v_m=\frac{2K_I}{G(1+\nu')}\left(\frac{r}{2\pi}\right)^{1/2}$$

以闭合后裂纹尖端 O 点为坐标原点,则 $r=a-x$,代入上式,得到距闭合后裂纹尖端 x 处的闭合位移量为

$$v_x=\frac{2K_I}{G(1+\nu')}\left(\frac{a-x}{2\pi}\right)^{1/2}$$

假设试件厚度为单位厚度,在小段裂纹上取 dx 单元裂纹,dx 单元裂纹的表面积为($1\times dx$),作用在单元裂纹表面上的力 $dp=\sigma_{y(m)}dx$,闭合时 y 轴方向的位移为 $\delta=2v_x$,因此,dx 单元裂纹表面闭合时系统的弹性应变能变化为

$$du=-\frac{1}{2}dp\delta=-\frac{1}{2}\sigma_{y(m)}dx(2v_x)=-\sigma_{y(m)}v_x dx$$

闭合 a 长度裂纹表面,系统弹性应变能的变化为

$$\Delta u=\int_0^a-\sigma_{y(m)}v_x dx$$

闭合单位面积裂纹表面,系统弹性应变能的变化为

$$\frac{\partial u}{\partial A}=\frac{1}{a}\int_0^a-\sigma_{y(m)}v_x dx$$

反之,若外力除去,裂纹张开扩展,裂纹扩展单位面积裂纹表面,系统弹性应变能的变化为 $-\frac{\partial u}{\partial A}$,数值上与闭合单位面积裂纹表面的弹性应变能变化相同,即

$$-\frac{\partial u}{\partial A}=\frac{1}{a}\int_0^a\sigma_{y(m)}v_x dx$$

恒位移情况下,裂纹扩展,系统弹性应变能释放率即是 G_I,因此

$$G_I=-\left(\frac{\partial u}{\partial A}\right)_\delta=\frac{1}{a}\int_0^a\sigma_{y(m)}v_x dx=\frac{1}{a}\int_0^a\frac{K_I}{\sqrt{2\pi x}}\frac{2K_I}{G(1+\nu')}\left(\frac{a-x}{2\pi}\right)^{1/2}dx$$

$$=\frac{1}{2\pi a}\frac{2K_I^2}{G(1+\nu')}\int_0^a\left(\frac{a-x}{x}\right)^{1/2}dx$$

令 $x/a=\cos^2\varphi$ 代入上式,得

$$G_I=\frac{1}{2\pi a}\frac{2K_I^2}{G(1+\nu')}\int_{\pi/2}^0-2a\sin^2\varphi d\varphi=\frac{K_I^2}{2G(1+\nu')}$$

对平面应力,$\nu'=\nu$,则

$$G_I=\frac{K_I^2}{2G(1+\nu')}=\frac{K_I^2}{E}$$

对平面应变，$\nu' = \nu/(1-\nu)$，$G = E/[2(1+\nu)]$，则

$$G_I = \frac{K_I^2(1-\nu)}{2G} = \frac{K_I^2}{E}(1-\nu)^2$$

于是，平面应力和平面应变都可写成同样表达式，即

$$\left.\begin{array}{l} G_I = \dfrac{K_I^2}{E} \quad \text{（平面应力）} \\[3mm] G_I = \dfrac{K_I^2}{E'} \quad \left(\text{平面应变，} E' = \dfrac{E}{1-\nu^2}\right) \end{array}\right\} \qquad (4-24)$$

同样，断裂判据可写成

$$\left.\begin{array}{l} G_I \geqslant G_{IC} = \dfrac{K_{IC}^2}{E} \quad \text{（平面应力）} \\[3mm] G_I \geqslant G_{IC} = \dfrac{K_{IC}^2}{E'} \quad \text{（平面应力）} \end{array}\right\} \qquad (4-25)$$

上面证明了这两种断裂判据，即一个是从系统能量变化的角度阐述的 G 判据，另一个则是从裂纹尖端应力场来表示的 K 判据，这两者完全是等效的，且有可互相换算的关系，在实际应用中用 K 判据更方便些。这是因为对于各种裂纹的应力强度因子计算在断裂力学中已积累了很多的资料，现已编有应力强度因子手册，多数情况可从手册中直接查出 K 的表达式，而 G 的计算则资料甚少。另一方面，K_{IC} 和 G_{IC} 虽然都是材料固有的性能，但从实验测定来说，K_{IC} 更容易些，因此多数材料在各种热处理状态下所给出的是 K_{IC} 的实验数据。这是 K 判据相对于 G 判据来说的两个优点。但是，G 判据的物理意义更加明确，便于接受，所以两者既是统一的，又各有利弊。

4.9 影响断裂韧性的因素

如能提高断裂韧性，就能提高材料的抗脆断能力。因此必须了解断裂韧性是受哪些因素控制的。影响断裂韧性的高低，有外部因素如板材厚度或构件截面的尺寸、服役条件下的温度和应变速率等，而内部因素则有材料的强度、材料的合金成分和内部组织等。

4.9.1　外部因素

1. 板厚或构件截面尺寸

材料的断裂韧性随板材厚度或构件的截面尺寸的增加而减小，最终趋于一个稳定的最低值，即平面应变断裂韧性 K_{IC}，如图 4.20 所示。板厚对断裂韧性的影响，实际上反映了板厚对裂纹尖端塑性变形约束的影响，随板厚增加，应力状态变硬，试样由平面应力状态向平面应变状态过渡。图 4.20 表明了断口形态的相应变化。在平面应力条件时，形成斜断口，相当于薄板的断裂情况，而在平面应变条件下，变形约束充分大，形成平断口，相当于厚板的情况，介于上述二者之间，形成混合断口。断口形态反映了断裂过程特点和材料的韧性水平，斜断口占断口总面积的比例越高，断裂过程中吸收的塑性变形功越多，材料的韧性水平越高，只有在全部形成平断口时，才能得到平面应变断裂韧性 K_{IC}。

2. 温度

一般而言，大多数结构钢的K_{IC}都随温度降低而下降。但是，不同强度等级的钢，在温度降低时K_{IC}的变化趋势不同。一般中、低强度钢都有明显的韧脆转变现象，在韧脆转变温度以上，材料主要是微孔聚集型的韧性断裂，K_{IC}较高；而在韧脆转变温度以下，材料主要是解理型脆性断裂，K_{IC}低。随着材料强度增加，K_{IC}随温度的变化逐渐趋于缓和，其断裂机理不再发生变化。

3. 应变速率

应变速率$\dot{\varepsilon}$具有与温度相似的效应。增加应变速率相当于降低温度的作用，也可使K_{IC}下降。一般认为，$\dot{\varepsilon}$每增加一个数量级，K_{IC}约降低10%。但是，当$\dot{\varepsilon}$很大时，形变热量来不及传导，造成绝热状态，导致局部升温，K_{IC}又恢复回升，如图4.21所示。

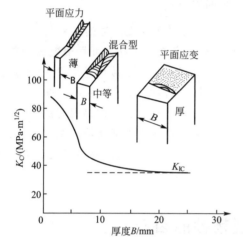

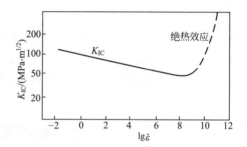

图 4.20 试样厚度对临界应力强度因子和断口形貌的影响

图 4.21 钢的K_{IC}随应变速率的变化曲线

断裂韧性表征金属材料抵抗裂纹失稳扩展的能力。裂纹失稳扩展需要消耗能量，其中主要是塑性变形功。塑性变形功与应力状态、材料强度和塑性以及裂纹尖端塑性区尺寸有关：材料强度高、塑性好，塑性变形功大，材料的断裂韧性就高；在强度值相近时，提高塑性，增加塑性区尺寸，塑性变形功也增加。实践中，在保证材料强度要求前提下，提高材料塑性(特别是微观塑性，微观塑性改善，有利于增加塑性区尺寸，降低裂纹体中裂纹扩展速率)是金属材料(超高强度钢和高强度钢)增韧的努力方向。根据影响断裂韧性的因素可以看到：采用真空冶炼技术，降低钢中非金属夹杂物；控制微量有害元素偏聚于晶界；用压力加工和热处理技术控制晶粒大小；优化热处理工艺，改变基体组织和第二相质点的尺寸及分布等，对防止脆性解理断裂或沿晶断裂，提高高强度材料断裂韧性都是有效的方法，其中有些方法还同时提高材料强度，即有强韧化的效果。

4.9.2　内部因素

1. 材料的成分、组织对K_{IC}的影响

工程上最常用的金属材料是钢铁，其相组成为基体相和第二相。相的结构和组织

由化学成分、热处理工艺等决定。裂纹扩展主要在基体相中进行，但受第二相的影响。不同的基体相和第二相的组织结构将影响裂纹扩展的途径、方式和速率，从而影响 K_{IC}。

1）化学成分的影响

根据已有资料，化学成分对 K_{IC} 的影响规律基本上与对 A_{KV} 的影响相似，其大致规律是：细化晶粒的合金元素因提高强度和塑性使 K_{IC} 提高；强烈固溶强化的合金元素因降低塑性使 K_{IC} 明显降低，并且随合金元素含量的提高，K_{IC} 降低越厉害；形成金属化合物并呈第二相析出的合金元素，因降低塑性有利于裂纹的扩展，也使 K_{IC} 降低。

2）基体相结构和晶粒大小的影响

钢的基体相一般为面心立方和体心立方两种铁的固溶体。从滑移塑性变形和解理断裂的角度来看，面心立方固溶体容易产生滑移塑性变形而不产生解理断裂，并且 n 值较高，所以其 K_{IC} 较高。因此，奥氏体钢的 K_{IC} 较铁素体钢、马氏体钢的高。如相变诱发塑性钢（TRIP 钢）就具有这个特点，在高强度下其断裂韧性可以达到 150MPa·m$^{1/2}$。如果奥氏体在裂纹尖端应力场作用下发生马氏体相变，则因消耗附加能量会使 K_{IC} 进一步提高。

基体晶粒大小也是影响 K_{IC} 的一个重要因素。一般来说，晶粒越细小，n 和 σ_c 就越高，则 K_{IC} 也越高。例如，En24 钢的奥氏体晶粒度从 5～6 级细化到 12～13 级可使 K_{IC} 由 44.5MPa·m$^{1/2}$ 增至 84MPa·m$^{1/2}$。但是，在某些情况下，粗晶粒的 K_{IC} 反而较高。如 40CrNiMo 钢经 1200℃ 超高温淬火后，晶粒度可达 0～1 级，K_{IC} 为 56MPa·m$^{1/2}$；而 870℃ 正常淬火后晶粒度较细为 7～8 级，但 K_{IC} 仅为 36MPa·m$^{1/2}$。实际上，粗晶化提高 40CrNiMo 钢 K_{IC} 的试验结果，并非简单的晶粒大小作用所致，可能还和形成板条马氏体及残留奥氏体薄膜的有利影响有关。该钢材经两种不同热处理工艺处理后，塑性和冲击吸收功的变化却与 K_{IC} 的变化正好相反。

3）杂质及第二相的影响

钢中的非金属夹杂物和第二相在裂纹尖端的应力场中，若本身脆裂或在相界面开裂而形成微孔，微孔和主裂纹连接使裂纹扩展，从而使 K_{IC} 降低。当材料的 R_{eL}、E 相同时，随着夹杂物体积分数 f 的增加，其 K_{IC} 下降。这是因为分散的脆性相数量越多，其平均间距越小所致（图 4.22）。因此，减少材料中的夹杂物数量，提高材料的纯净度，如应用真空冶炼技术等，可使 K_{IC} 提高。

第二相和夹杂物的形状及其在钢中的分布形式对 K_{IC} 也有影响，如钢中的碳化物呈球状时，其 K_{IC} 就比呈片状的高；碳化物沿晶界呈网状分布时，裂纹易于在此扩展，导致沿晶断裂，而使 K_{IC} 降低。

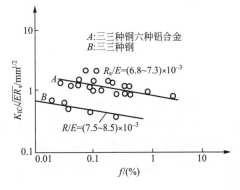

图 4.22 K_{IC} 和夹杂物含量的关系

钢中某些微量杂质元素（如锑、锡、磷、砷等）容易偏聚于奥氏体晶界，降低晶间结合力使裂纹沿晶界扩展并断裂，使 K_{IC} 降低。一些合金结构钢的调质回火脆性就属于这种情况。

4）显微组织的影响

板条马氏体是位错型亚结构，具有较高的强度和塑性，裂纹扩展阻力较大，常呈韧性断裂，因而 K_{IC} 较高；针状马氏体是孪晶型亚结构，硬而脆，裂纹扩展阻力小，呈准解理或解理断裂，因而 K_{IC} 很低。回火索氏体的基体具有较高的塑性，第二相是粒状碳化物，分布间距较大，裂纹扩展阻力较大，因而 K_{IC} 较高；回火马氏体基体相塑性差，第二相质点小且弥散分布，裂纹扩展阻力较小，因而 K_{IC} 较低；回火屈氏体的 K_{IC} 居于上述两者之间。图 4.23 是 40CrNiMo 钢的 K_{IC} 与回火温度的关系曲线，可以说明这种影响规律。

在亚共析钢中，无碳贝氏体常因热加工工艺不当而形成魏氏组织，使 K_{IC} 下降。上贝氏体因在铁素体片层间分布有断续碳化物，裂纹扩展阻力较小，K_{IC} 较低。如将 35CrMo 钢的上贝氏体组织与等强度的回火索氏体组织相比，其 K_{IC} 下降约 45%。下贝氏体因在过饱和铁素体中分布有弥散细小的碳化物，裂纹扩展阻力较大，与板条马氏体相近似，K_{IC} 较高。调质钢下贝氏体组织与同硬度的回火马氏体组织相比，其 K_{IC} 较高，45Cr 钢等温淬火与淬火回火的 K_{IC} 比较如图 4.24 所示。

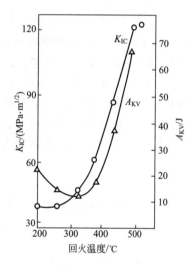

图 4.23　回火温度对 40CrNiMo 钢的
K_{IC} 影响

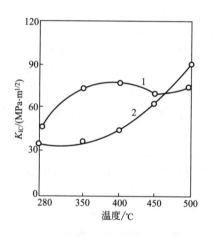

图 4.24　45Cr 钢等温淬火与淬火回火的 K_{IC} 比较
1—等温淬火；2—淬火回火

残余奥氏体是一种韧性第二相，分布于马氏体中，可以松弛裂纹尖端的应力峰，增大裂纹扩展的阻力，提高 K_{IC} 值。如某种沉淀硬化不锈钢通过不同的淬火工艺，可获得不同含量的残留奥氏体，当其含量为 15% 时，K_{IC} 可提高 2～3 倍。低碳马氏体的 K_{IC} 较高，其原因除了位错型亚结构外，马氏体板条束间的残留奥氏体薄膜也起很大作用。

2. 特殊热处理对 K_{IC} 的影响

1）形变热处理

高温形变热处理可以细化奥氏体的亚结构，因而细化淬火马氏体，使强度和韧性都提高。如 33CrNiSiMnMo 钢经高温形变热处理后，其 $R_{0.2}$ 可达 1680MPa，K_{IC} 可达 113MPa·$m^{1/2}$。

与一般热处理(淬火+200℃回火)相比,其 $R_{0.2}$ 提高 16%,K_{IC} 提高 20%。

低温形变热处理除了细化奥氏体亚结构外,还可增加位错密度,促进合金碳化物弥散沉淀,降低奥氏体含碳量和增加细小板条马氏体的数量,因而提高强度和韧性。如 30CrNi4Mo 钢低温形变热处理后,其 $R_{0.2}$ 可达 1700MPa,K_{IC} 可达 98MPa·m$^{1/2}$。比一般热处理后的 $R_{0.2}$ 提高 26%,K_{IC} 提高 18%。

2) 亚温淬火

亚温淬火可以提高低温韧性和抑制高温回火脆性。亚温淬火时因在两相区加热,可以形成很细的奥氏体和未熔铁素两相组织,F-A 相界面比一般淬火的奥氏体晶界面积大很多倍。由于晶界面积增大,单位面积杂质浓度将减少;此外,亚温淬火的未熔铁素体比奥氏体能溶解较多的杂质元素,进一步降低奥氏体晶界的杂质偏聚浓度,因而能提高钢的韧性,抑制高温回火脆性。

3) 显微组织的影响

前已述及,对 40CrNiMo 钢采用 1200℃加热的超高温淬火,虽然奥氏体晶粒显著粗化,塑性和冲击吸收功降低,但 K_{IC} 却提高了 70%~125%,其他中碳合金结构钢也有类似情况。

超高温淬火使 K_{IC} 提高的原因可能是:①马氏体形态由孪晶型变为位错型,使断裂机理由准解理变为微孔聚集型;②在马氏体板条束间存在 10~20nm 的残留奥氏体薄膜,且很稳定,可阻止裂纹扩展;③碳化物及夹杂物能溶入奥氏体,减少了形成微孔的核心。

4.9.3 高强度金属材料的裂纹敏感性

对于金属材料,按其强度水平可分为三个级别:$R_{eL}/E>1/150$ 者为高强度材料;$R_s/E<1/300$ 者为低强度材料;$1/300<R_{eL}/E<1/150$ 者为中强度材料。按这个原则划分,对于钢材来说,$R_{eL}<600$MPa 为低强度钢,$R_{eL}=600$~1400MPa 为中强度钢,$R_{eL}>1400$MPa 为高强度钢(有时将 $R_{eL}=500$~1400MPa 的构件用钢称为低合金高强度钢,而把 $R_{eL}>1400$MPa 者称为超高强度钢)。而对于铝合金来说,$R_m>600$MPa 者已属高强度铝合金。

高强度金属材料进行光滑试样拉伸时,表现有较高塑性,并呈宏观塑性断裂,断口为微孔聚集型断口形态。但缺口试样或裂纹试样的拉伸断裂,往往呈脆性,断裂应力甚至低于屈服强度。这表明,高强度金属材料具有较高的缺口或裂纹敏感性。尽管宏观上呈脆性断裂,但微观上仍按微孔聚集型机制进行。对于高强度材料制件,当其存在缺口或裂纹时,也往往发生低应力脆断。

高强度金属材料裂纹敏感性的本质是其组织特征与裂纹尖端应力应变特征共同作用的结果。从材料组织方面看,高强度金属材料的组织特征为在较强的固溶体基体上弥散地分布着析出相质点。当裂纹体受力以后,裂纹顶端形成一塑性区,在紧靠裂纹顶端处,出现严重的塑性应变集中现象(特别是在板厚中部三向应力得以充分发展的地方),应力值也达到屈服强度以上,由于析出相质点平均间距很小,塑性区内出现析出相质点的几率很大。因此一旦裂纹顶端形成一个不大的塑性区以后,在靠近裂纹顶端的析出相质点附近就可能形成微孔开裂,并且长大,很快与裂纹顶端连接,实现裂纹体的启裂。此时虽然这个微观局部地方塑性变形剧烈,应力水平也比较高,但从整体截面来看,却由于有很大的弹性区存在,其平均应力即名义应力可能很低,甚至低于屈服强度,使断裂表现为宏观脆性,即低应力脆断,如图4.25所示。这就是高强度材料裂纹敏感性的本质。从能量上来说,由于高的 R_{eL} 和低的 K_{IC},使裂纹顶端塑性区尺寸很小,不需要消耗很多能量即可实现启裂和裂纹扩展。由于高强度材料的裂纹敏感性而引起的工程脆断事故是很多的。1965年美国发生的260SL-1固体火箭发动机压力壳体的爆炸事故即是其一。该壳体采用18CrNiMoTi钢制成,时效强化到 $R_{eL}=1750\text{MPa}$,设计工作应力为1100MPa,但爆炸时内压只有380MPa,折合断裂应力为676MPa,不但低于屈服强度,而且低于工作应力。事故后经检查,断裂起源于焊缝部位的长15mm、深3mm的裂纹。由于高强度材料的裂纹敏感性,使其断裂应力,随裂纹尺寸增大而降低,如图4.26所示。

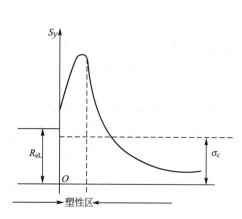

图4.25 高强度金属材料裂纹截面应力 S_y 的分布和平均断裂应力 σ_c

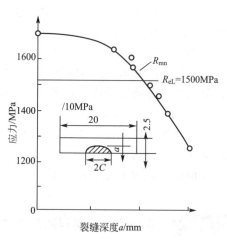

图4.26 高强度钢的断裂强度与裂纹尺寸的关系

4.9.4 断裂韧性与常规力学性能指标间的关系

断裂韧性 K_{IC} 是材料阻止裂纹失稳扩展,防止低应力脆断的重要力学性能指标,是材料的固有本性之一。由于其测试比较复杂,因此有人提出可否用其他易测的常规力学性能指标来间接推得断裂韧性?为此人们进行了不少实验研究,提出了一些断裂模型和经验关系式。

1. 断裂韧性与强度、塑性间的关系

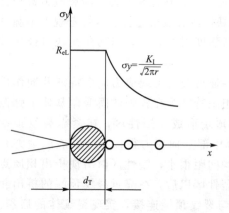

图4.27 裂纹前方具有第二相质点时的应力分布

断裂韧性 K_{IC} 与部分常规力学性能及组织结构的联系,因断裂性质不同而异。对于微孔聚集型韧性断裂,克拉夫特(J. M. Krafft)提出了一个韧断模型,认为具有第二相质点而又均匀分布的两相合金,裂纹在其基体相中扩展时,将要受到第二相质点的影响,如图4.27所示,假设第二相质点在裂纹尖端前方 r 上均匀分布,间距为 d_T,并构成塑性区。塑性区的应变为 e_y,e_y 由胡克定律及式(4-4)得

$$e_y = \frac{\sigma_y}{E} = \frac{K_I}{E \sqrt{2\pi r}}$$

当 $r = d_T$ 时，即在基体与第二相界面处

$$e_y = \frac{K_I}{E \sqrt{2\pi d_T}}$$

假定塑性区内的应变规律与单向拉伸应变规律相同，也服从 Holloman 关系，即 $S = Ke^n$，$e_b = n$。当 e_y 达到缩颈临界值 e_b 时，裂纹尖端的应力集中使相邻第二相断裂，或沿第二相界面脱离形成微孔。微孔长大与主裂纹连接形成宏观裂纹并扩展而断裂。此时，$K_I = K_{IC}$，$e_y = e_b = n$。因而，上式可写成

$$n = \frac{K_{IC}}{E \sqrt{2\pi d_T}} \tag{4-26a}$$

$$K_{IC} = En \sqrt{2\pi d_T} \tag{4-26b}$$

这就是 J. M. Krafft 导出的断裂韧性 K_{IC} 与材料杨氏模量 E（实际上也是一种强度参量）、应变硬化指数 n（实际上也是一种塑性参量）及结构参量 d_T 之间的关系式。但是应该指出，J. M. Krafft 将线弹性应变公式外推到大量塑性变形的缩颈阶段，有些脱离实际情况。

对于解理或沿晶脆性断裂，特尔曼（A. S. Tetelman）等通过实验分析认为，当裂纹尖端某一特征距离内的应力达到材料解理断裂强度时，裂纹就失稳扩展，产生脆性断裂。如取特征距离为晶粒直径的两倍，则由此导出 K_{IC} 与材料的强度性能及裂纹尖端曲率半径 ρ_0 之间的关系式为

$$K_{IC} = 2.9 R_{eL} \left[\exp\left(\frac{\sigma_c}{R_{eL}} - 1\right) - 1 \right]^{1/2} \cdot \rho_0^{1/2} \tag{4-27}$$

裂纹尖端塑性钝化的曲率半径 ρ_0 的大小随材料强度高低而不同，强度越高，ρ_0 越小。

根据式（4-27），只要知道材料的 A_s、A_c 和 ρ_0，即可计算出纯解理的 K_{IC} 值。对某些高强度钢来说，按此式计算的 K_{IC} 值与实测值是相近的。解理断裂的 K_{IC} 也是强度（A_s、A_c）和塑性（ρ_0）的综合性能，只不过具体影响程度与式（4-26）的有所不同而已。

由此可见，根据材料的断裂类型选用相应的关系式，即可由常规强度和塑性大致推得材料的断裂韧性 K_{IC}。

2. 断裂韧性与冲击韧性间的关系

前面曾提到，金属材料的韧性是表征材料在外力作用下，从变形到断裂全过程中吸收能量的能力。度量材料韧性的力学性能指标为韧度。根据试样形状和加载速率不同，可将韧度指标分为：光滑试样的净力韧度、缺口冲击韧性（A_{KU}、A_{KV} 等）和断裂韧性（K_{IC}、G_{IC} 和 J_{IC} 等）。在断裂韧性中，G_{IC}、J_{IC} 是以能量表示的，缺口冲击韧性 A_{KU}、A_{KV} 也是以能量表示的，两者有能量韧性的共性，但是彼此又有所不同，如应力集中程度、应力状态、加载速率等都有差别。因此，裂纹断裂韧性和缺口冲击韧性有各自的变化规律，并不一定同步相随，很难建立它们之间的普通关系。但是，由于 V 形缺口冲击试样的缺口尖锐程度较大，比较接近裂纹试样的情况，所以仍可大致建立冲击吸收功 A_{KV} 和断裂韧性 $G_{IC}(J_{IC})$ 之间的经验关系。由于 $G_{IC}(J_{IC})$ 可与 K_{IC} 相互换算，因此，这种经验关系也可用 K_{IC} 与 A_{KV} 之间的关系来表示。

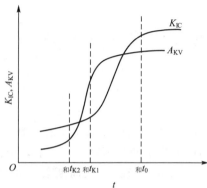

图 4.28 K_{IC} 和 A_{KV} 随温度变化曲线示意图

在建立 K_{IC} 和 A_{KV} 之间的关系时，要注意温度和应变速率等外界因素对材料韧脆转变的影响。由于裂纹和缺口不同以及加载速率不同，所以 K_{IC} 和 A_{KV} 的温度变化曲线不一样，由 K_{IC} 确定的韧脆转变温度比 A_{KV} 的高(图 4.28)。因此，只有在 $t<t_{\mathrm{K2}}$ 和 $t>t_0$ 的温度范围内，两条曲线平行时才能建立两者的相对关系。

茹尔夫(S. T. Rolfe)对一些中、高强度钢($R_{0.2}$ 为 $770\sim1680\mathrm{MPa}$，K_{IC} 为 $93\sim266\mathrm{MPa}\cdot\mathrm{m}^{1/2}$，$A_{\mathrm{KV}}$ 为 $22\sim120\mathrm{J}$)进行试验，发现 $\left(\dfrac{K_{\mathrm{IC}}}{R_{0.2}}\right)^2$ 与 $\dfrac{A_{\mathrm{KV}}}{R_{0.2}}$ 呈线性关系，总结出下列经验公式(单位为英制)：

$$\left(\frac{K_{\mathrm{IC}}}{A_{\mathrm{KV}}}\right)^2=\frac{5}{\sigma_y}\left(A_{\mathrm{KV}}-\frac{\sigma_y}{20}\right)\tag{4-28}$$

式中，A_{KV} 为夏比(Charpy)试样冲击吸收功；σ_y 为材料有效屈服强度。

若转化为国际制单位，则为如下关系：

$$K_{\mathrm{IC}}=0.79[R_{0.2}(A_{\mathrm{KV}}-0.010_{0.2})]^{1/2}\tag{4-29}$$

式中，K_{IC} 的单位为 $\mathrm{MPa}\cdot\mathrm{m}^{1/2}$，$R_{0.2}$ 的单位为 MPa，A_{KV} 的单位为 J。

有必要指出，式(4-29)只是在一定条件下的试验结果，缺乏可靠的理论依据，因此，不能普遍推广使用。

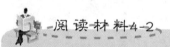阅读材料4-2

钢结构构件断裂韧性指标的选取

随着我国国民经济的飞速发展和国内钢产量的不断增加，建筑钢结构的应用越来越广泛，大量焊接结构得到了推广使用。我国地域辽阔，气候环境差异大，如何根据结构的使用环境、应力状态、板件厚度、缺陷等级等选取合适的断裂韧性设计指标，避免钢结构构件在使用中发生脆性断裂而产生灾难性后果，是广大科研工作者与工程技术人员一直探索的一个课题。

钢材的破坏可分为延性破坏和脆性断裂破坏。根据现在国内外的研究成果，普遍接受的看法是：钢材的脆性断裂主要与温度、加荷速率、厚度和名义应力有较为直接的关系，焊接构件的脆性断裂则还与焊缝缺陷大小和焊接残余应力大小有较为密切的关系。

对比国内钢结构设计规范与国外钢结构设计规范在韧性指标选择规定上的差异，给出钢结构构件断裂韧性指标的选取建议：

(1)工作温度、板件厚度、应力水平、缺陷情况等是影响材料韧性的主要因素，设计中在选取材料时应考虑这些因素对材料韧性的影响。

(2)鉴于目前我国钢结构设计规范对材料韧性指标选择仅对承受疲劳作用的构件进行了相关规定，因此，在国内关于材料韧性的设计方法尚未完全成熟前，可以参考欧洲规范或英国规范的规定。

(3)为适应我国钢结构的发展现状，我国规范应尽快补充完善该部分内容。

➡ 资料来源：刘中华等. 钢结构构件断裂韧性指标的选取. 钢结构，2008(11).

4.10 金属材料断裂韧性 K_{IC} 的测定

材料断裂韧性 K_{IC} 的测定，可依 GB/T 4161—2007《金属材料平面应变断裂韧度 K_{IC} 试验方法》进行。在标准中对试样及加工、测试程序、测试结果处理及有效性分析、测试报告等项目均有详细规定，这里仅介绍其主要内容。

4.10.1 试样及其制备

在 GB/T 4161—2007 中规定了四种试样，标准三点弯曲试样、紧凑拉伸试样、C 形拉伸试样和圆形紧凑拉伸试样。常用的三点弯曲和紧凑拉伸两种试样的形状及尺寸如图 4.29所示。其中三点弯曲试样较为简单，故使用较多。

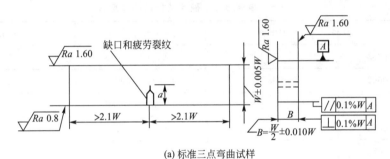

(a) 标准三点弯曲试样

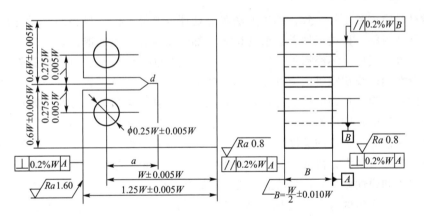

(b) 紧凑拉伸试样

图 4.29 测定 K_{IC} 用的标准试样

由于 K_{IC} 是金属材料在平面应变和小范围屈服条件下裂纹失稳扩展时 K_I 的临界值，因此，测定 K_{IC} 用的试样尺寸必须保证裂纹顶端处于平面应变或小范围屈服状态。

根据计算，平面应变条件下塑性区宽度 $R_0 \approx 0.11(K_{IC}/\sigma_s)^2$（表 4-3），式中 σ_s 为材料在 K_{IC} 试验温度和加载速率下的屈服强度 $R_{0.2}$ 或屈服点 R_{eL}。因此，若将试样在 z 向的厚度 B、在 y 向的宽度 W 与裂纹长度 a 之差（即 $W-a$，称为韧带宽度）和裂纹长度 a 设计成

如下尺寸:

$$\left.\begin{array}{c} B \\ a \\ (W-a) \end{array}\right\} \geqslant 2.5\left(\frac{K_{IC}}{\sigma_y}\right)^2 \qquad (4-30)$$

则因这些尺寸比塑性区宽度 R_0 大一个数量级,因而可保证裂纹顶端处于平面应变和小范围屈服状态。

由式(4-30)可知,在确定试样尺寸时,应预先测试所试材料的 σ_y 值和估计(或参考相近材料的)K_{IC} 值,定出试样的最小厚度 B。然后,再按图 4.28 中试样各尺寸的比例关系,确定试样宽度 W 和长度 L。若材料的 K_{IC} 值无法估算,还可根据该材料的 σ_y/E 的值来确定 B 的大小见表 4-5。

表 4-5　根据 σ_y/E 确定试样最小厚度 B

σ_y/E	B/mm	σ_y/E	B/mm
0.0050~0.0057	75	0.0071~0.0075	32
0.0057~0.0062	63	0.0075~0.0080	25
0.0062~0.0065	50	0.0080~0.0085	20
0.0065~0.0068	44	0.0085~0.0100	12.5
0.0068~0.0071	38	$\geqslant 0.0100$	6.5

试样材料应该和工件一致,加工方法和热处理也要与工件尽量相同。无论是锻造成型试样或者是从板材、棒或工件上截取的试样,都要注意裂纹面的取向,使之尽可能与实际裂纹方向一致。试样毛坯经粗加工后进行热处理和磨削,随后开缺口并预制裂纹。试样上的缺口一般在钼丝线切割机床上开切。为了使引发的疲劳裂纹平直,缺口应尽量尖锐,并应垂直于试样表面和预期的扩展方向,偏差在 $\pm 2°$ 以内。预制裂纹可在高频疲劳试验机上进行。疲劳裂纹的长度应不小于 2.5%W,且不小于 1.5mm。a/W 应控制在 0.45~0.55。疲劳裂纹面应同时与试样的宽度和厚度方向平行,偏差不得大于 10°。在预制疲劳裂纹时,开始的循环应力可稍大,待疲劳裂纹扩展到约占裂纹总长一半时应减小,使其产生的最大应力强度因子和弹性模量之比($K_{I,max}/E$)不大于 0.01mm。此外,$K_{I,max}$ 应不大于 K_{IC} 的 70%。循环应力产生的应力强度因子幅 ΔK_I,一般不小于 $0.9K_{I,max}$,即 $\Delta K_I = (K_{I,max} - K_{I,min}) \geqslant 0.9K_{I,max}$。$K_{I,max}$ 和 $K_{I,min}$ 分别为循环应力中最大应力与最小应力下的应力强度因子。

4.10.2　测试方法

将试样用专用夹持装置安装在一般万能材料试验机上进行断裂试验。对于三点弯曲试样,其试验装置简图如图 4.30 所示。在试验机活动横梁 1 上装上专用支座 2,用辊子支承试样 3,两者保持滚动接触。两支承辊的端头用软弹簧或橡皮筋拉紧,使之紧靠在支座凹槽的边缘上,以保证两辊中心距离为 $S=4W\pm2$。在试验机的压头上装有载荷传感器 4,以测量载荷 P 的大小。在试样缺口两侧跨接夹式引伸仪 5,以测量裂纹张开位移 V。将传感器输出的载荷信号及引申仪输出的裂纹张开位移信号输入到动态应变仪 6 中，将其放大后传送到 $X-Y$ 函数记录仪 7 中。在加载过程中，随载荷 P 增加，裂纹张开位移 V 增大。$X-Y$ 函数记录仪可连续描绘出表明两者关系的 $P-V$ 曲线。根据 $P-V$ 曲线可间接确定裂纹失稳扩展时的载荷 P_Q。

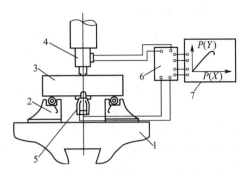

图 4.30　三点弯曲试验装置示意图
1—试验机活动横梁；2—支座；3—试样；
4—载荷传感器；5—夹式引伸仪；
6—动态应变仪；7—X-Y 函数记录仪

由于材料性能及试样尺寸不同，$P-V$ 曲线主要有三种类型，如图 4.31 所示。从 $P-V$ 曲线上确定 P_Q 的方法是，先从原点 O 作一相对直线 OA 部分斜率减少 5% 的割线，以确定裂纹扩展 2% 时相应的载荷 P_S，P_S 是割线与 $P-V$ 曲线交点的纵坐标值。如果在 P_S 以前没有比 P_S 大的高峰载荷，则 $P_Q = P_S$（图 4.31 曲线 Ⅰ）。如果在 P_S 以前有一个高峰载荷，则取此高峰载荷为 P_Q（图 4.31 曲线 Ⅱ 和 Ⅲ）。

试样压断后，用工具显微镜测量试样断口的裂纹长度 a。由于裂纹前缘呈弧形，规定测量 $1/4B$、$1/2B$ 及 $3/4B$ 三处的裂纹长度 a_2、a_3 及 a_4，取其平均值作为裂纹的长度 a（图 4.32）。

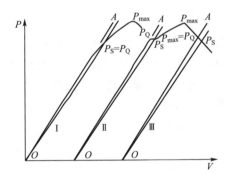

图 4.31　$P-V$ 曲线的三种类型

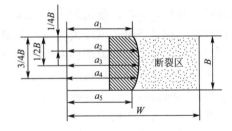

图 4.32　断口裂纹长度 a 的测量

4.10.3　试验结果的处理

三点弯曲试样加载时，裂纹顶端的应力强度因子 K_I 表达式为

$$K_I = \frac{P \cdot S}{BW^{3/2}} \cdot Y_1\left(\frac{a}{W}\right) \tag{4-31}$$

式中，$Y_1(a/W)$ 为与 a/W 有关的函数。

求出 a/W 之值后可查表或由下式求得 $Y_1(a/W)$ 值，即

$$Y_1\left(\frac{a}{W}\right) = \frac{3(a/W)^{1/2}\left[1.99 - (a/W)(1-a/W) \times (2.15 - 3.93)(a/W) + 2.7(a^2/W^2)\right]}{2(-1+2a/W)(1-a/W)^{3/2}}$$

将条件的裂纹失稳扩展的临界载荷 P_Q 及试样断裂后测出的裂纹长度 a 代入式（4-31），即可求出 K_I 的条件值，记为 K_Q。然后再依据下列规定判断 K_Q 是否为平面应变状态下的 K_{IC}，即判断 K_Q 的有效性。

当 K_Q 满足下列条件：

$$\left.\begin{array}{l} P_{max}/P_Q \leqslant 1.10 \\ B \geqslant 2.5(K_Q/\sigma_y)^2 \end{array}\right\} \qquad (4-32)$$

则 $K_Q = K_{IC}$。如果试验结果不满足上述条件，试验结果无效，建议加大试样尺寸重新测定 K_{IC}，试样尺寸至少应为原试样的 1.5 倍。

将另一试样在弹性阶段预加载，并在记录纸上作好初始直线和斜率降低 5% 的割线。然后重新对该试样加载，当 P-V 曲线和 5% 割线相交时，停机卸载。试样经氧化着色或两次疲劳后压断，在断口 $1/4B$、$1/2B$、$3/4B$ 的位置上测量裂纹稳定扩展量 Δa。如果此时裂纹确已有了约 2% 的扩展，则 K_Q 仍可作为 K_{IC} 的有效值。否则试验结果无效，另取厚度为原试样厚度 1.5 倍的标准试样重做试验。

测试 K_{IC} 的误差来源有三：①载荷误差，取决于试验设备的测量精度；②试样几何尺寸的测量误差，取决于量具的精度；③修正系数的误差，取决于预制裂纹前缘的平直度。在一般情况下，修正系数误差对测试 K_{IC} 的误差影响最大。如能保证裂纹长度测量相对误差小于 5%，则 K_{IC} 值最大相对误差不大于 10%。

4.11 弹塑性条件下的断裂韧性

对于不同的材料及机件(或构件)，其裂纹尖端部位塑性区相对尺寸可能不同。高强度钢的塑性区尺寸很小，相对屈服范围也很小，一般属于小范围屈服，可用线弹性断裂力学解决问题。但是对于广泛使用的中、低强度钢来说，因其塑性区较大，与中、小截面尺寸的机件相比，相对屈服范围较大，属大范围屈服，甚至整体屈服，此时，线弹件断裂力学已不适用，从而要求发展弹塑性断裂力学来解决其断裂问题。

由于弹塑性力学分析裂纹问题十分复杂，所以，在分析大范围屈服的半脆性断裂和整体屈服的韧性断裂时，一般是将线弹性原理进行延伸，并在试验基础上提出新的断裂韧性和断裂判据。目前常用的方法有 **J 积分法**和 **COD 法**。前者是由 G_I 延伸出来的一种断裂能量判据；后者是由 K_I 延伸出来的一种断裂应变判据。本节将介绍两种断裂韧性的基本概念，关于它们的测试方法，可查阅国家标准：**GB/T 21143—2007《金属材料准静态断裂韧度的统一试验方法》**。

4.11.1 J 积分

1. J 积分的能量率表达式

如图 4.32 所示，设有两个外形尺寸相同而裂纹略异(一个为 a，另一个为 $a+\Delta a$)的试样，分别在 P 和 $P+\Delta P$ 力的作用下产生相同的位移 δ [图 4.33(a)]。两种情况下的载荷 (P)-位移(δ)曲线分别为 OA 和 OB [图 4.33(b)]。曲线下所包围的面积分别为两试样的形变功 $U_1 = S_{OAC}$，$U_2 = S_{OBC}$。两者之差为 $\Delta U = U_1 - U_2 = S_{OAB}$，即图 4.33(b)中阴影线面积。将 ΔU 除以 $B\Delta a$，并在 $\Delta a \to 0$ 的情况下，就可获得加载到(P，δ)的 J_I 值，即

$$J_I = \lim_{\Delta a \to 0} -\frac{1}{B}\left(\frac{\Delta U}{\Delta a}\right) = -\frac{1}{B}\left(\frac{\partial U}{\partial a}\right)_\delta \qquad (4-33)$$

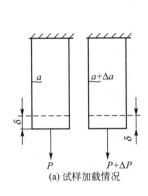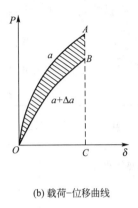

(a)试样加载情况　(b)载荷-位移曲线

图4.33　J积分的形变功差率的意义

若 $B=1$，则

$$J_{\mathrm{I}} = -\left(\frac{\partial U}{\partial a}\right)_{\delta}$$

这便是 J 积分的形变功差率的意义，即 J 积分的能量率表达式。只要测出 OAB 阴影线面积及 Δa，便可计算 J_{I} 值。

但是必须指出，由于塑性变形是不可逆的(加载时与卸载时应力-应变关系不是同一曲线)，因此，求 J_{I} 值时必须是单调加载而不能有卸载现象，而裂纹扩展就意味着有部分区域卸载。所以，在弹塑性条件下，$J_{\mathrm{I}} = -\frac{1}{B}\left(\frac{\partial U}{\partial a}\right)_{\delta}$ 或 $J_{\mathrm{I}} = -\left(\frac{\partial U}{\partial a}\right)_{\delta}$，不能像 G_{I} 那样理解为裂纹扩展单位面积或单位长度时系统势能的释放率，而应当理解为裂纹相差单位长度的两个同等试样，加载到相同位移时势能差值与裂纹面积差值(或长度差值)之比，即所谓的形变功差率。正是这样，通常 J 积分不能处理裂纹的连续扩展问题。其临界值对应点只是开裂点，而不一定是最后失稳断裂点。

2. 断裂韧性 J_{IC} 及断裂 J 判据

J_{I} 作为一个力学参量可以表示裂纹尖端附近应力应变场的强度，那么在平面应变条件下，当外力达到破坏载荷时，即应力应变场的能量达到裂纹开始扩展的临界状态时，J_{I} 积分值也达到相应的临界值 J_{IC}，这个 J_{IC} 也称为断裂韧性，但它表示材料抵抗裂纹开始扩展的能力。其单位与 G_{IC} 相同，也是 MPa·m 或 MJ·m^{-2}。

根据 J_{I} 和 J_{IC} 的相互关系，可以建立以 J_{I} 为准则的断裂判据——J 判据，即

$$J_{\mathrm{I}} \geqslant J_{\mathrm{IC}} \tag{4-34}$$

只要满足式(4-34)，裂纹就会开裂。

实际生产中很少用 J 积分判据来计算裂纹体的承载能力。因为：①各种实用的 J 积分数学表达式并不清楚，即使知道材料的 J_{IC} 值，也无法用来计算；②中、低强度钢的断裂机件(或构件)大多是韧性断裂，裂纹往往有较长的亚稳扩展阶段，J_{IC} 对应的点只是开裂点。用 J 判据分析裂纹扩展的最终断裂，需要建立裂纹亚稳扩展的 R 阻力曲线，即建立用 J 积分表示的裂纹扩展阻力 J_{R} 与裂纹扩展量 a 之间的关系曲线，这种曲线能描述裂纹开裂到亚稳扩展以至失稳断裂的全过程，因此近几年来得到了发展。目前，J 判据及 J_{IC} 的测试目的，主要是期望用小试样测出 J_{IC}，借助式(4-35)间接换算出 K_{IC} 以代替大试样的

K_{IC}，然后再按 K 判据去解决中、低强度钢大型件的断裂问题，即

$$K_{IC} = \sqrt{\frac{E}{1-\nu^2}} \sqrt{J_{IC}}$$

(4-35)

表 4-6 为 K_{IC} 的换算值与实测值的比较，可见两者基本一致。

表 4-6 用 J_{IC} 换算出的 K_{IC} 与实测的 K_{IC} 比较

材 料	状 态	小试样断裂韧度		实测 K_{IC}/
		$J_{IC} \times 10^4/(J/m^2)$	$K_{IC}/(MPa \cdot m^{1/2})$	$(MPa \cdot m^{1/2})$
45 钢	余热淬火 600℃回火	4.25~4.65	96~100	97~105
30CrMoA	—	3.5~4.1	88~94	84~97
14MnMoNbB	900℃淬火 620℃回火	11.0~11.4	155~158	156~167

4.11.2 裂纹尖端张开位移（COD）法

对于大量使用的中、低强度钢的机件(或构件)，如船体和压力容器等，在一定的使用温度和应变速率范围内，曾发生过不少低应力脆断事故。断裂分析表明，这些断裂的断口具有 90% 以上的结晶状特征，而从这些断裂机件上制取的小试样的冲击断口，则具有纤维状特征。这种断口形貌上的差异，显然是应力状态影响的结果。一般含裂纹的大型船板承受多向拉应力，使裂纹尖端的塑性变形受到约束，当应变量达到某一临界值时，材料便发生断裂。因此，应变量也可作为材料断裂判据的一个参量。这就是断裂应变判据的实践基础。但是，这个应变量的数值很小，很难准确测定，因此，有人提出用裂纹尖端的张开位移(COD)来间接表示应变量的大小；用临界张开位移 δ_c 表示材料的断裂韧性，这就是 COD 法。

1. COD 的概念

常见的中、低强度钢由于其塑性较好，裂纹体受载后，在裂纹尖端会产生较大的塑性

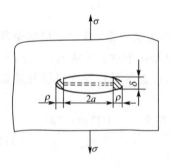

图 4.34 裂纹张开位移

区。如图 4.34 所示，设一无限大板中的 I 型穿透裂纹，在平均应力 σ 作用下，裂纹两端出现塑性区 ρ。裂纹尖端因塑性钝化在不增加长度 $2a$ 的情况下，裂纹将沿 σ 方向产生张开位移 δ，这个 δ 称为 COD(Crack Opening Displacement)。

2. 断裂韧性 δ_c 及断裂 δ 判据

试验表明，对于一定材料和厚度的板材，不论其裂纹尺寸如何，当裂纹张开位移 δ 达到同一临界值 δ_c 时，裂纹就开始扩展。因此，可将 δ 看作一种推动裂纹扩展的动力。临界值 δ_c 也称为材料的断裂韧性，表示材料阻止裂纹开始扩展的能力。它是以裂纹张开位移的极限值来表示的一个参量，实际是塑性区的极限纵向尺寸。δ_c 值越大，说明材料在裂纹尖端区域的塑性储备越大，材料就越不易脆断。对于一定厚度试样，δ_c 只与材料的成分和组织结构有关。

根据 δ 和 δ_c 的相对大小关系，可建立断裂 δ 判据，即

$$\delta \geqslant \delta_c$$

(4-36)

δ 和 δ_c 的单位为 mm。一般钢材的 δ_c 大约为零点几毫米到几毫米。因此在测 δ_c 时必须

采用精密的仪器和精确的测试方法。

δ 判据和 J 判据一样，都是裂纹开始扩展的断裂判据，而不是裂纹失稳扩展的断裂判据，显然，按这种判据来设计金属机件(或构件)是偏于保守的。

3. 线弹性条件下的 COD 表达式

上述 COD 的概念很直观，但作为一个断裂判据来说，还需要知道它同机件(或构件)的工作应力及裂纹尺寸间的定量关系，才能用于构件设计、选材和断裂分析。

假定裂纹由 a 虚拟扩展至 $a+r_y$，即由 O 点扩展至 O' 点。在这种情况下，原裂纹 a 尖端在 O 点的 y 方向张开位移 $\delta=2v$，如图 4.35 所示。

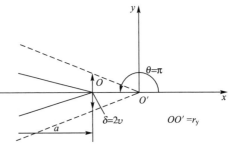

图 4.35 裂纹尖端张开位移

在平面应力条件下，可求得 δ 值为

$$\delta = 2v = \frac{4K_{\mathrm{I}}^2}{\pi E R_{\mathrm{eL}}}$$

对于 I 型穿透裂纹，$K_{\mathrm{I}} = \sigma\sqrt{\pi a}$，则

$$\delta = \frac{4\sigma^2 a}{E R_{\mathrm{eL}}} \tag{4-37}$$

在临界条件下为

$$\delta_{\mathrm{c}} = \frac{4\sigma_{\mathrm{c}}^2 a_{\mathrm{c}}}{E R_{\mathrm{eL}}} \tag{4-38}$$

这样用式(4-38)就可对小范围屈服的机件(或构件)进行断裂分析和破损安全设计。

4. 弹塑性条件下的 COD 表达式

一般，式(4-38)只适用于 $\sigma \leqslant 0.6 R_{\mathrm{eL}}$ 的情况，不适用于大范围屈服。达格代尔(Dugdale)研究了薄板 I 型裂纹尖端的塑性变形，建立了带状屈服模型(又称 D-M 模型)，将应力场分析进行延伸，导出了弹塑性条件下的 COD 表达式。

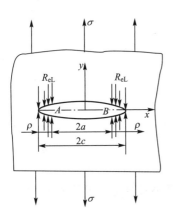

图 4.36 带状屈服模型

如图 4.36 所示，设理想塑性材料的无限大薄板中有长度为 $2a$ 的 I 型穿透裂纹，在远处作用有平均应力 σ，裂纹尖端的塑性区 ρ 呈尖劈型。假定沿 x 轴将塑性区割开，使裂纹长度由 $2a$ 变为 $2c$。但在割面上、下方代之以应力 R_{eL}，以阻止裂纹张开。于是该模型就变为在 (a, c) 和 $(-a, -c)$ 区间作用有 R_{eL}，在无限远处作用有均匀 σ 的线弹性问题。通过计算得到 A、B 两点的裂纹张开位移为

$$\delta = \frac{8}{\pi E} R_{\mathrm{eL}} a \ln\sec\frac{\pi\sigma}{2R_{\mathrm{eL}}} \tag{4-39}$$

将式(4-39)用级数展开得

$$\delta = \frac{8R_{\mathrm{eL}}a}{\pi E}\left[\frac{1}{2}\left(\frac{\pi\sigma}{2R_{\mathrm{eL}}}\right)^2 + \frac{1}{12}\left(\frac{\pi\sigma}{2R_{\mathrm{eL}}}\right)^4 + \frac{1}{45}\left(\frac{\pi\sigma}{2R_{\mathrm{eL}}}\right)^6 + \cdots\right]$$

因为 $\frac{\sigma}{R_{\mathrm{eL}}} < 1$，所以 $\frac{\pi\sigma}{2R_{\mathrm{eL}}}$ 高次方项很小，可以忽略，只取第一项得

$$\delta = \frac{\pi\sigma^2 a}{ER_{\mathrm{eL}}} \tag{4-40}$$

在临界条件下为

$$\delta_{\mathrm{c}} = \frac{\pi\sigma_{\mathrm{c}}^2 a_{\mathrm{c}}}{ER_{\mathrm{eL}}} \tag{4-41}$$

式(4-41)将外加应力 σ、裂纹尺寸 a 及材料性质 E、R_{eL} 同 δ_{c} 的关系定量地联系起来了，根据这个关系可对中、低强度钢板、压力容器等进行设计、选材和断裂分析。

应该指出，Dugdale 在提出上述模型时，做了很多简化，与实际情况有一定出入，尤其在整体屈服时差别更大。此外，其他复杂裂纹的 COD 表达式还没有解决。因此 δ 判据作为一个完整的断裂判据来说，还需要做更多的工作。

4.12　陶瓷材料的断裂韧性与增韧途径

4.12.1　陶瓷材料的断裂韧性

陶瓷材料和金属材料的抗拉屈服强度并不存在很大差异，但是反映材料裂纹扩展抗力的断裂韧性值 K_{IC} 差别甚大。陶瓷材料在室温下甚至在 $T/T_{\mathrm{m}} \leqslant 0.5$ 的温度范围很难产生塑性变形，因此其断裂方式为脆性断裂，所以陶瓷材料的裂纹敏感性很强。基于陶瓷的这种特性可知，断裂力学性能是评价陶瓷材料力学性能的重要指标，同时也正是由于这种特性，其断裂行为非常适合于用线弹性断裂力学来描述。最普遍用来评价陶瓷材料韧性的断裂力学参数就是断裂韧性(K_{IC})。

在裂纹尖端的应力集中用应力强度因子 K_{I}、K_{II} 和 K_{III} 表示。脚注指使用的负荷相对裂纹位置的方向。

Ⅰ型是陶瓷材料最常遇到的情况。Ⅰ型裂纹应力强度因子的一般表达式为

$$K_{\mathrm{I}} = Y\sigma\sqrt{a} \tag{4-42}$$

式中，Y 为裂纹形状系数，是一无量纲量，一般 $Y = 1\sim2$。

对于某一裂纹而言，如果应力强度因子确定，则裂纹尖端附近的应力、应变及位移等都随之而定，即用应力强度因子可以描述裂纹尖端附近的力学环境。

各种材料的临界应力强度 K_{IC} 的经验数据业已获得。临界应力强度因子就是裂纹将会扩展并导致断裂的应力强度因子。它也称为断裂韧性，可看做材料的一种基本性能。断裂韧性越高，引起裂纹和裂纹扩展越困难。陶瓷材料的断裂韧性 K_{IC} 与比表面能 γ_{s} 及弹性模量 E 之间的关系为

$$K_{\mathrm{IC}} = (2E\gamma_{\mathrm{s}})^{1/2} \tag{4-43}$$

同样对于Ⅱ型及Ⅲ型裂纹可以定义相应的断裂韧性为 K_{IIc} 和 K_{IIIc}。

4.12.2　陶瓷材料断裂韧性的测定

测定陶瓷断裂韧性 K_{IC} 的原理与测定金属 K_{IC} 的原理相同，而且在技术上还比较方便。

例如，测定陶瓷材料断裂韧性 K_{IC} 的时候，其尺寸可以很小即能满足平面应变的要求，主要是因为厚度方向拉应力无法通过该方向的塑性变形而松弛；其次，含裂纹的陶瓷试件，在断裂前不发生或极少发生亚临界裂纹扩展，因而将断裂荷载代入相应的 K_{IC} 表达式，即可求得 K_{IC} 的值。

目前国内外测定陶瓷材料断裂韧性的方法尚无统一标准。常用的方法有单边切口梁法、山形切口法、压痕法、双扭法和双悬臂梁法。这里只简要介绍前三种测定方法。

1. 单边切口梁法

单边切口梁法(Single Edge Notched Beam)，又称 SENB 法，该法所用试样如图 4.37

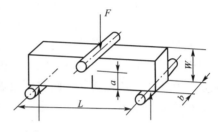

所示。试样一侧的裂纹长度 a，并非是预制裂纹尺寸，而是用薄片金刚石砂轮加工的切口(宽度小于0.2mm)深度。陶瓷试样厚度易满足平面应变条件。通常，截面尺寸 $W \times b = 5mm \times 5mm$（$5mm \times 2.5mm$）；切口深度 a 为 $1W/10W$、$1W/4W$、$1W/2W$；三点弯曲跨距 $L = 20 \sim 40mm$；加载速率为0.05mm/min。

当 $L/W = 4$ 时，应力强度因子 K_I 的表达式为

图 4.37　单边切口梁试样及加载方式

$$K_I = Y \frac{3FL}{2bW^2} \sqrt{a} \tag{4-44}$$

式中，$Y = 1.93 - 3.07\left(\dfrac{a}{W}\right) + 13.66\left(\dfrac{a}{W}\right)^2 - 23.98\left(\dfrac{a}{W}\right)^3 + 25.22\left(\dfrac{a}{W}\right)^4$。

SENB 法适用于在高温和各种介质条件下测定 K_{IC}，优点是数据分散性小，重现性较好，试样加工和测定方法比较简单。这是目前广泛采用的一种方法；其缺点是测定的 K_{IC} 值受切口宽度影响较大，切口宽度增加，K_{IC} 增大，误差也随之增大。若能将切口宽度控制在 0.05mm 以下，或在切口顶端预制一定长度的裂纹，则可望提高 K_{IC} 值的准确性。

2. 山形切口法

山形切口法(Chevron Notch)，又称 CN 法，因加载方式和试样形状不同又可分为山形切口梁法和短棒法(图 4.38)。

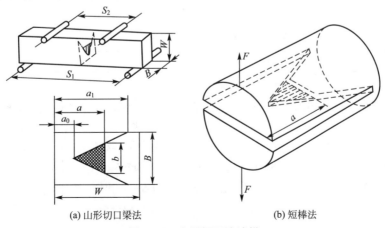

(a) 山形切口梁法　　　　　　(b) 短棒法

图 4.38　山形切口法试样

陶瓷是脆性材料，弯曲或拉伸加载时，裂纹一旦产生，极易失稳断裂。山形切口法中切口剩余部分的截面为三角形，其顶点处存在应力集中，易在较低载荷下产生裂纹，故不需要预制裂纹。当试验参数恰当时，这种方法能产生裂纹稳定扩展，直至断裂。试验表明，山形切口法切口宽度对 K_{IC} 值影响较小，测定值误差较小，也适用于高温和在各种介质中测定 K_{IC} 值。山形切口法可靠简便，但试样加工困难，且需专用夹具。

3. 压痕法

压痕法是用维氏或显微硬度压头，压入抛光的陶瓷试样表面，在压痕对角线延长方向出现四条裂纹，测定裂纹长度，根据载荷与裂纹长度的关系，求得 K_{Ic} 值。压入维氏硬度压头的载荷常用 29.4N，使压痕对角线裂纹长度在 $100\mu m$ 左右。裂纹为半椭圆形或半圆形。压痕法的优点是测试方便，可以用很小试样进行多点韧性测试，但此法只对能产生良好压痕裂纹的材料才有效。由于裂纹的产生主要是残余应力的作用，而残余应力又起因于压痕周围塑性区与弹性基体不匹配。因此，这种方法不允许压头下部材料在加载过程中产生相变或体积致密化现象，同时压痕表面也不能有碎裂现象。

韧性好的金属陶瓷产生半椭圆形表面裂纹，K_{IC} 值按下列公式计算，即

$$\left(\frac{K_{IC}}{HVa^{1/2}}\right)\left(\frac{HV}{E}\right)^{2/5}=0.018\left(\frac{c}{a}\right)^{-1/2} \qquad (4-45)$$

式中，a 为压痕对角线半长；C 为表面裂纹半长；HV 为硬度。

韧性差的陶瓷产生半圆形表面裂纹，K_{IC} 值按下式计算，即

$$\frac{K_{IC}}{HVa^{1/2}}=0.203\left(\frac{c}{a}\right)^{-3/2} \qquad (4-46)$$

压痕法通常用于对陶瓷材料韧性的相对评价，因压痕周围应力状态复杂，有可能出现 K_{II}、K_{III} 混杂的情况；此外，表面质量、加载速率、载荷保持时间、卸载后的测量时间等因素对裂纹长度均有影响，因此，测定 K_{IC} 值的误差较大。

4.12.3 陶瓷材料的增韧途径

金属材料断裂要吸收大量的塑性变形能，而塑性变形能要比表面能大几个数量级，所以陶瓷材料的断裂韧性比金属材料的要低 $1\sim2$ 个数量级，最高达到 $12\sim15MPa\cdot m^{1/2}$，低者仅有 $2\sim3MPa\cdot m^{1/2}$。表 4-7 给出一些陶瓷材料的断裂韧性值，并附常用金属材料的断裂韧性以作对比。

表 4-7 几种材料的室温断裂韧性值

材料	$K_{Ic}/(MPa\cdot m^{1/2})$	材料	$K_{Ic}/(MPa\cdot m^{1/2})$
Al_2O_3	$4\sim4.5$	SiAlON	$5\sim7$
$Al_2O_3-ZrO_2$	$4\sim4.5$	SiC	$3.5\sim6$
ZrO_2	$1\sim2$	B_4C	$5\sim6$
$ZrO_2-Y_2O_3$	$6\sim15$	马氏体时效钢	100
ZrO_2-CaO	$8\sim10$	Ni-Cr-Mo 钢	45
ZrO_2-MgO	$5\sim6$	Ti6Al4V 钢	40
ZrO_2-CeO_2	~35	7075 铝合金	50
Si_3N_4	$5\sim6$	—	—

由表 4 - 7 可见，金属材料的 K_{IC} 值比陶瓷的高一个数量级。要考虑使陶瓷材料的特长得到充分发挥，扩大在实际中的应用，就必须想办法大幅度提高和改善陶瓷的韧性。陶瓷材料的增韧一直是材料科学界研究的热点之一。

通常，金属材料强度提高，塑性往往下降，断裂韧性也随之降低。陶瓷材料强度与断裂韧性变化关系与金属材料相反，随陶瓷强度水平提高，其 K_{IC} 值也随之增大，所以陶瓷材料的增韧常常与增强联系在一起。

陶瓷增韧有多种途径，现简要介绍其中三种。

1. 改善陶瓷显微结构

使材料达到细、密、匀、纯，是陶瓷材料增韧增强的有效途径之一。例如，用热压法制备 Si_3N_4 陶瓷，密度接近理论值，且晶粒细化，K_{IC} 值达到 $7.05 MPa \cdot m^{1/2}$，断裂强度也显著增加。

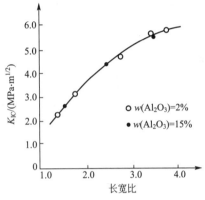

晶粒形状也影响陶瓷的韧性。晶粒长宽比增大，K_{IC} 增加。图 4.39 所示为添加 Al_2O_3 的无压烧结 SiC 中 β - SiC 晶粒的平均长宽比与断裂韧性 K_{IC} 的关系。可见，当晶粒长宽比从 1.4 增加到 3.8 时，K_{IC} 值增加 2.6 倍。若晶粒为柱状晶，增韧效果更好。

图 4.39　山形切口法试样

2. 相变增韧

相变增韧方法是 ZrO_2 陶瓷的典型增韧机理，它是通过四方相转变成单斜相来实现的。ZrO_2 陶瓷有三种晶型，从高温冷至室温时将发生如下转变：

$$c - ZrO_2(立方相) \underset{2370℃}{\longleftrightarrow} t - ZrO_2(四方相) \underset{1170℃}{\longleftrightarrow} m - ZrO_2(单斜相)$$

$t - ZrO_2$ 转变为 $m - ZrO_2$ 属于马氏体相变，相变时伴有 $4\% \sim 5\%$ 体积膨胀。在制备 ZrO_2 陶瓷时，若加入少量稳定剂，如 Y_2O_3、CaO、MgO、CeO 等，并且 ZrO_2 粒子尺寸达到一定大小，则可将 $t - ZrO_2 \rightarrow m - ZrO_2$ 相变点 M_s 降到室温以下。在外力作用下，诱发亚稳 $t - ZrO_2$ 转变为 $m - ZrO_2$，消耗一部分外加能量，使材料增韧。例如，热压烧结含钇四方氧化锆多晶体（Y - TZP），K_{IC} 可达 $15.3 MPa \cdot m^{1/2}$；氧化锆增韧氧化铝陶瓷（ZTA），K_{IC} 可达 $15 MPa \cdot m^{1/2}$；热压烧结 Si_3N_4，当其中 ZrO_2 体积分数为 $20\% \sim 25\%$ 时，K_{IC} 值提高到 $8.5 MPa \cdot m^{1/2}$。

相变增韧受使用温度限制，当温度超过 800℃ 时，$t - ZrO_2$ 由亚稳态变成稳定态，$t - ZrO_2 \rightarrow m - ZrO_2$ 相变不再发生，故相变增韧失去作用。

3. 微裂纹增韧

陶瓷材料中的微裂纹是相变体积膨胀（如 $t - ZrO_2 \rightarrow m - ZrO_2$ 相变）时产生的，或是由于温度变化基体相与分散相之间热膨胀性能不同所引起的，还可能是材料中原本已经存在的。当主裂纹扩展遇到这些微裂纹时会发生分叉转向前进（图 4.40），增加扩展过程中的表面能；同时，主裂纹尖端应力集中被松弛，致使扩展速度减慢。这些因素都使材料韧性增加。

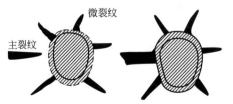

图 4.40　微裂纹增韧机理示意图

木材的断裂韧性

木材是一种天然材料，具有明显的正交各向异性的弹性性质，并在某种受载形式下表现出近似的脆性。同时，木材又是高度变异性的材料，强度不仅受其构造特征、化学成分的影响，木材在生长过程中和加工过程中形成的缺陷如节子、裂纹对其也有重大影响。可见，强度预测不仅与缺陷的类型有关，而且和其降低机理有关。为了充分利用木材，尤其在建筑设计时，对木材强度的预测是非常重要的。自 Atack el. al. (1961) 和 Porter(1964)首次将线弹性断裂力学应用到木材强度的分析中，断裂力学概念越来越多地应用到实际问题中如切削加工问题，也应用到构件尺寸、安全性评估和胶结的机械性质中去(Stanzl-Tschegg, Tan and Tschegg, 1995)。木材的断裂韧性已成为木材及木质复合材料的一个重要性能，它对评价木材质量、安全设计、改进加工工艺都有相当重要的意义。

木材断裂韧性测试可参照美国标准和国家标准中对金属材料的平面应变断裂韧性的测试原理设计成紧凑拉伸CT试样和WOL试样，为检验数据的可靠性，同时采用能量法中的柔度法，设计成双悬臂梁DCB试样，由应变能释放率G_{IC}确定断裂韧性K_{IC}。木材的断裂韧性是材料基本性质，测试方法、裂纹体的几何形状、尺寸对它无显著影响。在测试时，为保证满足平面应变状态和测定值的稳定性，试件厚度推荐值为20～30mm（视木材年轮宽窄）。

含顺纹理裂纹的木材断裂韧性的测定可选用紧凑拉伸试样(CT、WOL)或柔度法的DCB试样。柔度法是一种基于能量原理的实验标定方法，仅与材料的基本性质有关，它的测定值是真实可信的，但实验要求较高。研究证明三种试样所测结果非常接近，建议推荐使用CT试样。

➡ 资料来源：http://www.woodscience.cn/.

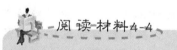

炸药断裂韧性的测试方法

炸药成形过程中不可避免地产生微缺陷，而在储存过程中又将受到热应力、预紧力等应力的作用，微缺陷有可能逐渐发展成为裂纹，裂纹的扩展导致炸药在低应力下发生破裂，这时传统的强度理论已经不再适用，必须采用断裂力学理论来分析，而断裂韧性K_{IC}是反应材料阻止裂纹扩展能力的特性常数。

炸药断裂韧性K_{IC}的测试参照金属材料断裂韧性K_{IC}值的测试标准进行。受力方式采用三点弯曲方法，炸药种类涉及 JB-03、JO-59、JB-14。裂纹预制深度包括：3.6mm、4.5mm、5.4mm，最后参与断裂韧性计算的裂纹深度a由显微工具测读。样品经过三点弯曲试验后，采集数据并处理得到"负荷-裂纹张口位移"曲线，从该曲线可得条件载荷P_Q和最大载荷P_M，且

$$K_{IC}=0.31P_QSY_1(a/W)/(b_w^{3/2})$$

$$Y_1(a/W)=[1.88+0.75(a/W-0.50)^2]\sec[(\pi a)/(2W)]\tan[(\pi a)/(2W)]$$

式中，S 为三点弯曲试验中的跨距；b 为试样的厚度，W 为试样的宽度。

试验条件：①试验温度15℃；②试验速度0.5mm/min；③载荷传感器5～500N；④位移传感器为夹式引伸计(使用量程0.05mm)。试验测得 JB-03、JO-59、JB-14 三种炸药 K_{IC} 值分别为(0.24 ± 0.01)MPa·m$^{1/2}$、(0.17 ± 0.01)MPa·m$^{1/2}$、(0.37 ± 0.01)MPa·m$^{1/2}$。

从试验结果可以总结出这三种材料抗裂纹扩展能力的大小，JB-14 相对最好，JB-03 和 JOB-59 相近，不过 JOB-9 相对更小。这和该三种材料的延伸率、蠕变等力学性能基本一致。JB-03、JO-59、JB-14 的延伸率分别为 0.15、0.07、0.05。在相近条件下，JB-9014 的蠕变断裂寿命比 JB-03 与 JO-59 均长，因此，使用断裂韧性 K_{IC} 值可以较好地反映炸药抗裂纹扩展的能力。

▶ 资料来源：温茂萍等. 炸药断裂韧性的测试方法. 中国工程物理研究院科技年报，1998.

小　结

本章介绍了断裂韧性的建立原理、物理意义、影响因素、测试方法和实际应用等内容。

断裂力学是研究带裂纹体的力学，它给出含裂纹体的断裂判据，并提出一个材料固有性能的指标——断裂韧性，用它来比较各种材料的抗断能力。用断裂力学建立起的断裂判据，能真正用于设计上，它能告诉我们，在给定裂纹尺寸和形状时，究竟允许多大的工作应力才不致发生脆断；反之，当工作应力确定后，可根据断裂判据确定构件内部在不发生脆断的前提下所允许的最大裂纹尺寸。

对于脆性断裂来说，由线弹性断裂力学建立了两个断裂判据：一个是 $G_I\geqslant G_{IC}$，另一个是 $K_I\geqslant K_{IC}$。前者是从能量平衡的观点来讨论断裂，而后者则是从裂纹尖端应力场的角度来讨论断裂的。对于韧性断裂来说，由 J 积分法和 COD 法建立了两个断裂判据：$J_I\geqslant J_{IC}$、$\delta\geqslant\delta_c$。其中，J_I 是裂纹尖端附近的能量线积分，δ 是板状穿透裂纹尖端轴向张开位移；J_{IC} 是裂纹开始扩展时 J_I 的临界值，δ_c 是裂纹开始扩展时 δ 的临界值，它们都表示材料阻止裂纹开始扩展的能力，也都称为断裂韧性。

断裂韧性是在一定外界条件下材料阻止裂纹扩展的韧性指标，其大小将决定机件的承载能力和脆断倾向。一般希望其值越大越好。因此，从材料角度出发，往往通过改变化学成分和组织结构来提高断裂韧性。由于断裂韧性和其他力学性能指标一样都是材料的固有性能。所以其间必然存在相互联系，但是它们的关系很复杂。目前已提出一些经验公式来说明它们的关系。由此可以根据控制强度和塑性的冶金因素影响规律，去改变材料的断裂韧性。凡是能提高材料强度和塑性的因素都能提高断裂韧性。

陶瓷是一种脆性材料，通常采用 K_{IC} 评价陶瓷材料的断裂韧性，陶瓷材料的 K_{IC} 测试原理与金属材料 K_{IC} 测试原理相同，但陶瓷材料的断裂韧性比金属材料低 1～2 个数量级。

材料力学性能(第2版)

复习思考题

1. 解释下列名词:

(1)低应力脆断；(2)Ⅰ型裂纹；(3)应力强度因子 K_I；(4)裂纹扩展 K 判据；(5)裂纹扩展 G 判据；(6)J 积分；(7)裂纹扩展 J 判据；(8)COD；(9)COD 判据。

2. 说明下列断裂韧性指标的意义及其相互关系:

(1)K_{IC} 和 K_c；(2)G_{IC}；(3)J_{IC}；(4)δ_c。

3. 试分析能量断裂判据与应力断裂判据之间的联系。

4. 试述低应力脆断的原因及防止办法。

5. 试述应力强度因子的意义及典型裂纹 K_I 的表达式。

6. 试述 K 判据的意义及用途。

7. 试用 Griffith 模型推导 G_I 和 G 判据。

8. 试述裂纹尖端塑性区产生的原因及其影响因素。

9. 试述塑性区对 K_I 的影响及 K_I 的修正方法和结果。

10. 简述 J 积分的意义及其表达式。

11. 简述 COD 的意义及其表达式。

12. 试述 K_{IC} 的测试原理及其对试样的基本要求。

13. 试述 K_{IC} 与材料强度、塑性之间的关系。

14. 试述 K_{IC} 和 A_{KV} 的异同及其相互之间的关系。

15. 试述影响 K_{IC} 的冶金因素。

16. 简述陶瓷材料的断裂韧性与金属材料的断裂韧性有什么不同?

17. 测定陶瓷材料的断裂韧性可以采用哪几种方法?

18. 为什么要对陶瓷材料进行增韧? 主要途径有哪些?

19. 某一薄板物体内部存在一条长 3mm 的裂纹,且 $a_0=3\times10^{-8}$cm,试求脆性断裂时的断裂应力。(设 $\sigma_m=0.1$MPa,$E=2\times10^{-5}$MPa,$\sigma_c=504$MPa。)

20. 有一材料 $E=2\times10^5$MPa,$\gamma_s=8$J/m²。试计算在 70MPa 的拉应力作用下,该材料中能扩展的裂纹的最小长度。

21. 有一大型板件,材料的 $R_{0.2}=1200$MPa,$K_{IC}=115$MPa·m$^{1/2}$,探伤发现有 20mm 长的横向穿透裂纹,若在平均轴向拉应力 900MPa 下工作,试计算 K_I 及塑性区宽度 R_0,并判断该件是否安全。

22. 有一轴件平均轴向工作应力 150MPa,使用中发生横向疲劳脆性断裂,断口分析表明有 25mm 深的表面半椭圆疲劳区,根据裂纹 a/c 可以确定 $\Phi=1$,测试材料的 $R_{0.2}=720$MPa,试估算材料的断裂韧性 K_{IC} 是多少?

23. 有一构件制造时,出现表面半椭圆裂纹,若 $a=1$mm,在工作应力 $\sigma=1000$MPa 下工作,应该选什么材料的 $R_{0.2}$ 与 K_{IC} 配合比较合适? 构件材料经不同热处理后,其 $R_{0.2}$ 和 K_{IC} 的变化见表 4-8。

表 4-8 习题 23 表

$R_{0.2}$/MPa	1100	1200	1300	1400	1500
K_{IC}/(MPa·m$^{1/2}$)	110	95	75	60	55

第5章
材料在变动载荷下的力学性能

本章知识框架

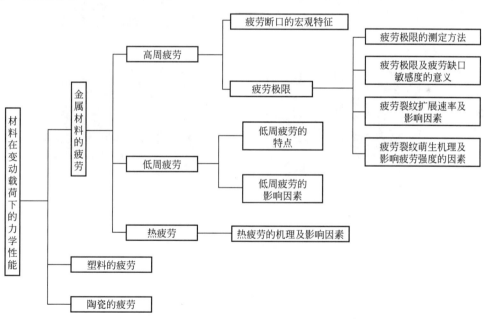

本章教学目标与要求

1. 掌握金属疲劳的现象及特点。
2. 掌握疲劳曲线的测定方法、高周疲劳断裂的过程和机理及影响疲劳强度的主要因素。
3. 了解有关低周疲劳、热疲劳的概念及特点。
4. 熟悉聚合物材料、陶瓷材料疲劳的特点。

导入案例

2005 年 6 月，航天用某型涡轮泵高温合金转子叶片在试验过程中发生断裂。该型叶片共需进行 21 次相关试验，每次试验时间为 80s，到该叶片发生断裂时共进行了 14 次试验，即该转子叶片工作时间为 1120s，转子工作转速为 130000r/min。该型转子共有 40 个叶片，此次全部发生断裂，如图 5.1 所示。叶片材料为 GH4141 高温合金，生产工艺为：1065~1080℃固溶处理→空冷→760℃时效→空冷→模锻成型→机加工。通过对转子叶片的断口进行宏、微观观察，并对其金相组织及显微硬度进行检查，结果表明，涡轮泵事故发生的主要原因是部分转子叶片发生了疲劳断裂，转子叶片断裂性质属于大应力作用下的疲劳断裂，转子叶片发生疲劳断裂的主要原因在于叶片根部表面的加工痕迹较深。

【疲劳引起事故案例】

(a)转子外观形貌

(b)转子断裂外观

(c)断口疲劳区低倍形貌

(d)断口的疲劳条带

图 5.1　导入案例图

工程中很多机件和构件都是在变动载荷下工作的，如曲轴、连杆、齿轮、弹簧、辊子、叶片及桥梁等，其失效形式主要是疲劳断裂。所谓疲劳是指机件和构件在服役过程中，由于承受变动载荷而导致裂纹萌生和扩展以至断裂失效的全过程。例如，大多数轴类零件，通常受到的交变应力为对称循环应力，这种应力可以是弯曲应力、扭转应力或者是两者的复合。如火车的车轴，是弯曲疲劳的典型；汽车的传动轴、后桥半轴主要是承受扭转疲劳；柴油机曲轴和汽轮机主轴则是弯曲和扭转疲劳的复合。再如齿轮在啮合过程中，所受的载荷在零到某一极大值之间变化，而气缸盖螺栓则处在大拉小拉的状态中，这类情况叫做拉-拉疲劳；连杆不同于螺栓，始终处在小拉大压的负荷中，这类情况叫做拉-压疲劳。据统计，疲劳破坏在整个失效件中约占 80%，极易造成人身事故和经济损失，危害性极大。因此，工程技术界对其极为重视，从力学设计、材料及工艺方面开展疲劳研究，寻求有效对策，至今已有百余年的历史，取得了很大进展，成为材料强度科学领域中的一个重要组成部分。

本章从材料科学角度研究金属疲劳的一般规律、疲劳破坏过程及机理、疲劳力学性能及其影响因素等，对聚合物及陶瓷材料的疲劳也做简要介绍，以便为评定工程材料的疲劳抗力，进而为工程结构部件的抗疲劳设计、评估构件的疲劳寿命以及寻求改善工程材料的疲劳抗力的途径等提供基础知识。

5.1　金属疲劳现象及特点

疲劳载荷有各种类型，但它们都有以下一些共同的特点。

（1）断裂时并无明显的宏观塑性变形，断裂前没有明显的预兆，而是突然地破坏。即使一个在静载下有大量塑性变形的塑性材料，在疲劳载荷下也显示出类似脆断的宏观特征。但是疲劳断裂和脆断不同，从宏观断口上可以看出疲劳裂纹缓慢扩展的过程，呈现贝壳状条痕，而从微观的电子断口金相中可以看出疲劳裂纹尖端有明显的塑性变形以及裂纹每周扩展的距离。它常常有清楚的疲劳条纹而不呈现脆断时所特有的河流花样、舌状等结构。

（2）引起疲劳断裂的应力很低，常常低于静载时的屈服强度。这是因为疲劳破坏是从局部薄弱区域开始的，这些区域的应力集中很高，这可能是由于缺口、沟槽或零件的几何形状而造成的应力集中，或者是由于材料的内部缺陷而造成。疲劳裂纹在局部地区形成后，经过很多周次的循环，逐渐扩展到剩余的截面，不再能承受该载荷时便突然断裂。

（3）疲劳破坏能清楚地显示出裂纹的萌生、扩展和最后断裂三个组成部分。虽然其他加载方式如静载、冲击载荷引起的破坏，从断裂的物理过程来说，也有裂纹的萌生、发展，直至最后断裂，但在力学测试上尚存在一定困难。或者虽然可以区分萌生与扩展两个阶段，但不能定量地计算其对寿命的贡献。而现今的疲劳测试技术则已能揭示疲劳裂纹扩展的不同阶段。伴随着断裂力学的引入，在零件设计时，已经可以对疲劳寿命进行预测。

5.1.1　变动载荷和循环应力

1. 变动载荷

变动载荷是引起疲劳破坏的外力，它是指载荷大小甚至方向均随时间变化的载荷，其在单位面积上的平均值为变动应力。变动应力可分为规则周期变动应力（也称循环应力）和无规则随机变动应力两种。这些应力可用应力-时间曲线表示，如图5.2所示。

生产中机件正常工作时，其变动应力多为循环应力，而且实验室也容易模拟，所以研究较多。

2. 循环应力

循环应力的波形有正弦波、矩形波和三角形波等，其中常见者为正弦波，如图5.3所示。

循环应力可用下列几个变量来表示：

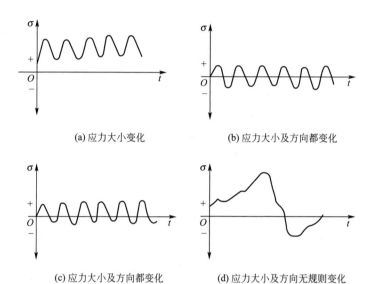

(a) 应力大小变化　　　　　　　　　　　(b) 应力大小及方向都变化

(c) 应力大小及方向都变化　　　　　　　(d) 应力大小及方向无规则变化

图 5.2　变动应力示意图

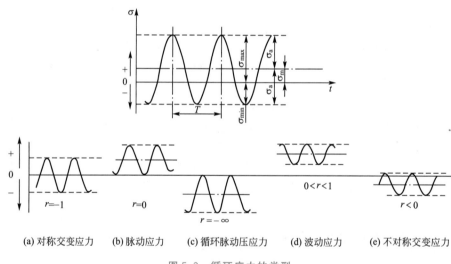

(a) 对称交变应力　(b) 脉动应力　(c) 循环脉动压应力　(d) 波动应力　(e) 不对称交变应力

图 5.3　循环应力的类型

最大应力为 $\sigma_{\max}$；

最小应力为 $\sigma_{\min}$；

平均应力为 σ_{m}，$\sigma_{\mathrm{m}} = \dfrac{1}{2}(\sigma_{\max} + \sigma_{\min})$；

应力幅为 σ_{a}，$\sigma_{\mathrm{a}} = \dfrac{1}{2}(\sigma_{\max} - \sigma_{\min})$；

应力比为 r，$r = \dfrac{\sigma_{\min}}{\sigma_{\max}}$。

常见的循环应力有以下几种。

(1) 对称交变应力：如图 5.3(a)所示，$\sigma_{\mathrm{m}} = 0$，$r = -1$。大多数旋转轴类零件的循环

应力就是这种情况，如火车轴的弯曲对称交变应力、曲轴的扭转交变应力等。

(2) 脉动应力：如图 5.3(b) 所示，$\sigma_m = \sigma_a > 0$，$r = 0$，如齿轮齿根的循环弯曲应力；轴承应力则为循环脉动压应力，$\sigma_m = \sigma_a < 0$，$r = -\infty$，如图 5.3(c) 所示。

(3) 波动应力：如图 5.3(d) 所示，$\sigma_m > \sigma_a$，$0 < r < 1$，如发动机气缸盖螺栓的循环应力。

(4) 不对称交变应力：如图 5.3(e) 所示，$-1 < r < 0$，如发动机连杆的循环应力。

需要说明，在实际生产中的变动应力往往是无规则随机变动的，如汽车、拖拉机和飞机的零件在运行工作时因道路或云层的变化，其变动应力即呈随机变化。

5.1.2 疲劳现象及特点

1. 疲劳的分类

金属机件或构件在变动应力和应变长期作用下，由于累积损伤而引起的断裂现象称为疲劳。

疲劳可以按不同方法进行分类：按照应力状态不同可分为弯曲疲劳、扭转疲劳、拉压疲劳及复合疲劳；按照环境和接触情况不同，可分为大气疲劳、腐蚀疲劳、高温疲劳、热疲劳、接触疲劳等；按照断裂寿命和应力高低不同，可分为高周疲劳和低周疲劳，这是最基本的分类方法。高周疲劳的断裂寿命较长（$N_f > 10^5$ 周次），断裂应力水平较低（$\sigma < R_{eL}$），也称低应力疲劳，一般常见的疲劳多属于这类疲劳。低周疲劳的断裂寿命较短（$N_f = 10^2 \sim 10^5$ 周次），断裂应力水平较高（$\sigma \geq R_{eL}$），往往有塑性应变发生，也称高应力疲劳或应变疲劳。

2. 疲劳的特点

疲劳断裂与静载荷或一次冲击加载断裂相比，具有以下特点。

(1) 疲劳是低应力循环延时断裂，即具有寿命的断裂。其断裂应力水平往往低于材料抗拉强度，甚至低于屈服强度。断裂寿命随应力不同而变化，应力高寿命短，应力低寿命长。当应力低于某一临界值时，寿命可达无限长。

(2) 疲劳是脆性断裂。由于一般疲劳的应力水平比屈服强度低，所以不论是韧性材料还是脆性材料，在疲劳断裂前均不会发生塑性变形及有形变预兆，它是在长期累积损伤过程中经裂纹萌生和缓慢亚稳扩展到临界尺寸 a_c 时才突然发生的。因此，疲劳是一种潜在的突发性脆性断裂。

(3) 疲劳对缺陷（缺口、裂纹及组织缺陷）十分敏感。由于疲劳破坏是从局部开始的，所以它对缺陷具有高度的选择性。缺口和裂纹因应力集中而增大对材料的损伤作用；组织缺陷（夹杂、疏松、白点、脱碳等）降低材料的局部强度，所以三者都加快疲劳破坏的开始和发展。

5.1.3 疲劳宏观断口特征

疲劳断裂和其他断裂一样，其断口也保留了整个断裂过程的所有痕迹，记载着很多断裂信息，具有明显的形貌特征。这些特征受材料性质、应力状态、应力大小及环境等因素的影响，因此疲劳断口分析是研究疲劳过程和分析疲劳断裂原因的重要方法之一。

图 5.4　疲劳宏观断口

图 5.4 所示为典型疲劳断口，具有三个形貌不同的区域——疲劳源、疲劳区及瞬断区。

(1) 疲劳源。疲劳源是疲劳裂纹萌生的策源地，在断口上，疲劳源一般在机件表面，常和缺口、裂纹、刀痕、蚀坑等缺陷相连，因为这里的应力集中会引发疲劳裂纹。但是当材料内部存在严重冶金缺陷(夹杂、缩孔、偏析、白点等)或内裂纹时，因局部强度降低也会在机件内部产生疲劳源。从断口形貌来看，疲劳源区的光亮度最大，因为这里在整个裂纹亚稳扩展过程中断面不断摩擦挤压，故显得光亮平滑而且因加工硬化表面硬度也有所提高。在一个疲劳断口中，疲劳源可以有一个或几个不等，主要与机件的应力状态及应力大小有关。当断口中同时存在几个疲劳源时，可以根据疲劳源区的光亮度、相邻疲劳区的大小和贝纹线的密度去确定它们的产生顺序。疲劳源区光亮度越大，相邻疲劳区越大，贝纹线越多越密者，其疲劳源就越先产生；反之，则疲劳源就越后产生。

(2) 疲劳区。疲劳区是疲劳裂纹亚稳扩展所形成的断口区域，该区是判断疲劳断裂的重要特征证据。疲劳区的宏观特征是：断口比较光滑并分布有贝纹线(或海滩花样)。断口光滑是疲劳源区域的延续，但其程度随裂纹向前扩展逐渐减弱。贝纹线是疲劳区的最大特征，一般认为它是由载荷变动引起的，如机器运转时的开动和停歇，偶然过载引起的载荷变动，使裂纹前沿线留下了弧状台阶痕迹。所以，这种贝纹线总是出现在实际机件的疲劳断口中，而在实验室的试样疲劳断口中，因变动载荷较平稳，很难看到明显的贝纹线。有些脆性材料如铸铁、铸钢、高强度钢等，它们的疲劳断口上也看不到贝纹线。每个疲劳区的贝纹线好像一簇以疲劳源为圆心的平行弧线，其凹侧指向疲劳源，凸侧指向裂纹扩展方向，或是相反的情况。这取决于裂纹扩展时裂纹前沿线各点的前进速度(表5-1)。

表 5-1　各类疲劳断口形貌示意图

应力状态	高名义应力			低名义应力		
	无应力集中	中应力集中	大应力集中	无应力集中	中应力集中	高应力集中
波动拉伸或对称拉压						
脉动弯曲						
平面对称弯曲						

（续）

应力状态	高名义应力			低名义应力		
	无应力集中	中应力集中	大应力集中	无应力集中	中应力集中	高应力集中
旋转弯曲						
扭转						

 （3）瞬断区。瞬断区是裂纹最后失稳快速扩展所形成的断口区域。在疲劳裂纹亚稳扩展阶段，随着应力不断循环、裂纹尺寸不断长大，当裂纹长大到临界尺寸 a_c 时，因裂纹尖端的应力场强度因子 $K(K_I)$ 达到材料断裂韧性 $K_c(K_{IC})$（或是裂纹尖端的应力集中达到材料的断裂强度），则裂纹就失稳快速扩展，导致机件最后瞬时断裂。其断口比疲劳区粗糙，宏观特征同静载的裂纹件的断口一样，随材料性质而变；脆性材料为结晶状断口；若为韧性材料，则在中间平面应变区为放射状或人字纹断口，在边缘平面应力区为剪切唇。

 瞬断区位置一般应在疲劳源的对侧，但对于旋转弯曲来说，低名义应力的光滑机件，其瞬断区的位置逆旋转方向偏转一定角度，这是因为疲劳裂纹逆旋转方向扩展快的结果。但是，当名义应力较高时，因疲劳源有多个，裂纹从表面同时向内扩展，其瞬断区就移向中心位置（表5-1）。

 瞬断区的大小与机件名义应力及材料性质有关，若名义应力较高或材料韧性较差，则瞬断区就较大；反之则瞬断区就较小。

 如机件受扭转循环载荷作用，因其最大正应力与轴向呈 $45°$ 角分布，最大切应力垂直轴向或平行轴向分布，故正断型扭转疲劳断口与轴向呈 $45°$ 角，而且容易出现锯齿状或星状花样，如花键轴的断口。切应力引起的切断型扭转疲劳断口，断面垂直或平行于轴线。在扭转疲劳断口中，一般看不到贝纹线。

阅读材料5-1

世界航空史上首次发生的因金属疲劳而导致飞机失事的事件

 世界上第一种民用喷气客机"彗星"号的首创者是英国著名飞机设计师、飞行员和企业家德·哈维兰，如图5.5所示。以他的名字命名的公司于1949年研制成功中程喷气客机"彗星"号。1952年5月2日，"彗星"号客机正式投入航线首航，"彗星"从伦敦起飞，两小时后抵达罗马，引起巨大轰动，纷纷预订机票，甚至连皇室成员也想尝尝乘坐喷气式客机的滋味。这条航线是从伦敦到南非的约翰内斯堡，中间经停罗马、贝鲁特、喀土穆、恩德培和利文斯敦，全程10821km，总飞行时间（包括中间经停的时间）为23小时34分，极大地提高了客运的效率。在此之间，民航客机清一色是安装活塞式发动机的螺旋桨式飞机,飞行速度已达极限,即 700km/h 左右,而"彗星"号客机的巡航速度是 788km/h。这就明显地缩短了飞行时间。如从伦敦到新加坡的航线,以前的螺旋桨式客机要飞 36h,而"彗星"号只需 25h。"彗星"号还有一个优势,它采用了密封座舱,在云上飞行,不仅可以鸟瞰美丽的景色,其平稳舒适也是前所未有。

但是,"彗星"号客机投入航线使用颇不顺利,从第二年开始便有空难发生,最严重的是三架"彗星"号客机相继在空中解体。最后查明,除第一次可能是遭遇季风而导致紊流发生事故外,后两次在地中海上空发生空难的原因是飞机密封座舱结构发生疲劳所致,如图 5.6 所示。这是世界航空史上首次发生的因金属疲劳而导致飞机失事的事件。

飞机结构在交变载荷的作用下会进行裂纹的形成与扩展过程,裂纹扩展的后期就会产生断裂。在飞机发展的早期,疲劳问题并不十分突出。至 20 世纪 30 年代,飞机设计师开始对疲劳问题提出简单的要求,直至"彗星"号飞机发生空中解体导致机毁人亡重大事件,疲劳问题才被人们重视起来。

就"彗星"号飞机来说,机身疲劳是飞机在多次起降过程中,其增压座舱壳体经反复增压与减压引起的。针对这个问题,德·哈维兰公司对"彗星"号飞机进行了改进设计,加固了机身,采用了椭圆形航窗,使疲劳问题得到很好的解决。

从此,在飞机设计上将飞机结构的疲劳强度正式列入了强度规范而加以要求。

"彗星"号飞机几经改进,于 1958 年推出了最新型号——"彗星"4 号,该机承受了相当于飞行 80 年的疲劳强度试验。该机用 6h27min 跨越了大西洋。但几次飞机失事在人们心里造成的阴影挥之不去,更重要的是此间美国生产出波音 707 和 DC-8 抢占了市场。"彗星"终因缺少订货难以为继,于 1980 年全部退出商业航班飞行。

图 5.5 德·哈维兰"彗星"号喷气客机

图 5.6 因结构疲劳造成的飞机机身爆裂

➡ 资料来源:http://www.cctv.com/.

5.2 高周疲劳

高周疲劳是指小型试样在变动载荷(应力)试验时,疲劳断裂寿命不小于 10^5 周次的疲劳过程。由于这种疲劳中所施加的交变应力水平都处于弹性变形范围内,所以从理论上讲,试验中既可以控制应力,也可以控制应变,但在试验方法上控制应力要比控制应变容易得多。因此,高周疲劳试验都是在控制应力条件下进行的,并以材料最大应力 σ_{max} 或应力振幅 σ_a 对循环周次 N 的关系(即 S-N 曲线)和疲劳极限 σ_r 来表征材料的疲劳特性和指标。它们在动力设备或类似机械构件的选材、工艺和安全设计中都是很重要的力学性能数据。

5.2.1   S-N 曲线和疲劳极限

1. 疲劳曲线和疲劳极限

疲劳曲线是疲劳应力与疲劳寿命的关系曲线，即 S-N 曲线，它是确定疲劳极限、建立疲劳应力判据的基础。1860 年，维勒（Wöhler）在解决火车轴断裂问题时，首先提出疲劳曲线和疲劳极限的概念，所以后人也称该曲线为维勒曲线。

典型的金属材料疲劳曲线如图 5.7 所示。图中纵坐标为循环应力的最大应力 σ_{max} 或应力幅 σ_a；横坐标为断裂循环周次 N，常用对数值表示。可以看出，S-N 曲线由高应力段和低应力段组成。前者寿命短；后者寿命长，且随应力水平下降断裂循环周次增加。对于一般具有应变时效的金属材料，如碳钢、合金结构钢、球墨铸铁等，当循环应力水平降低到某一临界值时，低应力段变为水平线段，表明试样可以经无限次应力循

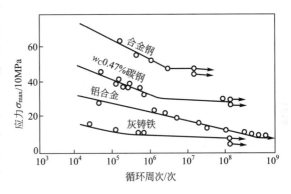

图 5.7　典型的金属材料疲劳曲线

环也不发生疲劳断裂，故将对应的应力称为疲劳极限，记为 σ_{-1}（对称循环 $r=-1$）。但是，实际测试时不可能做到无限次应力循环。试验表明，这类材料如果应力循环 10^7 周次不断裂，则可认定承受无限次应力循环也不会断裂。所以常用 10^7 周次作为测定疲劳极限的基数，记为 N_0。从这个意义上说，无限寿命疲劳极限是有"条件"的。另一类金属材料，如铝合金、不锈钢和高强度钢等，它们的 S-N 曲线没有水平部分，只是随应力降低，循环周次不断增大。此时，只能根据材料的使用要求规定某一循环周次下不发生断裂的应力作为"条件疲劳极限"（或称有限寿命疲劳极限），如高强度钢规定为 $N=10^8$ 周次；铝合金和不锈钢也是 $N=10^8$ 周次；而钛合金则取 $N=10^7$ 周次。

综上，疲劳断裂应力判据如下。

对称应力循环下 $\sigma \geqslant \sigma_{-1}$；

非对称应力循环下 $\sigma \geqslant \sigma_r$（$r$ 为应力比）。

【疲劳试验】

2. 疲劳曲线的测定

通常疲劳曲线是用旋转弯曲疲劳试验测定的，其四点弯曲试验机原理如图 5.8 所示。这种试验机结构简单操作方便，能够实现对称循环和恒应力幅的要求，因此应用比较广泛。

试验时，用升降法测定条件疲劳极限（或疲劳极限 σ_{-1}）；用成组试验法测定高应力部分，然后将上述两试验数据整理，并拟合成疲劳曲线。

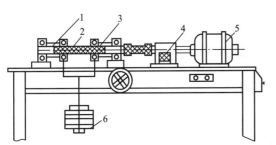

图 5.8　旋转弯曲疲劳试验机示意图

1、3—带有滚珠轴承的支座；2—试样；
4—计数器；5—电动机；6—载荷

用升降法测定疲劳极限 σ_{-1} 时，有效试样数一般在 13 根以上。试验一般取 3～5 级应力水平。每级应力增量一般为 σ_{-1} 的 3%～5%。第一根试样应力水平应略高于 σ_{-1}，若无法预计 σ_{-1}，则对一般材料取 $(0.45～0.50)R_{\mathrm{m}}$，高强度钢取 $(0.30～0.40)R_{\mathrm{m}}$。第二根试样的应力水平根据第一根试样试验结果(破坏或通过，即试样经 10^7 周次循环断裂或不断裂)而定。若第一根试样断裂，则对第二根试样施加的应力应降低 3%～5%；反之，第二根试样的应力则较前升高 3%～5%。其余试样的应力值均依此法办理，直至完成全部试验。首次出现一对结果相反的数据，如在以后数据的应力波动范围之内，则可作为有效数据加以利用，否则就应舍去。图 5.9 所示为升降法示意图，图中 3、4 为首次出现结果相反的两点，1、2 两点的结果不在以后应力波动范围内，故应舍去。

最后按公式计算 $\sigma_{-1}(r=-1，N=10^7$ 周次$)$。

S-N 曲线的高应力(有限寿命)部分用成组试验法测定，即取 3～4 级较高应力水平，在每级应力水平下，测定五根左右试样的数据，然后进行数据处理，计算中值(存活率为 50%)疲劳寿命。

将升降法测得的 σ_{-1} 作为 S-N 曲线的最低应力水平点，与成组试验法的测定结果拟合成直线或曲线，即得存活率为 50% 的中值 S-N 曲线(图 5.10)。

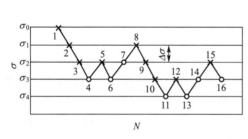

图 5.9　升降法示意图

$\Delta\sigma$—应力增量；×—试样断裂；○—试样通过

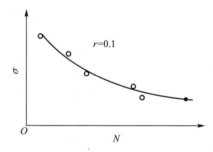

图 5.10　某种铝合金的疲劳曲线

○—成组试验法；●—升降法试验法

3. 不同应力状态下的疲劳极限

同一材料在不同应力状态下测得的疲劳极限不相同，但是它们之间存在一定的联系。根据试验确定，对称弯曲疲劳极限与对称拉压、扭转疲劳极限之间存在下列关系：

$$\left.\begin{aligned}
\sigma_{-1\mathrm{p}} &= 0.85\sigma_{-1(钢)} \\
\sigma_{-1\mathrm{p}} &= 0.65\sigma_{-1(铸铁)} \\
\tau_{-1} &= 0.8\sigma_{-1(铸铁)} \\
\tau_{-1} &= 0.55\sigma_{-1(铜及轻合金)}
\end{aligned}\right\} \qquad (5-1)$$

式中，$\sigma_{-1\mathrm{p}}$ 为对称拉压疲劳极限；τ_{-1} 为对称扭转疲劳极限；σ_{-1} 为对称弯曲疲劳极限。

通常，手册中给出的疲劳极限是 σ_{-1}，若需要拉压疲劳或扭转疲劳极限时，最好做该应力状态的疲劳试验，但在许多情况下可以根据上述经验公式估算。

4. 疲劳极限与静强度间的关系

试验表明，金属材料的抗拉强度越大，其疲劳极限也越大。对于中、低强度钢，疲劳极限与抗拉强度之间大体呈线性关系（图 5.11）。当 R_m 较低时，可近似地写成 $\sigma_{-1}=0.5R_m$。但当抗拉强度较高时，这种关系就要发生偏离，其原因是强度较高时因材料塑性和断裂韧性下降，裂纹易于形成和扩展所致。屈强比 R_{eL}/R_m 对光滑试样的疲劳极限也有一定影响，因此建议用下面的经验公式计算对称循环下的疲劳极限：

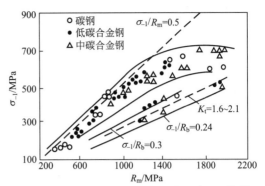

图 5.11 钢的疲劳极限 σ_{-1} 与抗拉强度 R_m 的关系

结构钢：$\sigma_{-1p}=0.23(R_{eL}+R_m)$，$\sigma_{-1}=0.27(R_{eL}+R_m)$；

铸铁：$\sigma_{-1p}=0.4R_m$，$\sigma_{-1}=0.45R_m$；

铝合金：$\sigma_{-1p}=1/6R_m+7.5\text{MPa}$，$\sigma_{-1}=1/6R_m-7.5\text{MPa}$；

青铜：$\sigma_{-1}=0.21R_m$。

5.2.2 不对称循环应力下的疲劳极限和疲劳图

很多机件或构件是在不对称循环载荷下工作的，因此还需知道材料的不对称循环疲劳极限以适应这类机件的设计和选材的需要。通常是用工程作图法，由疲劳图求得各种不对称循环的疲劳极限。

疲劳图是各种循环疲劳极限的集合图，也是疲劳曲线的另一种表达形式。由图 5.12 可知，由最大循环应力 σ_{max} 表示的疲劳极限 σ_r 是随应力比 r（或平均应力 σ_m）的增大而升高的。因此，可根据平均应力对疲劳极限 $\sigma_r(\sigma_{max}$ 或 $\sigma_a)$ 的影响规律建立疲劳图。根据不同的作图方法有两种疲劳图。

1. $\sigma_a-\sigma_m$ 疲劳图

$\sigma_a-\sigma_m$ 疲劳图的纵坐标以 σ_a 表示，横坐标以 σ_m 表示。然后，在不同应力比 r 条件下将 σ_{max} 表示的疲劳极限 σ_r 分解为 σ_a 和 σ_m，并在该坐标系中作 ABC 曲线，即为 $\sigma_a-\sigma_m$ 疲劳图（图 5.13）。由图可见，A 点：$\sigma_m=0$，$r=-1$，$\sigma_a=\sigma_{-1}$；C 点：$\sigma_m=R_m$，$r=1$，$\sigma_a=0$；ABC 曲线其余各点的纵、横坐标各代表每一 r 下疲劳极限之 σ_a 和 σ_m，$\sigma_r=\sigma_a+\sigma_m$。

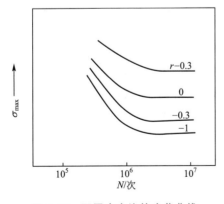

图 5.12 不同应力比的疲劳曲线

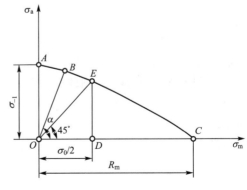

图 5.13 $\sigma_a-\sigma_m$ 疲劳图

为了在疲劳图 ABC 曲线上建立疲劳极限和应力比 r 间的关系，可在 ABC 曲线上任取一点 B 和原点 O 连线，其几何关系为

$$\tan\alpha=\frac{\sigma_a}{\sigma_m}=\frac{\frac{1}{2}(\sigma_{\max}-\sigma_{\min})}{\frac{1}{2}(\sigma_{\max}+\sigma_{\min})}=\frac{1-r}{1+r} \quad (5-2)$$

因此，只要知道应力比 r，将其代入式(5-2)，即可求得 $\tan\alpha$ 和 α，而后从坐标原点 O 引直线，令其与横坐标的夹角等于 α 值，该直线与曲线 ABC 相交的交点 B 便是所求的点，其纵、横坐标之和，即为相应 r 的疲劳极限 σ_{rB}，$\sigma_{rB}=\sigma_{aB}+\sigma_{mB}$。

例如，求脉动循环的疲劳极限 σ_0，将应力比 $r=0$ 代入式(5-2)得 $\tan\alpha=\frac{1-0}{1+0}=1$，$\alpha=45°$，因此过原点 O 作 $45°$ 角的直线与 ABC 曲线相交，交点 E 的纵、横坐标之和，即为 σ_0，$\sigma_0=\sigma_{aE}+\sigma_{mE}$。

ABC 曲线也可用数学解析式表示，常用的数学公式有

Geber 公式，即

$$\sigma_a=\sigma_{-1}\left[1-\left(\frac{\sigma_m}{R_m}\right)^2\right] \quad (5-3)$$

Goodman 公式，即

$$\sigma_a=\sigma_{-1}\left(1-\frac{\sigma_m}{R_m}\right) \quad (5-4)$$

Soderberg 公式，即

$$\sigma_a=\sigma_{-1}\left(1-\frac{\sigma_m}{R_{eL}}\right) \quad (5-5)$$

需要指出，也可以利用这些公式关系，根据材料的 σ_{-1} 和 $R_m(R_{eL})$，绘制 $\sigma_a-\sigma_m$ 疲劳图。这可以大大简化实验，应用也比较方便。

根据经验：

(1) 对大多数工程合金，Soderberg 关系对疲劳寿命的估计比较保守。

(2) 对脆性金属，包括高强度钢，其抗拉强度接近真实断裂应力，用 Goodman 关系来描述或估计疲劳寿命与实验结果吻合得很好。

(3) 对塑性材料，用 Geber 关系较好。

2. $\sigma_{\max}(\sigma_{\min})-\sigma_m$ 疲劳图

$\sigma_{\max}(\sigma_{\min})-\sigma_m$ 图的纵坐标以 $\sigma_{\max}$ 或 $\sigma_{\min}$ 表示，横坐标以 σ_m 表示。然后将不同应力比 r 下的疲劳极限，分别以 $\sigma_{\max}(\sigma_{\min})$ 和 σ_m 表示于上述坐标系中，就形成这种疲劳图(图5.14)。AHB 曲线就是在不同 r 下的疲劳极限 $\sigma_{\max}$，很直观。显然，疲劳极限随平均应力(或 r)增加而增大，但所含的应力幅 σ_a 则减小。在 B 点，平均应力 $\sigma_m=0$ $(r=-1)$，$\sigma_a=\sigma_{-1}$，疲劳极限 $\sigma_{r,\max}=\sigma_{-1}$；在 A 点，$\sigma_m=R_m$，$r=1$，$\sigma_a=0$，疲劳极限 $\sigma_{r,\max}=R_m$；在 AB 之间各点的 $\sigma_{r,\max}$ 即表示相应 r 下$(r=-1\sim1)$的疲劳极限。在 AHB 曲线上也可建立疲劳极限和应力比 r 的关系。取任一点 H 和原点 O 连线，得几何关系为

$$\tan\alpha=\frac{\sigma_{\max}}{\sigma_m}=\frac{2\sigma_{\max}}{\sigma_{\max}+\sigma_{\min}}=\frac{2}{1+r} \quad (5-6)$$

这样，只要知道应力比 r，就可代入式(5-6)求得 $\tan\alpha$ 和 α，而后从坐标原点 O 引一

直线 OH。令其与横坐标的夹角为 α，则直线与曲线 AHB 的交点 H 的纵坐标即为疲劳极限。

必须注意，图 5.14 是脆性材料的 $\sigma_{max}(\sigma_{min})$-$\sigma_m$ 疲劳图。对于塑性材料，应使用屈服强度 $R_{0.2}$ 进行修正，如图 5.15 所示。

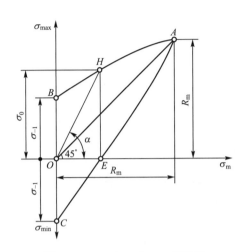

图 5.14　$\sigma_{max}(\sigma_{min})$-$\sigma_m$ 疲劳图

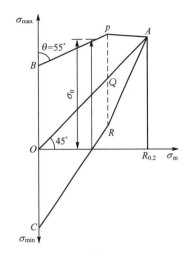

图 5.15　塑性材料的 $\sigma_{max}(\sigma_{min})$-$\sigma_m$ 疲劳图

5.2.3　疲劳缺口敏感度

机件由于使用的需要，常常带有台阶、拐角、键槽、油孔、螺纹等。这些结构类似于缺口作用，会改变应力状态并造成应力集中。图 5.16 给出了 40Cr 钢在不同的理论应力集中系数 K_t 时的疲劳极限 σ_{-1}。由图可见，缺口越尖锐，疲劳极限下降越多。因此，了解缺口引起的应力集中对疲劳极限的影响也很重要。

金属材料在交变载荷作用下的缺口敏感性，常用疲劳缺口敏感度 q_f 来评定，即

$$q_f = \frac{K_f-1}{K_t-1} \qquad (5-7)$$

式中，K_t 为理论应力集中系数，可从有关手册中查到，$K_t>1$；K_f 为疲劳缺口系数，也称为有效应力集中系数，K_f 为光滑试样与缺口试样疲劳极限之比，即 $K_f=\sigma_{-1}/\sigma_{-1N}$，$K_f>1$，具体的数值与缺口几何形状及材料等因素有关。

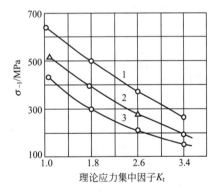

图 5.16　K_t 对 40Cr 钢的 σ_{-1} 的影响
回火温度：1—200℃；2—390℃；3—550℃

根据疲劳缺口敏感度评定材料时，可能出现两种极端情况：①$K_f=K_t$，即缺口试样疲劳过程中应力分布与弹性状态完全一样，没有发生应力重新分布，这时缺口降低疲劳极限最严重，$q_f=1$，材料的疲劳缺口敏感性最大；②$K_f=1$，即 $\sigma_{-1}=\sigma_{-1N}$，缺口不降低疲劳极限，说明疲劳过程中应力产生了很大的重分布，应力集中效应完全被消除，$q_f=0$，材料的疲劳缺口敏感性最小。由此可以看出，q_f 值能反映在疲劳过程中材料发生应力重新分布，降低应力集中的能力。由于一般材料 σ_{-1N} 低于 σ_{-1}，即 $K_f>1$，故通常 q_f 值在 0～1

范围内变化。

在实际金属材料中，结构钢 q_f 值一般为 $0.6 \sim 0.8$；粗晶粒钢的 q_f 值为 $0.1 \sim 0.2$；球墨铸铁的 q_f 值为 $0.11 \sim 0.25$；灰铸铁的 q_f 值为 $0 \sim 0.05$。

在高周疲劳时，大多数金属都对缺口十分敏感；但在低周疲劳时，它们却对缺口不太敏感。这是因为后者缺口根部一部分地区已处于塑性区内，发生应力松弛，使应力集中降低所致。

钢经热处理后获得的强度(或硬度)不同，q_f 值也不相同。强度(或硬度)增加，q_f 值增大。因此，淬火-回火钢比正火、退火钢对缺口要敏感。

试验证明，缺口形状对 q_f 值有一定影响。如图 5.17 所示，缺口根部曲率半径较小时，缺口越尖锐，q_f 值越低。这是因为 K_t 和 K_f 都随缺口尖锐度增加而提高，但 K_t 增高比 K_f 快。当缺口曲率半径较大时，缺口尖锐度对 q_f 的影响明显减小，q_f 与缺口形状关系不大。可见，测定材料的疲劳缺口敏感度时，缺口曲率半径应选用比较大的数值。

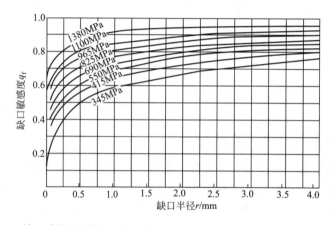

图 5.17 缺口半径和材料强度对缺口敏感度 q_f 的影响(图上所标数值为 R_m)

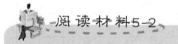阅读材料5-2

金属材料超高周疲劳

对金属材料疲劳行为的研究已历经了一个多世纪。过去机械设备一般要求的寿命和强度较低，通常使用低碳钢等金属材料，疲劳试验进行到 10^7 周次即可得到 $S-N$ 曲线的水平段，因此一般当金属材料经 10^7 周次循环而不破坏时，即认为它可承受无限次循环。随着工业技术的发展，飞行器、汽车和高速列车等要求某些部件的疲劳寿命达到 10^8 周次以上，甚至到 10^{10} 周次。美国空军"发动机结构完整性大纲 ENSIP(Engine Structural Integrity Program)"已经增加了条例，规定发动机部件高周疲劳寿命最低应达到 10^9 周次。而且早在 20 世纪 80 年代日本学者就发现金属材料在 10^7 周次之后仍然可能发生疲劳破坏。因此基于传统 $S-N$ 曲线和疲劳极限概念的无限寿命设计变得不准确甚至不安全。材料超高周次范围($10^7 \sim 10^{10}$ 周次)疲劳行为的研究越来越受到关注，特别是超声疲劳试验机的诞生，使过去不可能进行的超高周疲劳试验可以在短时间内完成，使得这一领域的研究得到广泛开展。到 20 世纪 90 年代，超高周疲劳的研究已经在很多国家得到重视和发展，交流也越来越频繁。1981年在美国举行第一次超声疲劳国际会议，其中有很多关于超高周疲劳的研究。1998年6月，在巴黎召开第一次超高周疲劳国际会议，正式采用VHCF(Very High Cycle Fatigue)这一名称，此后超高周疲劳国际会议每三年召开一次。

金属材料高周-超高周范围 S-N 曲线形状汇总如图5.18所示，超高周疲劳断口"鱼眼"形貌及示意图如图5.19所示。

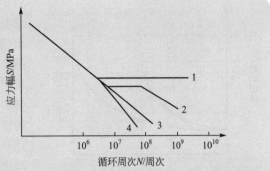

图5.18 金属材料高周-超高周范围 S-N 曲线形状汇总
1——般低碳钢 S-N 曲线；2—轴承钢 SUJ2 旋转弯曲疲劳试验 S-N 曲线；3—部分高强度钢 S-N 曲线；4—2024 高强度铝合金拉-拉疲劳试验 S-N 曲线

(a) "鱼眼" 断口形貌

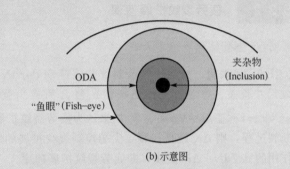

(b) 示意图

图5.19 超高周疲劳断口 "鱼眼" 形貌及示意图

▶ 资料来源：胡燕慧. 金属材料超高周疲劳研究进展. 机械强度，2009，31(6).

5.3 疲劳裂纹扩展

由第4章中的分析可知，当构件中存在裂纹并且外加应力达到临界值时，就会发生裂纹的失稳扩展，结构破坏。不过，在绝大多数情况下，这种宏观的临界裂纹是零件在循环载荷作用下由萌生的小裂纹(如由缺口处)逐渐长大而成的，即所谓亚临界(稳态)裂纹扩展过程。从预防发生破坏的意义上说，这类过程的研究颇为重要。因为，如果零件中有一个大到足以在服役载荷下立即破坏的裂纹或类似缺陷，则这类缺陷完全可能被无损检测手段发现，从而在破坏前就被修理或报废。所以，讨论工程材料疲劳裂纹扩展过程的规律和影响因素对延长疲劳寿命和预测实际机件疲劳剩余寿命具有重要意义，是保证结构安全运行的重要课题。

5.3.1 疲劳裂纹扩展曲线

在高频疲劳试验机上测定疲劳裂纹扩展曲线，一般常用三点弯曲单边缺口试样(SENB3)、中心裂纹拉伸试样(CCT)或紧凑拉伸试样(CT)，先预制疲劳裂纹，随后在固定应

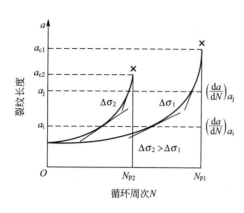

图 5.20　疲劳裂纹扩展曲线

力比 r 和应力范围 $\Delta\sigma$ 条件下循环加载。观察并记录裂纹长度 a 随 N 循环扩展增长的情况，便可做出疲劳裂纹扩展曲线（$a-N$ 曲线，图 5.20）。由图 5.20 可见，在一定循环应力条件下疲劳裂纹扩展时其长度 a 是不断增长的。曲线的斜率表示疲劳裂纹扩展速率 da/dN 即每循环一次裂纹扩展的距离，其也是不断增加的。当加载循环周次达到 N_p 时，a 长大到临界裂纹尺寸 a_c，da/dN 增大到无限大，裂纹失稳扩展，试样最后断裂。若改变应力，将 $\Delta\sigma_1$ 增加到 $\Delta\sigma_2$，则裂纹扩展加快，曲线位置向左上方移动，a_c 和 N_p 都相应减小。

5.3.2　疲劳裂纹扩展速率

1. 疲劳裂纹扩展速率曲线

图 5.20 表明，材料的疲劳裂纹扩展速率 da/dN 不仅与应力水平有关，而且与当时的裂纹尺寸有关，将应力范围 $\Delta\sigma$ 和 a 复合为应力强度因子范围 ΔK，$\Delta K=K_{max}-K_{min}=Y\sigma_{max}\sqrt{a}-Y\sigma_{min}\sqrt{a}=Y\Delta\sigma\sqrt{a}$。如果认为疲劳裂纹扩展的每一微小过程类似是裂纹体小区域的断裂过程，则 ΔK 就是在裂纹尖端控制裂纹扩展的复合力学参量，从而可建立由 ΔK 起控制作用的 $da/dN-\Delta K$ 曲线，即疲劳裂纹扩展速率曲线（纵、横坐标均用对数表示，图 5.21）。曲线分为 I、II、III 三个区段。在 I 区和 III 区，ΔK 对 da/dN 影响较大；在 II 区，ΔK 与 da/dN 之间呈幂函数关系。

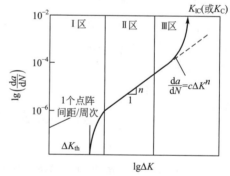

图 5.21　疲劳裂纹扩展速率曲线

I 区是疲劳裂纹初始扩展阶段，da/dN 值很小，为 $10^{-8}\sim10^{-6}$ mm/周次，从 ΔK_{th} 开始，随 ΔK 增加，da/dN 快速提高，但因 ΔK 变化范围很小，所以 da/dN 提高有限，所占扩展寿命不长。

II 区是疲劳裂纹扩展的主要阶段，占据亚稳扩展的绝大部分，是决定疲劳裂纹扩展寿命的主要组成部分，da/dN 较大，为 $10^{-5}\sim10^{-2}$ mm/周次；且 ΔK 变化范围大，扩展寿命长。

III 区是疲劳裂纹扩展最后阶段，da/dN 很大，并随 ΔK 增加而很快地增大，只需扩展很少周次即会导致材料失稳断裂。

2. 疲劳裂纹扩展门槛值

由图 5.21 可见，在 I 区，当 $\Delta K\leqslant\Delta K_{th}$ 时，$da/dN=0$，表示裂纹不扩展；只有当 $\Delta K>\Delta K_{th}$ 时，$da/dN>0$，疲劳裂纹才开始扩展。因此，ΔK_{th} 是疲劳裂纹不扩展的 ΔK 临界值，称为疲劳裂纹扩展门槛值。ΔK_{th} 表示材料阻止疲劳裂纹开始扩展的性能，也是材料的力学性能指标，其值越大，阻止疲劳裂纹开始扩展的能力就越大，材料就越好。ΔK_{th} 的单位和 ΔK 相同，也是 $MN \cdot m^{-3/2}$ 或 $MPa \cdot m^{1/2}$。

ΔK_{th} 与疲劳极限 σ_{-1} 有些相似，都是表示无限寿命的疲劳性能，也都受材料成分和组织、载荷条件及环境因素等影响；但 σ_{-1} 是光滑试样的无限寿命疲劳强度，用于传统的疲劳强度设计和校核；ΔK_{th} 是裂纹试样的无限寿命疲劳性能，适于裂纹件的设计和校核。

根据 ΔK_{th} 的定义可以建立裂纹件不疲劳断裂(无限寿命)的校核公式，即

$$\Delta K = Y \Delta \sigma \sqrt{a} \leqslant \Delta K_{th} \qquad (5-8)$$

利用式(5-8)，即可在 ΔK_{th}、a、$\Delta \sigma$ 三个参量中已知两个去求另一个。如已知裂纹件的裂纹尺寸 a 和材料的疲劳门槛值 ΔK_{th}，则可求得该件无限疲劳寿命的承载能力，即

$$\Delta \sigma \leqslant \frac{\Delta K_{th}}{Y \sqrt{a}} \qquad (5-9)$$

显然，这里的 $\Delta \sigma$ 小于光滑试样的疲劳极限 σ_{-1}。照此设计的机件会很笨重，只适用于地面结构，而航空航天机件绝不可能采用。

若已知裂纹件的工作载荷 $\Delta \sigma$ 和材料的疲劳门槛值 ΔK_{th}，则可求得裂纹的允许尺寸，即

$$a < \frac{1}{Y^2}\left(\frac{\Delta K_{th}}{\Delta \sigma}\right)^2 \qquad (5-10)$$

实际在测定材料 ΔK_{th} 时很难做到 $da/dN=0$ 的情况，因此实验时，常规定在平面应变条件下 $da/dN=10^{-6} \sim 10^{-7}$ mm/周次，它所对应的 ΔK 作为 ΔK_{th}，称为工程(或条件)疲劳门槛值。

工程金属材料的 ΔK_{th} 值很小，为 $5\% \sim 10\% K_{IC}$。如钢，$\Delta K_{th} \leqslant 9 MPa \cdot m^{1/2}$；铝合金，$\Delta K_{th} \leqslant 4 MPa \cdot m^{1/2}$。表5-2所示为几种工程金属材料的 ΔK_{th} 测定值，可供比较。

表5-2 几种工程金属材料的 ΔK_{th} 测定值($r=0$)

材 料	$\Delta K_{th}/(MPa \cdot m^{1/2})$	材 料	$\Delta K_{th}/(MPa \cdot m^{1/2})$
低合金钢	6.6	纯铜	2.5
18-8不锈钢	6.0	60/40黄铜	3.5
纯铝	1.7	纯镍	7.9
4.5铜铝合金	2.1	镍基合金	7.1

3. Paris 公式

1961年，Paris 根据大量试验数据，提出了在疲劳裂纹扩展速率曲线Ⅱ区，da/dN 与 ΔK 关系的经验公式即

$$da/dN = c(\Delta K)^n \qquad (5-11)$$

式中，c、n 为材料试验常数，与材料、应力比、环境等因素有关，但显微组织对 n 的影响不明显，根据 $\lg da/dN - \lg \Delta K$ 试验曲线的截距及斜率可求得 c、n 值，多数材料的 n 值为 $2 \sim 4$。

图5.22是三种组织钢的 $da/dN - \Delta K$ 曲线，它们的 Paris 公式分别为

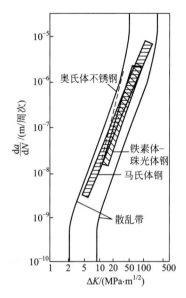

图 5.22　各种钢的疲劳裂纹
扩展速率的分散带

铁素体-珠光体钢：$da/dN = 6.9 \times 10^{-12} \Delta K^{3.0}$；

奥氏体不锈钢：$da/dN = 5.6 \times 10^{-12} \Delta K^{3.25}$；

马氏体钢：$da/dN = 1.35 \times 10^{-10} \Delta K^{2.25}$。

由图 5.22 可见，上述三类组织钢的 da/dN 数据都集中在很窄的分散带内。因此，钢的强度水平和显微组织对Ⅱ区的疲劳裂纹扩展速率影响不大。

铝合金的 da/dN 分散度较大，$n = 2 \sim 7$；典型的航空用高强度铝合金，其 Paris 公式为 $da/dN = 1.6 \times 10^{-1} \Delta K^{3.0}$。

以上诸式中 da/dN 的单位为 m/周次，ΔK 的单位是 $MPa \cdot m^{1/2}$。

Paris 公式可以描述各种材料和各种试验条件下的疲劳裂纹扩展规律，为疲劳机件的设计或失效分析提供了有效的寿命估算方法。但 Paris 公式一般只适用于低应力（$R_{eL} > \sigma \geqslant \sigma_{-1}$）、低扩展速率（$da/dN < 10^{-2}$ mm/周次）的范围及较长的疲劳寿命（$N_f > 10^4$ 周次），即所谓的高周疲劳场合。

4. 影响疲劳裂纹扩展速率的因素

1）应力比 r（或平均应力 σ_m）的影响

平均应力 σ_m 可用应力比 r 和应力幅 σ_a 表示，$\sigma_m = \dfrac{(1+r)\sigma_a}{1-r}$，在 σ_a 一定条件下，σ_m 随 r 增大而增高，因此平均应力和应力比的影响具有等效性。

由于压应力使裂纹闭合不会使裂纹扩展，所以研究 r 对 da/dN 影响，都是在 $r > 0$ 的情况下进行的。

如图 5.23 所示，应力比影响裂纹扩展速率曲线的位置，随 r 增加，曲线向左上方移动，使 da/dN 升高，而且在Ⅰ、Ⅲ区的影响比在Ⅱ区的大。在Ⅰ区，r 还降低 ΔK_{th}，其影响规律为

$$\Delta K_{th} = \Delta K_{th0} \left(\frac{1-r}{1+r} \right)^{1/2} \quad (r > 0)$$

$$(5-12)$$

式中，ΔK_{th0} 为脉动循环（$r = 0$）下的疲劳门槛值。

1967 年，Forman 考虑了应力比和材料断裂韧性对 da/dN 的影响，提出了如下公式

$$\frac{da}{dN} = \frac{c(\Delta K)^n}{(1-r)K_C - \Delta K}$$

$$(5-13)$$

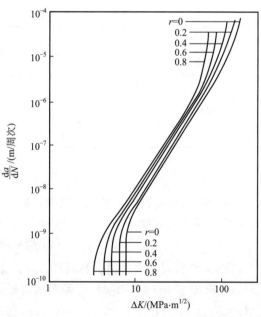

图 5.23　应力比 r 对疲劳裂纹扩展速率的影响

式中，r 为应力比；K_c 为与试件厚度有关的材料断裂韧性。

实际上，式(5-13)是对 Paris 公式的修正，它可以描述裂纹在Ⅱ、Ⅲ区的扩展，但没有反映Ⅰ区的裂纹扩展情况。

当机件内部存在残余应力时，因与外加循环应力叠加将改变实际应力比，所以也会影响 da/dN 和 ΔK_{th}。残余压应力因会减小 r，使 da/dN 降低和 ΔK_{th} 升高，对疲劳寿命有利；而残余拉应力因会增大 r，使 da/dN 升高和 ΔK_{th} 降低，对疲劳寿命不利。因此生产中总是用喷丸、滚压等表面强化处理工艺手段，除表面强化外，还使机件表面形成残余压应力，意在降低 da/dN，提高 ΔK_{th} 和延长疲劳寿命。试验表明，在对机件进行具体表面强化处理时，残余压应力层深 s 要足够厚。一般，s 比裂纹长度 a 大 2～4 倍($s/a=3\sim5$)时，效果较好。

2) 过载峰的影响

实际机件在工作时很难一直是恒载，往往会有偶然过载现象。前已述及，偶然过载进入过载损伤区内，将使材料受到损伤并降低疲劳寿命。但若过载适当，有时反而是有益的。实验表明，在恒载裂纹疲劳扩展期内，适当的过载峰会使裂纹扩展减慢或停滞一段时间，发生裂纹扩展过载停滞现象，并延长疲劳寿命。图 5.24 所示是过载峰对铝合金 2024-T3(美国铝合金牌号，T3 表示固溶处理、冷加工)疲劳裂纹扩展的影响情况。三次过载峰，都使裂纹扩展停滞了一段时间，随后扩展又恢复正常。

裂纹扩展发生过载停滞的原因，可用裂纹尖端过载塑性区的残余压应力影响来说明。如图 5.25 所示，在应力循环正半周时，过载拉应力产生较大的塑性区，当这个较大塑性区在循环负半周时，因阻止周围弹性变形恢复而产生残余压应力。这个压应力叠加在裂纹上，使裂纹提前闭合，减小裂纹尖端的 ΔK，从而降低 da/dN，这种影响一般称为裂纹闭合效应。当疲劳裂纹扩展使裂纹尖端走出大塑性区后，由于应力恢复正常，疲劳裂纹扩展也恢复正常。研究 42CrMo 钢亚温淬火的疲劳性能结果表明，一定的软相铁素体分布于马氏体基体上，因增大裂纹的闭合效应，使疲劳裂纹扩展寿命明显提高。

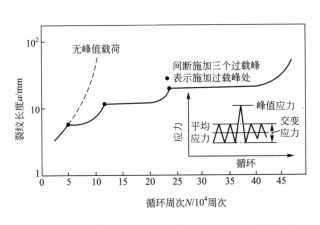

图 5.24 过载峰 2024-T3 铝合金 da/dN 的影响

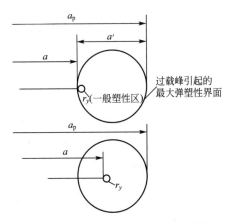

图 5.25 过载在裂纹尖端形成的塑性区

3) 材料组织的影响

在疲劳裂纹扩展过程中，材料组织对Ⅰ、Ⅲ区的 da/dN 影响比较明显，而对Ⅱ区的 da/dN 影响不太明显。

一般来说，近门槛Ⅰ区的裂纹扩展对疲劳安全性更为重要，所以对该区的组织影响研究较多。

通常，晶粒越粗大，其 ΔK_{th} 值越高，da/dN 越低。此规律正好与晶粒对屈服强度的影响规律相反，因此在选用材料、控制材料晶粒度时，提高疲劳裂纹萌生抗力和提高疲劳裂纹扩展抗力存在截然不同的途径。实践中常采用折中方法，或抓主要矛盾的方法处理问题。

亚共析钢的 ΔK_{th} 与铁素体及珠光体的含量有关，因纯铁的 ΔK_{th} 比共析钢的高，所以钢的含碳量越低，铁素体含量越多时，其 ΔK_{th} 值就越高。

当钢的淬火组织中存在一定量的残余奥氏体和贝氏体等韧性组织时，可以提高钢的 ΔK_{th}，降低 da/dN。对高强度钢等温淬火疲劳性能进行研究发现，钢中马氏体、贝氏体和残留奥氏体对 ΔK_{th} 的贡献大致比例是 M：B：A＝1：4：7。可见，在高强度基体上存在适量的软相奥氏体，可以抑制裂纹在Ⅰ区扩展，提高 ΔK_{th}。

喷丸强化也能提高 ΔK_{th}，尤其是高强度钢，在高应力比 r 条件下进行喷丸强化可以大幅度地提高 ΔK_{th}。钢的高温回火的组织韧性好，强度低，其 ΔK_{th} 较高；而低温回火的组织韧性差，强度高，其 ΔK_{th} 较低；中温回火的 ΔK_{th} 则介于上述二者之间。图 5.26 是 300M 钢(美国牌号)的疲劳裂纹扩展速率曲线，正好说明了这种规律。可以看出，回火对Ⅰ、Ⅲ区的影响比对Ⅱ区的大。在Ⅰ区，650℃高温回火的 ΔK_{th} 最高，da/dN 最低；300℃回火的 ΔK_{th} 最低，da/dN 最高；470℃回火的 ΔK_{th} 和 da/dN 居中。在Ⅲ区，三种回火温度下，回火温度最低者，da/dN 最大。但在另外一些研究中，发现也有和此不太相同的规律，如 45Cr 钢经淬火后 400℃回火的 ΔK_{th} 最大；T12 钢淬火后 500℃回火的 ΔK_{th} 最大。可见，组织和性能对 ΔK_{th} 的影响不是简单的单调变化，而好像是组织、强度和韧性的最佳配合问题。

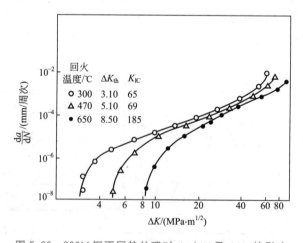

图 5.26　300M 钢不同热处理对 da/dN 及 ΔK_{th} 的影响

5.3.3　疲劳裂纹扩展寿命估算

根据疲劳裂纹扩展速率表达式，用积分方法算出疲劳裂纹扩展寿命 N_p，也可以算出带裂纹或缺陷机件的剩余疲劳寿命。这在生产上是非常有实用意义的。

对于机件疲劳剩余寿命的估算，一般先用无损探伤方法确定机件初始裂纹尺寸 a_0、形状位置和取向，从而确定 ΔK 的表达式 $\Delta K = Y\Delta\sigma\sqrt{a}$，再根据材料的断裂韧性 K_{IC} 及工作名义应力，确定临界裂纹尺寸 a_c，然后根据由试验确定的疲劳裂纹扩展速率表达式，最后用积分方法计算从 a_0 到 a_c 所需的循环周次，即疲劳剩余寿命 N_c。所以，从这个意义上说，这种寿命是机件有初始裂纹 a_0 后的疲劳裂纹扩展寿命，而且必要时还要考虑到机件服役的温度、环境介质、加载频率及过载等的影响。

在选择 $\mathrm{d}a/\mathrm{d}N$ 表达式时，从简便角度出发，常选用 Paris 公式。若取 $\Delta K = Y\Delta\sigma\sqrt{a}$，则

$$\frac{\mathrm{d}a}{\mathrm{d}N} = c(Y\Delta\sigma\sqrt{a})^n$$

所以

$$\frac{\mathrm{d}a}{cY^n(\Delta\sigma)^n a^{n/2}} = \mathrm{d}N \qquad (5-14)$$

当 $n \neq 2$ 时，有

$$N_c = \int_0^{N_c}\mathrm{d}N = \int_0^{a_c}\frac{\mathrm{d}a}{cY^n(\Delta\sigma)^n a^{n/2}} = \frac{2}{(n-2)c(Y\Delta\sigma)^n}\left[\frac{1}{a_0^{(n-2)/2}} - \frac{1}{a_c^{(n-2)/2}}\right] \quad (5-15)$$

当 $n = 2$ 时，有

$$N_c = \frac{1}{c(Y\Delta\sigma)^2}\left[\ln a_c - \ln a_0\right] \qquad (5-16)$$

【例 5.1】 在无限大厚板的中心有一穿透裂纹 $2a_0 = 2.0\mathrm{mm}$，设板受垂直于裂纹的交变应力，其中最大应力 $\sigma_{max} = 210\mathrm{MPa}$，最小应力 $\sigma_{min} = -50\mathrm{MPa}$。已知板材的 $K_{IC} = 60\mathrm{MPa}\cdot\mathrm{m}^{1/2}$，$\Delta K_{th} = 6.0\mathrm{MPa}\cdot\mathrm{m}^{1/2}$；Paris 公式中的参数 $C = 4\times10^{-12}$、$\Delta K = \Delta\sigma\sqrt{\pi a}$，且 $\mathrm{d}a/\mathrm{d}N \propto (r_y)^{1.5}$（$r_y$ 为塑性区的尺寸）。试计算该中心裂纹板的剩余疲劳寿命。

解： 已知 $2a_0 = 2.0\mathrm{mm}$，则 $a_0 = 1.0\mathrm{mm} = 0.001\mathrm{m}$。

$\sigma_{max} = 210\mathrm{MPa}$，$\sigma_{min} = -50\mathrm{MPa}$。因 $\sigma_{min} < 0$，于是 $\Delta\sigma = 210\mathrm{MPa}$。

由上述的条件有，$\Delta K = \Delta\sigma\sqrt{\pi a_0} = 210\times\sqrt{3.14\times0.001} = 11.76(\mathrm{MPa}\times\mathrm{m}^{1/2})$，大于 $\Delta K_{th} = 6.0\mathrm{MPa}\cdot\mathrm{m}^{1/2}$，于是 Paris 公式 $\frac{\mathrm{d}a}{\mathrm{d}N} = C(\Delta K)^m$ 是可用的。

因 $\mathrm{d}a/\mathrm{d}N \propto (r_y)^{1.5}$，而 $r_y = \frac{1}{4\sqrt{2}\pi}\left(\frac{K_I}{R_{eL}}\right)^2$，于是有 $\frac{\mathrm{d}a}{\mathrm{d}N} \sim (K_I)^3$，即 Paris 公式中的 $m = 3$。

利用 $K_{IC} = 60\mathrm{MPa}\cdot\mathrm{m}^{1/2}$，可得临界裂纹长度 a_c 为

$$a_c = \frac{K_{IC}^2}{\sigma_{max}^2\pi} = \frac{60^2}{210^2\times3.14} = 0.026$$

$\Delta K = \Delta\sigma\sqrt{\pi a}$，所以 Paris 公式可表示为

$$\frac{\mathrm{d}a}{\mathrm{d}N} = C\Delta\sigma^3\pi^{3/2}a^{3/2}$$

$$\mathrm{d}N = \frac{\mathrm{d}a}{C\Delta\sigma^3\pi^{3/2}a^{3/2}}$$

经积分可得中心裂纹板的剩余疲劳寿命为

$$N = \int_0^N\mathrm{d}N = \int_{a_0}^{a_c}\frac{\mathrm{d}a}{C\Delta\sigma^3\pi^{3/2}a^{3/2}} = \frac{2}{C\Delta\sigma^3\pi^{3/2}}\left(\frac{1}{a_0^{1/2}} - \frac{1}{a_c^{1/2}}\right)$$

将 $a_0 = 0.001\mathrm{m}$，$a_c = 0.026\mathrm{m}$，$\Delta\sigma = 210\mathrm{MPa}$，$C = 4\times10^{-12}$ 代入上式进行计算得

$$N = 2.45\times10^5 \text{ 次}$$

【例5.2】 某汽轮机转子的 $R_{0.2}=672\text{MPa}$，$K_{\text{IC}}=34.1\text{MPa} \cdot \text{m}^{1/2}$，$\text{d}a/\text{d}N=10^{-11}\times(\Delta K)^4$。工作时，因起动或停机在转子中心孔壁的最大合成惯性应力 $\sigma_0=352\text{MPa}$。经超声波探伤，得知中心孔壁附近有 $2a_0=8\text{mm}$ 的圆片状埋藏裂纹，裂纹离孔壁距离 $h=5.3\text{mm}$。如果此汽轮机平均每周起动和停机各一次，试估算转子在循环惯性力作用下的疲劳寿命。

解： 在解答这个问题以前，有几个问题要搞清楚：①对这种零件和载荷，可用的应力场强度因子表达式是什么？②用什么方程表达裂纹的扩展？③如何积分这个方程？④多大的 ΔK 值会引起断裂？⑤腐蚀和温度的影响如何？

（1）计算 K_{I}。查阅相关手册，得表面半椭圆裂纹尖端的应力场强度因子的表达式，即

$$K_{\text{I}}=1.1\sigma\sqrt{\frac{\pi a}{Q}}$$

实际表面裂纹不是理想的半椭圆形，但通常仍按上式计算 K_{I} 值，其适用条件为裂纹长度与裂纹厚度比不大于 0.5 的表面浅裂纹。本题中 $a/h=0.75>0.5$，故题中所指孔壁附近的圆片状埋藏裂纹为深裂纹，其应力强度因子表达式应为

$$K_{\text{I}}=M_e\sigma\sqrt{\frac{\pi a}{Q}} \tag{5-17}$$

式中，M_e 为自由表面修正因子，其值与 a/c 及裂纹厚度比有关，可由相关手册中查得；Q 为裂纹形状参数，可参考相关手册查询获得。

由于是埋藏圆片状裂纹 $a/2c=0.5$，$a/h=0.75$，查 M_e 曲线，得 $M_e=1.1$，计算得 $Q=2.41$，则

$$K_{\text{I}}=1.1\sigma\sqrt{\frac{\pi a}{2.41}}=1.1\times352\sqrt{\frac{\pi a}{2.41}}$$

（2）计算裂纹临界尺寸 a_c。由断裂判据或式（5-17）可得

$$K_{\text{IC}}=M_e\sigma_c\sqrt{\frac{\pi a_c}{Q}}$$

将 M_e、σ_c、a_c 及 Q 值代入得

$$K_{\text{IC}}=1.1\times352\sqrt{\frac{\pi a_c}{2.41}}$$

$$a_c=\frac{34.1^2\times2.41}{(1.1\times352)^2\pi}=6.2(\text{mm})$$

（3）估算疲劳寿命。当 $K_{\text{Imin}}=0$ 时，有

$$\frac{\text{d}a}{\text{d}N}=10^{-11}(\Delta K)^4=10^{-11}\left(M_e\sigma\sqrt{\frac{\pi a}{Q}}\right)^4$$

按式（5-15）得

$$N_c=\int_{a_0}^{a_c}\frac{\text{d}a}{10^{-11}\left(M_e\sigma\sqrt{\frac{\pi a}{Q}}\right)^4}$$

$$=\int_{a_0}^{a_c}\frac{\text{d}a}{10^{-11}\left(1.1\times352\sqrt{\frac{\pi a}{2.41}}\right)^4}=2350(\text{周次})$$

因一年为 52 周，故疲劳寿命（允许运转时间）为

$$t = \frac{N_c}{52 \times 2} = \frac{2350}{104} = 22.6 (\text{年})$$

需要指出，上述计算并没有考虑材质的不均匀性、介质、温度波动及工作应力对疲劳裂纹扩展的影响，因此其结果不精确。

【例 5.3】 某构件中存在长度为 $2a_0$ 的中心穿透裂纹，构件材料的断裂韧性为 K_{IC}、疲劳裂纹扩展的门槛值为 ΔK_{th}。若该构件在最大应力为 σ 的脉动应力下工作，则 $\Delta\sigma = \sigma - 0 = \sigma$，且由于 $\Delta K_0 = \sigma\sqrt{\pi a_0} > \Delta K_{th}$，试用疲劳裂纹扩展速率的表达式 $\frac{da}{dN} = C(\Delta K)^m$，推导该构件的剩余疲劳寿命 N_c。

解： 对具有中心穿透裂纹的构件，$K_I = \sigma\sqrt{\pi a}$。由于构件在最大应力为 σ 的脉动应力下工作，所以 $\Delta\sigma = \sigma - 0 = \sigma$，且由于 $\Delta K_0 = \sigma\sqrt{\pi a_0} > \Delta K_{th}$，故可以用 Paris 公式 $\frac{da}{dN} = C(\Delta K)^m$ 计算构件的剩余寿命。

中心裂纹的初始长度为 a_0，而最终裂纹长度可根据 K_{IC} 求得。

$K_{IC} = \sigma\sqrt{\pi a_c}$，即 $a_c = \frac{1}{\pi}\left(\frac{K_{IC}}{\sigma}\right)$，则有 $\frac{da}{dN} = C(\sigma\sqrt{\pi a})^m$，所以 $dN = \frac{da}{C\pi^{\frac{m}{2}}\sigma^m a^{\frac{m}{2}}}$，对上式积分，当 $m = 2$ 时，有

$$N_C = \int_0^{N_C} dN = \int_{a_0}^{a_c} \frac{da}{C\pi\sigma^2 a} = \frac{\ln(a_c/a_0)}{C\pi\sigma^2}$$

当 $m \neq 2$ 时，有

$$N_C = \int_0^{N_C} dN = \int_{a_0}^{a_c} \frac{da}{C\pi^{\frac{m}{2}}\sigma^m a^{\frac{m}{2}}} = \frac{a_c^{1-\frac{m}{2}} - a_0^{1-\frac{m}{2}}}{\left(1 - \frac{m}{2}\right)C\pi^{\frac{m}{2}}\sigma^m}$$

5.4 疲劳过程及机理

前面讨论了形成一条工程裂纹的寿命和在构件上已经有一条足够大的裂纹的疲劳裂纹扩展寿命的问题。然而，没有涉及裂纹萌生机理，以及由萌生的微裂纹到可以用线弹性断裂力学描述的长裂纹之间的扩展问题，而这一部分寿命在构件的疲劳总寿命中常常占有很大的份额。

疲劳过程包括疲劳裂纹萌生、裂纹亚稳扩展及最后失稳扩展三个阶段，其疲劳寿命 N_f 由疲劳裂纹萌生期 N_i 和裂纹亚稳扩展期 N_p 所组成。了解疲劳各阶段的物理过程，对认识疲劳本质，分析疲劳原因，采取强韧化对策，延长疲劳寿命都是很有意义的。

5.4.1 疲劳裂纹的萌生

宏观疲劳裂纹是由微观裂纹的形成、长大及连接而成的。关于疲劳裂纹萌生期，目前尚无统一的裂纹尺度标准，常将 0.05～0.1mm 的裂纹定为疲劳裂纹核，并由此定义疲劳裂纹萌生期。

大量研究表明，疲劳微观裂纹都是由不均匀的局部滑移和显微开裂引起的，主要方式

有表面滑移带开裂；第二相、夹杂物或其界面开裂；晶界或亚晶界开裂等。

1. 滑移带开裂产生裂纹

大量试验表明，金属在循环应力($\sigma > \sigma_{-1}$)长期作用下，即使其应力低于屈服应力，也会发生循环滑移并形成循环滑移带。与静载荷时均匀滑移带相比，循环滑移是极不均匀的，总是集中分布于某些局部薄弱区域。用电解抛光的方法也很难将已产生的表面循环滑移带去除，即使能去除，当对试样重新循环加载时，循环滑移带又会在原处再现，这种永留或再现的循环滑移带称为驻留滑移带，具有持久驻留性。它有力地说明，驻留滑移带是由材料某薄弱区域产生的。驻留滑移带一般只在表面形成，其深度较浅。随着加载循环次数的增加，循环滑移带会不断地加宽，当加宽至一定程度时，由于位错的塞积和交割作用，便在驻留滑移带处形成微裂纹。

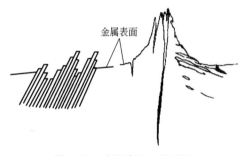

图 5.27　金属表面"挤出"、"侵入"并形成裂纹

驻留滑移带在加宽过程中，还会出现挤出脊和侵入沟，于是此处就产生应力集中和空洞，经过一定循环后也会产生微裂纹。挤出和侵入的现象在很多实验中曾经观察到，而且看到了由它所形成的裂纹(图 5.27)。关于挤出和侵入是怎样形成的这一问题，可以用柯垂耳(A. H. Collrell)和赫尔(D. Hull)提出的一个交叉滑移模型来说明，如图 5.28 所示。在拉应力的半周期内，先在取向最有利的滑移面上位错源 S_1 被激活，当它增殖的位错滑动到表面时，便在 P 处留下一个滑移台阶，如图 5.28(a)所示。在同一半周期内，随着拉应力增大，在另一个滑移面上的位错源 S_2 也被激活，当它增殖的位错滑动到表面时，在 Q 处留下一个滑移台阶；与此同时，后一个滑移面上位错运动使第一个滑移面错开，造成位错源 S_1 与滑移台阶 P 不再处于同一个平面内，如图 5.28(b)所示。在压应力的半周期内，位错源 S_1 又被激活，位错向反方向滑动，在晶体表面留下一个反向滑移台阶 P'，于是 P 处形成一个侵入沟；与此同时，也造成位错源 S_2 与滑移台阶 Q 不再处于一个平面内，如图 5.28(c)所示。同一半周期内，随着压应力增加，位错源 S_2 又被激活，位错沿相反方向运动，滑出表面后留下一个反向的滑移台阶 Q'，于是在此处形成一个挤出脊，如图 5.28(d)所示；与此同时又将位错源 S_1 带回原位置，与滑移台阶 P 处于一个平面内。若应力如此不断循环下去，挤出脊高度和侵入沟深度将不断增加，而宽度不变。

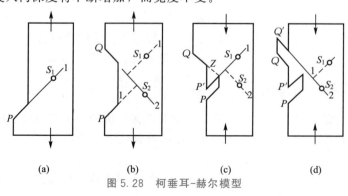

图 5.28　柯垂耳-赫尔模型

这一模型从几何和能量上看是可能的,但它所产生的挤出脊和侵入沟是分别出现在两个滑移系统中,这与实际情况不大一致,因为实验中看到的挤出脊和侵入沟常常在同一滑移系统的相邻部位上(图5.27)。

从以上疲劳裂纹的形成机理来看,只要能提高材料的滑移抗力(如采用固溶强化、细晶强化等手段),均可以阻止疲劳裂纹萌生,提高疲劳强度。

2. 相界面开裂产生裂纹

在疲劳失效分析中,常常发现很多疲劳源都是由材料中的第二相或夹杂物引起的,因此便提出了第二相、夹杂物和基体界面开裂,或第二相、夹杂物本身开裂的疲劳裂纹萌生机理(图5.29)。

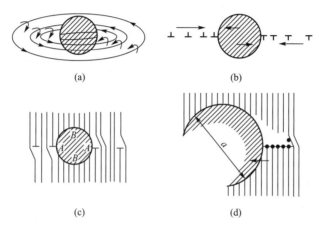

(a)　　　　　　　　　　(b)

(c)　　　　　　　　　　(d)

图5.29　微孔形核长大模型图

从第二相或夹杂物可引发疲劳裂纹的机理来看,只要能降低第二相或夹杂物的脆性,提高相界面强度,控制第二相或夹杂物的数量、形态、大小和分布,使之"少、圆、小、匀",均可抑制或延缓疲劳裂纹在第二相或夹杂物附近萌生,提高疲劳强度。

3. 晶界开裂产生裂纹

多晶体材料由于晶界的存在和相邻晶粒的不同取向性,位错在某一晶粒内运动时会受到晶界的阻碍作用,在晶界处发生位错塞积和应力集中现象。在应力不断循环下,晶界处的应力集中得不到松弛时,应力峰会越来越高,当超过晶界强度时就会在晶界处产生裂纹(图5.30)。

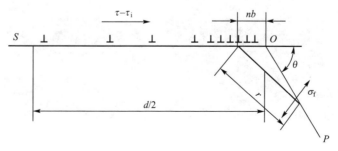

图5.30　位错塞积形成裂纹

从晶界萌生裂纹来看，凡使晶界弱化和晶粒粗化的因素，如晶界有低熔点夹杂物等有害元素和成分偏析、回火脆、晶界析氢及晶粒粗化等，均易产生晶界裂纹，降低疲劳强度；反之，凡使晶界强化、净化和细化晶粒的因素，均能抑制晶界裂纹形成，提高疲劳强度。

5.4.2　疲劳裂纹的扩展

疲劳微裂纹萌生后即进入裂纹扩展阶段。根据裂纹扩展方向，裂纹扩展可分为两个阶段，如图 5.31 所示。第一阶段是从表面个别侵入沟(或挤出脊)先形成微裂纹，随后，裂纹主要沿主滑移系方向(最大切应力方向)以纯剪切方式向内扩展。在扩展过程中，多数微裂纹成为不扩展裂纹，只有少数微裂纹会扩展 2~3 个晶粒范围。在此阶段，裂纹扩展速率很低，每一应力循环大约只有 0.1μm 的扩展量。许多铁合金、铝合金、钛合金中都曾观察到裂纹扩展第一阶段，但缺口试样可能不出现裂纹扩展第一阶段。

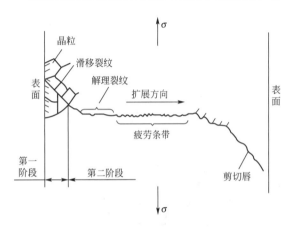

图 5.31　疲劳裂纹扩展的两个阶段

由于第一阶段的裂纹扩展速率很低，而且其扩展总进程也很小，所以该阶段的断口很难分析，常常看不到什么形貌特征，只有一些擦伤的痕迹；但在一些强化材料中，有时可看到周期解理或准解理花样，甚至还有沿晶开裂的冰糖状花样。

在第一阶段裂纹扩展时，由于晶界的不断阻碍作用，裂纹扩展逐渐转向垂直于拉应力的方向，进入第二阶段扩展。在室温及无腐蚀条件下疲劳裂纹扩展是穿晶的。这个阶段的大部分循环周期内，裂纹扩展速率为 $10^{-5} \sim 10^{-2}$ mm/次，正好与图 5.21 所示的 $da/dN - \Delta K$ 曲线的Ⅱ区相对应，所以第二阶段应是疲劳裂纹亚稳扩展的主要部分。

电镜断口分析表明，第二阶段的断口特征是具有略呈弯曲并相互平行的沟槽花样，称为疲劳条带(或疲劳条纹、疲劳辉纹)。它是裂纹扩展时留下的微观痕迹，每一条带可以视作一次应力循环的扩展痕迹，裂纹的扩展方向与条带垂直。图 5.32 所示即为疲劳条带。

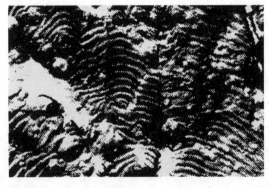

(a) 韧性条带(×10000)

(b) 脆性条带(×6000)

图 5.32　疲劳条带(SEM)

疲劳条带是疲劳断口最典型的微观特征，在失效分析中，常利用疲劳条带间宽与 ΔK 的关系来分析疲劳破坏。但是在实际观察不同材料的疲劳断口时，并不一定都能看到清晰的疲劳条带。一般滑移系多的面心立方金属，其疲劳条带比较明显，如 Al、Cu 合金和 18-8 不锈钢；而滑移系较少或组织状态比较复杂的钢铁材料，其疲劳条带往往短窄而紊乱，甚至还看不到。因此在分析电镜断口时，利用疲劳条带分析疲劳裂纹扩展速率和疲劳寿命往往不一定可靠。应该指出，这里所指的疲劳条带和前面提到的宏观疲劳断口的贝纹线并不是一回事，疲劳条带是疲劳断口的微观特征，贝纹线是疲劳断口的宏观特征，在相邻贝纹线之间可能有成千上万个疲劳条带。在断口上二者可以同时出现，即宏观上既可以看到贝纹线，微观上又可看到疲劳条带；二者也可以不同时出现，即在宏观上有贝纹线而在微观上却看不到条带，或者宏观上看不到贝纹线而在微观上却能看到条带。这种不完全对应的现象在进行疲劳断口分析时需要注意，千万不可片面作结论。为了说明第二阶段疲劳裂纹扩展的物理过程，解释疲劳条带的形成原因，曾提出不少裂纹扩展模型，其中比较公认的是塑性钝化模型。

莱尔德(Laird)和史密斯(Smith)在研究铝、镍金属疲劳时提出，高塑性的 Al、Ni 材料在交变循环应力作用下，因裂纹尖端的塑性张开钝化和闭合锐化，会使裂纹向前延续扩展。具体扩展过程如图 5.33 所示，左侧图(a)～(e)曲线的实线段表示交变应力的变化，右侧为疲劳扩展第二阶段中疲劳裂纹的剖面示意图。

图 5.33(a)表示交变应力为零时，右侧裂纹呈闭合状态。

图 5.33(b)表示受拉应力时裂纹张开，裂纹尖端由于应力集中，沿 45°方向发生滑移。

【裂纹扩展的
塑性钝化】

图 5.33(c)表示拉应力达到最大值时，滑移区扩大，裂纹尖端变为半圆形，发生钝化，裂纹停止扩展。这种由于塑性变形使裂纹尖端的应力集中减小，滑移停止，裂纹不再扩展的过程称为"塑性钝化"。图 5.33(c)中两个同向箭头表示滑移方向，两箭头之间距离表示滑移进行的宽度。

图 5.33(d)表示交变应力为压应力时，滑移沿相反方向进行，原裂纹与新扩展的裂纹表面被压近，裂纹尖端被弯折成一对耳状切口，为沿 45°方向滑移准备了应力集中条件。

图 5.33(e)表示压应力达到最大值时，裂纹表面被压合，裂纹尖端又由钝变锐，形成一对尖角。

由此可见，应力循环一周期，在断口上便留下一条疲劳条带，裂纹向前扩展一个条带的距离。如此反复进行，不断形成新的条带，疲劳裂纹也就不断向前扩展。因此，疲劳裂纹扩展的第二阶段就是在应力循环下，裂纹尖端钝锐反复交替变化的过程。在电子显微镜下，看到的疲劳断口上的疲劳条带就是这种疲劳裂纹扩展所留下的痕迹。

显然，这种模型对说明塑性材料的疲劳扩展

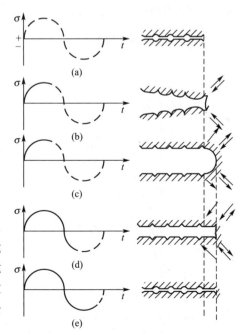

图 5.33　Laird 疲劳裂纹扩展模型

过程、韧性疲劳条带的形成过程是很成功的。**材料强度越低，裂纹扩展越快，疲劳条带越宽。**

【例5.4】 发动机的曲轴采用40Cr制造，分析提高其疲劳抗力的工艺。

解： 通常采用调质加表面淬火的热处理工艺或采用调质后表面滚压的工艺。

(1)轴类零件承受弯扭载荷，表面应力最大，表面淬火或滚压后表面硬度和强度增加，可以有效地抵抗表面滑移的产生，防止在表面由于表面驻留滑移带的产生而导致疲劳裂纹的产生。

(2)表面淬火或滚压后，表面体积膨胀，在表面产生压应力，可以降低有效表面拉应力的作用，防止疲劳裂纹的产生和扩展。

5.5 低 周 疲 劳

研究飞机、舰船、桥梁、原子反应堆装置及建筑设备的断裂时发现，在较高应力和较少循环次数情况下也会发生疲劳断裂。例如，风暴席卷的海船壳体、常年阵风吹刮的桥梁、飞机发动机涡轮盘和压气机盘、飞机起落架、压力容器以及一些热疲劳件等的破坏都属于此类情况。金属在循环载荷作用下，疲劳寿命为 $10^2 \sim 10^5$ 次的疲劳断裂称为低周疲劳。

低周疲劳时，机件或构件的名义应力低于材料的屈服强度，但在实际机件缺口根部因应力集中却能产生塑性变形，并且这个变形总是受到周围弹性体的约束，即缺口根部的变形是受控的。所以，机件或构件受循环应力作用，而缺口根部则受循环塑性应变作用，疲劳裂纹总是在缺口根部形成。因此，这种疲劳也称塑性疲劳或应变疲劳。

在低应力长寿命(高周疲劳)条件下，材料的疲劳行为主要受控于其所受的名义应力水平，疲劳行为的描述借助于 $S-N$ 曲线，相应零件或结构的设计则依据疲劳极限或过载持久值。对材料低周疲劳行为的研究，采用控制应变条件的疲劳试验，对试验结果的描述则借助于应变-寿命$(\varepsilon-N)$曲线。

5.5.1 低周疲劳概述

1. 低周疲劳的特点

(1) 低周疲劳时，因局部区域产生宏观塑性变形，故循环应力与应变之间不再呈直线关

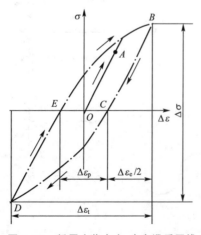

图 5.34 低周疲劳应力-应变滞后回线

系，而是形成如图 5.34 所示的滞后回线。在图 5.34 中，开始加载时，曲线沿 OAB 进行，卸载时沿 BC 进行；反向加载时沿 CD 进行，从 D 点卸载时沿 DE 进行。再次拉伸时沿 EB 进行。如此循环经过一定周次(通常不超过 100 周次)后，就达到图 5.34 所示的稳定状态滞后回线。图中 $\Delta\varepsilon_t$ 为总应变范围，$\Delta\varepsilon_p$ 为塑性应变范围，$\Delta\varepsilon_e$ 为弹性应变范围，$\Delta\varepsilon_t = \Delta\varepsilon_p + \Delta\varepsilon_e$。

(2) 低周疲劳试验时，或者控制总应变范围，或者控制塑性应变范围，在给定的 $\Delta\varepsilon_t$ 或 $\Delta\varepsilon_p$ 下测定疲劳寿命。试验结果处理不用 $S-N$ 曲线，而要改用 $\Delta\varepsilon_t/2 - 2N_f$ 或 $\Delta\varepsilon_p/2 - 2N_f$ 曲线，以描述材料的低周疲劳规律。$\Delta\varepsilon_t/2$ 和 $\Delta\varepsilon_p/2$ 分别为总应变幅和塑性应变幅。

（3）低周疲劳破坏有几个裂纹源，这是由于应力比较大，裂纹容易形核，其形核期较短，只占总寿命的 10%。低周疲劳微观断口的疲劳条带较粗，间距也宽一些，并且常常不连续。在许多合金中，特别是在超高强度钢中可能不出现条带。在某些金属材料中，只有破坏的应力循环周次不小于 1000 时才会出现疲劳条带。破坏的应力循环周次在 90 以下时，断口呈韧窝状；大于 100 次时，还出现轮胎花样。

（4）低周疲劳寿命取决于塑性应变幅，而高周疲劳寿命则取决于应力幅或应力强度因子范围，但两者都是循环塑性变形累积损伤的结果。

2. 循环硬化和循环软化

循环加载初期，材料对循环加载的响应有一个由不稳定向稳定过渡的过程。此过程可分别用在应力控制下的应变-时间（$\varepsilon - t$）函数或在应变控制下的应力-时间（$\sigma - t$）函数（图 5.35）给出。

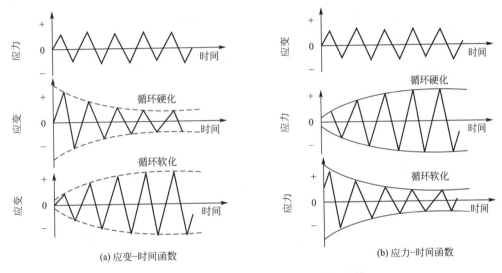

(a) 应变-时间函数　　(b) 应力-时间函数

图 5.35　应力/应变控制下的材料循环特性

金属承受恒定应变范围循环加载时，循环开始的应力-应变滞后回线是不封闭的，只有经过一定周次后才形成封闭滞后回线。金属材料由循环开始状态变成稳定状态的过程，与其在循环应变作用下的形变抗力变化有关。这种变化有两种情况，即循环硬化和循环软化。若金属材料在恒定应变范围循环作用下，随循环周次增加其应力（形变抗力）不断增加，即为循环硬化，如图 5.36(a) 所示；若在循环过程中，应力逐渐减小，则为循环软化如图 5.36(b) 所示。

不论是产生循环硬化的材料，还是产生循环软化的材料，它们的应力-应变滞后回线只有在应力循环周次达到一定值后才是闭合的，此时即达到循环稳定状态。对于每一个固定的应变范围，都能得到相应的稳定滞后回线。将不同应变范围的稳定滞后回线的顶点连接起来，便得到一条如图 5.37 所示的循环应力-应变曲线。图中还用虚线画出 40CrNiMo 钢的单次拉伸应力-应变曲线。比较循环应力-应变曲线与单次应力-应变曲线，可以判断循环应变对材料性能的影响。因此，循环应力-应变曲线和下面将要介绍的应变-寿命曲线都是评定材料低周疲劳特性的曲线。例如，40CrNiMo 钢的循环应力-应变曲线低于它的单

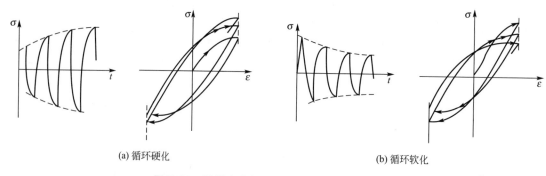

(a) 循环硬化

(b) 循环软化

图 5.36 低周疲劳初期的 $\sigma-t$ 曲线和 $\sigma-\varepsilon$ 曲线

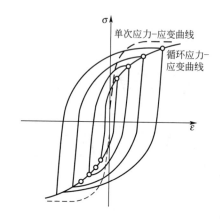

图 5.37 40CrNiMo 钢的
循环应力-应变曲线

次应力-应变曲线，表明这种钢具有循环软化现象；反之，若材料的循环应力-应变曲线高于它的单次应力-应变曲线时，则表明该材料具有循环硬化现象。

由此可见，循环应变会导致材料形变抗力发生变化，使材料的强度变得不稳定，特别是由循环软化材料制作的机件，在承受大应力循环使用过程中，将因循环软化产生过量的塑性变形而使机件破坏。因此，承受低周大应变的机件，应该选用循环稳定或循环硬化型材料。

金属材料产生循环硬化还是循环软化取决于材料的初始状态、结构特性以及应变幅和温度等。退火状态的塑性材料往往表现为循环硬化，而加工硬化的材料则往往表现为循环软化。试验发现，循环应变对材料性能的影响与它的 R_m/R_{eL} 比值有关。材料的 $R_m/R_{eL}>1.4$ 时，表现为循环硬化；而 $R_m/R_{eL}<1.2$ 时，则表现为循环软化；R_m/R_{eL} 比值在 1.2～1.4 之间的材料，其倾向不定，但这类材料一般比较稳定，没有明显的循环硬化和循环软化现象。另外，也可用应变硬化指数 n 来判断循环应变对材料性能的影响，$n<0.1$ 时，材料表现为循环软化；当 $n>0.1$ 时，材料表现为循环硬化或循环稳定。

循环硬化和循环软化现象与位错循环运动有关。例如，一些退火软金属在恒应变幅的循环载荷下，由于位错往复运动和交互作用，产生了阻碍位错继续运动的阻力，从而产生循环硬化。在冷加工后的金属中，充满位错缠结和障碍，这些障碍在循环加载中被破坏；或在一些沉淀强化不稳定的合金中，由于沉淀结构在循环加载中被破坏均可导致循环软化。

有必要指出，在恒应力幅循环加载下，材料发生循环软化是危险的，因为这时应变幅将连续增大，可引起受载构件的过早断裂。相反，在恒应变幅循环条件下，如果材料是循环硬化型的，则材料所受应力幅越来越高，也可引起受载构件的早期断裂。这都是实践中应特别注意的。

3. 应变-寿命曲线

曼森(S. S. Manson)和柯芬(L. F. Coffin)等分析了低周疲劳的试验结果和规律，提出了低周疲劳寿命公式，即

$$\frac{\Delta\varepsilon_{t}}{2}=\frac{\Delta\varepsilon_{e}}{2}+\frac{\Delta\varepsilon_{p}}{2}=\frac{\sigma_{f}'}{E}(2N_{f})^{b}+\varepsilon_{f}'(2N_{f})^{c} \tag{5-18}$$

式中，σ_f' 为疲劳强度系数，约等于材料静拉伸的真实断裂应力，$\sigma_f'\approx\sigma_f$；b 为疲劳强度指数，$b=-0.12\sim-0.05$，通常取 $b=-0.1$；ε_f' 为疲劳塑性系数，约等于材料静拉伸时的真实断裂应变，$\varepsilon_f'\approx e_f$，$e_f=\ln\frac{1}{1-Z}$；$c$ 为疲劳塑性指数，$c=-0.7\sim-0.5$，通常取 $c=-0.6$；E 为弹性模量；Z 为断面收缩率；$2N_f$ 为总的应力反向次数，一个循环周次中应力反向两次。

在双对数坐标图上，式(5-18)等号右边两项是两条直线，分别代表弹性应变幅-寿命线和塑性应变幅-寿命线。其中表示塑性应变幅-寿命关系的公式 $\frac{\Delta\varepsilon_p}{2}=\varepsilon_f'(2N_f)^c$，通常称为曼森-柯芬公式。两条直线叠加，即得总应变幅-寿命曲线(图5.38)。两条直线斜率不同，故存在一个交点，交点对应的寿命称为过渡寿命 $(2N_f)_t$。在交点左侧，即低周疲劳范围内，塑性应变幅起主导作用，材料的疲劳寿命由塑性控制；在交点右侧，即高周疲劳范围内，弹性应变幅起主导作用，材料的疲劳寿命由强度决定。为此，在选择机件材料和决定工艺时，要区分机件服役条件是哪一类疲劳，如属于高周疲劳，应主要考虑材料的强度；如属于低周疲劳，则应在保持一定强度基础上尽量选用塑性好的材料。显然，此处提出的以过渡寿命为界划分高周疲劳和低周疲劳，比以 $10^2\sim10^5$ 周次分界要严密科学得多。

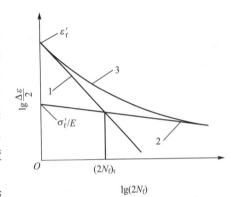

图5.38 总应变幅-寿命曲线
1—$\Delta\varepsilon_p/2$ - $2N_f$ 曲线；
2—$\Delta\varepsilon_e/2$ - $2N_f$ 曲线；
3—$\Delta\varepsilon_t/2$ - $2N_f$ 曲线

过渡寿命也是材料的疲劳性能指标，在设计与选材方面具有重要意义，其值与材料性能有关。一般，提高材料强度，过渡寿命减小；提高材料塑性和韧性，过渡寿命增大。高强度材料过渡寿命可能少至10次；低强度材料则可能超过 10^5 次。

为了应用更为方便，曼森通过对29种金属材料的试验研究发现，总应变幅 $\Delta\varepsilon_t/2$ 与疲劳断裂寿命 $2N_f$ 之间存在下列关系，即

$$\frac{\Delta\varepsilon_{t}}{2}=3.5\left(\frac{R_{m}}{E}\right)(2N_{f})^{-0.12}+e_{f}^{0.6}(2N_{f})^{-0.6} \tag{5-19}$$

式中，R_m 为抗拉强度。

可见，只要知道材料的静拉伸性能 R_m、E、e_f(或 Z)，就可求得材料光滑试样完全对称循环下的低周疲劳寿命曲线。这种预测低周疲劳寿命的方法，称为通用斜率法。

有必要指出，各种表面强化手段，对提高低周疲劳寿命均无明显效果。

5.5.2 缺口机件疲劳寿命估算

光滑试样低周疲劳试验结果的另一个重要应用，就是估算缺口机件的疲劳寿命。

现作如下基本假设：如果光滑试样和缺口机件缺口根部区经受相同的循环应力应变历程，则形成同样累积损伤所需的加载循环周次应该相同。根据这一假设提出的估算缺口机件疲劳寿命的方法，称为局部应变法。它是将缺口根部区局部的应力应变与机件所受名义应力应变联系起来，以估算疲劳寿命的方法。这种方法分两个步骤：一是根据缺口机件所

受名义应力确定缺口根部区局部的应力和应变；二是由局部应力和应变估算疲劳寿命。

第一步，要应用 Neuber 规则。基于有限元法和塑性理论的 Neuber 规则认为，在缺口根部区处于弹塑性状态时，理论应力集中系数 K_t 等于实际应力集中系数 K_σ 和实际应变集中系数 K_ε 的几何平均值，并且可以推广应用于低周疲劳，即

$$K_t = (K_\sigma K_\varepsilon)^{1/2} \tag{5-20}$$

式中，$K_\sigma = \Delta\sigma_实 / \Delta\sigma_名$，$K_\varepsilon = \Delta\varepsilon_实 / \Delta\varepsilon_名$，$\Delta\sigma_名$ 和 $\Delta\varepsilon_名$ 为缺口机件承受的名义应力范围和名义应变范围，$\Delta\sigma_实$ 和 $\Delta\varepsilon_实$ 为缺口根部区局部的实际应力范围和实际应变范围。代入式（5-20）得

$$K_t = \left(\frac{\Delta\sigma_实}{\Delta\sigma_名} \frac{\Delta\varepsilon_实}{\Delta\varepsilon_名}\right)^{1/2} \tag{5-21}$$

如果缺口根部区处于弹性状态，则式（5-21）可改写为

$$\Delta\sigma_实 \, \Delta\varepsilon_实 = (\Delta\sigma_名 \, K_t)^2 / E \tag{5-22}$$

当名义应力范围 $\Delta\sigma_名$ 保持恒定时，式（5-22）等号右边为常数，即该式为等轴双曲线方程。所以，由 Neuber 规则确定的局部应力范围和应变范围呈双曲线变化。

当材料给定时，材料就有确定的循环应力-应变曲线。由于缺口根部区的局部应力-应变必须与材料的循环应力-应变行为一致，所以两条曲线的交点决定的应力和应变就是机件缺口根部区的局部应力和应变(图 5.39)。

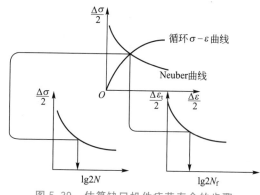

第二步，根据所得的局部应变范围，从光滑试样测得的材料 $\Delta\varepsilon_t/2 - 2N_f$ 曲线上，就可以求得估算的缺口机件疲劳寿命(图 5.39)。如果局部应变范围较低，也可以用 $\Delta\sigma/2 - 2N$ 曲线($S-N$ 曲线)估算疲劳寿命。

由 Neuber 规则预测一些材料的缺口疲劳行为，有一定的精确度，但它忽略了疲劳裂纹扩展阶段及残余应力的影响等，所以该规则估算的疲劳寿命是疲劳裂纹萌生寿命。

图 5.39　估算缺口机件疲劳寿命的步骤

Topper 等在应用 Neuber 规则时，将疲劳缺口系数 K_f 代替理论应力集中系数 K_t，使规则成为 $K_f = (K_\sigma K_\varepsilon)^{1/2}$，可以有效地估算各种钢材缺口件的疲劳寿命。

5.5.3　低周冲击疲劳

冲击疲劳是机件在重复冲击载荷作用下的疲劳断裂，断裂周次 $N_f < 10^5$ 时为低周冲击疲劳。在航空、军械和锻压设备中的许多机件如飞机起落架、炮身、凿岩机活塞、锤杆、锻模等都是在多次冲击载荷下工作的，它们是常因低周冲击疲劳而失效的典型例子。

研究材料在低周冲击疲劳条件下的力学性能有两种试验方法：一是落锤式多次冲击试验(多冲试验)，加载方式以多冲弯曲或多冲拉伸应用较多，也有进行多冲压缩试验的；一是应用分离式霍普金森压杆试验技术进行的高应变速率冲击拉伸——压缩疲劳试验。

常见的多冲试验机有 PC-150 型等，一般冲击频率为 450 周次/min 和 600 周次/min，冲击能量可在一定范围内变化，试样形状和尺寸及加载方式根据研究目的也有所不同。试验时锤头以一定的能量重复冲击试样，直至某一周次下试样疲劳断裂或开裂(多次冲击压

缩时)为止。将不同冲击能量下的断裂周次整理,绘制成多次冲击曲线,即冲击功(A)断裂周次(N)曲线,如图 5.40 和图 5.41 所示。

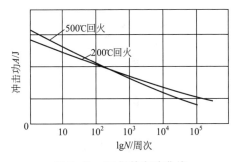

图 5.40　35 钢的多冲曲线

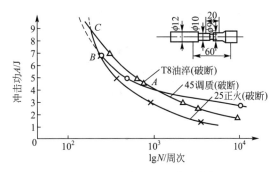

图 5.41　三种典型材料的多冲曲线

由图 5.40、图 5.41 可见,A-$\lg N$ 多冲曲线和普通低周疲劳的 $\Delta\varepsilon_t/2$-$2N_f$ 曲线非常相似:随冲击能量减小,断裂周次增加。材料的低周冲击疲劳强度可用一定冲击能量下的断裂周次或用要求的断裂周次时的冲断能量表示。这种试验方法简单,但不能测出试样中的应力和应变。因此,实践中主要用于机件选材和优化工艺的相对比较,不能用于机件设计计算。

在图 5.40 中,35 钢淬火后经 500℃和 200℃回火,获得不同强度和塑性配合,两种工艺的 A-$\lg N$ 曲线有一交点。在交点上方较高冲击能量下,塑性高的热处理状态寿命长;而在交点下方的较低冲击能量下,强度高的热处理状态寿命长。图 5.41 中的 A-$\lg N$ 曲线也有相同特点,只是因三种材料具有不同强度、塑性配合,图上出现了两个交点。

由多次冲击试验结果可知,金属材料的低周冲击疲劳强度是与强度和塑性有关的综合力学性能:在冲击能量高时,低周冲击疲劳强度主要取决于塑性;冲击能量低时,低周冲击疲劳强度则主要取决于强度。工程上,对于承受多次小能量冲击载荷作用的机件,在选材或制订工艺时应尽量考虑强度的作用,而不必过高追求塑性。

杨平生等在自行研制改进的分离式霍普金森(Hopkinson)压杆装置上,对低碳钢、不锈钢等多种金属材料,进行了高应变速率(400s^{-1})低周冲击拉伸-压缩疲劳试验,获得了类似普通低周疲劳的应力-应变滞后回线和应变幅-寿命曲线(图 5.42~图 5.44)。

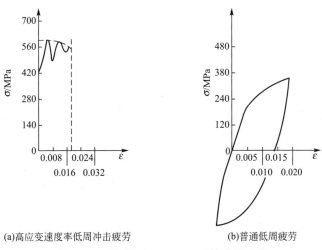

(a)高应变速度率低周冲击疲劳　　(b)普通低周疲劳

图 5.42　低碳钢($w_c = 0.1\%$)的滞后回线

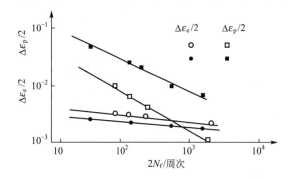

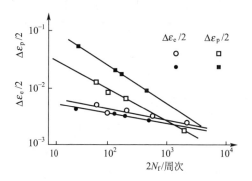

图 5.43 低碳钢($w_c=0.1\%$)的应变幅
($\Delta\varepsilon_e/2$，$\Delta\varepsilon_p/2$)和断裂寿命的关系
○、□——高应变速率低周冲击疲劳；
●、■——普通低周疲劳

图 5.44 不锈钢(1Cr18Ni9Ti)的应变幅
($\Delta\varepsilon_e/2$，$\Delta\varepsilon_p/2$)和断裂寿命的关系
○、□——高应变速率低周冲击疲劳；
●、■——普通低周疲劳

在图 5.42 中，低碳钢在高应变速率低周冲击疲劳条件下，其应力-应变滞后回线的高流变应力部分出现了平坦区，非连续平滑上升，而从图 5.43、图 5.44 可见，提高应变速率对两种材料的 $\Delta\varepsilon_e/2$-$2N_f$ 曲线影响不大，但使 $\Delta\varepsilon_p/2$-$2N_f$ 曲线显著向左偏移，过渡寿命降低。低碳钢的过渡寿命降低幅度比不锈钢的大。前者由普通低周疲劳时的约 2×10^4 周次降低到高应变速率低周冲击疲劳时的约 600 周次，后者从约 4000 周次降低到约 1000 周次。另外，黄铜的过渡寿命从约 6×10^4 周次降低到 1.6×10^4 周次；硬铝从 30 周次降低到 13 周次等。

金属材料在高应变速率低周冲击疲劳条件下所表现的力学行为与普通低周疲劳的差异，是应变速率对材料循环塑性变形和断裂过程影响的反映，影响程度与材料的应变速率敏感性有关。

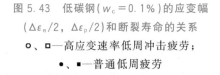 热疲劳

有些机件在服役过程中温度要发生反复变化，如热锻模、热轧辊及涡轮机叶片等。机件在由温度循环变化时产生的循环热应力及热应变作用下发生的疲劳，称为热疲劳。温度循环和机械应力循环叠加所引起的疲劳，则为热机械疲劳。产生热应力必须有两个条件，即温度变化和机械约束。温度变化使材料膨胀收缩，但因有约束而产生热应力。约束可以来自外部(如管道温度升高时，刚性支承约束管道膨胀)，也可以来自材料的内部。所谓内部约束，是指机件截面内存在温度差，一部分材料约束另一部分材料，使之不能自由胀缩，于是也产生热应力。

温度差 Δt 引起的膨胀热应变为 $\alpha\Delta t$(α 为材料的线膨胀系数)，如果该应变完全被约束，则产生热应力 $\Delta\sigma=-E\alpha\Delta t$($E$ 为弹性模量)。当热应力超过材料高温下的弹性极限时，将发生局部塑性变形。经过一定循环次数后，热应变可引起疲劳裂纹。可见，热疲劳和热机械疲劳破坏也是塑性应变累积损伤的结果，基本上服从低周应变疲劳规律。例如，柯芬研究一些材料的热疲劳行为时，发现塑性应变范围 $\Delta\varepsilon_p$ 和寿命 N_f 之间也存在下列关系：

$$\Delta\varepsilon_p N_f^{1/2} = c, \quad c = 0.5e_f = 0.5\ln\frac{1}{1-Z} \tag{5-23}$$

式中，e_f 为温度循环平均温度下材料的静拉伸真实断裂应变；Z 为同一温度下材料的断面收缩率。

热疲劳裂纹是在表面热应变最大的区域形成的，也常从应力集中处萌生。裂纹源一般有几个，在热循环过程中，有些裂纹发展形成主裂纹。裂纹扩展方向垂直于表面，并向纵深扩展而导致断裂。

金属材料抗热疲劳性能，不但与材料的热传导、比热容等热学性质有关，而且还与弹性模量、屈服强度等力学性能，以及密度、几何因素等有关。一般，脆性材料导热性差，热应力又得不到应有的塑性松弛，故热疲劳危险性较大；而塑性好的材料，其热疲劳寿命则较高。

阅读材料 5-3

预测低周疲劳寿命的一种新方法

材料循环应力-应变曲线的非线性部分在一定程度上反映了材料内部缺陷发展的情况，也即非线性部分偏离线性的程度反映了低周疲劳过程中的非线性响应，并与材料的疲劳寿命有着一定的关联性，所以，从逻辑上讲，通过确立反映循环应力-应变曲线中非线性部分偏离线性程度的特征量——余应变能密度 S_c，可以建立基于这一特征量 S_c 的疲劳寿命预测模型。

该方法据这一建模思路，建立疲劳寿命预测模型，采用 30CrNiMo8 钢的疲劳试验结果和某高温合金的疲劳试验结果（图 5.45），对该预测模型的预测结果和 Manson-Coffin 公式、三参数幂函数模型预测结果进行对比分析，该预测模型的预测结果与试验结果吻合良好，预测精度高于 Manson-Coffin 公式的预测精度，并接近或高于三参数幂函数模型的预测精度。和传统的 $S-N$ 曲线方法相比，余应变能密度除和应力幅有关外还考虑了循环强度系数 K'，循环应变硬化指数 n' 的影响（图 5.46）。因此能更好地表达材料的损伤和寿命的关系。

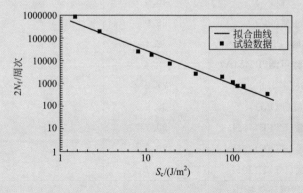

图 5.45　30CrNiMo8 钢循环塑性
余应变能密度-寿命曲线

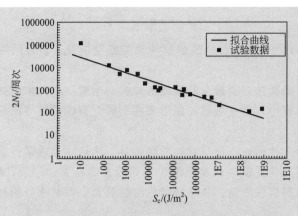

图 5.46　某高温合金循环弹性余应变能密度-寿命曲线

➡ 资料来源：刘康林．预测低周疲劳寿命的一种新方法．船舶力学，2010，14(1~2)．

5.6　聚合物的疲劳

聚合物的疲劳强度低于金属。大量的试验结果表明，多数聚合物的疲劳强度约为其抗拉强度值的 0.2~0.3。表 5-3 列出了一些聚合物的疲劳强度和抗拉强度。可以看出，热塑性聚合物的疲劳强度约为其抗拉强度的 0.25，而热固性聚合物的疲劳强度较高，聚甲醛(POM)和聚四氟乙烯(PTFE)其值达 0.4~0.5。聚合物的疲劳强度随分子量的增大而提高，随结晶度的增加而降低。

表 5-3　某些聚合物的疲劳强度

材　料		静拉伸强度 σ_u/MPa	疲劳强度(10^7 循环) σ_a/MPa	σ_a/σ_u
热塑性聚合物	醋酸纤维素(CA)	34.5	6.9	0.20
	聚苯乙烯(PS)	40.0	8.6	0.21
	聚碳酸酯(PC)	68.9	13.7	0.20
	聚苯醚(PPO)	72.4	13.7	0.19
	聚甲基丙烯酸甲酯(PMMA)	72.4	13.7	0.19
	尼龙 66(25％水)	77.2	23.4	0.30
	聚甲醛(POM)	68.9	34.5	0.50
	聚四氟乙烯(PTFE)40Hz	20.7	4.1	0.20
	聚四氟乙烯(PTFE)30Hz	20.7	6.2	0.30
	聚四氟乙烯(PTFE)20Hz	20.7	9.6	0.47
热固性聚合物	玻璃纤维增强环氧树脂（纤维方向随机分布）	186.1	82.8	0.45

聚合物及工程塑料的疲劳强度数据比较少。图 5.47 为几种聚合物在室温下的疲劳性能曲线，其疲劳极限值为 7~40MPa，某些聚合物(如环氧树脂、尼龙)的 $S-N$ 疲劳曲线无水平部分。

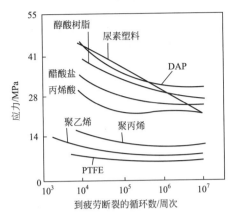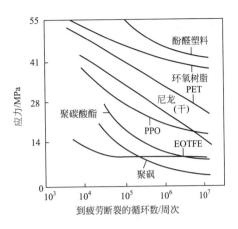

图 5.47　几种聚合物的室温疲劳性能曲线

聚合物在拉伸和压缩交变载荷作用下产生的滞后效应将使聚合物变热。不同的聚合物在疲劳载荷作用下，温度升高的程度差别很大。例如，聚苯乙烯在 28Hz 的频率下，疲劳试验发热并不严重；而聚乙烯在此相同频率下试验会很快软化而熔融。聚乙烯即使在 2Hz 频率下进行疲劳试验，在通常的应力水平下，其温度也将升高 5℃ 以上。因此，聚合物的疲劳破坏过程有两种方式，即①因大范围滞后能累加产生的热量使其软化，丧失承载能力，呈热疲劳破坏(它与金属热疲劳破坏是有区别的)，黏性流动是热疲劳破坏的主要原因；②在疲劳载荷作用下裂纹萌生，扩展引起的机械疲劳断裂。

聚合物的热疲劳通常是在较高应力水平和试验频率条件下，因产生的热量难以散失所引起的，因此，限制外加应力，降低试验频率，允许周期地停歇或冷却试样，以及增加试样表面积对体积的比值，均可抑制热疲劳破坏。

聚合物产生机械疲劳时，虽然在其裂纹尖端塑性区也有应变滞后导致的发热现象，但由于这个热源区很小，热量向周围材料散失，因而温度升高有限，且仅局限在裂纹尖端附近。所以，机械疲劳主要是裂纹萌生和扩展所致的机械破坏。

如前所述，在拉应力作用下，非晶态聚合物(如聚苯乙烯、聚甲基丙烯酸甲酯和聚氯乙烯)的某些薄弱区域，因应力集中产生局部塑性变形，结果在其表面或内部或裂纹尖端附近出现闪亮的、细长形的"类裂纹"，称为银纹。银纹是聚合物的特殊塑性变形方式。在循环载荷作用下，银纹仍然是聚合物最普通的塑性变形方式之一，而且它往往是控制聚合物疲劳裂纹萌生和亚临界扩展的重要因素。银纹实际上起着与金属材料中驻留滑移带相似的作用。

研究表明，聚合物疲劳裂纹扩展速率同样取决于应力强度因子范围 ΔK，与金属疲劳裂纹扩展一样也可用 Paris 公式来描述。图 5.48 即为几种聚合物的 $\lg(\mathrm{d}a/\mathrm{d}N)-\lg\Delta K$ 关系曲线，图中只有直线段一个区段，但有些聚合物的 $\lg(\mathrm{d}a/\mathrm{d}N)-\lg\Delta K$ 曲线也呈现由三个不同区段组成的"S"形，与金属材料相同。金属材料 Paris 公式中指数 $n=2\sim4$，而聚合物 $n=4\sim20$。可见，在相同的 ΔK 下，聚合物的 $\mathrm{d}a/\mathrm{d}N$ 较大，其抗疲劳裂纹扩展能力较金属低。

聚合物疲劳断口也有特殊的形貌。在高 ΔK 水平下，$\mathrm{d}a/\mathrm{d}N$ 超过 5×10^{-4} mm/次，断口上也出现疲劳条带，与金属材料中看到的相似，相邻条带之间的间距与疲劳裂纹宏观扩展速率有很好的对应关系。但在较低 ΔK 水平下，许多聚合物断口上出现不连续扩展增长带（DGB），其形态与条带类似，也垂直于疲劳裂纹扩展方向，但其间距远大于 da/dN。这表明，疲劳裂纹不是每个循环都向前扩展，而是经过几十或几百次循环后才向前跃迁一次。聚合物中疲劳裂纹不连续扩展是裂纹尖端银纹化所致，其模型如图5.49所示。在循环加载过程中，由于疲劳损伤累积，使裂纹尖端的银纹最大张开位移逐渐加大，当银纹最大张开位移达到临界值时，疲劳裂纹就向前跃迁一次；继续循环加载将形成新的银纹，并重复上述过程。

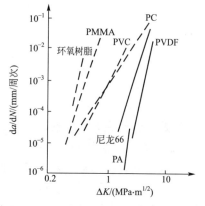

图5.48　几种聚合物的室温疲劳性能曲线

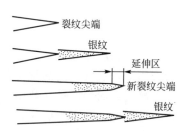

图5.49　疲劳裂纹不连续扩展模型

5.7　陶瓷材料的疲劳

随着工程结构陶瓷的发展和陶瓷在工程应用方面的日益扩大，研究陶瓷疲劳具有重要意义。陶瓷疲劳的含义与金属有些不同，金属疲劳主要指在长期交变应力作用下，材料耐用应力下降及破坏的行为。陶瓷疲劳含义更广，分为静态疲劳、循环疲劳和动态疲劳。静态疲劳相当于金属中的延迟断裂，即在一定载荷作用下，材料的耐用应力随时间下降的现象。动态疲劳是以恒定载荷速率加载，研究材料的失效断裂对加载速率的敏感性。

金属疲劳时，局部塑性变形起很大作用，由于反复的局部塑性变形，引起累积损伤，使疲劳载荷下的最大作用应力远小于材料的强度极限甚至小于屈服极限。陶瓷材料在室温下不发生或很难发生塑性变形，因此金属中累积拉伤和疲劳机理不适用于陶瓷。

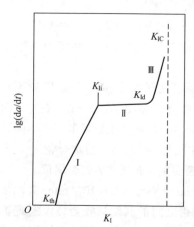

图5.50　疲劳裂纹不连续扩展模型

5.7.1　静态疲劳

陶瓷静态疲劳是在静载荷作用下，材料的承载能力随时间延长而下降产生的断裂，对应于金属材料中的应力腐蚀和高温蠕变断裂。当外加应力低于断裂应力时，陶瓷材料也可能出现亚临界裂纹扩展。这一过程与温度、应力和环境介质诸因素密切相关。陶瓷材料的亚临界裂纹扩展速率与应力强度因子之间的关系如图5.50所示。

图 5.50 中包括四个区域：$K_I \leqslant K_{th}$ 区，裂纹不发生亚临界扩展（K_{th} 为应力场强度因子门槛值）；低速区（Ⅰ区），裂纹扩展速率 da/dt 随 K_I 提高而增大，材料与环境介质之间的化学反应不是裂纹扩展速率的控制因素；中速区（Ⅱ区），裂纹扩展速率仅与环境有关而与 K_I 无关；高速区（Ⅲ区），裂纹扩展速率 da/dt 随 K_I 变化呈指数关系增长，与环境介质无关。这一阶段的速率取决于材料的组分、结构和显微组织。工程陶瓷零件的使用寿命，几乎完全由其裂纹慢速扩展区（Ⅰ区）决定。对Ⅰ区而言，裂纹扩展速率 da/dt 与应力场强度因子 K_I 之间的基本关系为

$$\frac{da}{dt} = AK_I^n \tag{5-24}$$

式中，A、n 为经验常数。

n 称为应力腐蚀指数，对湿度很敏感。玻璃的 n 值为 $10 \sim 20$，Al_2O_3 陶瓷的 n 值为 30，SiC 陶瓷的 n 值在 100 以上。预测静态疲劳寿命，主要是通过评定 A、n 值（尤其是 n）来实现。

由于陶瓷材料的静强度值分散性很大，所以其疲劳强度值的分散性更大。为此，在试验方法上应增大测量时间范围；在数据处理上，必须考虑试验数据的概率分布。图 5.51 为两种 Mg-PSZ（以 MgO 为稳定剂的部分稳定 ZrO_2）陶瓷材料的静态疲劳曲线，曲线图为双对数坐标，抗弯强度与断裂时间呈直线关系，直线的斜率即为 $-1/n$，由此可以求得应力腐蚀指数 n 值。

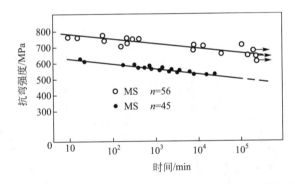

图 5.51 两种 Mg-PSZ 在四点弯曲条件下的静疲劳曲线

5.7.2 循环疲劳

循环疲劳是陶瓷材料在循环载荷作用下所产生的低应力断裂。金属疲劳以塑性变形为先导，在交变载荷作用下，材料在远低于静强度的低应力下发生断裂。陶瓷是脆性材料，其裂纹尖端塑性区很小，受低于静强度的交变载荷作用是否也发生疲劳破坏，曾经是有争议的问题。Evans 用折合算法由静疲劳的 da/dt-K_I 曲线，预测数据和试验数据十分吻合（图 5.52）。但自 1986 年以来，大量的研究表明，循环载荷对陶瓷材料会造成附加损伤。对于 Al_2O_3、MgO、Si_3N_4、SiC 等非相变增韧陶瓷而言，这种附加损伤较小。对于相变增韧 ZrO_2 陶瓷，由于循环应力引起的附加损伤比较严重，存在明显的循环应力疲劳效应（图 5.53）。

图 5.54 为多晶 Al_2O_3（晶粒尺寸 $10\mu m$）在室温空气环境对称循环加载（$f=5Hz$）及在静

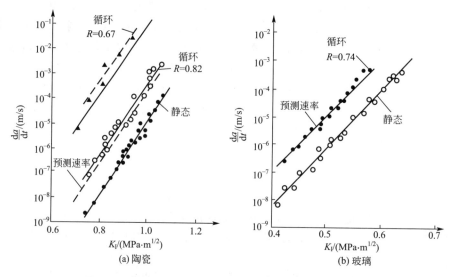

图 5.52　循环疲劳试验与静疲劳预测裂纹扩展速率比较

载下的裂纹扩展特征。由图可见，循环加载的 da/dN 比静载裂纹扩展速率大约快两个数量级。这表明，载荷循环对陶瓷材料造成了损伤。这种损伤是由于裂纹尖端的微裂纹、马氏体相变、蠕变，以及沿晶和界面滑动等因素所引起的。

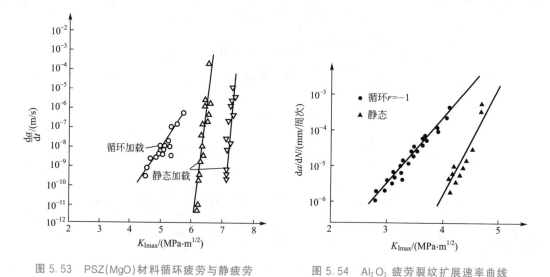

图 5.53　PSZ(MgO)材料循环疲劳与静疲劳　　图 5.54　Al_2O_3 疲劳裂纹扩展速率曲线
　　　　　da/dt-K_{Imax} 的比较

5.7.3 **陶瓷材料疲劳特性评价**

陶瓷材料的疲劳裂纹扩展速率和应力强度因子范围之间的关系同样符合 Paris 公式，即 $da/dN = c(\Delta K_I)^n$，金属材料的 n 值一般为 2～4，陶瓷的 n 值比金属大得多，一般在10 以上。

陶瓷的疲劳裂纹扩展门槛值 ΔK_{th} 与断裂韧性 K_{IC} 之比值较金属大，陶瓷一般为 0.4～0.8，结构钢的为 0.04。一般，金属随屈服强度增大，ΔK_{th} 下降不多，但 K_{IC} 值显著降低，因此，$\Delta K_{th}/K_{IC}$ 值增大。这意味着，随金属材料屈服强度增大，其疲劳裂纹难以萌生。陶瓷材料的 $\Delta K_{th}/K_{IC}$ 值比金属大得多，说明陶瓷更难产生疲劳裂纹。

陶瓷材料在室温及大气中也会产生应力腐蚀断裂，其应力腐蚀门槛值 ΔK_{Iscc} 与 K_{IC} 之比值较钢低，而许多金属材料(高强度钢除外)在室温及大气中并不产生应力腐蚀断裂。陶瓷材料的 K_{Iscc}/K_{IC} 值比 $\Delta K_{th}/K_{IC}$ 值大，因此，陶瓷材料的应力腐蚀开裂比疲劳更难产生。通常，陶瓷材料在交变载荷作用下，随 ΔK 值增大开始产生疲劳裂纹扩展，随后产生应力腐蚀裂纹扩展，因此，需要考虑疲劳和应力腐蚀对裂纹扩展的叠加效应。

小　结

金属在循环载荷作用下，即使所受的应力低于屈服强度，也会发生断裂，这种现象称为疲劳。疲劳断裂，尤其是高强度材料的疲劳断裂，一般不发生明显的塑性变形，难以检测和预防，因而机件的疲劳断裂会造成很大的经济甚至生命的损失。

为防止机件和构件的疲劳失效，人们已经进行了约 160 年的研究。疲劳研究的主要目的：①精确地估算工程构件的零构件的疲劳寿命，简称定寿，保证在服役期内零构件不会发生疲劳失效；②采用经济而有效的技术和管理措施以延长疲劳寿命，简称延寿，从而提高产品质量，增强产品在国内外市场上的竞争力。疲劳研究在上述两方面都取得了丰硕的成果。然而，疲劳失效仍是机件的主要失效形式。统计分析表明，疲劳失效遍及飞机各主要构件。因此，对材料和构件的疲劳研究仍为国内外学者和工程界所关注。

本章主要介绍和讨论了金属疲劳的基本概念和一般规律、疲劳失效的过程和机制、估算裂纹形成寿命的方法、疲劳裂纹扩展和裂纹扩展寿命估算，以及延寿技术。同时，关于聚合物以及陶瓷材料的疲劳基本概念和特点也一并做出简单介绍。应当说明的是，本章主要从工程应用观点，讨论疲劳的基本规律，而不过多地涉及疲劳的力学和微观机制；同时，还介绍了一些疲劳研究的新成果。

 复习思考题

1. 解释下列名词：

(1)疲劳失效；(2)疲劳极限；(3)应力幅 σ_a；(4)平均应力 σ_m；(5)应力比 r；(6)应力范围 $\Delta\sigma$；(7)应变范围 $\Delta\varepsilon$；(8)应变幅($\Delta\varepsilon_t/2$，$\Delta\varepsilon_e/2$，$\Delta\varepsilon_p/2$)；(9)疲劳源；(10)疲劳贝纹线；(11)疲劳条带；(12)驻留滑移带；(13)挤出脊和侵入沟；(14)ΔK；(15)da/dN；(16)疲劳寿命；(17)热疲劳；(18)过载损伤；(19)银纹；(20)静态疲劳；(21)循环疲劳。

2. 说明下列力学性能指标意义：

(1)σ_{-1}；(2)σ_{-1p}；(3)τ_{-1p}；(4)σ_{-1N}；(5)q_f；(6)ΔK_{th}。

3. 疲劳破坏有哪些基本特征？

4. 简述疲劳宏观断口的特征及其形成过程。

5. 概述疲劳曲线($S-N$)及疲劳极限的测试方法。

6. 试述疲劳图的意义、建立及用途。

7. 简述疲劳裂纹的形成机理及阻止疲劳裂纹萌生的一般方法。

8. 影响疲劳裂纹扩展速率的主要因素有哪些？请和疲劳裂纹的影响因素进行对比分析。

9. 试述疲劳微观断口的主要特征及其形成模型。

10. 简述疲劳裂纹扩展寿命和剩余寿命的估算方法及步骤。

11. 试述金属表面强化对疲劳强度的影响。

12. 什么是金属循环硬化和循环软化现象？其产生条件是什么？

13. 低周疲劳特性主要包括哪些内容？

14. 试述提高低应变速率低周冲击疲劳强度的方法。

15. 简述热疲劳和热机械疲劳的特征及规律。

16. 什么是疲劳裂纹门槛值？哪些因素影响其值的大小？它有什么实用价值？

17. 与金属相比，陶瓷与聚合物的疲劳裂纹扩展有何特点？

18. 提高零件的疲劳寿命有哪些方法？试就每种方法各举一应用实例，并对这种方法具体分析，其在抑制疲劳裂纹的萌生中起有益作用，还是在阻碍疲劳裂纹扩展中有良好的效果？

19. 对含 25.4mm 直径的中心圆孔的宽板，孔径与板宽之比为 0.2，经受完全对称的拉压疲劳$(r=-1)$，试利用 Neuter 法则确定失效周次分别为 $2N_f = 2 \times 10^6$ 和 $2N_f = 2 \times 10^3$ 时的名义拉伸应力。材料的性能数据为：$E = 207 \times 10^3$ MPa；$K' = 1435$MPa；$n' = 0.14$；$\sigma'_f = 1242$MPa；$b = -0.7$；$\varepsilon'_f = 0.66$；$C = -0.69$。

20. 正火 45 钢的 $R_m = 610$MPa，$\sigma_{-1} = 300$MPa，试用 Goodman 公式绘制 $\sigma_{max}(\sigma_{min}) - \sigma_m$ 疲劳图，并确定 $\sigma_{-0.5}$、σ_0 和 $\sigma_{0.5}$ 等疲劳极限。

21. 有一板件在脉动载荷下工作，$\sigma_{max} = 200$MPa，$\sigma_{min} = 0$MPa，其材料的 $\sigma_b = 670$MPa，$R_{0.2} = 600$MPa，$K_{IC} = 104$MPa·m$^{1/2}$，Paris 公式中 $c = 6.9 \times 10^{-12}$，$n = 3.0$，使用中发现有 0.1mm 和 1mm 的单边横向穿透裂纹，试估算它们的疲劳剩余寿命。

第6章
材料在环境条件下的力学性能

本章知识框架

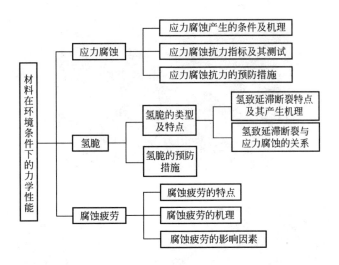

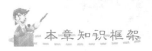
本章教学目标与要求

1. 掌握应力腐蚀产生的条件、断裂机理和断口特征。
2. 熟悉氢脆断裂的类型；掌握氢致延滞断裂的机理及特点。
3. 了解应力腐蚀的特点及机理。

导入案例

某飞机在海洋大气环境中飞行若干小时后发现机翼翻板支承臂断裂。

从断口形貌观察和腐蚀产物扫描成分半定量分析发现，此构件承受疲劳载荷，并且疲劳破坏是多源断裂，而且基本每个断裂源都起始于销钉孔处，这也意味着疲劳破坏与应力集中有直接关系。此外，工作环境为含有 Na^+ 和 Cl^- 离子的气氛。Ti 合金虽然有良好的抗腐蚀性能，但是 Ti6A14V 在海水中的疲劳强度与空气中的相比仍要降低 69MPa（空气中的疲劳强度为 482.6MPa，海水中的是 413.7MPa）。失效件表面、断裂源处和销钉孔处形貌及成分分析结果可以证明，首先是在销钉孔处形成腐蚀坑，进而产生腐蚀裂纹，疲劳裂纹在此处萌生，并在疲劳载荷连续作用下，逐渐扩展，当承载能力小于材料的断裂强度时便发生最终的断裂，如图 6.1～图 6.4 所示。

图 6.1　机翼翻板支承臂的宏观形貌

图 6.2　失效后的机翼翻板支承臂断口的宏观形貌

图 6.3　近断裂源处的疲劳条纹

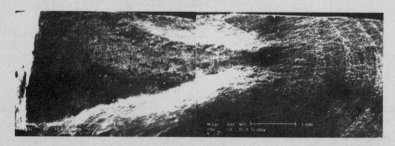

图 6.4　左臂疲劳断口低倍形貌

资料来源：[1] 柯伟等. 腐蚀科学技术的应用和失效案例.
北京：化学工业出版社，2006.
[2] http：//www.ceas.org.cn/.

前面几章主要介绍材料在外力作用下所表现的力学行为规律，实际工程结构或零件，都是在一定环境或介质条件下工作的，材料在环境介质中的力学行为是介质和应力共同作用的结果。这种共同作用可以互相促进，加速材料损伤，促使裂纹早期形成并加速其扩展。材料在环境介质作用下的开裂包括应力腐蚀(SCC)、氢脆(HE)、腐蚀疲劳(CF)等。

随着航空航天、海洋、原子能、石油、化工等工业的迅速发展，对金属材料强度的要求越来越高，金属机件接触的化学介质的条件越来越苛刻，致使上述各种断裂形式逐年增多。因此，金属材料的应力腐蚀、氢脆及腐蚀疲劳等现象日益受到工程设计人员及材料科学工作者的重视。

本章将阐述金属材料应力腐蚀、氢脆及腐蚀疲劳的断裂特征及断裂机理，介绍金属材料抵抗应力腐蚀、氢脆及腐蚀疲劳断裂的力学性能指标及防止其断裂的措施。

6.1 应力腐蚀断裂

6.1.1 应力腐蚀现象及产生条件

1. 应力腐蚀现象

金属在拉应力和特定的化学介质共同作用下，经过一段时间后所产生的低应力脆断现象，称为应力腐蚀断裂(Stress Corrosion Cracking，SCC)。应力腐蚀断裂并不是金属在应力作用下的机械性破坏与在化学介质作用下的腐蚀性破坏的叠加所造成的，而是在应力和化学介质的联合作用下，按特有机理产生的断裂。其断裂强度比单个因素分别作用后再叠加起来的强度要低得多。

现已查明，绝大多数金属材料在一定的化学介质条件下都有应力腐蚀倾向。在工业上最常见的有：低碳钢和低合金钢在氢氧化钠溶液中的"碱脆"和在含有硝酸根离子介质中的"硝脆"；奥氏体不锈钢在含有氯离子介质中的"氯脆"；铜合金在氨气介质中的"氨脆"；高强度铝合金在潮湿空气、蒸馏水介质中的脆裂现象等。此处所列举的金属材料无论是韧性的或脆性的，产生应力腐蚀后都会在没有明显预兆的情况下发生脆断，常常造成灾难性事故。

2. 产生条件

应力腐蚀产生的条件为应力、化学介质和金属材料。现分述如下。

(1) 应力。机件所承受的应力包括工作应力和残余应力。在化学介质诱导开裂过程中起作用的是拉应力(现已发现，在压应力作用下也可产生应力腐蚀，但孕育期长，裂纹扩展速率慢，如不锈钢的应力腐蚀)。焊接、热处理或装配过程中产生的残余拉应力，在应力腐蚀中也有重要作用。一般来说，产生应力腐蚀的应力并不一定很大，如果没有化学介质的协同作用，机件在该应力作用下可以长期服役而不致断裂。

(2) 化学介质。0即对一定的金属材料，需要有一定特效作用的离子、分子或络合物才能导致应力腐蚀。表6-1中列举了对一些常用金属材料引起应力腐蚀的敏感介质。由表中可见，这些化学介质一般都不是腐蚀性的，至多也只是弱腐蚀性的。如果机件不承受应力，大多数金属材料在这些化学介质中是耐蚀的。

表 6-1 常用金属材料发生应力腐蚀的敏感介质

金属材料	化学介质	金属材料	化学介质
低碳钢和低合金钢	NaOH 溶液、沸腾硝酸盐溶液、海水、H_2S 溶液、碳酸盐溶液和工业性气氛	铝合金	氯化物水溶液、海水及海洋大气、潮湿工业大气
高强度钢	雨水、海水、H_2S 溶液、氯化物水溶液、HCN 溶液	铜合金	氨蒸气、含氨气体、含铵离子的水溶液、汞盐溶液、SO_2 气体、NaCl 溶液
奥氏体不锈钢	酸性和中性氯化物溶液、熔融氯化物、海水、H_2S 溶液以及 NaOH 溶液	钛合金	发烟硝酸、300℃ 以上的氯化物、潮湿空气及海水
镍合金	热浓 NaOH 溶液、HF 蒸气和溶液、硅氟酸溶液	镁合金	含水空气、高纯水、$KCl + K_2CrO_4$ 溶液

(3) 金属材料。一般认为，纯金属不会产生应力腐蚀，所有合金对应力腐蚀都有不同程度的敏感性。但在每一种合金系列中，都有对应力腐蚀不敏感的合金成分。例如，铝镁合金中当镁含量 $w_{Mg} > 4\%$ 时，对应力腐蚀很敏感；而镁含量 $w_{Mg} < 4\%$ 时，则无论热处理条件如何，它几乎都具有抗应力腐蚀的能力。又如，钢中含碳量在 $w_C = 0.12\%$ 左右时，应力腐蚀敏感性最大。合金中位错结构对应力腐蚀也有影响，层错能低或滑移系少的合金，其位错易形成平面状结构；层错能高或滑移系多的合金，易形成波纹状结构。前者对应力腐蚀的敏感性明显要比后者大。

6.1.2 应力腐蚀断裂机理及断口分析

1. 应力腐蚀断裂机理

应力腐蚀问题很复杂，关于其断裂机理，最基本的是滑移-溶解理论(或称钝化膜破坏理论)和氢脆理论。本节介绍前者，氢脆将在下一节详细讨论。另外，也有人提出闭塞电池理论。

如图 6.5 所示，对应力腐蚀敏感的合金在特定的化学介质中，首先在表面形成一层钝化膜，使金属不致进一步受到腐蚀，即处于钝化状态，因此，在没有应力作用的情况下，金属不会发生腐蚀破坏。若有拉应力作用，则可使裂纹尖端区域产生局部塑性变形，滑移台阶在表面露头时钝化膜破裂，显露出新鲜表面(图 6.6)。这个新鲜表面在电解质溶液中成为阳极，而其余具有钝化膜的金属表面便成为阴极，从而形成腐蚀微电池。阳极金属变成正离子($M \rightarrow M^{+n} + ne$)进入电解质中而产生阳极溶解，于是在金属表面形成蚀坑。拉应

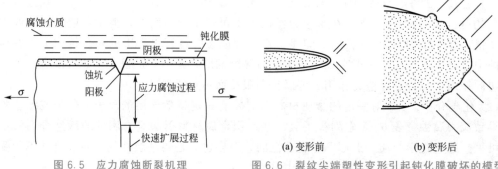

图 6.5 应力腐蚀断裂机理　　　　　图 6.6 裂纹尖端塑性变形引起钝化膜破坏的模型

力除促使裂纹尖端区域钝化膜破坏外，更主要的是在蚀坑或原有裂纹的尖端形成应力集中，使阳极电位降低，加速阳极金属的溶解。如果裂纹尖端的应力集中始终存在，那么微电池反应便不断进行，钝化膜不能恢复，裂纹将逐步向纵深扩展。

在应力腐蚀过程中，衡量腐蚀速度的腐蚀电流 I 为

$$I = \frac{1}{R}(V_c - V_a) \tag{6-1}$$

式中，R 为微电池中的电阻；V_c、V_a 为电池两极的电位。

由式(6-1)可见，应力腐蚀是由金属与化学介质相互间性质的配合作用决定的。如果在介质中的极化过程相当强烈，则式(6-1)中$(V_c - V_a)$将变得很小，腐蚀过程就大受抑制。极端的情况是阳极金属表面形成了完整的钝化膜，金属进入钝化状态，腐蚀停止。如果介质中去极化过程很强，则$(V_c - V_a)$很大，腐蚀电流增大，致使金属表面受到强烈而全面的腐蚀，表面不能形成钝化膜。在这种情况下，即使金属承受拉应力也不可能产生应力腐蚀，而主要产生腐蚀损伤。应力腐蚀现象只有金属在介质中生成钝化膜不完整的条件下，即金属和介质处于某种程度的钝化与活化过渡区域的情况下才最易发生。

2. 应力腐蚀断口特征

应力腐蚀断口的宏观形貌与疲劳断口颇为相似，也有亚稳扩展区和最后瞬断区。在亚稳扩展区可见到腐蚀产物和氧化现象，故常呈黑色或灰黑色，具有脆性特征，断裂前没有明显的塑性变形。最后瞬断区一般为快速撕裂破坏，显示出基体材料的特性。

应力腐蚀显微裂纹如图 6.7 所示，常有分叉现象，呈枯树枝状。这表明，在应力腐蚀时，有一主裂纹扩展较快，其他分支裂纹扩展较慢。根据这一特征可以将应力腐蚀与腐蚀疲劳、晶间腐蚀及其他形式的断裂区分开来。

断口的微观形貌一般为沿晶断裂型，也可能为穿晶解理断裂或准解理断裂型，有时还出现混合断裂型。其表面可见到"泥状花样"的腐蚀产物 [图 6.8(a)] 及腐蚀坑 [图 6.8(b)]。

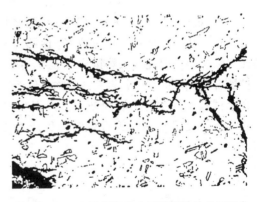

图 6.7 18-8 不锈钢应力腐蚀裂纹的分叉现象

(a) 泥状花样(TEM)

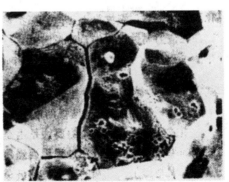

(b) 腐蚀坑(SEM)

图 6.8 应力腐蚀断口的微观形貌特征

通常用光滑试样在拉应力和化学介质共同作用下，依据发生断裂的持续时间来评定金属材料的抗应力腐蚀性能。用这种方法必须先采用一组相同试样，在不同应力水平作用下测定其断裂时间 t_f，作出 $\sigma-t_f$ 曲线(图6.9)，从而求出该种材料不发生应力腐蚀的临界应力 σ_{SCC}，据此来研究合金元素、组织结构及化学介质对材料应力腐蚀敏感性的影响。但这种方法所用的试样是光滑的，所测定的断裂总时间 t_f 包括裂纹形成与裂纹扩展的时间。前者约占断裂总时间的90%。而实际机件一般都不可避免地存在着裂纹或类似裂纹的缺陷。因此，用常规方法测定的金属材料抗应力腐蚀性能指标 σ_{SCC}，不能客观地反映带裂纹的机件对应力腐蚀的抗力。

根据断裂力学原理，人们利用预制裂纹的试样，引入应力强度因子 K_I 的概念来研究金属材料的抗应力腐蚀性能，得到了两个重要的应力腐蚀抗力指标，即应力腐蚀临界应力强度因子 K_{ISCC} 和应力腐蚀裂纹扩展速率 da/dt。这两个指标可用于机件的选材和设计。

1. 应力腐蚀临界应力强度因子 K_{ISCC}

试验表明，在恒定载荷和特定化学介质作用下，带有预制裂纹的金属试样，产生应力腐蚀断裂的时间与初始应力强度因子 $K_{I初}$ 有关。图6.10所示为某钛合金的预制裂纹试样在恒载荷下，于3.5% NaCl 水溶液中进行应力腐蚀试验的结果。由图可见，该合金的 $K_{IC}=100MPa \cdot m^{1/2}$，当 $K_{I初} \geqslant K_{IC}$ 时，加上初始载荷后，裂纹便立即失稳扩展而断裂。当 $K_{I初}$ 降低时，应力腐蚀断裂时间 t_f 随之增长。在这一段时间内，尽管外加应力不变，但裂纹长度却不断增长，相应的 K_I 值随之不断增加。当 K_I 值增加到材料的 K_{IC} 时，试样便突然断裂。因此，虽然试样上裂纹尖端所受的初始应力强度因子 $K_{I初}$ 较低，但经亚稳扩展后，K_I 不断增大，直至达到临界值而脆断。由图还可见到，当 $K_{I初} \leqslant 38MPa \cdot m^{1/2}$ 时，该合金试样不发生应力腐蚀断裂。人们将试样在特定化学介质中不发生应力腐蚀断裂的最大应力强度因子称为应力腐蚀临界应力强度因子(或称为应力腐蚀门槛值)，以 K_{ISCC} 表示。

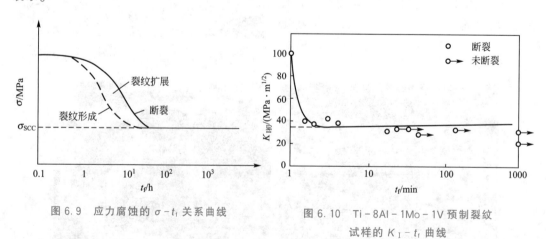

图6.9 应力腐蚀的 $\sigma-t_f$ 关系曲线　　图6.10 Ti-8Al-1Mo-1V 预制裂纹
试样的 K_I-t_f 曲线

对于大多数金属材料，在特定的化学介质中 K_{ISCC} 值是一定的。因此，K_{ISCC} 可作为金属材料的力学性能指标。它表示含有宏观裂纹的材料在应力腐蚀条件下的断裂韧性。对于含有裂纹的机件，当作用于裂纹尖端的初始应力强度因子 $K_{I初} < K_{Iscc}$ 时，原始裂纹在化学介质和力的共同作用下不会扩展，机件可以安全服役。因此，$K_{I初} \geqslant K_{Iscc}$ 为金属材料在应力腐蚀条件下的断裂判据。

2. 应力腐蚀裂纹扩展速率 da/dt

当应力腐蚀裂纹尖端的 $K_{I初} \geqslant K_{Iscc}$ 时，裂纹就会不断扩展。单位时间内裂纹的扩展量称为应力腐蚀裂纹扩展速率，用 da/dt 表示。实验证明，da/dt 与 K_I 有关，即

$$da/dt = f(K_I) \tag{6-2}$$

在 $\lg(da/dt) - K_I$ 坐标图上，其关系曲线如图 6.11 所示。曲线可分为三个阶段：

第 I 阶段：当 K_I 刚超过 K_{Iscc} 时，裂纹经过一段孕育期后突然加速扩展，$da/dt - K_I$ 曲线几乎与纵坐标轴平行。

第 II 阶段：曲线出现水平线段，da/dt 与 K_I 几乎无关。因为这时裂纹尖端发生分叉现象，裂纹扩展主要受电化学过程控制，故与材料和环境密切相关。

第 III 阶段：裂纹长度已接近临界尺寸，da/dt 又明显地依赖于 K_I，da/dt 随 K_I 增大而急剧增大。这时材料进入失稳扩展的过渡区。当 K_I 达到 K_{Ic} 时便失稳扩展而断裂。

第 II 阶段时间越长，材料抗应力腐蚀性能越好。如果通过试验测出某种材料在第 II 阶段的 da/dt 值及第 II 阶段结束时的 K_I 值，就可估算出机件在应力腐蚀条件下的剩余寿命。

3. 应力腐蚀抗力指标测试方法

测定金属材料的 K_{Iscc} 值可用恒载荷法或恒位移法。其中以恒载荷的悬臂梁弯曲试验法最常用。

1) 恒载荷法

恒载荷法所用试样与测定 K_{Ic} 的三点弯曲试样相同，试验装置如图 6.12 所示。试样的一端固定在机架上，另一端与力臂相连，力臂端头通过砝码进行加载，试样穿在溶液槽中，使预制裂纹沉浸在化学介质中。在整个试验过程中载荷恒定，所以随着裂纹的扩展，裂纹尖端的 K_I 增大。K_I（$MPa \cdot m^{1/2}$）的计算公式为

$$K_I = \frac{4.12M}{bW^{3/2}}\left(\frac{1}{\alpha^3} - \alpha^3\right)^{1/2} \tag{6-3}$$

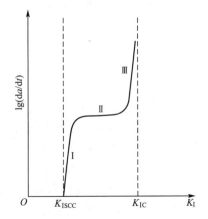

图 6.11　应力腐蚀裂纹的 $da/dt - K_I$

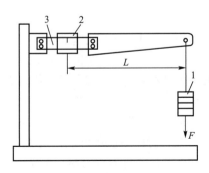

图 6.12　悬臂梁弯曲试验装置简图
1—砝码；2—溶液槽（介质）；3—试样

式中，M 为裂纹截面上的弯矩，$M=FL$，其中 F 为恒定载荷(N)，L 为臂长(m)；b 为试样厚度(m)；W 为试样宽度(m)；α 为系数，$\alpha=1-a/W$，a 为裂纹长度(m)。

试验时，必须制备一组尺寸相同的试样，每个试样承受不同的恒定载荷 F，使裂纹尖端产生不同大小的初始应力强度因子 $K_{I初}$，记录试样在各种 $K_{I初}$ 作用下的断裂时间 t_f。以 $K_{I初}$ 与 $\lg t_f$ 为坐标作图，便可得到图6.10所示的曲线。曲线水平部分所对应的 $K_{I初}$ 值即为材料的 K_{ISCC}。

进行 SCC 试验时，测定数值是否有效，取决于两个重要参数，试样尺寸和试验时间。试样尺寸也要像 K_{IC} 试样一样，要满足平面应变条件。

测定材料的 K_{ISCC} 试验时间不能太短，否则该数据没有参考价值。表6-2所示为屈服强度为1241MPa的高合金钢，在室温下模拟在海水中的试验结果。

表6-2 高合金钢材料在室温下模拟在海水中的试验结果

持续时间/h	表观 $K_{ISCC}/(MPa \cdot m^{1/2})$	持续时间/h	表观 $K_{ISCC}/(MPa \cdot m^{1/2})$
100	186.83	10000	27.47
1000	126.38	—	—

所以为了获得有效的 K_{ISCC}，对钛合金、钢和铝合金的试验时间分别应大于100h、1000h 和10000h。

【不锈钢低碳钢黄铜应力腐蚀】

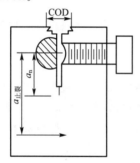

图6.13 横位移试验方法

2) 恒位移法

位移恒定，使 K_I 不断减少。用紧凑拉伸试样和螺栓加载，如图6.13所示。一个与试样上半部啮合的螺杆顶在裂纹的下表面上。这样就产生了一个对应某个初始载荷的裂纹张开位移，用这种方法试样自身加载。当裂纹扩展时，在位移恒定的条件下，载荷会下降，于是 K 值也下降，当 K 值下降到 K_{ISCC} 时裂纹便不再扩展。这种方法不需要特定的试验机，便于现场测试，而且用一个试样即可测得 K_{ISCC}，但裂纹扩展趋于停止的时间很长，判断裂纹的停止较困难，因此影响计算 K_{ISCC} 的精度。

6.1.4 防止应力腐蚀断裂的措施

由上述产生应力腐蚀的条件和机理可知，防止应力腐蚀的措施主要是合理选择材料、减少或消除机件中的残余拉应力及适当改变化学介质条件。另外，可采取电化学方法保护。

(1) 合理选择材料。针对机件所受的应力和接触的化学介质，选用耐应力腐蚀的金属材料，这是一个基本原则。例如，铜对氨的应力腐蚀敏感性很高，因此，接触氨的机件就应避免使用铜合金。又如，在高浓度氯化物介质中，一般可选用不含镍、铜或仅含微量镍、铜的低碳高铬铁素体不锈钢，或含硅较高的铬镍不锈钢，也可选用镍基和铁-镍基耐蚀合金。

此外，在选材时还应尽可能选用 K_{ISCC} 较高的合金，以提高机件抗应力腐蚀的能力。

(2) 减少或消除机件中的残余拉应力。残余拉应力是产生应力腐蚀的主要原因，其是由于金属机件的设计和加工工艺不合理而产生的。因此，应尽量减少机件上的应力集中效应，加热和冷却要均匀。必要时可采用退火工艺以消除应力。如果能采用喷丸或其他表面处理方法，使机件表层中产生一定的残余压应力，则更为有效。

（3）改善化学介质条件。可从两方面考虑：一方面设法减少和消除促进应力腐蚀开裂的有害化学离子，例如，通过水净化处理，降低冷却水与蒸汽中的氯离子含量，对预防奥氏体不锈钢的氯脆十分有效；另一方面，也可在化学介质中添加缓蚀剂，例如，在高温水中加入 300×10^{-6} mol/L 的磷酸盐，可使铬镍奥氏体不锈钢抗应力腐蚀性能大为提高。

（4）采用电化学保护。由于金属在化学介质中只有在一定的电极电位范围内才会产生应力腐蚀现象，因此，采用外加电位的方法，使金属在化学介质中的电位远离应力腐蚀敏感电位区域，也是防止应力腐蚀的一种措施。一般采用阴极保护法，但高强度钢或其他氢脆敏感的材料，不能采用阴极保护法。

阅读材料6-1

7000 系铝合金应力腐蚀开裂的研究进展

7000 系铝合金是可热处理强化的合金，具有密度小、加工性能好及焊接性能优良等特点，是航空航天、船舶、桥梁、大型容器、管道、车辆等领域中最有前途的轻质结构材料之一。目前，其产量和使用量仅次于钢铁，位居有色金属之首。然而，这种合金制品在服役的过程中，应力腐蚀开裂（SCC）往往是导致其失效的主要原因，其中 SCC 敏感性与强度之间矛盾至今仍然是 7000 系铝合金产业化应用的重大困扰。为了解决这个问题，国内外学者在成分优化设计，已有热处理工艺的优化，新型热处理工艺的开发，以及 SCC 机理等面做了很多努力，并取得了重要进展。但是至今在很多认识上，仍然存在一定争议，典型的如 SCC 机理及其影响因素等。对其进一步的深入研究，必然为其产业化应用提供理论指导。因此，该领域的研究方向将主要集中在更深层次的 SCC 理论探讨上。我国学者结合自己的实验研究提出了"相变-Mg-H"理论。从本质上说，"相变-Mg-H"理论仍属于氢致断裂理论的范畴，是在"Mg-H"复合体理论的基础上对氢致断裂理论的进一步发展，很好地解释了 7000 系铝合金的第二时效峰时合金的高强度和 SCC 敏感性较低的现象，但是需要试验研究来进一步证实。此外，有关晶界偏析与晶界结构之间的关系，以及镁、氢是如何通过晶界处的电荷密度的变化影响晶界结合强度的，目前仍然没有明确的理论解释。相信随着微观技术的不断发展和研究的不断深入，上述科学问题将得到圆满解决。

> 资料来源：陈小明等. 7000 系铝合金应力腐蚀开裂的研究进展.
> 腐蚀科学与防护技术，2010，22(2).

6.2 氢 脆

金属中的氢是一种有害元素，只需极少量的氢如 0.0001%（质量分数）即可导致金属变脆。由于氢和应力的共同作用而导致金属材料产生脆性断裂的现象，称为氢脆断裂（简称氢脆）。引起氢脆的应力可以是外加应力，也可以是残余应力，金属中的氢则可能是本来就存在于其内部的，也可能是由表面吸附而进入其中的。

6.2.1 金属中的氢

【H_2S气氛接触】

金属中氢的来源可分为"内含的"和"外来的"两种。前者是指金属在熔炼过程中及随后的加工制造过程(如焊接、酸洗、电镀)中吸收的氢;后者则是金属机件在服役时从含氢环境介质中吸收的氢。例如,有些机件在高温和高氢气氛中运行容易吸氢,也有的机件与H_2S气氛接触,或暴露在潮湿的海洋性或工业大气中,表面覆盖一层中性或酸性电解质溶液,因产生如下阴极反应而析氢:

$$H^+ + e \longrightarrow H$$
$$2H \longrightarrow H_2 \uparrow$$

氢在金属中可以有几种不同的存在形式。在一般情况下,氢以间隙原子状态固溶在金属中,对于大多数工业合金,氢的溶解度随温度降低而降低,氢在金属中也可通过扩散聚集在较大的缺陷(如空洞、气泡、裂纹)处以氢分子状态存在。此外,氢还可能和一些过渡族、稀土或碱土金属元素作用生成氢化物,或与金属中的第二相作用生成气体产物,如钢中的氢可以和渗碳体中的碳原子作用形成甲烷等。

6.2.2 氢脆类型及特征

在任何情况下,氢对金属性能的影响都是有害的。由于氢在金属中存在的状态不同以及氢与金属交互作用性质的不同,氢可通过不同的机制使金属脆化,因而氢脆的种类很多。现将常见的几种氢脆现象及其特征介绍如下。

1. 氢蚀

氢蚀是由于氢与金属中的第二相作用生成高压气体,使基体金属晶界结合力减弱而导致金属脆化。如碳钢在300~500℃的高压氢气气氛中工作时,由于氢与钢中的碳化物作用生成高压的CH_4气泡,当气泡在晶界上达到一定密度后,金属的塑性将大幅度降低。这种氢脆现象的断裂源产生在机件与高温、高压氢气相接触的部位。对碳钢来说,温度低于220℃时不产生氢蚀。

氢蚀断裂的宏观断口形貌呈氧化色,颗粒状。微观断口上晶界明显加宽,呈沿晶断裂。

为减缓氢蚀,可降低钢中的含碳量,以减少形成CH_4的C原子供应,或者加入碳化物形成元素,如Ti、V等,其形成的稳定碳化物不易分解,可以延长氢蚀的孕育期。

2. 白点

白点又称发裂,是由于钢中存在过量的氢造成的。当钢中含有过量的氢时,随着温度降低,氢在钢中的溶解度减小。如果过饱和的氢未能扩散逸出,便聚集在某些缺陷处而形成氢分子。此时,氢的体积发生急剧膨胀,内压力很大足以将金属局部撕裂而形成微裂纹。这种微裂纹的断面呈圆形或椭圆形,颜色为银白色,故称为白点。在Cr-Ni结构钢的大锻件中白点是一种严重缺陷,历史上曾因此造成许多重大事故。图6.14为

图6.14 10CrNiMoV 钢锻材中的白点形貌

10CrNiMoV 钢锻材调质后纵断面上的白点形貌。人们对白点的成因及防止方法已进行了大量而详尽的研究，成功地采用了精炼除气、锻后缓冷或等温退火以及在钢中加入稀土元素或其他微量元素等方法，可使白点减弱或消除。

3. 氢化物致脆

对于ⅣB或ⅤB族金属(如纯钛、α-钛合金、钒、锆、铌及其合金)，由于它们与氢有较大的亲和力，极易生成脆性氢化物，使金属脆化。例如，在室温下，氢在α-钛中的溶解度较小，钛与氢又具有较大的化学亲和力，因此容易形成氢化钛(TiH_x)而产生氢脆。

金属材料对氢化物造成的氢脆敏感性随温度降低及机件上缺口的尖锐程度增加而增加。裂纹常沿氢化物与基体的界面扩展，因此，在断口上可以见到氢化物。

氢化物的形状和分布对金属的变脆有明显影响。若晶粒粗大，氢化物在晶界上呈薄片状，极易产生较大的应力集中，危害很大；若晶粒较细，氢化物多呈块状不连续分布，对金属危害较小。

4. 氢致延滞断裂

高强度钢或α+β钛合金中，含有适量的处于固溶状态的氢(原来存在的或从环境介质中吸收的)，在低于屈服强度的应力持续作用下，经过一段孕育期后，在金属内部，特别是在三向拉应力区形成裂纹，裂纹逐步扩展，最后突然发生脆性断裂。这种由于氢的作用而产生的延滞断裂现象称为氢

【紧固件氢脆宏观形貌及断口形貌】

致延滞断裂。工程上所说的氢脆，大多数是指这类氢脆。这类氢脆的特点如下。

(1) 只在一定温度范围内出现，如高强度钢多出现在-100~150℃，而以室温下最敏感。

(2) 提高应变速率，材料对氢脆的敏感性降低。因此，只有在慢速加载试验中才能显示这类脆性。

(3) 此类氢脆显著降低金属材料的断后伸长率，但含氢量超过一定数值后，断后伸长率不再变化，而断面收缩率则随含氢量增加不断下降，且材料强度越高，下降越剧烈。

(4) 高强度钢的氢致延滞断裂还具有可逆性，即钢材经低应力慢速应变后，由于氢脆使塑性降低。如果卸除载荷，停留一段时间再进行高速加载，则钢的塑性可以得到恢复，氢脆现象消除。

高强度钢氢致延滞断裂断口的宏观形貌与一般脆性断口相似。其微观形貌大多为沿原奥氏体晶界的沿晶断裂，且晶界面上常有许多撕裂棱。但在实际断口上，并不一定全是沿晶断裂形貌，有时还出现穿晶断裂(微孔聚集型，解理、准解理型，或准解理+微孔聚集混合型)，甚至是单一的穿晶断裂形貌。这是因为氢脆的断裂方式除与裂纹尖端的应力强度因子K_I及氢浓度有关外，还与晶界上杂质元素的偏聚有关。对40CrNiMo钢的试验表明，当钢的纯度提高时，氢脆的断口形貌就从沿晶断裂转变为穿晶断裂，同时，断裂临界应力也大大提高。这表明氢脆沿晶断口的出现除力学因素外，可能更主要的是与杂质偏聚的晶界吸附了较多的氢使晶界强度削弱有关。

6.2.3 氢致延滞断裂机理

高强度钢对氢致延滞断裂非常敏感，其断裂过程也可分为三个阶段，即孕育阶段、裂纹亚稳扩展阶段及失稳扩展阶段。

钢的表面单纯吸附氢原子是不会产生氢脆的,氢必须进入 $\alpha-Fe$ 晶格中并偏聚到一定浓度后才能形成裂纹。因此,由环境介质中的氢引起氢致延滞断裂必须经过三个步骤,即氢原子进入钢中、氢在钢中迁移和氢的偏聚。这三个步骤都需要时间,这就是氢致延滞断裂的孕育阶段。

钢中的氢一般固溶于 $\alpha-Fe$ 晶格中,使晶格产生膨胀性弹性畸变。当有刃型位错的应力场存在时,氢原子便与位错产生交互作用,迁移到位错线附近的拉应力区,形成氢气团。显然,在位错密度较高的区域,其氢的浓度也较高。

在外加应力作用下,当应变速率较低而温度较高时,氢气团的运动速率与位错运动速率相适应,此时气团随位错运动,但又落后一定距离。因此,气团对位错起"钉扎"作用,产生局部应变硬化。当运动着的位错与氢气团遇到障碍(如晶界)时,便产生位错塞积,同时造成氢原子在塞积区聚集。若应力足够大,则在位错塞积的端部形成较大的应力集中,且不能通过塑性变形使应力松弛,于是便形成裂纹。该处聚集的氢原子不仅使裂纹易于形成,而且使裂纹容易扩展,最后造成脆性断裂。

由于氢使 $\alpha-Fe$ 晶格膨胀,故拉应力将促进氢的溶解。在外加应力作用下,金属中已形成裂纹的尖端是三向拉应力区,因而氢原子易于通过位错运动向裂纹尖端区域聚集。氢原子一般偏聚在裂纹尖端塑性区与弹性区的界面上,当偏聚浓度再次达到临界值时,便使这个区域明显脆化而形成新裂纹。新裂纹与原裂纹的尖端相汇合,裂纹便扩展一段距离,随后又停止,如图 6.15(a)所示。以后是再孕育、再扩展;最后,当裂纹经亚稳扩展达到临界尺寸时便失稳扩展而断裂。因此,氢致裂纹的扩展方式是步进式,这与应力腐蚀裂纹渐进式扩展方式不同。氢致裂纹步进式扩展的过程,可通过图 6.15(b)所示的裂纹扩展过程中电阻的变化来证实。

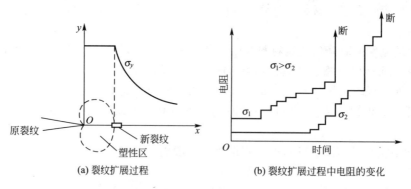

(a) 裂纹扩展过程　　　　(b) 裂纹扩展过程中电阻的变化

图 6.15　氢致裂纹的扩展过程和扩展方式

6.2.4　氢致延滞断裂与应力腐蚀的关系

应力腐蚀与氢致延滞断裂都是由于应力和化学介质共同作用而产生的延滞断裂现象,两者关系十分密切。图 6.16 所示为钢在特定化学介质中产生应力腐蚀与氢致延滞断裂的电化学原理图。由图 6.16 可见,产生应力腐蚀时总是伴随有氢的析出,析出的氢又易于形成氢致延滞断裂。两者区别在于应力腐蚀为阳极溶解过程 [图 6.16(a)],形成所谓阳极活性通道而使金属开裂;而氢致延滞断裂则为阴极吸氢过程 [图 6.16(b)]。在探讨某一具体合金-化学介质系统的延滞断裂究竟属于哪一种断裂类型时,一般可采用极化试验方法，即利用外加电流对静载下产生裂纹时间或裂纹扩展速率的影响来判断。当外加小的阳极电流而缩短产生裂纹时间的是应力腐蚀 [图 6.16(c)]；当外加小的阴极电流而缩短产生裂纹时间的是氢致延滞断裂 [图 6.16(d)]。

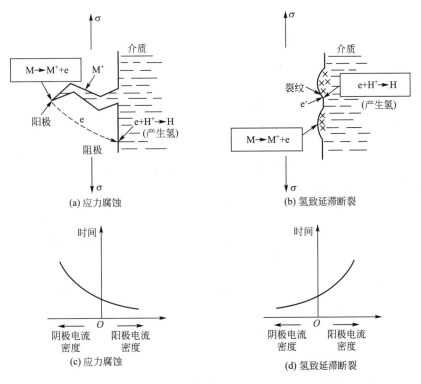

图 6.16　应力腐蚀与氢致延滞断裂电化学原理比较

对于一个已断裂的机件来说，还可从断口形貌上来加以区分。表 6-3 所示为钢的应力腐蚀与氢致延滞断裂断口形貌的比较，可供参考。

表 6-3　钢的应力腐蚀与氢致延滞断裂断口形貌的比较

类型	断裂源位置	断口宏观特征	断口微观特征	二次裂纹
应力腐蚀	肯定在表面，无一例外，且常在尖角、划痕、点坑等拉应力集中处	脆性、颜色较暗，甚至呈黑色，和最后静断区有明显界限，断裂源区颜色最深	一般为沿晶断裂，也有穿晶解理断裂。有较多腐蚀产物，且有特殊的离子如氯、硫等。断裂源区腐蚀产物最多	很多
氢致延滞断裂	大多在表皮下，偶尔在表面应力集中处，且随外应力增加，断裂源位置向表面靠近	脆性，较光亮，刚断开时没有腐蚀，在腐蚀性环境中放置后，受均匀腐蚀	多数为沿晶断裂，也可能出现穿晶解理或准解理断裂。晶界面上常有大量撕裂棱，个别地方有韧窝，若未在腐蚀环境中放置，一般无腐蚀产物	没有或极少

6.2.5 防止氢脆的措施

氢脆与环境因素、力学因素及材质因素有关，因此要防止氢脆，可以从这三个方面来制订对策。

1. 环境因素

设法切断氢进入金属中的途径，或者控制这条途径上的某个关键环节，延缓在这个环节上的反应速度，使氢不进入或少进入金属中。例如，采用表面涂层，使机件表面与环境介质中的氢隔离。还可在含氢介质中加入抑制剂的方法，如在 100% 干燥 H_2 中加入 0.6% （体积分数）的 O_2，由于氧原子优先吸附于金属表面或裂纹尖端，生成具有保护性的氧化膜，可以有效地阻止氢原子向金属内部扩散，抑制裂纹的扩展。又如，在 3%（质量分数）NaCl 水溶液中加入浓度为 10^{-3} mol/L 的 N -椰子素、β -氨基丙酸，也可降低钢中的含氢量，延长高强度钢的断裂时间。

2. 力学因素

在机件设计和加工过程中，应排除各种产生残余拉应力的因素；相反，采用表面处理使表面获得残余压应力层，对防止氢致延滞断裂有良好作用。

金属材料抗氢脆的力学性能指标与抗应力腐蚀性能指标一样，对于裂纹试样可采用氢脆临界应力强度因子(或称为氢脆门槛值) $K_{\text{I HEC}}$ 及裂纹扩展速率 da/dt 来表示。设计时应力求使零件服役时的 K_{I} 值小于 $K_{\text{I HEC}}$。

3. 材质因素

含碳量较低且硫、磷含量较少的钢，氢脆敏感性低。钢的强度等级越高，对氢脆越敏感。因此，对在含氢介质中服役的高强度钢的强度应有所限制。钢的显微组织对氢脆敏感性有较大影响，一般按下列顺序递增：球状珠光体→片状珠光体→回火马氏体或贝氏体→未回火马氏体。晶粒度对抗氢脆能力的影响比较复杂，因为晶界既可吸附氢，又可作为氢扩散的通道，总的倾向是细化晶粒可提高抗氢脆能力。冷变形使氢脆敏感性增大。因此，合理选材与正确制订冷、热加工工艺，对防止机件的氢脆也是十分重要的。

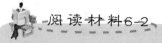
阅读材料6-2

氢脆试验自动计时器(实用新型专利)

氢脆试验用来评定镀覆工艺的氢脆倾向，按试验要求应取六根试样做氢脆平行试验，以试验结果来评定镀覆工艺的氢脆性能。试样在持久拉伸试验机上承受施加在其缺口上的大小为其平均抗拉强度 75% 的载荷，保持200h，如不足200h发生断裂，记录下断裂时间。截至目前，在持久拉伸试验机上进行氢脆试验一直是靠人工进行试样断裂的监控计时工作的。在每次试验过程中，试验人员必须不间断地对试验进行观测，随时记录试样断裂的准确时间。多年来，这种靠人工观测计时的氢脆试验不仅严重浪费人力，而且存在计时不准确的问题。

本试验的目的在于提出一种能够准确自动记录氢脆试验中试验样断裂时间的计时器。

如图 6.17 所示，该计时器包括两个绝缘连接夹具 1 和一个电控时间显示器 4，其特征在于两个绝缘连接夹具 1 是分离的，每个连接夹具上固定由一个电导搭接片 2 通过导线 3 与所述电控时间显示器 4 连接。使用时，将两个绝缘连接夹具分别固定在试样缺口两边的杆体上，使两个电导搭接片有一定长度的相互搭接即可，当试样断裂后，搭接的电导搭接片随即分离，电控时间显示器记录下试样断裂的准确时间。该计时器结构简单，造价很低，安装使用方便，计时准确，达到分秒计时，且节省了大量的人力。

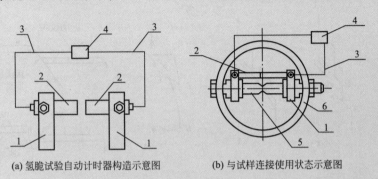

(a) 氢脆试验自动计时器构造示意图　　(b) 与试样连接使用状态示意图

图 6.17　氢脆试验自动计时器

1—绝缘连接夹具；2—电导搭接片；3—导线；4—电控时间显示器；

5—试样；6—氢脆试验装置

➡ 资料来源：中国专利数据库

6.3　腐蚀疲劳

　　工业上有些机件是在腐蚀介质中承受交变载荷作用的，如船舶的推进器、压缩机和燃气轮机叶片等。这些机件的破坏是在疲劳和腐蚀联合作用下发生的，这种失效形式称为腐蚀疲劳。从失效意义上讲，腐蚀疲劳过程也包括工程裂纹的萌生和扩展两个阶段，不过在交变应力和腐蚀介质共同作用下裂纹萌生要比在惰性介质中容易得多，所以裂纹扩展特性在整个腐蚀疲劳过程中占有更重要的地位。

6.3.1　腐蚀疲劳的特点

1. 腐蚀疲劳的机理

腐蚀疲劳机理较复杂，下面简单介绍在液体介质中腐蚀疲劳的两种机理。

1) 点腐蚀形成裂纹模型

点腐蚀形成裂纹这是早期用来解释腐蚀疲劳现象的一种机理。金属在腐蚀介质作用下在表面形成点蚀坑。在点蚀坑处产生裂纹的示意图如图 6.18 所示。图 6.18(a)所示为在半圆点蚀坑处由于应力集中，受力后易产生滑移；图 6.18(b)所示为滑移形成台阶 BC、DE；图 6.18(c)所示为台阶在腐蚀介质作用下溶解，形成新表面 $B'C'C$；图 6.18(d)所示为在反向加载时，沿滑移线生成 $BC'B'$ 裂纹。

2) 保护膜破裂形成裂纹模型

这个理论与应力腐蚀的保护膜破坏理论大致相同,如图 6.19 所示。

金属表面暴露在腐蚀介质中时,表面将形成保护膜。由于保护膜与金属基体比体积不同,因而在膜形成过程中金属表面存在附加应力,此应力与外加应力叠加,使表面产生滑移。在滑移处保护膜破裂露出新鲜表面,从而产生电化学腐蚀。破裂处是阳极,由于阳极溶解反应,在交变应力作用下形成裂纹。

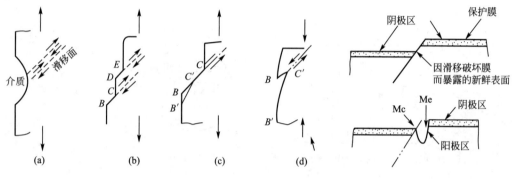

图 6.18 点腐蚀产生疲劳裂纹示意图

图 6.19 保护膜破裂形成裂纹示意图

2. 腐蚀疲劳的特点

(1) 腐蚀环境不是特定的。只要环境介质对金属有腐蚀作用,再加上交变应力的作用都可产生腐蚀疲劳。这一点与应力腐蚀极为不同,腐蚀疲劳不需要金属-环境介质的特定配合。因此,腐蚀疲劳更具有普遍性。

(2) 腐蚀疲劳曲线无水平线段,即不存在无限寿命的疲劳极限。因此,通常采用"条件疲劳极限",即以规定循环周次(一般为 10^7 次)下的应力值作为腐蚀疲劳极限,来表征材料对腐蚀疲劳的抗力。图 6.20 所示即为纯疲劳试验和腐蚀疲劳试验的疲劳曲线的比较。

(3) 腐蚀疲劳极限与静强度之间不存在比例关系。由图 6.21 可见,不同抗拉强度的钢在海水介质中的疲劳极限几乎没有什么变化。这表明,提高材料的静强度对在腐蚀介质中的疲劳抗力没有什么贡献。

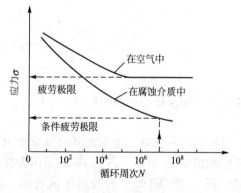

图 6.20 纯疲劳试验和腐蚀
疲劳试验的疲劳曲线

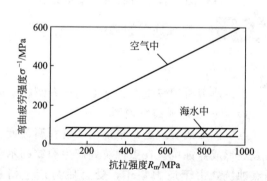

图 6.21 钢在空气中及海水中的疲劳强度

（4）腐蚀疲劳断口上可见到多个裂纹源，并具有独特的多齿状特征。

6.3.2 影响腐蚀疲劳裂纹扩展的因素

（1）加载频率。图 6.22 所示为 12Ni5Cr3Mo 钢在 3％（质量分数）NaCl 溶液中以不同加载频率试验得到的腐蚀疲劳裂纹扩展速率。$K_{ISCC}=60$MPa·m$^{1/2}$，试验中的 $\Delta K < K_{ISCC}$，为真腐蚀疲劳，在空气中，加载频率在 0.1～10Hz 范围变化，对 da/dN 影响不明显，但在盐水介质中，则影响很大，da/dN 随载荷频率降低而加大，成平行直线向左上方推移。

（2）平均应力。图 6.23 所示为 4340 钢在干氩和水介质中的不同应力比 r 进行试验的 da/dN - ΔK 曲线，图中显示无论在惰性介质还是在水介质中，提高平均应力将会提高 $(da/dN)_{CF}$。

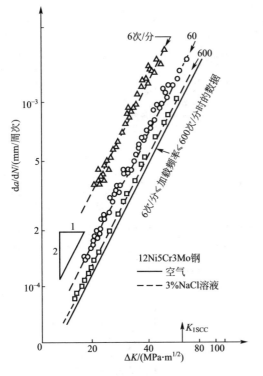

图6.22　加载频率对 12Ni5Cr3Mo 钢在空气中和
3％NaCl 介质中的 da /dN 的影响

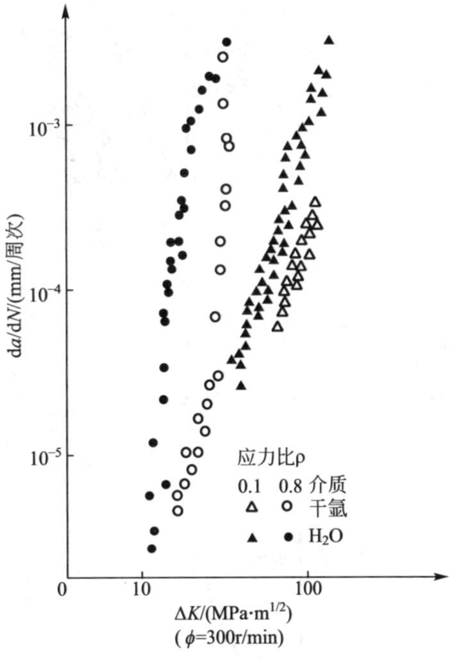

图 6.23　平均应力对 4340 钢在干氩和
水中的 da /dN 的影响

（3）材料强度。图 6.24 所示为不同屈服强度的 4340 钢在空气和 3％NaCl 水溶液中的试验结果，图中显示，在空气中，两种屈服强度材料的试验点都落在同一直线上，但在盐水介质中，da/dN 呈现差异，材料强度越高，da/dN 越大。

6.3.3 腐蚀疲劳裂纹扩展机制

腐蚀疲劳裂纹扩展用裂纹扩展速率 da/dN 对裂纹顶端应力强度因子幅 ΔK 的关系表示。如图 6.25 所示，可分为三种类型。图 6.25（a）所示为真腐蚀疲劳（或称 A 型），铝合金在水环境中的腐蚀疲劳即属此类，介质的影响使门槛值 ΔK_{th} 减小，裂纹扩展速率 $(da/dN)_{CF}$ 增大。当 K_{max} 接近 K_{IC} 时，介质的影响减小。图 6.25（b）所示为应力腐蚀疲劳

（B 型），具有交变载荷作用的疲劳与应力腐蚀相叠加的特征。$K_I < K_{Iscc}$ 时，介质作用可以忽略；当 $K_I > K_{Iscc}$ 时，介质对 $(da/dN)_{CF}$ 有很大影响，$(da/dN)_{CF}$ 急剧增高，并出现水平台阶，钢在氢介质中的腐蚀疲劳即属此类。图 6.25(c) 所示为 A 型与 B 型的混合型（C 型）。在大多数工程合金与环境介质组合条件下的腐蚀疲劳属于此类，从图中可以看出，既具有真腐蚀疲劳的特征，又具有应力腐蚀疲劳的特征。

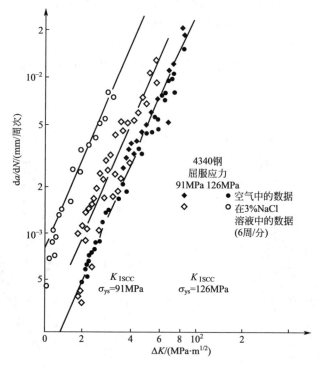

图 6.24　4340 钢在 3% Nacl 中的 da/dN

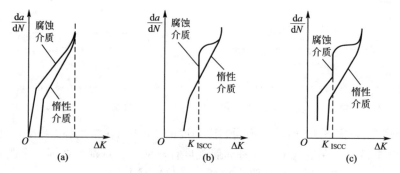

图 6.25　腐蚀疲劳裂纹扩展曲线

　　腐蚀疲劳试验比较复杂，工程上希望利用机械疲劳与应力腐蚀试验的结果，通过某种模型来计算腐蚀疲劳裂纹扩展速率，进而预测腐蚀疲劳寿命。这方面较早的工作是 R. P. Wei 提出的线性叠加模型，该模型认为，腐蚀疲劳裂纹扩展速率 $(da/dN)_{CF}$ 是机械疲劳裂纹扩展速率 $(da/dN)_F$ 与应力腐蚀裂纹扩展速率 $(da/dN)_{SCC}$ 之和，即

$$(da/dN)_{CF} = (da/dN)_F + (da/dN)_{SCC}$$

式中，$(da/dN)_{SCC}$为一次应力循环所产生的应力腐蚀裂纹扩展量，如果循环一次的时间周期为$\tau(\tau = 1/f)$，则

$$(da/dN)_{SCC} = \int (da/dt)_{SCC} dt$$

Wei曾利用上述模型估算过高强度钢在干氢、蒸馏水和水蒸气介质及钛合金在盐溶液中的疲劳裂纹扩展，结果表明在$K_{max} > K_{ISCC}$时是令人满意的。由于该模型未考虑应力与介质的交互作用，以后又有人对上述模型提出修正，或提出新的模型。

6.3.4 防止腐蚀疲劳的措施

减少腐蚀疲劳的主要方法是选择能在预定的环境中抗腐蚀的材料，也可以通过各种表面处理如喷丸、氮化等工艺使表面残留有压应力。一般认为，阳极镀层有益，阴极镀层有害。如镀锌、镉对钢的表面是阳极镀层，可改善腐蚀疲劳抗力；但镀铬、镍对钢的表面是阴极镀层，使表面产生不利的拉应力，出现发状裂纹和氢脆。其他的表面保护，如涂漆、涂油或用塑料、陶瓷形成保护层，只要它在使用中不破坏，则对减少腐蚀疲劳都是有利的。

高强度铝合金常用纯铝包覆，利用Al_2O_3薄膜能显著提高腐蚀疲劳抗力，但这样做会减小在空气中的疲劳强度。喷丸和氧化物保护层共同使用可显著地改善腐蚀疲劳抗力。

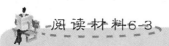
阅读材料6-3

其他环境脆化问题——辐射脆化

随着核能工业的发展，出现了材料在辐射环境下的脆化及在使用液态金属作载热体的反应堆中的液态金属脆化问题。此外还有航天工业中由于镀层等原因而出现的钛合金、高强钢、铝合金等低熔点金属接触脆化。

在高速电子、中子、离子流的辐射下，结构材料发生的脆化称为辐射脆化。

通常固体材料的辐射损伤主要表现为：几何尺寸的变化，密度的减小，强度、硬度的增加，塑性的下降，电阻的上升及磁导率的变化等。金属材料的辐射损伤通常主要是由中子辐射造成(由于中子不带电，不引起电子状态变化，所以主要引起格架缺陷，例如，一个5MeV的α粒子辐射在Be中造成35对空位-间隙原子，5MeV的β粒子辐射引起19对空位-间隙原子，而2MeV的中子则引起454对)。中子辐射在金属晶体中造成大量的空位及格架间原子。由于反应堆材料的工作温度通常在$0.3 \sim 0.5 T_{熔}$，这种温度下，格架间原子的可动性比空位大得多。因而格架间原子往往与位错等结合而消失，或在平面上聚集而形成层错，而空位往往集合成空穴，通常金属及合金在$0.3 \sim 0.5 T_{熔}$时强辐射的结果都在组织中造成大量空穴。

由于辐射造成组织结构变化，所以材料强度上升、塑性的下降，如图6.26所示。由图6.26可知材料的韧性因辐射而降低。特别是压力容器用材，辐射脆化将造成很大的危害。

辐射造成材料组织中产生大量的空位及空穴(空穴集团)，必然会恶化材料的抗蠕变性能，这对反应堆材料(一般工作温度较高)是一个很大的问题。图6.27所示为316不锈钢管因辐射而造成的蠕变性能下降，在承受$10^{22} n/cm^2 (E > 0.1MeV)$的$\beta$辐射时，蠕变速度增大。通常认为蠕变速度增加与辐射造成的体积膨胀有关。

关于材料辐射脆化在原子能工程材料中是一个重要的研究课题。

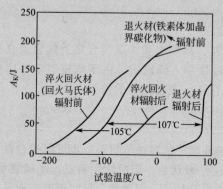

图 6.26　A543(HY80)板材辐射前后的
夏氏冲击试验值(辐射温度<120℃，
辐射量 2.0×10^19 n/cm²) (>1MeV)

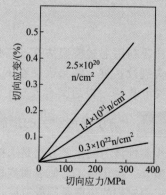

图 6.27　20％冷变形 316 不锈钢管(受
内压加载)475℃辐射后的应力与蠕变量

　　资料来源：刘瑞堂. 工程材料力学性能. 哈尔滨：哈尔滨工业大学出版社，2001.

小　结

　　工程结构和机器总是在一定环境介质中服役的。环境介质对构件材料的力学性能往往有着重要的影响，有时腐蚀性很弱的介质，像水、潮湿空气也能起很大的作用。介质与应力的协同作用，常比它们的单独作用或者二者简单的叠加更为严重。应力与化学介质协同作用引起材料力学性能下降，甚至发生提早断裂的现象，称为材料的环境敏感断裂。

　　研究材料在环境介质作用下的力学性能是一个广泛涉及各个工业部门的实际问题。结构零件的受力状态是多种多样的，如拉伸应力、交变应力、摩擦力、振动力等，不同状态的应力与介质的协同作用所造成的环境敏感断裂形式各不相同，据此可以将它们分为应力腐蚀断裂、腐蚀疲劳、磨损腐蚀和微动腐蚀等。在静载荷作用下的环境敏感断裂有应力腐蚀断裂和氢脆断裂。从破坏机理来看，应力腐蚀断裂可能是裂纹尖端阳极溶解引起的，也可能是阴极反应产生的氢进入金属引起的。氢还可以导致材料的其他形式破坏，如白点、氢蚀、氢化物致脆和氢致延滞断裂等。为了更好地理解氢的作用，可以将由氢造成的材料性能的蜕变，统称为氢损伤或广义氢脆。在交变载荷作用下的环境敏感断裂，称为腐蚀疲劳。

复习思考题

1. 解释下列名词：
(1)应力腐蚀；(2)氢脆；(3)腐蚀疲劳；(4)氢蚀；(5)白点；(6)氢化物致脆；(7)氢致延滞断裂。

2. 说明下列力学性能指标意义：

(1) σ_{SCC}；(2) $K_{I\,SCC}$；(3) $K_{I\,HEC}$；(4) da/dt。

3. 如何判断某一零件的破坏是由应力腐蚀引起的？应力腐蚀破坏为什么通常是一种脆性破坏？

4. 试述氢脆与应力腐蚀区别。

5. 为什么高强度材料，包括合金钢、铝合金、钛合金，容易产生应力腐蚀和氢脆？

6. 分析应力腐蚀裂纹扩展速率 da/dt 与 K_I 的关系，并与疲劳裂纹扩展速率曲线进行比较。

7. 应力腐蚀裂纹扩展曲线 $(da/dt - K)$ 中的三个阶段，各有何特点？

8. 何谓氢致延滞断裂？为什么高强度钢的氢致延滞断裂是在一定的应变速率下和一定的温度范围内出现？

9. 腐蚀疲劳和应力腐蚀相比，有哪些特点？

10. 影响腐蚀疲劳的主要因素有哪些？并试与影响应力腐蚀的主要因素相比较。

11. 相对于常规疲劳，腐蚀疲劳有何特点？

12. 有一 M24 栓焊桥梁用高强度螺栓，采用 40B 钢调质制成，抗拉强度为 1200MPa，承受拉应力 650MPa。在使用中，由于潮湿空气及雨淋的影响发生断裂事故。观察断口发现，裂纹从螺纹根部开始，有明显的沿晶断裂特征，随后是快速脆断部分。断口上有较多腐蚀产物，且有较多的二次裂纹。请分析该螺栓产生断裂的原因，并讨论防止这种断裂产生的措施。

第7章
材料在高温条件下的力学性能

本章知识框架

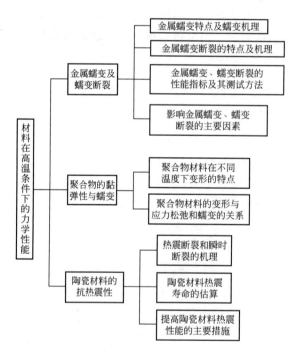

本章教学目标与要求

1. 掌握金属蠕变及蠕变断裂的机理及影响金属高温力学性能的主要因素。
2. 掌握有关力学性能指标的含义。
3. 熟悉温度对聚合物变形规律的影响。
4. 了解陶瓷热震损伤的机理及影响因素。

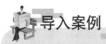

导入案例

中国开始量产新型轻质航空航天发动机材料

记者近日从北京科技大学新金属材料国家重点实验室了解到，具有我国独立知识产权的新一代航空航天用发动机材料——高温高性能高铌钛铝合金材料即将步入产业化阶段，这一技术将使我国航空航天发动机材料居世界领先水平。

北京科技大学新金属材料国家重点实验室经过20年的研究，发展了高温高性能高铌钛铝合金，它比先进国家现在使用的一般铌钛铝合金有更高的使用温度。高温高性能高铌钛铝合金可以替代高性能变形镍基高温合金，密度大约是镍基高温合金的一半，显著地减少部件的质量。

据介绍，高铌钛铝合金的应用使航空航天、船舰、汽车等重要领域有了新的发展，使现有装备水平得到提升，如图7.1和图7.2所示。

图 7.1　战机用国产太行涡轮风扇航空发动机　　图 7.2　国产秦岭涡轮风扇发动机

7.1　材料在高温下力学性能的特点

在高压蒸汽锅炉、柴油机、燃气轮机、汽轮机、航空发动机及化工炼油设备中，很多机件是长期在高温条件下工作的，对于这些机件材料的力学性能要求，如果仅考虑常温下的力学性能，显然是不够的。因为，温度对金属材料的力学性能影响很大，使得材料在高温下的力学性能明显不同于室温。以金属材料为例：

（1）强度降低。在不同温度下进行金属材料的静拉伸试验时，可以发现，随着试验温度的升高，屈服平台消失，而且材料所能承受的最大载荷也降低。

（2）塑性增大。在高温条件下，影响材料机械性能的因素增多，不仅温度有影响，应变速度，断裂所需时间也有影响。

例如，蒸汽锅炉及化工设备中的一些高温高压管道，虽然所承受的应力小于该工作温度下材料的屈服强度，但在长期使用过程中会产生缓慢而连续的塑性变形（即蠕变现象），使管径逐渐增大。如设计、选材不当或使用中疏忽，将导致管道破裂。高温下钢的抗拉强度也随载荷持续时间的增长而降低。例如，20钢在450℃时的短时抗拉强度为320MPa，当试样承受225MPa的应力时，持续300h便断裂了；如将应力降至115MPa左右，持续

10000h 也能使试样断裂。在高温短时载荷作用下，金属材料的塑性增加，但在高温长时载荷作用下，塑性却显著降低，缺口敏感性增加，往往呈现脆性断裂现象。此外，温度和时间的联合作用还影响金属材料的断裂路径。图 7.3(a)表示试验温度对长时载荷作用下金属断裂路径的影响。随着试验温度升高，金属的断裂由常温下常见的穿晶断裂过渡到沿晶断裂。这是因为温度升高时晶粒强度和晶界强度都要降低，但晶界强度下降较快所致。晶粒与晶界两者强度相等的温度称为"等强温度"，用 T_E 表示。由于晶界强度对变形速率的敏感性要比晶粒的大得多，因此等强温度随变形速率增加而升高，如图 7.3(b)所示。

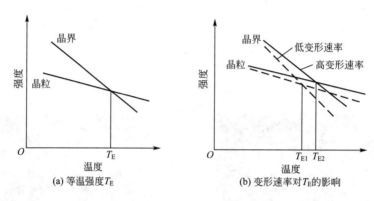

图 7.3　等温和变形速率对金属断裂路径的影响

与蠕变现象相伴随的还有高温应力松弛现象。一个紧固螺栓在高温长时间作用下，其初始预紧力逐渐下降，这种现象也是由蠕变造成的。另外，蠕变还会产生疲劳损伤，使高温疲劳强度下降，为此，必须研究蠕变和疲劳的交互作用。

高分子材料的力学性能随着温度的变化有明显的改变，呈现出不同的力学状态，并具有显著的黏弹性行为。

陶瓷材料在常温下一般发生脆性断裂，但随着温度升高和时间延长，其在室温下塑性差的弱点有所改善，而在高温时具有良好的耐热性和化学稳定性。因此，对陶瓷材料的高温性能，特别是对高温下的塑性变形行为的研究是十分重要的。

综上所述，材料在高温下的力学性能，不能只简单地用常温下短时拉伸的应力-应变曲线来评定，还必须考虑温度与时间两个因素。必须指出，这里所指的温度"高"或"低"是相对于该金属熔点而言的，故采用"约比温度(T/T_m)"更为合理(T 为试验温度，T_m 为金属熔点，都用热力学温度表示)。当 $T/T_m>0.5$ 时为"高"温；反之为"低"温。对于不同的金属材料，在同样的约比温度下，其蠕变行为相似，因而力学性能的变化规律也是相同的。对陶瓷为 $T<0.4T_m$；对高分子材料为 $T>T_g$，T_g 为玻璃化温度，多数高分子材料在室温下就发生蠕变。由于蠕变的产生，就不能笼统地说材料在某一高温下其强度是多少，因为高温强度与时间这一因素有关。而材料在常温下的强度是不考虑时间因素的，除非试验时加载的应变速率非常高。

本章将以金属材料为重点，阐述材料在高温长时载荷作用下的蠕变现象，讨论蠕变变形和断裂的机理，介绍高温力学性能指标及影响因素，为正确选用材料和合理制订其热处理工艺提供基础知识。

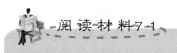

钢的高温脆性

钢的高温力学性能，通常用在温度和力的作用下钢的应变和应力之间的关系来描述。它反映了钢在高温状态下抵抗各种应力的能力，与铸坯裂纹密切相关。一般以断面收缩率和强度极限作为钢的高温力学性能的指标。研究钢的高温力学性能及其变化机理，是制订和完善连铸工艺的基础。众多研究结果表明，钢在600℃至熔点的温度范围内，存在三个明显的脆性温度区域，如图7.4所示。Ⅰ区的脆性是由于晶界熔化所致；Ⅱ区的脆性是由于硫化物、氧化物在晶界析出，降低了晶界强度所致；Ⅲ区则是由于沿原奥氏体晶界析出的先共析铁素体所致。由于钢的化学成分、应变速率等条件的不同，三个脆性区不一定同时表现出来，第Ⅱ脆性区有时并不出现。钢的高温力学性能受很多因素的影响，如热履历、化学成分、应变速率、冷却速率、奥氏体晶粒度、析出物、动态再结晶等。这些可变因素增加了研究、理解钢的高温力学性能的复杂性，同时也为钢的高温力学性能的改善提供了条件。

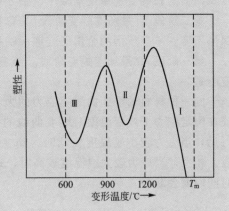

图7.4 钢的三个脆性温度区域示意图

⇒ 资料来源：张晨. 钢的高温力学性能及其影响因素分析. 连铸，2008(6).

7.2 蠕变的宏观规律及蠕变机制

7.2.1 金属蠕变的宏观规律

金属材料其常温强度只是应变的函数，与时间无关。然而，其高温强度和应变速率及暴露的时间都有关系。其中最典型的就是蠕变——金属在长时间的恒温、恒载荷作用下缓慢地产生塑性变形的现象。

不同的材料出现蠕变的温度不同。明显的蠕变温度(以热力学温度计算)与材料的熔点有关，一般二者的比值为0.3～0.7。比如碳素钢要超过350℃；合金钢要超过400℃；低熔点金属，如铅、锡等可以在室温下出现蠕变；高熔点的陶瓷材料，如Si_3N_4在1100℃以上也不发生明显的蠕变；而高聚物甚至在室温以下就出现蠕变现象。

金属的蠕变过程可用蠕变曲线来描述，典型的蠕变曲线如图7.5所示。

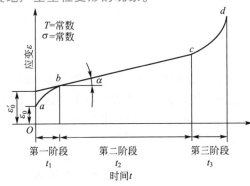

图7.5 典型蠕变曲线

图中 Oa 线段是试样在 T 温度下承受恒定拉应力 σ 时所产生的起始伸长率 ε_0。如果应力超过金属在该温度下的屈服强度,则 ε_0 包括弹性伸长率和塑性伸长率两部分。这一应变还不算蠕变,而是由外载荷引起的一般变形过程。从 a 点开始随时间 t 增长而产生的应变属于蠕变,$abcd$ 曲线即为蠕变曲线。

蠕变曲线上任一点的斜率,表示该点的蠕变速率($\dot{\varepsilon} = d\varepsilon/dt$)。按照蠕变速率的变化情况,可将蠕变过程分为三个阶段。

第一阶段 ab 是减速蠕变阶段(又称过渡蠕变阶段)。这一阶段开始的蠕变速率很大,随着时间延长蠕变速率逐渐减小,到 b 点蠕变速率达到最小值。

第二阶段 bc 是恒速蠕变阶段(又称稳态蠕变阶段)。这一阶段的特点是蠕变速率几乎保持不变。一般所指的金属蠕变速率就是以这一阶段的蠕变速率 $\dot{\varepsilon}$ 表示的。

第三阶段 cd 是加速蠕变阶段。随着时间的延长,蠕变速率逐渐增大,至 d 点产生蠕变断裂。

同一种材料的蠕变曲线随应力的大小和温度的高低而不同。在恒定温度下改变应力,或在恒定应力下改变温度,蠕变曲线的变化分别如图 7.6(a)和图 7.6(b)所示。由图 7.6 可见,当应力较小或温度较低时,蠕变第二阶段持续时间较长,甚至可能不产生第三阶段。相反,当应力较大或温度较高时,蠕变第二阶段便很短,甚至完全消失,试样在很短时间内就会断裂。

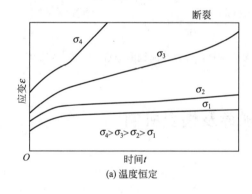
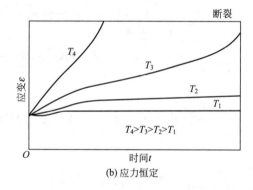

图 7.6　应力及温度对蠕变曲线的影响

7.2.2　金属蠕变变形机制

金属蠕变变形机制有两种,一种是位错蠕变机制,另一种是扩散蠕变机制。前者主要发生在温度较低(小于 $0.5T_m$)、应力较高的情况下,多数工业用的抗蠕变合金在服役条件下其变形机制均属这种;而扩散蠕变机制发生在更高的温度 $0.6 \sim 0.7T_m$ 和应力较小的情况下。少数的工程合金像燃气轮机涡轮盘使用的镍基超合金和陶瓷材料的变形机制属于此类。这两种变形机制因受温度和应力的综合影响,没有确切的划分界限,金属的蠕变变形主要是通过位错滑移、原子扩散等机理进行的。各种机理对蠕变的作用随温度及应力的变化而有所不同。

1. 位错滑移蠕变机理

材料的塑性变形主要是由于位错的滑移引起的,在一定的载荷作用下,滑移面上的位错运动到一定程度后,位错运动受阻发生塞积,就不能继续滑移,也就是只能产生一定的塑性变形。在常温下，如果要继续产生塑性变形，则必须提高载荷，增大位错滑移的切应力，才能使位错重新增殖和运动。但是，在高温下，由于温度的升高，给原子和空位提供了热激活的可能，使得位错可以克服某些障碍得以运动，继续产生塑性变形。

位错的热激活方式有：刃型位错的攀移、螺型位错的交滑移、位错环的分解、割阶位错的非保守运动、亚晶界的位错攀移等。高温下的热激活过程主要是刃型位错的攀移，图7.7所示为刃型位错攀移克服障碍的几种模型。由图7.7可见，由于原子或空位的热激活运动，使得刃型位错得以攀移，攀移后的位错或者在新的滑移面上得以滑移，或者与异号位错反应得以消失，或者形成亚晶界，或者被大角晶界所吸收。这样被塞积的位错数量减少，对位错源的反作用力减小，位错源就可以重新开动，位错得以增殖和运动，产生蠕变变形。

在蠕变第Ⅰ阶段，由于蠕变变形逐渐产生形变硬化，使位错源开动的阻力和位错滑动的阻力逐渐增大，致使蠕变速率不断降低，因此形成了减速蠕变阶段。

在蠕变第Ⅱ阶段，由于形变硬化的不断发展，促进了动态回复的发生，使材料不断软化。当形变硬化和回复软化达到动态平衡时，蠕变速率为一常数，因此形成了恒速蠕变阶段。在蠕变第Ⅲ阶段，空洞（可从第Ⅱ阶段形成）长大、连接形成裂纹而迅速扩展，致使蠕变速度加快，直至裂纹达到临界尺寸而产生蠕变断裂。

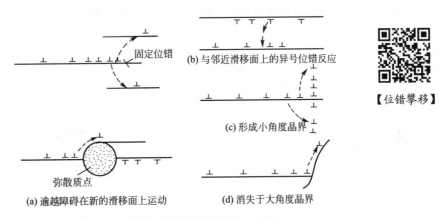

图 7.7　刃型位错攀移克服障碍的模型

2. 扩散蠕变机理

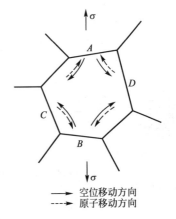

在较高温度下（约比温度大大超过0.5），原子和空位可以发生热激活扩散，在不受外力的情况下，它们的扩散是随机的，在宏观上没有表现。但是在外力作用下，晶体内部产生不均匀应力场，原子和空位在不同的位置具有不同的势能，它们会由高势能位向低势能位进行定向扩散，如图7.8所示，在拉应力的作用下，晶体 $ABCD$ 晶界上的空位势能发生变化，垂直于拉应力轴的晶界（A、B 晶界）处于高势能态、平行于拉应力轴的晶界（C、D 晶界）处于低势能态。因此，导致空位由势能高的 A、B 晶界向势能低的 C、D 晶界扩散。空位的扩散引起原子向

图 7.8　晶粒内部扩散蠕变示意图

相反的方向扩散，从而引起晶粒沿拉伸轴方向伸长，垂直于拉伸轴方向收缩，致使晶体产生蠕变。

另外，在高温条件下，晶界上的原子容易扩散，受力后晶界易产生滑动，也促进蠕变进行，但它对蠕变的贡献并不大，一般为 10% 左右。晶界滑动不是独立的蠕变机理，因为晶界滑动一定要和晶内滑移变形配合进行。否则就不能维持晶界的连续性，会导致晶界上产生裂纹。

7.2.3　蠕变断裂机理

蠕变断裂有两种情况：一种情况是对于那些不含裂纹的高温试件，在高温长期服役过程中，由于蠕变裂纹相对均匀地在机件内部萌生和扩展，显微结构变化引起蠕变抗力的降低以及环境损伤导致的断裂。另一种情况是高温工程机件中，原来就存在裂纹或类似裂纹的缺陷，其断裂是由于主裂纹的扩展引起的，属于高温断裂力学的范畴。所以，以下主要研究的是畸变裂纹的萌生、扩展和断裂。

晶间断裂是蠕变断裂的普通形式，高温低应力下情况更是如此，这是因为温度升高，多晶体晶内及晶界强度都随之降低，但后者降低速率更快，造成高温下晶界的相对强度较低的缘故。通常将晶界和晶内强度相等的温度称为等强温度。

【楔形裂纹形成】

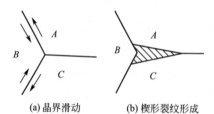

(a)晶界滑动　(b)楔形裂纹形成

图 7.9　楔形裂纹形成示意图

晶界断裂有两种模型：一种是晶界滑动和应力集中模型，另一种是空位聚集模型。第一种模型认为在蠕变温度下，持续的恒载将导致位于最大切应力方向的晶界滑动，这种滑动必然在三晶粒交界处形成应力集中，如果这种应力集中不能被滑动晶界前方晶粒的塑性变形或晶界的迁移所松弛，那么当应力集中达到晶界的结合强度时，在三晶粒交界处必然发生开裂，形成楔形空洞，如图 7.9 所示。

第二种模型认为由于晶界滑动和晶内滑移可能在晶界形成交截，使晶界曲折，曲折的晶界和晶界夹杂物阻碍了晶界的滑动，引起应力集中，导致空洞形成，这是较低应力和较高温度下产生的裂纹，如图 7.10 所示。图 7.10(a)所示为晶界滑动与晶内滑移带在晶界上交割时形成的空洞；图 7.10(b)所示为晶界上存在第二相质点时，当晶界滑动受阻而形成的空洞。这些空洞长大并连接，便形成裂纹。

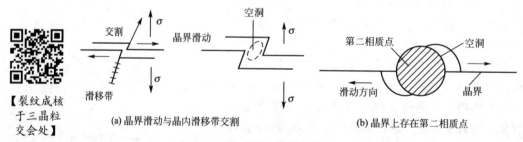

【裂纹成核于三晶粒交会处】

(a)晶界滑动与晶内滑移带交割　　(b)晶界上存在第二相质点

图 7.10　晶界滑动形成空洞示意图

以上两种方式形成裂纹，都有空洞萌生过程。可见，晶界空洞对材料在高温下使用温度范围和寿命是至关重要的。裂纹形成后，进一步依靠晶界滑动、空位扩散和空洞连接而扩展，最终导致沿晶断裂。

蠕变断裂究竟以何种方式发生，取决于具体材料、应力水平、温度、加载速率和环境介质等因素。

在高应力高应变速率下，温度低时，金属材料通常发生滑移引起解理断裂或晶间断裂，这属于一种脆性断裂方式，其断裂应变小，即使在较高温度下，多晶体在发生整体屈服后再断裂，断裂应变一般也不会超过10%。温度高于韧脆转变温度时，断裂方式从脆性解理和晶间断裂转变为韧性穿晶断裂，它是通过在第二相界面上进行空洞生成、长大和连接的方式发生的，断口的典型特征是韧窝。应力高时，这种由空洞长大的断裂方式瞬时发生，不属于蠕变断裂；应力较低、温度相对较高时，空洞由于缓慢蠕变而长大，最终导致断裂。这种断裂伴随有较大的断裂应变。

在较低应力和较高温度下，晶界空位聚集形成空洞，进而空洞长大发生晶界蠕变断裂，这种断裂是由扩散控制的，低温下由空位扩散导致的这种断裂过程十分缓慢，实际上观察不到断裂的发生。

高温高应力下，在强烈变形部位将迅速发生回复再结晶，晶界能够通过扩散发生迁移，即使在晶界上形成空洞，空洞也难以继续长大。因为空洞的长大主要是依靠空位沿晶界不断向空洞处扩散的方式完成的，而晶界的迁移能够终止空位沿晶界的扩散，结果蠕变断裂以类似于"颈缩"的方式进行，即试样被拉断。

金属材料蠕变断裂断口的宏观特征：①在断口附近产生塑性变形，在变形区域附近有很多裂纹，使断裂机件表面出现龟裂现象；②由于高温氧化，断口表面往往被一层氧化膜所覆盖。

【金属材料蠕变断裂断口微观形貌】

金属材料蠕变断裂断口的微观特征主要是冰糖状花样的沿晶断裂。

7.3　金属高温力学性能指标

描述材料的蠕变性能常采用蠕变极限、持久强度、松弛稳定性等力学性能指标。

7.3.1　蠕变极限

高温服役的机件在其服役期内，不允许产生过量的蠕变变形，否则将引起机件的早期失效。因此，需要一个力学性能指标，表示材料在高温下受到载荷长时间作用时，对于蠕变变形的抗力。蠕变极限就是这样一个力学性能指标，它表示材料对高温蠕变变形的抗力，是选用高温材料、设计高温下服役机件的主要依据之一。蠕变极限的表示方法有以下两种。

(1) 在给定温度(T)下，使试样在蠕变第二阶段产生规定稳态蠕变速率($\dot{\varepsilon}$)的最大应力定义为蠕变极限，以符号$\sigma_{\dot{\varepsilon}}^{T}$表示[其中$\dot{\varepsilon}$为第二阶段蠕变速率，(%)/h]，单位为MPa。例如，$\sigma_{1\times10^{-5}}^{600}=60$MPa，表示温度为600℃的条件下，稳态蠕变速率为1×10^{-5}（%）/h 的蠕变极限为60MPa。如在汽轮机、电站锅炉的设计中，常把蠕变速率等于1×10^{-5}%/h 或1×10^{-4}（%）/h 的应力定义为蠕变极限，作为选材和机件设计的依据。

(2) 在给定温度(T)下和在规定的试验时间$t(h)$内，使试样产生一定蠕变伸长率(δ,%)的应力值，以符号$\sigma_{\delta/t}^{T}$(MPa)表示。例如，$\sigma_{1/10^5}^{600}=100$MPa，就表示材料在600℃温度下，$1\times10^{5}$h 后伸长率为1%的蠕变极限为100MPa。试验时间及蠕变伸长率的具体数值是根据零件的工作条件来规定的。

以上两种蠕变极限都需要试验到蠕变第二阶段若干时间后才能确定。这两种蠕变极限与伸长率之间有一定的关系。例如，以蠕变速率确定蠕变极限时，恒定蠕变速度为 $1 \times 10^{-5}(\%)/h$，就相当于 $1 \times 10^5 h$ 的伸长率为 1%。这与以伸长率确定蠕变极限时的 $1 \times 10^5 h$ 的伸长率为 1% 相比，仅相差 $\varepsilon_0' - \varepsilon_0$，如图 7.5 所示。其差值甚小，可忽略不计。因此，就可认为两者所确定的伸长率相等。同样，蠕变速率为 $1 \times 10^{-4}(\%)/h$，就相当于 $1 \times 10^4 h$ 的伸长率为 1%。在使用上选用哪种表示方法应视蠕变速率与服役时间而定。若蠕变速率大服役时间短，取前一种表示方法(σ_ε^T)。反之，服役时间长，则取后一种表示方法($\sigma_{\delta/t}^T$)。

测定金属材料蠕变极限的试验装置，如图 7.11 所示。试样 7 装卡在夹头 8 上，然后置于电阻炉 6 内加热。试样温度用捆在试样上的热电偶 5 测定，炉温用铂电阻 2 控制。通过杠杆 3 及砝码 4 对试样加载，使之承受一定大小的拉应力。试样的蠕变伸长量用安装在炉外的引伸计 1 测量。

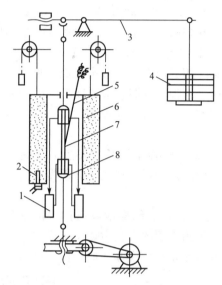

图 7.11 蠕变试验装置简图

1—引伸计；2—铂电阻；3—杠杆；4—砝码；
5—热电偶；6—电阻炉；7—试样；8—夹头

现以第二阶段蠕变速率所定义的蠕变极限为例，说明其测定的方法。

(1) 在一定温度和不同应力条件下进行蠕变试验，每个试样的试验持续时间不少于 2000～3000h。根据所测定的伸长率与时间的关系，作出一组蠕变曲线，如图 7.6(a)所示。每一条蠕变曲线上直线部分的斜率，就是第二阶段的恒定蠕变速率。

(2) 根据获得的不同应力条件下的恒定蠕变速率 $\dot{\varepsilon}_1, \dot{\varepsilon}_2, \dot{\varepsilon}_3, \cdots$，在应力与蠕变速率的对数坐标上作出 $\sigma - \dot{\varepsilon}$ 关系曲线。图 7.12 所示即为 12Cr1MoV 钢在 580℃时的应力-蠕变速率($\sigma - \dot{\varepsilon}$)曲线。

(3) 试验表明，在同一温度下进行蠕变试验，其应力与蠕变速率的对数值($\lg\sigma - \lg\dot{\varepsilon}$)之间呈线性关系。因此，可采用较大的应力，以较短的试验时间作出几条蠕变曲线，根据所测定的蠕变速度，用内插法或外推法求出规定蠕变速率的应力值，即得到蠕变极限。

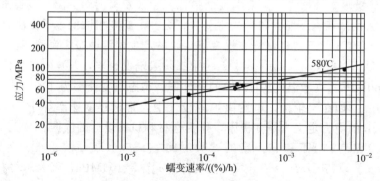

图 7.12 12Cr1MoV 钢的($\sigma - \dot{\varepsilon}$)对数曲线

例如，将图 7.12 中的 $\sigma-\dot{\varepsilon}$ 直线用外推法延长至 $\dot{\varepsilon}=10^{-5}$（％）/h 处时的蠕变极限为 41MPa。但要注意，用外推法求蠕变极限，其蠕变速率只能比最低试验点的数据低一个数量级，否则外推值不可靠。

阅读材料 7-2

单晶高温合金强化机制与蠕变行为

近年来，材料工作者对单晶高温合金蠕变行为进行了许多理论和试验探索。位错蠕变理论和位错演化特征、γ' 相定向粗化现象、蠕变强度的各向异性等一直是材料工作者研究的热点内容。同时，为了优化单晶叶片的设计，充分利用镍基单晶高温合金优异的高温性能，有必要从本质上研究单晶高温合金蠕变行为。王开国等阐述了单晶高温合金蠕变行为研究现状，总结了单晶高温合金强化理论，主要包括以下强化理论。

（1）固溶强化：镍基单晶高温合金固溶强化是利用在镍中大量溶解的合金元素而获得显著的强化效果，如 Co、Cr、W、Mo、Nb 等元素。其主要作用有以下几个方面：①提高基体的再结晶温度，减少基体中元素的扩散及基体与强化相之间的扩散；②产生能够支持较高温度的原子集团，降低堆垛层错能，使大量溶质原子有可能在分解位错中聚集，形成溶质原子气氛对位错起钉扎作用，使位错难以在晶体点阵中运动，减少位错的活动性；③通过加入多种元素使合金复杂化，充分发挥元素的强化效应，增强基体在应力条件下热稳定性及其对位错的阻碍作用。Cottrell 指出：固溶体中合金元素对蠕变抗力的贡献可能由于降低了堆垛层错能，使位错易于分解成为扩展位错，因而使攀移与交叉滑移难以进行。Mader 利用 X 射线研究发现：Co 使 Ni-Co 合金的层错能降低，并提高蠕变强度。显然，如果大量的溶质原子在分解位错或位错割阶中沉积，将有利于阻止位错的攀移，有效地延缓恢复过程，从而提高合金的蠕变性能。

（2）沉淀强化：镍基单晶合金中的重要强化相是 γ' 相，γ' 相与 FCC 结构的基体相保持共格关系，其强化作用取决于 γ' 相的数量、尺寸和本身的固溶强化程度等。对该沉淀相的结构与形态及对合金性能的影响进行了大量的研究工作，结果表明，通过以下途径可以提高合金的蠕变性能：①尽可能地增加铝与钛的总含量，提高 γ' 相的数量及溶解温度；②调整 γ' 相与基体的成分，减少两相间的错配度，以保持低的界面能与更大程度的共格性；③通过 γ' 相与基体的复杂合金化，提高二者之间结合强度，降低两相之间的扩散过程，以阻止沉淀相聚集长大。固溶强化与 γ' 相沉淀强化相比，固溶强化对强度的贡献是次要的。因此，通常认为镍基高温合金塑性变形中对位错起阻碍作用的是 γ' 相沉淀，这是镍基高温合金具有优异的高温强度的最根本原因。

资料来源：王开国. 单晶高温合金蠕变行为研究现状. 材料工程，2009(1).

7.3.2 持久强度

某些在高温下工作的机件，畸变变形很小或对变形要求不严格，只要求机件在使用期内不发生断裂。在这种情况下，要用持久强度作为评价材料、设计机件的主要依据。

持久强度是材料在一定的温度（T）下和规定的时间（t）内，不发生畸变断裂的最大应力，记作 σ_t^T（MN/m² 或 MPa）。这里所指的规定时间是以零件的设计寿命为依据的。例如，锅炉、汽轮机等，机组的设计寿命为数万以至数十万小时，而航空喷气发动机则为一千或几百小时。例如，$\sigma_{1\times10^3}^{700}=300\mathrm{MN/m^2}$，表示材料在700℃经1000h后发生断裂的应力，即持久强度为300MN/m²。

和蠕变试验一样，要想知道材料在高温下经1万乃至10万小时以上的持久强度，仍用外推法。外推时沿用的断裂时间 t 和应力 σ 的关系为

$$t=A\sigma^{-B} \tag{7-1}$$

式中，A、B 为与试验温度及材料有关的常数。

对式(7-1)取对数得

$$\log t=\log A-B\log\sigma \tag{7-2}$$

作 $\log t$-$\log\sigma$ 图，由直线关系可从断裂时间较短的数据外推到长时间的持久强度。这里和获得蠕变数据一样，外推数据的时间只能比试验数据的时间高一个数量级，否则数据将不可靠。图7.13为12Cr1MoV钢在580℃及600℃时的持久强度线图。由图可见，试验最长时间为 $1\times10^4\mathrm{h}$(实线部分)，但用外推法(虚线部分)可得到 $1\times10^5\mathrm{h}$ 的持久强度极限。如12Cr1MoV钢在580℃、$1\times10^5\mathrm{h}$ 的持久强度极限为89MPa。

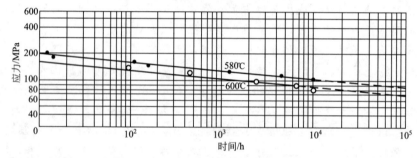

图 7.13　12Cr1MoV 钢的持久强度线图

高温长时间加载的条件下，材料的组织结构会发生变化。因此，在 $\log t$-$\log\sigma$ 双对数坐标中，试验结果往往不是一条直线，而是会出现转折点的，如图7.14所示。其曲线的形状和转折点的位置随材料在高温下的组织稳定性和试验温度的高低而不同；所以最好是测出转折点后再根据转折点前后时间与应力对数数值的线性关系进行外推，一般还限制外推时间不超过一个数量级，以使外推结果误差不致太大。

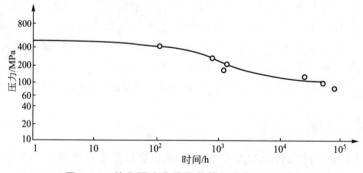

图 7.14　持久强度曲线及其转折现象(示意图)

通过持久强度试验，还可以测定材料的持久塑性。持久塑性用试样断裂后的延伸率和断面收缩率来表示，它反映材料在高温长时间作用下的塑性性能，是衡量材料蠕变脆性的

一个重要指标。很多材料在高温下长时间工作后，延伸率降低，往往发生脆性破坏，如汽轮机中螺栓的断裂、锅炉中导管的脆性破坏等。

持久塑性一般随着试验时间的增加而下降，但某一时间范围内可能出现最低值，以后随时间的增加，持久塑性又上升。持久塑性最低值出现的时间与材料在高温下的内部组织变化有关，因而也与温度有关。

7.3.3　松弛稳定性

材料在恒变形的条件下，随着时间的延长，弹性应力逐渐降低的现象称为应力松弛。材料抵抗应力松弛的能力称为松弛稳定性。松弛稳定性可以通过松弛试验测定的应力松弛曲线来评定，材料的松弛曲线是在规定的温度下，对试样施加载荷，保持初始变形量恒定，测定试样上的应力随时间而下降的曲线，如图7.15所示。图中为初始应力 σ_0，随着时间的延长，试样中的应力不断减小。应力松弛试验中，任一时间试样上所保持的应力称为剩余应力 σ_{sh}；试样上所减少的应力，即初始应力与剩余应力之差称为松弛应力 σ_{so}。

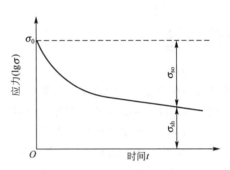

图 7.15　应力松弛曲线

剩余应力 σ_{sh} 是评价材料应力松弛稳定性的一个指标。不同的材料或同一材料经不同处理后，在相同的试验温度和初始应力的条件下，经规定时间后，剩余应力越高者，其松弛稳定性越好。松弛稳定性可以用来评价材料在高温下的预紧能力。对于那些在高温状态下工作的紧固件，在选材和设计时，就应该考虑材料的松弛稳定性。如汽轮机、燃气轮机的紧固件，在工作过程中，如果材料的松弛稳定性不好，那么随着工作时间的延长，剩余应力越来越小，当小于气缸螺栓的预紧工作应力时，就会发生泄气事故。材料的松弛稳定性决定于材料的成分、组织等内部因素。

7.4　影响金属高温力学性能的主要因素

由蠕变变形和断裂机理可知，要提高蠕变极限，必须控制位错攀移的速率；要提高持久强度极限，必须控制晶界的滑动。这就是说，要提高金属材料的高温力学性能，应控制晶内和晶界的原子扩散过程。这种扩散过程主要取决于合金的化学成分，并与冶炼工艺、热处理工艺等因素密切相关。

7.4.1　化学成分

材料的成分不同，蠕变的热激活能不同。热激活能高的材料，蠕变变形就困难，蠕变极限、持久强度、剩余应力就高。

【化学成分】

对于金属材料，如设计耐热钢及耐热合金时，一般选用熔点高、自扩散激活能大和层错能低的元素及合金。这是因为在一定温度下，熔点越高的金属自扩散激活能越大，因而自扩散越慢；如果熔点相同但晶体结构不同，则自扩散激活能越高者，自扩散越慢；层错能越低的金属越易产生扩展位错，使位错难以产生割阶、交滑移和攀移。这些都有利于降低蠕变速率。这就是大多数面心立方结构的金属，其高温强度比体心立方结构的高的一个重要原因。

在金属基体中加入合金元素，如果是铬、钼、钨、铌等形成单相固溶体，除产生固溶强化作用外，还因为合金元素使层错能降低，易形成扩展位错，且溶质原子与溶剂原子的结合力较强，增大了扩散激活能，从而提高了蠕变极限。如果是形成弥散相的合金元素，则由于弥散相能强烈阻碍位错的滑移，提高高温强度，弥散相粒子硬度高、弥散度大、稳定性高，则强化作用好。如果是稀土等增加晶界激活能的元素，则既能阻碍晶界滑动，又能增大晶界裂纹面的表面能，因而对提高蠕变极限，特别是对提高持久强度是很有效的。

7.4.2　冶炼工艺的影响

各种耐热钢及其合金的冶炼工艺要求较高，因为钢中的夹杂物和某些冶金缺陷会使材料的持久强度降低。高温合金对杂质元素和气体含量要求更加严格，常存杂质除硫、磷外，还有铅、锡、砷、锑、铋等，即使其含量只有十万分之几，当杂质在晶界偏聚后，也会导致晶界严重弱化，而使热强性急剧降低，持久塑性变差。例如，某些镍基合金的实验结果表明，经过真空冶炼后，由于铅的含量由百万分之五降至百万分之二以下，其持久时间增长了一倍。

由于高温合金在使用中通常在垂直于应力方向的横向晶界上易产生裂纹，因此，采用定向凝固工艺使柱状晶沿受力方向生长，减少横向晶界，可以大大提高持久寿命。例如，有一种镍基合金采用定向凝固工艺后，在760℃、645MPa应力作用下的断裂寿命可提高4～5倍。

7.4.3　组织结构

对于金属材料，采用不同的热处理工艺，可以改变组织结构，从而改变热激活运动的难易程度。如珠光体耐热钢，一般采用正火加高温回火工艺，正火温度应较高，以促使碳化物较充分而均匀地溶解在奥氏体中；回火温度应高于使用温度100～150℃以上，以提高其在使用温度下的组织稳定性。如奥氏体耐热钢或合金一般进行固溶处理和时效，使之得到适当的晶粒度，并改善强化相的分布状态；有的合金在固溶处理后再进行一次中间处理，使碳化物沿晶界呈断续状析出，可使持久强度和蠕变延伸率进一步提高。

采用形变热处理改变晶界形状(形成锯齿状)，并在晶内形成多边化的亚晶界，则可使合金进一步强化，如GH38、GH78型铁基合金采用高温形变热处理后，在550℃和650℃下的100h持久强度分别提高25％和20％左右，而且还具有较高的持久塑性。

7.4.4　晶粒尺寸

晶粒尺寸是影响材料力学性能的主要因素之一，由前面章节的介绍可以看到，细化晶粒是唯一可以同时提高材料常规强度、硬度、塑性、韧性的方法，但对于材料的高温力学性能，其影响则并非如此。

对于金属材料，当使用温度低于等强温度时，细化晶粒可以提高钢的强度；当使用温度高于等强温度时，粗化晶粒可以提高钢的蠕变极限和持久强度，但是，晶粒太大会降低钢的高温塑性和韧性。对于耐热钢和合金，随合金成分和工作条件的不同，都有一最佳晶粒尺寸范围。例如，奥氏体耐热钢及镍合金，一般以2～4级晶粒度较好，所以，进行热处理时应考虑采用适当的加热温度，以满足晶粒度的要求。

阅读材料7-3

热处理对单晶镍基蠕变行为影响

王明罡等对含元素 Re、W 的合金采用三种不同温度进行固溶处理，并对其分别进行相同条件下的蠕变性能测试及组织形貌观察，以考察固溶温度对合金蠕变行为及组织演化规律的影响，进一步发挥单晶合金的潜力，为单晶合金的发展与应用提供理论依据。

经真空感应炉熔炼母合金后，采用选晶法在高温度梯度定向凝固炉中将成分为 Ni - W - Ta - Co - Re - Al 的母合金制成 [001] 取向的单晶试棒，其生长方向与 [001] 取向的偏差在 7°以内，经 X 射线劳埃背反射测定晶体取向后，沿平行于(100)晶面切取拉伸蠕变样品，样品的横断面为 4.5mm×2.5mm，标距长为 20mm，样品的宽面法线方向为 [100] 晶向。将尺寸为 φ3mm×1.5mm 的样品置入差热分析仪中，以 10℃/min 的升温速度从 300℃升温至 1500℃，然后再以 10℃/min 的降温速度冷却至 300℃，测定差热曲线，根据差热曲线分析，确定不同条件的热处理工艺，通过对不同条件热处理的合金进行蠕变性能测试，以考察热处理工艺对合金蠕变性能的影响。

由铸态合金的差热(DSC)曲线，可以得出 1325℃为该合金的初熔温度。由此，可以确定出该合金的固溶处理温度应在低于 1325℃条件下进行。为了考察固溶处理温度对合金蠕变性能的影响，合金分别在 1300℃、1310℃、1320℃保温 4h 进行固溶处理，随后在 1080℃保温 4h 进行一次时效处理，为提高合金中 γ′相立方度，在 870℃保温 24h 进行二次时效处理。由于合金中含有较多 W、Ta 等难熔元素，为减小低熔点组元在枝晶处的偏析，避免发生初熔，合金在 1280℃保温 4h 进行均匀化扩散处理。合金采用的三种热处理制度见表 7-1。

表 7-1 合金的热处理工艺

热处理制度	均匀化处理	固溶处理	一次时效	二次时效
1	1280℃/4hA.C	1300℃/4hA.C	1080℃/4hA.C	870℃/4hA.C
2	1280℃/4hA.C	1310℃/4hA.C	1080℃/4hA.C	870℃/4hA.C
3	1280℃/4hA.C	1320℃/4hA.C	1080℃/4hA.C	870℃/4hA.C

合金经 1300℃、1310℃、1320℃不同温度固溶处理，再经 1080℃保温 4h一次时效和 870℃保温 24h 二次时效后，在 1072℃、137MPa 条件下进行拉伸蠕变曲线的测定，其结果如图 7.16 所示。

根据图 7.16 可以看出：合金经不同工艺热处理后，具有不同的蠕变寿命。经 1300℃固溶处理，在实验条件下合金有较高的应变速率，蠕变寿命仅为 37h；经 1310℃固溶处理后，应变速率明显降低，蠕变寿命提高到 113h；而经 1320℃固溶处理后，合金有最好的蠕变性能，

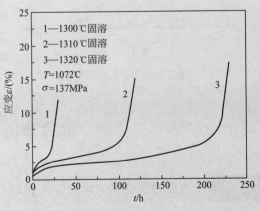
图 7.16 合金经不同条件热处理后的蠕变曲线

应变速率进一步降低，且有较长的稳态蠕变阶段，蠕变寿命达230h，与其他两工艺处理相比，蠕变寿命提高约2倍和8倍。另外，在稳态蠕变期间，合金的应变量也有明显差别。经1320℃固溶处理合金，经蠕变100h后，应变量仅为2%；经1310℃固溶处理合金，蠕变60h后，应变量为4%；而合金经1300℃固溶处理，蠕变20h的应变量已达4%。比较可知，选用的固溶处理温度对合金的蠕变寿命有非常明显的影响。合金经1320℃高温固溶处理后，具有更好的蠕变抗力。

➡ 资料来源：王明罡. 单晶镍基合金的热处理及对蠕变性能的影响. 材料工程，2009(3).

7.5 金属蠕变与疲劳的交互作用

实际上许多高温下工作的零件，既不是受纯静蠕变的作用，也不是受纯粹的高温疲劳作用。零件在高温下既发生蠕变应变又发生循环的交变应变。实验发现，蠕变应变能显著降低疲劳寿命；反过来，交变应变也会显著降低蠕变寿命。这就要求研究蠕变与疲劳的交互作用，并能预测蠕变-疲劳共同作用下的损伤。

现在已有比较好的方法能预测疲劳-蠕变损伤。这种方法称为应变范围分配法。它是把非弹性应变分成与时间有关的蠕变应变和与时间无关的塑性应变两个部分，再考虑到有拉伸和压缩两个方向，两个方向和两种应变共组合成四种形式。这四种形式用理想的滞后环表示：$\Delta\varepsilon_{PP}$为拉伸塑性应变，$\Delta\varepsilon_{CP}$为拉伸蠕变应变，$\Delta\varepsilon_{PC}$为压缩塑性应变，$\Delta\varepsilon_{CC}$为压缩蠕变应变。在第一下脚标位置P为塑性应变，C为蠕变应变；第二下脚标位置P表示拉伸，C表示压缩。只要搞清楚在疲劳和蠕变共同作用时，每一循环周次中各个分量的相对比例，再用试验做出各个分量在单独作用时的疲劳寿命（图7.17），就可计算出包含这几种分量时的疲劳寿命。图7.17中，$\Delta\varepsilon_{IN}$为总的非弹性应变；F_{PP}为拉伸塑性应变占总非弹性应变的百分数；F_{PC}为压缩塑性应变占总非弹性应变的百分数；F_{CC}为压缩蠕变应变占总非弹性应变的百分数；F_{CP}为拉伸蠕变应变占总非弹性应变的百分数；N_f为总寿命。

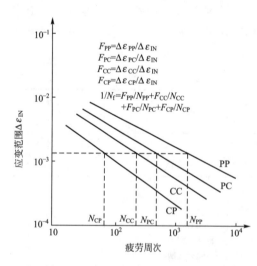

图 7.17　蠕变与疲劳交互作用的规则

7.6 聚合物的黏弹性与蠕变

7.6.1 温度对聚合物力学性能的影响

非晶聚合物随温度变化可出现三种力学状态：玻璃态、高弹态和黏流态，如图7.18所示。

1. 玻璃态

非晶态聚合物在低温下(玻璃态转化温度 T_g 以下),分子热运动能量低,不易激发分子链的运动,分子链处于"冻结"状态。在外力使用下,变形主要形式为分子主链伸长、键角的变化,应变与应力成正比,外力去除,形变立即消失。

2. 高弹态

随温度升高(T_g 以上),分子热运动加

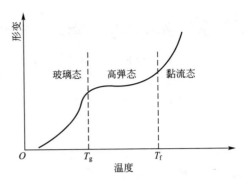

图 7.18 非晶聚合物的温度-形变曲线示意图

剧,分子链运动受到激发。在外力使用下,通过分子链运动,分子构象发生变化,分子链沿外力方向被拉长,发生很大形变。外力去除后,分子链能够逐渐部分或完全回缩到原来的卷曲状态,恢复的程度取决于应变大小和温度。

3. 黏流态

当温度进一步升高(黏流温度 T_f 以上),分子链作为整体可以相对滑动时,在外力作用下,便呈现出黏性流动,此时,形变便不可逆了。

热固性塑料和热塑性塑料的温度-形变曲线如图 7.19 所示。在相同载荷下,热固性塑料的高弹性形变小,同时它没有黏流温度(T_f),继续加热时,始终维持高弹平台,直到热分解破坏。随温度变化,聚合物的力学性能,出现重大变化。图 7.20 所示为典型非晶态聚合物有机玻璃(PMMA,聚甲基丙烯酸甲酯)在不同温度下的 σ-ε 曲线。PMMA 的 T_g 为 105℃,在 -40℃、68℃ 和 86℃ 时,它的 σ-ε 曲线表现为线弹性。在 104℃ 拉伸时出现屈服,随试验温度升高,屈服现象变得越来越明显,但与金属不同,即使在很大塑性变形的情况下,仍不发生应变硬化。在 T_g 附近,出现明显的塑脆转化。

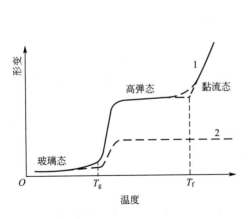

图 7.19 热塑性塑料和热固性塑料的温度-形变曲线
1—热塑性塑料;2—热固性塑性

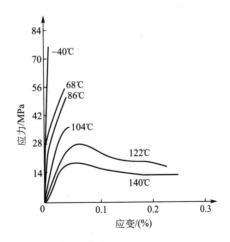

图 7.20 不同温度下有机玻璃
(PMMA)的 σ-ε 曲线

聚合物的力学松弛——黏弹性

聚合物材料常被称为黏弹性材料,也是聚合物材料重要特性之一。它介于理想弹性体和理想黏性体之间(图 7.21)。聚合物的力学性质随时间的变化统称为力学松弛,其中最基本的有蠕变和应力松弛。下面分别加以讨论。

1. 蠕变

所谓蠕变,是指在一定的温度和较小的恒定外力作用下,材料的形变随时间的增加而逐渐增大的现象。例如给软聚氯乙烯丝(含增塑剂)一定的拉伸载荷,其就会慢慢地伸长,卸载后,其又会慢慢地恢复,图 7.22 描绘了这一蠕变过程,其中 t_1 是开始加荷时间,t_2是开始释荷时间。

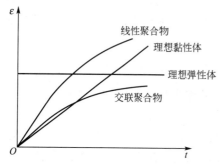

图 7.21 线性聚合物与交联聚合物的形变-时间曲线

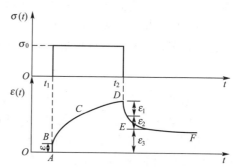

图 7.22 软聚氯乙烯丝的蠕变曲线

从分子运动和变化的角度来看,蠕变过程包括下面三种形变。

(1)当聚合物材料受到外力作用时,分子链内部键长和键角立刻发生变化,这种形变量很小,卸载后恢复原状,是普弹形变,即

$$\varepsilon_1 = \frac{\sigma}{E_1} \tag{7-3}$$

式中,σ 为应力;E_1 为普弹形变模量。

(2)高弹形变是分子链通过链段运动逐渐伸展的过程,形变量比普弹形变要大得多,外力除去后,高弹形变逐渐回复,但形变与时间成指数关系,即

$$\varepsilon_2 = \frac{\sigma}{E_2}(1 - e^{-t/\tau}) \tag{7-4}$$

式中,ε_2 为高弹形变;τ 为松弛时间(或称推迟时间),它与链段运动的黏度 η_2 和高弹模量E_2 有关,$\tau = \eta_2/E_2$。

(3)对分子间没有化学交联的线性高聚物,则还会产生分子间的相对滑动,称为黏性流动,用 ε_3 表示,即

$$\varepsilon_3 = \frac{\sigma}{\eta_3}t \tag{7-5}$$

式中,η_3 为本体黏度,外力去除后黏性流动不能回复。

因此普弹形变 ε_1 和高弹形变 ε_2 是可逆形变,而黏性流动 ε_3 称为不可逆形变。

聚合物受到外力作用时,以上三种形变一起发生,材料总形变为

$$\varepsilon(t) = \varepsilon_1 + \varepsilon_2 + \varepsilon_3 = \frac{\sigma}{E_1} + \frac{\sigma}{E_2}(1 - e^{-t/\tau}) + \frac{\sigma}{\eta_3}t \tag{7-6}$$

三种形变的相对比例依具体条件不同而不同。

在玻璃化温度以下链段运动的松弛时间很长（τ很大），所以ε_2很小，分子之间的内摩擦阻力很大（η_3很大），所以ε_3也很小，主要是ε_1，因此形变很小；在玻璃化温度以上，τ随温度的升高而变小，所以ε_2相当大，主要是ε_1和ε_2，而ε_3比较小；温度再升高到黏流温度以上，不但τ变小，而且体系黏度η也减小，ε_1、ε_2、ε_3都比较显著。由于黏性流动不能恢复，外力去除后便产生永久变形。

蠕变与温度高低和外力大小有关。温度过低、外力太小；蠕变很小，速度很慢。温度过高、外力过大，形变发展过快，也看不出蠕变现象；在适当的外力作用下，温度在T_g以上不远，分子链在外力作用下可以运动，但运动时受到的内摩擦力又较大，只能缓慢运动，则可观察到明显的蠕变现象。

工程上聚合物的蠕变抗力以蠕变模量这一指标来度量。蠕变模量被定义为在给定的温度与时间下的施加应力与蠕变应变之比。

2. 应力松弛

所谓应力松弛，是指在恒定温度和形变保持不变的情况下，聚合物内部的应力随时间增加而逐渐衰减的现象。此时，应力与时间也呈指数关系，即

$$\sigma = \sigma_0 e^{-t/\tau} \tag{7-7}$$

式中，σ_0为起始应力；τ为松弛时间。

聚合物应力松弛的本质和蠕变是一样的，都反映聚合物内部分子运动的三种情况。图7.23所示为在一定时间下，应力松弛模量随温度的变化曲线。在该图中可定义黏弹性行为的四个区：玻璃态，黏弹态，橡胶态和流动态。低温下，应力松弛模量高于10^9 Pa并且随着温度的升高而缓慢地下降，聚合物呈硬而脆性，这就是玻璃态区域。这时热能不足以克服高分子链段的旋转及平移运动的位垒，其链段基本上被"冻结"在无序的准晶格的固定位置上，围绕着这个固定的位置振动。

随着温度的升高，应力松弛模量下降了几个数量级，进入到了黏弹区。这时链段的振幅变大，热能和链段的旋转与平移运动的位垒大致一样，使得 C-C 链旋转且近程扩散运动开始，链段能够自由地从晶格的一个位置"跳跃"到另一个位置。

随着温度进一步的升高，应力松弛模量再次进入到一个平台区，这就是橡胶态。热能使得分子间内旋转运动能够正常的进行，致使高分子链段发生了转动，使得构象发生改变。但是形成整个分子的平移的远程协同运动仍受到限制，这是因为邻近的分子间存在着较强的局部性相互作用。

但是当温度再升高时，依靠化学结合的主价键构成交联点保持完整性，阻止了分子链相互之间的平移，所以交联聚合物橡胶态的模量在发生化学分解之前，保持着恒定

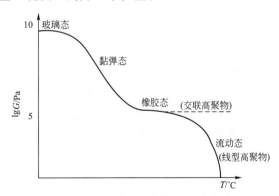

图 7.23　黏弹行为的模量-温度曲线

或随温度略有变化。对于线型聚合物而言，温度升高使得整个聚合物分子开始平移，如果温度

足够高，局部性分子链间的相互作用不再有足够高的能量用来阻止分子的流动，分子之间发生滑移时消耗了一部分能量，使得许多局部应变得以松弛，这时聚合物具有较低的模量。当温度再继续升高而不发生化学变化时，就进入了流动态，最后导致永久形变。

图 7.24 给出了在一定温度下，松弛模量随时间的变化曲线。该图也能定义黏弹性的四个区域。在时间很短的情况下，分子没有足够多的时间进行大范围调整，只能是分子间距离的改变，而这一改变却需要很高的能量，因此应力松弛模量很高且为一恒定值或略有变化，这时是玻璃态；随着时间的增加，链段可以进行重新调整，使局部性的应变得以松弛，所以松弛模量下降了几个数量级，材料趋向于变软，这时是黏弹态；松弛过后，链被拉伸，使得缠结链的平均末端距增加，阻止远程运动的远程相互作用使链保持一定的伸长，这时模量又进入一个平台，这就是橡胶态；随着时间的进一步增加，对线型聚合物而言，分子链之间可进行相对滑移，造成分子链的完全松弛，模量随时间再次下降，出现了流动，对于交联聚合物而言则仍维持在橡胶态。

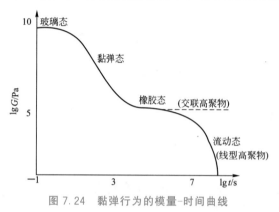

图 7.24　黏弹行为的模量-时间曲线

可以看出，聚合物在不同的外力作用时间或者不同的温度下表现出相同的力学行为，表明时间和温度对聚合物的应力松弛过程具有等效性。同一应力松弛过程，既可以在较短时间和较高温度下观察到，也可以在较长时间和较低温度下观察到。

7.7　陶瓷材料的抗热震性能

材料承受温度骤变而不破坏的能力，称为抗热震性。材料的热震失效，可分为如下两种。

（1）热震断裂：在热冲击循环作用下，材料瞬时断裂。

（2）热震损伤：在热冲击循环作用下，材料先出现开裂、剥落，然后碎裂和变质，终至整体破坏。

7.7.1　陶瓷抗热震性的理论基础

陶瓷抗热震性指陶瓷在温度剧变情况下抵抗热冲击的能力。陶瓷抗热震性能经典理论主要有两种，即 Kingery 抗热震断裂理论和 Hasselman 抗热震损伤理论。Andersson 等又提出一种新模型——压痕淬冷法。

（1）Kingery 基于热弹性理论，提出了抗热震断裂理论。由热震温差引起热应力与材料固有抗拉强度之间的平衡作为抗热震断裂判据，导出抗热震断裂参数，即

$$R = \frac{\sigma_f(1-\nu)}{E\alpha} \qquad (7-8)$$

式中，σ_f 为抗拉强度；E 为弹性模量；ν 为泊松比；α 为热膨胀系数。

根据式（7-8），要使陶瓷材料具有优异的抗热震性，需要陶瓷弹性模量低、抗拉强

高、泊松比低。

（2）Hasselman 基于断裂力学理论，从能量观点出发，提出了抗热冲击理论。分析材料在温度变化下裂纹成核、扩展动态过程。以弹性应变能与断裂表面能之间平衡作为抗热震损伤判据，导出抗热震损伤参数，即

$$R''' = \frac{E}{\sigma_f^2(1-\nu)} \qquad (7-9)$$

根据式(7-9)，要使陶瓷材料具有优异抗热震性，需要陶瓷弹性模量高，抗拉强低，泊松比高。

（3）Andersson 等发展了压痕淬冷模型。在一定厚度与直径圆柱形试样表面中心位置预制一定长度裂纹，再抛出菱形缺口，经反复加载与卸载，产生凹痕，加热到不同温度，快速放入水中淬冷，用光学显微镜测量试样裂纹长度，计算裂纹增长率，以此评价陶瓷抗热震性。此模型与 Hasselman 抗热冲击理论(淬冷应力模型)和 Kingery 抗热震断裂理论相比，更简单，试样制备更容易。

7.7.2　陶瓷涂层的热震寿命

陶瓷材料的一个重要用途是作为热障涂层的外表面层。但是由于陶瓷材料的线膨胀系数比金属基体低很多，因此在高温下，会在陶瓷涂层和基体金属中引起较大的热应力。

在反复加热和冷却的服役条件下，在陶瓷涂层和基体金属内引起交变热应力，以致引起陶瓷涂层的热震(Thermal Shock)失效，热震又称为热疲劳。

1. 循环热应力的估算

由于金属与陶瓷热膨胀量不匹配，在涂层内产生热应力，进而在涂层内引发裂纹。陶瓷层内的热应力，可按下式估算，即

$$\sigma_{\Delta T} = S\Delta T\Delta\alpha\frac{E}{1-\nu} \qquad (7-10)$$

式中，$\sigma_{\Delta T}$ 为由温度变化引起的热应力；ΔT 为最高加热温度与试样冷却后温度(室温)之差；$\Delta\alpha$ 为金属与陶瓷热膨胀系数之差；E 为陶瓷涂层材料的弹性模量；ν 为陶瓷涂层材料的泊松比；S 为与试件几何有关的常数。

如果带有陶瓷涂层的试样加热到温度 T，随后再冷却到室温，则陶瓷涂层中的热应力也将发生周期性的变化，其变化幅度可表示为

$$\Delta\sigma_{\Delta T} = \gamma\sigma_{\Delta T} = \gamma S\Delta T\Delta\alpha\frac{E}{1-\nu} \qquad (7-11)$$

式中，γ 为一个常数，与试件结构和热循环波形相关。

当加热温度低于某一临界值 ΔT_c 时，陶瓷层的热应力变化范围 $\Delta\sigma_{\Delta T}$ 等于或低于疲劳极限，则陶瓷层内不会发生裂纹而引起失效，此时 $\Delta\sigma_{\Delta T}$ 可表示为

$$\Delta\sigma_{\Delta T} = \gamma\left(S\Delta T_c\Delta\alpha\frac{E}{1-\nu}\right) \qquad (7-12)$$

2. 陶瓷涂层热震失效寿命公式

热震试验是在某一恒定温差下进行急冷急热的重复实验，直至涂层失效，即出现宏观裂纹或剥落。

涂层热震失效寿命 N_f 与循环应力的大小有关，也就是与热震试验时的加热温度与室温之差 ΔT 有关。

应力疲劳寿命公式，可改写为

$$N_f = A'(\Delta\sigma - \Delta\sigma_c)^{-2} \qquad (7-13)$$

式中，$\Delta\sigma$ 为应力范围；$\Delta\sigma_c$ 为用应力范围表示的理论疲劳极限，$\Delta\sigma_c = 2\sigma_{ac}$。

将式(7-11)和式(7-12)代入式(7-13)中，可得涂层热震失效寿命 N_f 的公式，即

$$N_f = \beta(\Delta T - \Delta T_c)^{-2} \qquad (7-14)$$

式中，β 为涂层热疲劳抗力系数；ΔT_c 为用临界温差范围表示的热震极限温差。

在低于 ΔT_c 的温差下进行加热和冷却，涂层不会热震失效，即当 $\Delta T < \Delta T_c$ 时，$N_f \to \infty$。

7.7.3　抗热震陶瓷的分类及应用

根据陶瓷材料晶相的不同，抗热震陶瓷可以分为氮化物、碳化物、氧化物等。由于这些陶瓷材料具有优异特性，在耐火材料、高温结构陶瓷方面得到广泛应用。

(1) 氮化物抗热震陶瓷(氮化硅)。自20世纪40年代起，科研人员一直致力于氮化硅陶瓷研究。20世纪40年代中期，美国国家航空和航天管理局(NASA)研制氮化硅陶瓷应用于燃气涡轮机，提高了涡轮机使用寿命；Volkswagen 等公司也将氮化硅陶瓷用于涡轮增压器。目前氮化硅陶瓷开始代替空气发动机上高温合金叶片，使发动机温度比原先升高约200℃。

(2) 碳化物抗热震陶瓷(碳化硅)。碳化硅陶瓷导热系数极高，应用于窑炉工业，降低其能耗；其热膨胀系数较小，赋予碳化硅陶瓷优异的抗热震性，已被确认为磨料、耐火材料、电热元件、黑色有色金属冶炼等行业使用的原料，在机械、能源、军工等方面有广泛应用；结晶碳化硅强度高，抗氧化性好，已经成为发达国家窑具重点发展类别。

(3) 氧化物抗热震陶瓷。氧化物抗热震陶瓷种类较多，按主晶相不同可分为堇青石质、氧化锆质、莫来石质等。

① 堇青石质：堇青石陶瓷具有堇青石低热膨胀系数、良好体积稳定性、高化学稳定性等特性，被广泛应用于高温炉、窑具、电子器件和微电子封装材料、内燃机器件。

② 氧化锆质：由于氧化锆陶瓷具有良好的力学性能和热学性能，可作为重要结构和功能材料而受到材料工作者高度重视，一般用作内燃机元件、燃烧过程控制氧传感器、热风炉燃烧控制、高炉喷煤体系氧含量监测、传感器装置、高温喷嘴等。

③ 莫来石质：通过掺杂氧化物制备低膨胀性钛酸铝——莫来石复相陶瓷，抗热震性可以与堇青石相比。

7.7.4　提高陶瓷抗热震性的主要措施

陶瓷材料的抗热震性是其力学性能和热学性能的综合表现，因此，一些热学和力学参数，如线胀系数、热导率、弹性模量、断裂能是影响陶瓷抗热震性的主要参数。提高陶瓷材料抗热冲击断裂性能的措施，主要是根据上述抗热冲击断裂因子所涉及的各个性能参数对热稳定性的影响。

(1) 提高材料强度 σ，减小弹性模量 E，使 σ/E 提高。这意味着提高材料的柔韧性，能吸收较多的弹性应变能而不致开裂，因而提高了热稳定性。热应力是弹性模量的增值函数，由于陶瓷材料的弹性模量比较高，其所产生的热应力也较高。一般弹性模量随原子价的增多和原子

半径的减小而提高，因此选择适当的化学组分是控制陶瓷材料弹性模量的一个途径。

（2）减小材料的线胀系数 α。众所周知，固体材料的线胀是由于原子热振动而引起的，晶体中的平衡间距由原子间的势能所决定，温度升高则原子的振动加剧，原子间距的相应扩大就呈现出宏观的线胀。α 小的材料，在同样的温差下，产生的热应力小。

（3）提高材料的热导率 λ。λ 大的材料传递热量快，使材料内外温差较大的得到缓解、平衡，因而降低了短时间热应力的聚集。热震好的陶瓷材料，一般应具有较高的热导率。Al_2O_3、MgO、BeO 等纯氧化物陶瓷的热导率比结构复杂的硅酸盐要高。结构复杂的硅酸盐晶界构成连续相，使热导率降低。由于热在陶瓷中的传导主要是依靠晶格振动，因而硬度高的 SiC 陶瓷由于晶格振动速度大，其热导率较高。

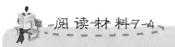 阅读材料7-4

结构陶瓷的高温蠕变模型

在常温或低温下，结构陶瓷材料呈现脆性，因此在常温或低温下使用，无须考虑蠕变。但在高温下，由于结构陶瓷具有不同程度的蠕变行为，因而在高温下使用这种材料，就必须考虑蠕变。结构陶瓷是很有前途的高温结构材料。因此，研究结构陶瓷高温蠕变性的影响因素是很有必要的。

模型的建立与方程的推导。因为结构陶瓷的高温蠕变在加速蠕变之前，符合伯格斯体的蠕变特征，故可以用伯格斯模型对其加速蠕变前结构陶瓷的高温蠕变行为进行解释。伯格斯模型是由麦克斯韦模型和开尔文模型串联而成，如图 7.25 所示。设麦克斯韦模型和开尔文模型的伸长分别为 ε_1 和 ε_2，其和为伯格斯模型的伸长 ε，三者的拉力都是 σ，则

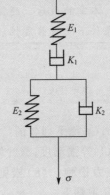

$$\varepsilon=\left[\frac{1}{E_1}+\frac{t}{K_1}+\frac{1}{E_2}\left[1-\exp\left(-\frac{E_2 t}{E_1}\right)\right]\right] \qquad (7-15)$$

高温结构陶瓷典型蠕变曲线如图 7.26 所示，按式（7-15）作出的伯格斯体的蠕变曲线如图 7.27 所示。

图 7.25 伯格斯模型

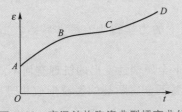

图 7.26 高温结构陶瓷典型蠕变曲线

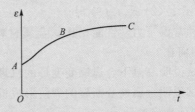

图 7.27 伯格斯体的蠕变曲线

OA 段是弹性伸长阶段，即在外力作用下发生的瞬时应变；

AB 段是蠕变减速阶段，即蠕变速率随着时间的延长而越来越小；

BC 段是稳定蠕变阶段，即蠕变速率几乎保持不变；

CD 段是蠕变加速阶段，即蠕变速率随着时间的延长而增加，到 D 点断裂。

由图 7.26 和图 7.27 可看出，在点 C 以前，高温结构陶瓷与伯格斯体类似。

资料来源：卜景龙，张存满. 结构陶瓷高温蠕变的影响因素. 河北理工学院学报，2000，22(3).

小　　结

　　本章从解释何谓高温并定义等强温度入手，讨论了高温条件下温度和载荷作用时间对材料力学性能的影响。在恒应力的长期作用下，材料发生的塑性变形现象称为蠕变。课程以金属材料为例，给出了材料的典型蠕变曲线和表达公式，并从位错运动、扩散、晶界移动等角度解释了材料的蠕变机制和影响因素。在此基础上，定义了高温长时间静载条件下的塑性变形抗力指标——蠕变极限，和高温长时条件下抵抗断裂的指标——持久强度，并分析了化学成分、冶炼工艺、热处理工艺和晶粒度对材料蠕变极限和持久强度的影响。

　　应力松弛是在总应变保持不变时材料内部的应力随时间自行降低的现象，其机制与蠕变相同。材料的应力松弛，可用松弛稳定性和松弛曲线进行表征。

　　此外，材料的高温力学性能还包括在高温和疲劳载荷共同作用下的高温疲劳，及仅在高温工作，但不受力作用的高温热暴露等现象。

　　本章的最后，还简要介绍了聚合物材料的温度-形变曲线，以及陶瓷材料在冷热交变条件下的抗热震性能等内容。

复习思考题

　　1. 解释下列名词：

　　(1)等强温度；(2)约比温度；(3)蠕变；(4)蠕变极限；(5)持久塑性；(6)蠕变脆性；(7)应力松弛；(8)松弛稳定性；(9)过渡蠕变；(10)稳态蠕变；(11)晶界滑动蠕变；(12)扩散蠕变。

　　2. 说明下列力学性能指标的意义：

　　(1) σ_{ε}^{T}；(2) $\sigma_{\delta/t}^{T}$；(3) σ_{t}^{T}。

　　3. 和常温下力学性能相比，金属材料在高温下的力学行为有哪些特点？造成这种差别的原因何在？

　　4. 试说明高温下金属蠕变变形的机理与常温下金属塑性变形的机理有何不同。

　　5. 试说明金属蠕变断裂的裂纹形成机理与常温下金属断裂的裂纹形成机理有何不同。由此得到什么启发。

　　6. 提高材料的蠕变抗力有哪些途径？

　　7. 应力松弛和蠕变有何关系？如何计算一紧固螺栓产生应力松弛的时间。

　　8. 为什么许多在高温下工作的零件要考虑蠕变与疲劳的交互作用？试验上如何研究这种交互作用？应变范围分配法如何预测疲劳-蠕变交互作用下的损伤？

　　9. 什么是聚合物的黏弹性？为什么多数聚合物在室温下就会产生明显的蠕变现象？聚合物的蠕变抗力怎样度量？

　　10. 提高陶瓷抗热震性的主要措施有哪些？

第**8**章
材料的摩擦与磨损性能

本章知识框架

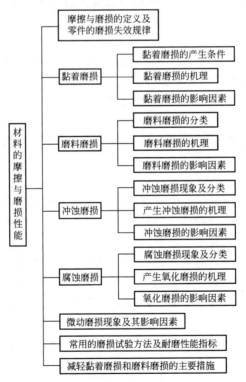

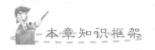本章教学目标与要求

1. 掌握黏着磨损和磨料磨损的机理和影响因素及金属耐磨性的测试方法。
2. 了解其他磨损形式(冲蚀磨损、腐蚀磨损、微动磨损)的现象、机理和主要影响因素。
3. 学会常用的磨损试验方法。

导入案例

　　压缩机是石油化工装备的心脏，其关键部件都涉及动密封。动密封元件虽小，却是设备核心技术的组成部分，高温高压无油润滑压缩机更是代表了一个国家的装备水平。传统动密封往往需要有油润滑，不仅操作成本高，而且会污染后续介质。南京工业大学陆小华教授率领的课题组针对这一难题，发明了超细耐磨钛酸盐纤维(TBF)制备新技术，开发出具有国际领先水平的高性价比、长寿命的高温高压无油润滑密封元件，促进了我国压缩机产业的发展。

图8.1　采用新型耐磨材料的空气压缩机

　　与传统材料相比，新一代耐磨材料将极限温度从160℃提高到185℃，极限压力从20MPa提高到32MPa，突破了国际上传统碳纤维增强聚四氟乙烯(PTFE)复合材料不能用于高温高压的禁区，并且能根据不同需求制备出不同性能的TBF。将高耐磨密封小元件用于先进高温高压压缩机(图8.1)，满足了生产企业的需求，解决了现代过程工业的大问题，提高了我国无油压缩机的竞争优势，对西气东输作出了重要贡献。

　　两个在接触状态下作相对运动的物体，因接触而阻碍相对运动，并使运动速度减慢，这种现象称为摩擦。物体表面相互摩擦时，材料自该表面逐渐损失的过程称为磨损。磨损是由摩擦引起的，由于磨损，会使接触表面不断发生尺寸变化和质量损失。在工业生产中经常遇到摩擦与磨损现象，任何一部机器在运转时，机件之间总要发生相对运动。当两个相互接触的机件表面作相对运动(滑动、滚动，或滚动加滑动)时就产生摩擦，有摩擦就必有磨损，这是必然的结果。

　　由此可见，摩擦和磨损是物体相互接触并作相对运动时伴生的两种现象。摩擦是磨损的原因，磨损则是摩擦的结果。磨损是造成金属材料损耗和能源消耗的重要原因。据不完全统计，摩擦磨损消耗能源的1/3～1/2，大约80%的机件失效是磨损引起的。另据有关文献报道，对我国冶金矿山，农机、煤炭、电力和建材5个工业部门的不完全统计，每年由于磨损而需要补充的配件达106t，价值15～20亿元。由此可见，各种材料耐磨性的优劣对于评价和控制产品质量至关重要，因而在经济上占有举足轻重的地位。因此，研究磨损规律，提高机件耐磨性，对节约能源、减少材料消耗、延长机件寿命具有重要意义。

　　本章将讨论最常见的磨损形式、机理及影响因素，并从材料科学角度研究控制磨损的途径。

8.1　摩擦与磨损的基本概念

　　摩擦与磨损是两个不相同的概念，两者之间既有不可分割的联系，又有本质区别。有摩擦就有磨损，没有摩擦就没有磨损。两者是自然界存在的不可逆过程。摩擦是能量的转换,磨损是材料的损耗。

国外把摩擦、润滑和磨损构成了一门独立的边缘学科称为摩擦学(Tribology)。磨损是摩擦学研究的三大课题之一,三者之间摩擦是根源,磨损是结果,而润滑是减少磨损有效的手段,磨损又是机械零件三种主要破坏形式之一(磨损、腐蚀和断裂)。因此,磨损比摩擦更重要,但到目前为止,人们对磨损的研究,多数还限于孤立地或针对特定的机制进行,主要是对运动物体表面润滑介质和环境的研究,而对磨损过程物理机制、磨损动力学、磨粒的形成等研究很少。因此,磨损的机理还不十分清楚。

8.1.1 摩擦

1. 摩擦的定义

当物体与另一物体沿接触面的切线方向运动或有相对运动的趋势时,在两物体的接触面之间有阻碍它们相对运动的作用力,这种力称为摩擦力。接触面之间的这种现象或特性称为摩擦。摩擦有利也有害,但在多数情况下是不利的。例如,机器运转时的摩擦造成能量的无益损耗和机器寿命的缩短,并降低了机械效率。因此常用各种方法减少摩擦,如在机器中加润滑油等。但摩擦又是不可缺少的。例如,人的行走、汽车的行驶都必须依靠地面与脚和车轮的摩擦。在泥泞的道路上,因摩擦力太小走路就很困难且易滑倒、汽车的车轮也会出现空转,即车轮转动而车厢并不前进。所以,在某些情况下又必须设法增大摩擦,如在太滑的路上撒上一些炉灰或沙土、车轮上加挂防滑链等。

摩擦力的方向与引起相对运动的切向力方向相反。摩擦力与施加在摩擦面上的垂直载荷之比称为摩擦因数,以 μ 表示,即

$$\mu = \frac{F}{N} \tag{8-1}$$

式中,F 为摩擦力;N 为作用在接触面上的正压力。

2. 摩擦的机理

关于摩擦的本质有以下几种观点。

(1) 凹凸啮合说。15—18 世纪,科学家们提出的凹凸啮合说的摩擦本质理论认为,摩擦是由于互相接触的物体表面粗糙不平产生的。两个物体接触挤压时,接触面上很多凹凸部分就相互啮合。如果一个物体沿接触面滑动,两个接触面的凸起部分相碰撞,产生断裂、磨损,就形成了对运动的阻碍。

(2) 黏附说。这是继凹凸啮合说之后的一种关于摩擦本质的理论。最早由英国学者德萨左利厄斯于 1734 年提出,他认为两个表面抛得很光的金属,摩擦会增大,可以用两个物体的表面充分接触时它们的分子引力将增大来解释。

(3) 20 世纪以来,随着工业和技术的发展,对摩擦理论的研究进一步深入,到 20世纪中期,诞生了新的摩擦黏附论。新的摩擦黏附论认为,两个互相接触的表面,无论做得多么光滑,从原子尺度看还是粗糙的,有许多微小的凸起,把这样的两个表面放在一起,微凸起的顶部发生接触,微凸起之外的部分接触面间仍有很大的间隙。这样,接

触的微凸起的顶部承受了接触面上的法向压力。如果这个压力很小，微凸起的顶部发生弹性形变；如果法向压力较大，超过某一数值(每个凸起上约千分之几牛顿)，超过材料的弹性限度，微凸起的顶部便发生塑性形变，被压成平顶，这时互相接触的两个物体之间距离变小到分子(原子)引力发生作用的范围，于是，两个紧压着的接触面上产生了原子性黏合。这时要使两个彼此接触的表面发生相对滑动，必须对其中的一个表面施加一个切向力，来克服分子(原子)间的引力，剪断实际接触区生成的接点，这就产生了摩擦。

人们通过不断试验和分析计算发现，上述两种理论提出的机理都能产生摩擦，其中黏附理论提出的机理比啮合理论更普遍。但在不同的材料上，两种机理的表现有所偏向：对金属材料，产生的摩擦以黏附作用为主；而对木材，产生的摩擦以啮合作用为主。实际上，关于摩擦力的本质，目前尚无定论，仍在深入探讨之中。

8.1.2　磨损

1. 磨损的定义与分类

机件表面相接触并作相对运动时，表面逐渐有微小颗粒分离出来形成磨屑(松散的尺寸与形状均不相同的碎屑)，使表面材料逐渐流失(导致机件尺寸变化和质量损失)，造成表面损伤的现象即为磨损。磨损主要是力学作用引起的，但磨损并非单一力学过程。引起磨损的原因既有力学作用，也有物理和化学作用。因此，摩擦副材料、润滑条件、加载方式和大小、相对运动特性(方式和速度)及工作温度等诸多因素均影响磨损量的大小，所以，磨损是一个复杂的系统过程。

目前磨损还没有统一的分类方法，通常就按磨损机理进行分类：黏着磨损、磨粒磨损、冲蚀磨损、疲劳磨损(接触疲劳)、腐蚀磨损和微动磨损。据估计，在工业领域各类磨损造成的经济损失中，以磨粒磨损所占比例最高，达50%；黏着磨损占15%；冲蚀磨损和微动磨损各占8%；腐蚀磨损占5%。这些比例上的差别显然是和各类磨损产生的条件和环境相关联的。

在实际磨损现象中，通常是几种形式的磨损同时存在，而且，一种磨损发生后往往诱发其他形式的磨损。例如，疲劳磨损的磨屑会导致磨料磨损，而磨料磨损所形成的新净表面又将引起腐蚀或黏着磨损。

磨损形式还随工况条件的变化而转化。如钢对钢的磨损，当载荷一定、低速滑动时，摩擦是在表面氧化膜之间进行，为氧化磨损，磨损较小。随滑动速度增大，表面出现金属光泽，且变粗糙，为黏着磨损，磨损变大。当温度升高，表面重新生成氧化膜，又转化为氧化磨损。若速度继续增高，再次转化为黏着磨损，磨损剧烈进而导致材料失效。

在磨损过程中，磨屑的形成也是一个变形和断裂的过程。静强度中的基本理论和概念也可用来分析磨损过程，但前几章中所述变形和断裂是指机件整体变形和断裂机制，而磨损是发生在机件表面的过程，两者是有区别的。在整体加载时，塑性变形集中在材料一定体积内，在这些部位产生应力集中并导致裂纹形成；而在表面加载时，塑性变形和断裂发生在表面，由于接触区应力分布比较复杂，沿接触表面上任何一点都有可能参加塑性变形和断裂，反使应力集中降低。在磨损过程中，塑性变形和断裂是反复进行的，一旦磨屑形成后又开始下一循环，所以过程具有动态特征。这种动态特征标志着表层组织变化也具有动态特征，即每次循环，材料总要转变到新的状态，加上磨损本身的一些特点，所以普通力学性能试验所得到的材料力学性能数据不一定能反映材料耐磨性的优劣。

机件正常运行的磨损过程一般分为三个阶段，如图8.2所示。

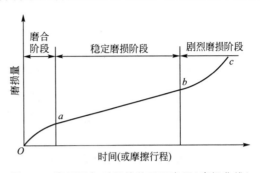

图 8.2　磨损量与时间的关系示意图(磨损曲线)

1) 磨合阶段

图 8.2 中的 *Oa* 段为磨合阶段。新的摩擦副由于机加工造成的表面粗糙度，使开始时的接触面积较小，在磨合阶段使表面磨得平滑，软表面发生塑性流动，真实接触面积逐渐增大，最终达到平衡尺寸。如果两表面都是硬的，则高的凸点被磨去，表面变为平坦。总之，使磨损速率减缓，进入稳定阶段。磨合阶段磨损速率减小还和表面应变硬化及表面形成牢固的氧化膜有关。电子衍射证实，铸铁活塞环和气缸的磨合表面有氧化层存在。

2) 稳定磨损阶段

图 8.2 中的 *ab* 段为稳定磨损阶段。这是磨损速率稳定的阶段，线段的斜率就是磨损速率。在这一阶段接触面积增大，金属材料因塑性变形而发生加工硬化及形成表面氧化膜，使表面耐磨性提高，是零件正常运转阶段。大多数机器零件均在此阶段内服役，实验室磨损试验也需要进行到这一阶段。通常根据这一阶段的时间、磨损速率或磨损量来评定不同材料或不同工艺的耐磨性能。在磨合阶段磨合得越好，稳定磨损阶段的磨损速率就越低。

3) 剧烈磨损阶段

图 8.2 中的 *bc* 段为剧烈磨损阶段。随着机器工作时间增加，摩擦副接触表面之间的间隙增大，机件表面质量下降，润滑膜被破坏，引起剧烈振动，磨损剧烈增加，机械效率急降，精度丧失，出现振动和噪声，温升增加，最终将导致零件失效。

上述磨损曲线因工况条件不同可能有很大差异，如摩擦条件恶劣，磨合不良，则在磨合过程中就产生强烈黏着，而使机件无法正常运行，此时只有剧烈磨损阶段；反之，如磨合很好，则稳定磨损期很长，且磨损量也比较小。

2. 耐磨性

不同材料的磨损特性通常用耐磨性来表示。耐磨性是材料抵抗磨损的性能，这是一个系统性质。迄今为止，还没有一个统一的、意义明确的耐磨性指标。通常是用磨损量来表示材料的耐磨性，磨损量越小，耐磨性越高。磨损量既可用试样摩擦表面法线方向的尺寸减小来表示，也可用试样体积或质量损失来表示。前者称为线磨损，后者称为体积磨损或质量磨损。若测量单位摩擦距离、单位压力下的磨损量等，则称为比磨损量。以失重法为例，磨损量的单位是 $mg/(cm^2 \cdot 1000m)$，它表示在 1000m 磨损行程上每 $1cm^2$ 的失重毫克数。为了与通常的概念一致，有时还用磨损量的倒数来表征材料的耐磨性。此外，还广泛使用相对耐磨性的概念，相对耐磨性 ε 为

$$\varepsilon = \frac{标准试样的磨损量}{被测试试样的磨损量}$$

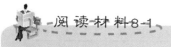

阅读材料8-1

材料磨损理论研究的进展

经过长期的生产实践和科学研究的积累,人们不断深化对磨损本质的认识,提出了大量描述磨损的物理模型以及预测磨损的量化公式。以下是几种影响较大且具有代表性的磨损理论。

1. 磨料磨损微切削理论

磨料磨损是磨粒对摩擦副表面产生犁沟作用和进行微切削的过程;磨料的硬度和摩擦副表面硬度的相对值是影响磨损的基本因素;金属和各种成分未经热处理的钢材的耐磨性与其硬度成正比,其磨损量与磨料的大小和形状等有关。

2. 黏着理论

摩擦副之间的实际接触面积只占表观接触面积的很小部分,因而接触峰点处于塑性状态;在摩擦过程中产生的瞬时高温作用下,两表面形成黏着结点滑动摩擦是黏着与滑动交替发生的跃动过程;摩擦磨损起源于峰点接触的黏着效应和犁沟效应。

3. 疲劳磨损理论

由于存在粗糙峰和波纹度,表面接触是不连续的;摩擦过程中接触峰点受周期性载荷作用,从而产生疲劳破坏即磨损;疲劳磨损取决于接触峰点的应力状态;根据摩擦副的载荷、滑动速度、表面形貌和材料性质等,应用弹塑性力学模型可以建立磨损量计算公式。

4. 能量磨损理论

磨损是能量储存、转化和消散的过程;摩擦过程所做功的 9%~16% 以势能的形式储存在表层材料中;当多次摩擦使材料累积的能量密度达到临界值时,即形成磨屑而剥落,从而耗散能量;各接触点积累的能量取决于接触点的体积和形状,而能量集聚的能力与材料组成和结构有关。

5. 剥层磨损理论

在摩擦副相互滑动时,软表面粗糙峰易于变形或断裂,逐渐形成光滑表面;而硬表面粗糙峰在相对光滑的软表面滑动时,每次滑动使软表面各点经受一次循环载荷,在表层内产生剪切塑性变形及位错,并不断积累;表层内一定深度处位错积累,进而形成裂纹或空穴;裂纹沿平行表面方向扩展,达临界长度后以片状磨屑剥落;根据弹塑性力学可以建立磨损的计算公式。

以上这些理论均是根据一定的试验检测结果来建立物理模型,再经过相关理论推导出磨损计算的量化关系。然而,由于影响磨损的因素繁多,还存在许多尚未了解的因素,因此,所建立的磨损公式不可避免地包含一些目前还难以确定的变量,在实际应用中受到很大的局限。可以认为,当今磨损理论还处在不够完备的阶段。

➡ 资料来源:温诗铸. 材料磨损研究的进展与思考. 摩擦学学报,2008(1).

8.2 磨 损 模 型

8.2.1 黏着磨损

1. 定义与分类

黏着磨损又称咬合磨损，即使是宏观表面光滑的摩擦偶件，在微观上仍是高低不平的。当接触时，总是只有局部的接触。此时，即使施加较小的载荷，在真实接触面上的局部应力就足以引起塑性变形，使这部分表面上的氧化膜等被挤破，两个物体的金属面直接接触，两接触面的原子就会因原子的键合作用而产生黏着(冷焊)。在随后的继续滑动中，黏着点被剪断并转移到一方金属表面，脱落下来便形成磨屑，造成零件表面材料的损失，这就是黏着磨损，如图8.3所示。

黏着磨损是在滑动摩擦条件下，当摩擦副相对滑动速度较小(钢小于1m/s时)发生的。它是因缺乏润滑油，摩擦副表面无氧化膜，且单位法向载荷很大，以致接触应力超过实际接触点处屈服强度而产生的一种磨损，其表面形貌如图8.4所示，因为黏着磨损过程中有材料转移，所以摩擦副一方金属表面常黏附一层很薄的转移膜，并伴有化学成分变化，这是判断黏着磨损的重要特征。

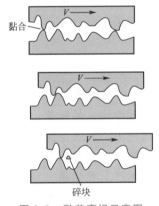

图8.3 黏着磨损示意图

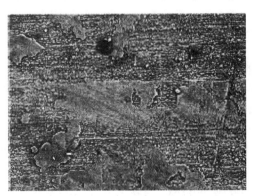

图8.4 黏着磨损表面形貌

【黏着磨损】

【工件黏着磨损形貌】

刀具、模具、齿轮、凸轮以及各种轴承等许多机件的磨损失效都与黏着磨损有关。活塞环和气缸套就是典型的易于发生黏着磨损的摩擦副。

按照黏结点的强度和破坏位置不同，黏着磨损有以下形式。

(1) 轻微黏着磨损：当黏结点的强度低于摩擦副两材料的强度时，剪切发生在界面上，此时虽然摩擦因数增大，但磨损却很小，材料转移也不显著。通常在金属表面有氧化膜、硫化膜或其他涂层时发生这种黏着磨损。

(2) 一般黏着磨损：当黏结点的强度高于摩擦副中较软材料的剪切强度时，破坏将发生在离结合面不远的软材料表层内，因而软材料转移到硬材料表面上。这种磨损的摩擦因数与轻微黏着磨损的差不多，但磨损程度加重。

(3) 擦伤磨损：当黏结点的强度高于两对磨材料的强度时，剪切破坏主要发生在软材料的表层内，有时也发生在硬材料表层内。转移硬材料上的黏着物又使软材料表面出现划痕，所以擦伤主要发生在软材料表面。

（4）胶合磨损：如果黏结点的强度比两对磨材料的剪切强度高得多且黏结点面积较大时，剪切破坏发生在对磨材料的基体内。此时，两表面出现严重磨损，甚至使摩擦副之间咬死而不能相对滑动。

2. 黏着磨损模型

阿查德（Archard）提出黏着磨损模型，即两个名义平滑的表面相遇时，实际在高的微峰上发生接触，由于局部应力集中，在接触后使表面产生塑性流动，接触面积增大，而摩擦副之间的表面间隙小，结果造成更多的微峰接触。通过计算可得出黏着磨损率的表达式（也称阿查德公式），即

$$V = K \frac{Pl}{3H} \tag{8-2}$$

式中，K 为磨损系数；P 为总的载荷；l 为滑动行程；H 为软材料的硬度。

阿查德公式说明，黏着磨损所造成的体积磨损量和载荷及滑动行程成正比，与材料的硬度成反比，与接触面积大小无关。式中 K 称为黏着磨损系数，决定于摩擦条件和摩擦副材料。当压力不超过钢的硬度的 1/3 时，试验证明这一公式所表示的规律是正确的，磨损与载荷成正比，K/H 保持不变；增加载荷、增加滑动距离、提高接触表面温度、增加滑动速度，都会使润滑条件恶化，都将使黏着磨损加剧，磨损量增大，动力消耗大而使零部件失效。但超过钢的屈服强度时，K 值急剧增大，磨损也急剧增大，结果造成大面积的焊合和咬死。此时整个表面发生塑性变形，接触面积不再与载荷成正比。

3. 黏着磨损影响因素

影响黏着磨损的因素主要有如下几点。

（1）脆性材料的抗黏着磨损能力比塑性材料高。塑性材料的黏着破坏发生在离表面一定深度处，磨屑较大，而脆性材料的黏着破坏主要是剥落，磨屑深度浅也易脱落。根据强度理论：脆性材料破坏由正应力引起，而塑性材料破坏取决于剪应力，最大正应力作用在表面，最大剪应力却出现在离表面一定深度。材料的塑性越好，加工硬化越强烈，最后剪断的位置离黏着结合点越远，表现出的黏着磨损越严重。因此，生产上要注意一对摩擦副的配对。不要用淬硬钢（60HRC）与软钢（20HRC）配对；不要用软金属-软金属配对。选用两个高硬度的淬火钢配对，或淬硬钢-灰铸铁配对，会取得良好的效果。

（2）金属性质越是相近的，构成摩擦副时黏着磨损也越严重。反之，金属间互溶程度越小，晶体结构不同，原子尺寸差别较大，形成化合物倾向较大的金属，构成摩擦副时黏着磨损就较轻微。滑动轴承就是这样的例子，选用淬火钢轴与锡基或铝基轴瓦配对。又如选用金属与高分子材料配对，选用表面易形成化合物的材料配对，金属与非金属材料配对，都能减小黏着磨损。

（3）采用表面化学热处理改变材料表面状态，可有效减轻黏着磨损。如果沿接触面上产生黏着磨损，可进行渗硫、磷化、氮碳共渗处理或涂覆镍-磷合金等。表面化学热处理在金属表面形成一层化合物层或非金属层，既避免摩擦副直接接触，又减小摩擦因数，故可防止黏着。如果黏着磨损发生在较软一方材料机件内部，则采用渗碳、渗氮、碳氮共渗及碳氮硼三元共渗等工艺都有一定效果。

（4）黏着磨损严重时表现为胶合。出现胶合时，原光滑表面粗糙程度剧烈增加，磨痕很深达 0.2mm 左右，摩擦表面温度很高，摩擦因数也急剧升高。胶合磨损出现在高速重载和润滑不良的情况下，在齿轮、蜗轮蜗杆、滚动和滑动轴承中都可见到这种失效形式，现对齿轮的胶合研究得最多。例如，Alrnen 曾对美国通用汽车公司生产的汽车后桥锥齿轮的胶合失效情况进行统计，提出防止胶合磨损的经验公式，即

$$p_0 v_s \leqslant C \tag{8-3}$$

式中，p_0 为最大接触应力；v_s 为相对滑动速度；C 为试验常数。

这就是说，当接触压应力和滑动速度乘积小于某一数值时，可不发生胶合。因此，为避免胶合，生产上多采用限制表面压力和滑动速度的办法。

（5）改善润滑条件，提高表面氧化膜与基体金属的结合能力，以增强氧化膜的稳定性，阻止金属之间直接接触以及降低表面粗糙度等也都可以减轻黏着磨损。

4. 黏着磨损失效举例

（1）内燃机中的活塞环和缸套衬这一运动的摩擦副，如不考虑燃气介质的腐蚀性，主要表现为黏着磨损。通常情况下摩擦表面只有轻微的擦伤。但如灰铸铁的活塞环在运行时由于润滑失效，活塞环局部横向开裂，进而形成很硬的磨粒，造成表面胶合（也称拉伤），其后果是活塞环密封作用破坏，出现漏气和功率不足，影响机器的正常运转。当活塞的运动速度增加和缸套衬内孔的镗孔精度和光洁度减小时会加剧胶合的产生。

（2）正常情况下轴在滑动轴承中运转，是一流体润滑情况，轴颈和轴承间被一楔形油膜隔开，这时其摩擦和磨损是很小的。但当机器启动或停车、换向以及载荷运转不稳定时，或者润滑条件不好，几何结构参数不恰当而不能建立起可靠的油膜时，轴和轴承之间就不可避免地发生局部的直接接触，处于边界摩擦或干摩擦的工作状态，这时轴承就要考虑黏着磨损（而当轴在轴承中正常运转时，虽然没有直接接触的磨损，但油膜是不均匀的，油膜压力在变化，会引起所谓疲劳磨损。所以严格地说，一对摩擦副不是处于单一的磨损形式之中，有时表现为一种形式的磨损，有时表现为另一种形式磨损）。为减小黏着磨损，曲轴轴颈常采用感应加热淬火，使表面硬度达 HRC55 左右，而轴承表面采用锡基或铅基的软合金，它们主要用于负荷不大速度不高的场合。铅基合金的优点是成本低，但耐蚀性和导热性不如锡基合金。在高速大功率的发动机上，轴瓦材料通常由两层或三层构成，衬里为厚度 0.03mm 的铅锡合金，中间层为 0.5mm 较硬的铝锡或铜铅合金，最后才是钢背。轴承的承载能力由钢背决定，而软金属承受剪切应力，起减摩作用，要是软的铅锡合金衬里被磨去，中间层还可用作轴承软金属，不会损伤轴颈。

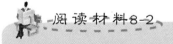

阅读材料8-2

柴油机轴瓦的黏着磨损

某外轮共配备两台型号为 YAMARA 的发电柴油机，转速为 500r/min，功率为 1260kW，曲轴轴径为 375mm，曲柄销径为 275mm。其中一台发电柴油机在保养后试车时，手触第二缸、第五缸气门外侧温度异常高。立即停车后发现第二缸、第五缸曲柄销处冒烟，拆检后发现这两道轴瓦与轴之间已经发生了严重的黏着磨损和咬黏烧熔，根据故障特征即可判断发生了抱轴事故。

曲轴与轴瓦这对摩擦副表面加工精度高、安装要求严格，在得到充分的强力润滑情况下，其摩擦力相当小。但是，某些因素可使其相互间的位置、状态以及内部金属结构发生变化，导致轴承减磨合金严重发热软化甚至熔化，继而在轴颈压力下被拖动，轴表面被撕成不规则形状，合金熔化铺开，在油孔、油槽及轴瓦边缘明显出现熔化合金甚至黏结在轴颈表面，最终抱住轴颈，出现所谓的抱轴事故。

从上述轴瓦抱轴的原因分析来看，实际安装过程中要采取以下预防措施。

(1) 更换轴瓦应保证安装质量。

(2) 润滑油的供给状况应保证良好。

(3) 减少频繁起动和超负荷运行。

(4) 定期检查轴承间隙。

资料来源：方峰. 柴油机轴瓦黏着磨损分析. 船海工程，2006(4).

8.2.2　磨料磨损

1. 定义与分类

【磨料磨损】

磨料磨损又称磨粒磨损，是当摩擦副一方表面存在着坚硬的细微突起，或者在接触面之间存在着硬质粒子时所产生的一种磨损。前者又可称为两体磨料磨损，如锉削过程；后者又可称为三体磨料磨损，如抛光。两种不同情况的磨料磨损如图 8.5 所示。硬质粒子可以是由磨损产生而脱落在摩擦副表面间的金属磨屑，也可以是自表面脱落下来的氧化物或其他沙土、灰尘等。

磨料磨损的分类方法很多，常见的有以下几种。

1) 按接触条件分

(1) 两体磨料磨损：磨料与一个零件表面接触，磨料、零件表面各为一物体，如犁铧。

(2) 三体磨料磨损：磨料介于两零件表面之间。磨料为一物体，两零件为两物体，磨料可以在两表面间滑动，也可以滚动，如滑动轴承、活塞与气缸、齿轮间落入磨料。

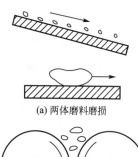

(a) 两体磨料磨损

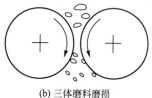

(b) 三体磨料磨损

图 8.5　两体和三体磨料磨损

2) 按力的作用特点分

(1) 低应力划伤式磨料磨损：磨料作用于表面的应力不超过磨料的压碎强度，材料表面为轻微划伤，如犁铧。

(2) 高应力碾碎式磨料磨损：磨料与零件表面接触处的最大压应力大于磨料的压碎强度，磨料不断被碾碎，如球磨机衬板与磨球。

(3) 凿削式磨料磨损：磨料对材料表面有高应力冲击式的运动，从材料表面上凿下较大颗粒的磨屑，如挖掘机斗齿、破碎机锤头。

3) 按相对硬度分

(1) 软磨料磨损：材料硬度与磨料硬度之比大于 0.8。

(2) 硬磨料磨损：材料硬度与磨料硬度之比小于 0.8。

4）按工作环境分

（1）普通型磨料磨损：一般正常条件下的磨料磨损。

（2）腐蚀磨料磨损：在腐蚀介质中的磨料磨损。腐蚀加速了磨损的速度，如在含硫介质中工作的煤矿机械等。

（3）高温磨料磨损：在高温下的磨料磨损。高温和氧化加速了磨损，如燃烧炉中的炉篦、沸腾炉中的管壁等。

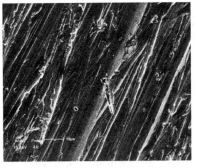

【工件磨料磨损形貌】

在工业领域中，磨料磨损是最重要的一种磨损类型，约占 50%。仅冶金、电力、建材、煤炭和农机五个部门的不完全统计，我国每年因磨料磨损所消耗的钢材达百万吨以上。磨料磨损的主要特征是摩擦面上有明显犁皱形成的沟槽，如图 8.6 所示。

图 8.6　磨料磨损表面形貌(SEM)

2. 磨料磨损的微观机制

磨料磨损失效的微观机制有如下几类。

1）微观切削机制

磨料颗粒作用在材料表面，颗粒上所承受的载荷分为切向分力和法向分力，在法向分力作用下，磨料刺入材料表面，在切向分力的作用下，磨料沿平面向前滑动，带有锐利棱角的磨料对材料表面进行切削，材料就像被车刀车削一样从磨料前方被去除，而形成切屑，并在磨损表面留下明显的切痕；这特别是在固定的磨料磨损和凿削式磨损中，是材料表面磨损的主要机理。但这种直接因切削作用而造成材料脱落成磨屑，在很多情况下并不多见。如果磨料棱角不锐利，或磨料和被磨材料表面之间的夹角太小，或表面材料塑性很好时，往往磨料在表面滑过后，只犁出一条沟来，把材料推向前方或两旁，而不能切削出切屑，特别是松散的磨料，大概有 90% 磨料发生滚动接触，只能压出压痕来，而形成犁沟的概率只有 10%。

2）微观变形机制

在磨料磨损中，当磨料滑过表面时，除了切削外，大部分把材料推向两边或前缘，这些材料受到很大的塑性变形，却没有脱离母体。有时，当压力很小或磨料不硬时，甚至不产生切屑，这种情况就称为犁皱，不管是形成犁皱还是犁沟，被推向两旁的材料及沟槽中的材料在受到随后的磨料作用时，都可能把堆积起的材料重新压平。如此反复塑变，导致材料的加工硬化，直到应力超过材料的强度极限后形成扁平状磨屑脱落。此类磨损多发生在球磨机的磨球和衬板、颚式破碎机及锥式破碎机的齿板和破碎壁表面。

3）微观断裂机制

硬而脆的材料遇到磨料磨损时，由于磨料不易刺入材料使材料发生塑性变形，更不易被切削，材料表面因受到磨料的压入而形成裂纹，这时材料常常是以脆性断裂、微观剥落的机制发生迁移，当裂纹互相交叉或扩展到表面上就剥落出磨屑。断裂机制造成的材料损失率最大。

综上所述可见，磨料磨损过程可能是磨料对摩擦表面产生的切削作用、塑性变形和脆性断裂的结果，还可能是它们综合作用的反映，但会以某一机制为主。当工作条件发生变化时，磨损机制也随之变化。

3. 磨料磨损的简化模型

在许多著作中都采用拉宾诺维奇在 1966 年提出的磨料磨损简化模型，如图 8.7 所示，

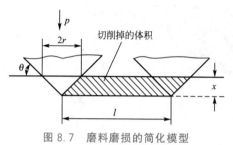

图 8.7　磨料磨损的简化模型

并导出定量计算公式。该模型假定单颗圆锥形磨料在接触压力 p 作用下，压入较软的材料中（压入深度为 x，圆锥面与软材料平面间夹角为 θ），并在切向力的作用下滑动了 l 长的距离，犁出了一条沟槽。

若从沟槽中排出的材料全部成为磨屑，则磨损掉的材料体积为

$$V=\frac{1}{2}\cdot 2r\cdot x\cdot l=r\cdot x\cdot l=r^2\cdot l\cdot\tan\theta \tag{8-4}$$

若软材料的努氏硬度 HK 等于载荷与压痕投影面积之比，即

$$HK=\frac{p}{\pi r^2}$$

则

$$V=\frac{pl\tan\theta}{\pi HK} \tag{8-5}$$

当用维氏硬度表示时

$$V=K\frac{pl\tan\theta}{HV} \tag{8-6}$$

式中，K 为系数。

可见，磨损掉的体积与接触压力、滑动距离成正比，与材料的硬度成反比，同时与磨粒的形状有关。

此模型是以两体磨料磨损中只存在微观切削机制时的理想化模型，实际磨料磨损过程中，磨损机制复杂得多，系数 K 应考虑到这些因素的影响。

图 8.7 所示是理想化的磨粒磨损模型。实际上，由于磨料的棱面相对摩擦表面的取向不同，只有一部分磨料才能切削表面产生磨屑；大部分磨料嵌入较软材料中，并使之产生塑性变形（即使是脆性材料也会产生少量塑性变形），造成擦伤或形成沟槽，而形成沟槽并不包含直接去除摩擦副表面的材料。堆积在沟槽两侧的材料，在摩擦副随后相对运动过程中只有一部分能形成磨屑。此外，实际的磨料的形状并不一定是圆锥形的。因此，式(8-5)中的系数 K 应该考虑到这些因素的影响。

4. 磨料磨损的影响因素

1）硬度

磨料硬度 H_a 与被磨材料硬度 H 之间的相对值会影响磨料磨损的特性，如图 8.8 所示。当 $H_a<(0.7\sim1)H$ 时，将不会产生磨料磨损或产生轻微磨损；当 $H_a>H$ 以后，磨损量随

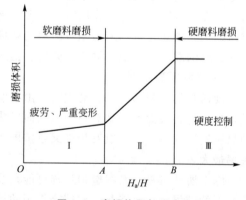

图 8.8　磨损体积与硬度比（磨料硬度与材料硬度比）的关系

H_a 值的增大而增大，呈线性关系；若 H_a 值更大时，将产生严重磨损，但磨损量不再随 H_a 值的增大而变化。

图 8.9 所示是赫罗绍夫等对金属的相对耐磨性的研究结果。图 8.9(a)可以说明，纯金属及未经热处理的钢，其相对耐磨性与该材料的自然硬度成正比；图 8.9(b)表明，经热处理的钢，其相对耐磨性随热处理硬度的增大而线性地增大，但比未经热处理的钢要增大得慢一些；从图 8.9(b)还可发现，钢的含碳量及碳化物生成元素（如锰、铬、钼）的含量越高，其相对耐磨性越大。碳化物这种第二相对耐磨性的影响，与其对磨料的硬度比有关。若碳化物比磨料软，材料的耐磨性随碳化物硬度的提高而提高。当磨料较碳化物软时，则耐磨性随碳化物尺寸增加而提高。碳化物体积分数大和碳化物与基体之间界面能低都有利于提高材料的耐磨性。

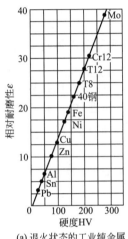
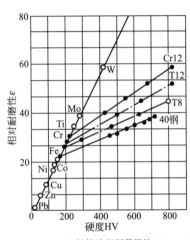

(a) 退火状态的工业纯金属
和钢的硬度与相对耐磨性的关系

(b) 经热处理所获得的
不同硬度和相对耐磨性的关系

图 8.9　磨料磨损相对耐磨性材料硬度的关系

奥勃尔试验表明，材料硬度增大时其磨损减轻，而材料弹性模量减小时其磨损也减轻。他认为，这是因为弹性模量减小时，摩擦副对偶表面的贴合情况有所改善而使接触应力降低，同时当表面间有磨粒时，会因弹性变形而允许其通过，因此可减轻磨损。如用于船舶螺旋桨中的水润滑橡胶轴承，在含泥沙的水中工作时，比弹性模量较大的材料（如青铜）制成的轴承具有更高的抗磨粒磨损能力。通常可用材料硬度与弹性模量的比值 H/E 的大小来估计其相对耐磨性的高低，即材料的 H/E 值越大，其相对耐磨性也越高。

2）磨料尺寸

试验表明，一般金属的磨损率随磨料平均尺寸的增大而增大，但磨料到一定临界尺寸后，其磨损率不再增大。磨料的临界尺寸随金属材料的性能不同而异，同时它还与工作元件的结构和精度等有关。有人试验得出，柴油机液压泵柱塞摩擦副在磨料尺寸为 $3\sim6\mu m$ 时磨损最大，而活塞对缸套的磨损是在磨料尺寸 $20\mu m$ 左右时最大。因此，当采用过滤装置来防止杂质侵入摩擦副对偶表面间以提高相对耐磨性时，应考虑最佳效果。

3）载荷和滑动距离

试验表明，磨损量与表面平均压力成正比，但有一转折点，当表面平均压力达到并超过临界压力 p_c 时，线磨损量随表面平均压力的增加变化缓慢，对于不同材料，其转折点也不同。此外，载荷越高，滑动距离越长，磨损就越严重，在一般情况下都呈线性关系。若为脆性材料，因存在一临界压入深度，超过此深度后，则裂纹容易形成与扩展，使磨损量增大，此时，载荷与磨损量就不一定呈线性关系。

滑动速度在 0.1m/s 以下时，随滑速的增加磨损率略有降低；当滑速为 0.1～0.5m/s 时，滑速的影响很小；当滑速大于 0.5m/s 时，随滑速增大，磨损先略有增加，达到一定值后，其影响又减小了。

4) 材料组织

材料的显微组织不同，对耐磨性有不同的影响。以钢为例，钢中的显微组织对材料抗磨料磨损能力也有影响，马氏体耐磨性最好，铁素体因硬度太低，耐磨性最差。

球墨铸铁的试验证明，因基体组织不同，耐磨性也不同，基体为马氏体与回火马氏体者，其耐磨性最好。

在相同硬度下，下贝氏体比回火马氏体具有更高的耐磨性。贝氏体中保留一定数量残留奥氏体对于提高耐磨性是有利的，因为经加工硬化或残留奥氏体转变为马氏体后，基体硬度较完全为贝氏体组织者高。

钢中碳化物也是影响耐磨性的重要因素之一。在软基体中碳化物数量增加，弥散度增加，耐磨性也提高；但在硬基体(基体硬度与碳化物硬度相近)中，碳化物反而损害材料的耐磨性，因为此时碳化物如同内缺口一样，极易使裂纹扩展，致使表面材料通过切削过程而被除去，如马氏体中分布的 M_3C 型碳化物。

除了上述提到的因素以外，加工硬化、断裂韧性和抗拉强度等对磨料磨损均有影响，这里不一一赘述。

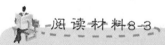

TiC 颗粒增强铁基复合材料的磨料磨损行为

原位自生 TiC 颗粒增强铁基复合材料，由于具有制备方法简单、界面相容性好、能显著提高耐磨性等优点，早已成为铁基复合材料研究的一个热点。江苏科技大学材料科学与工程学院金云学采用不同的方法制备原位自生 TiC 颗粒增强复合材料，研究了制备方法与复合材料的组织及磨料磨损特性。

试验采用 45 钢的熔炼过程中加入 Ti 以形成碳化物的方式制备 TiC 颗粒增强铁基复合材料。为了观察 Ti 的加入对钢组织性能的影响规律，采取两种方式加 Ti。一是不考虑基体组织的变化，在原有的 45 钢熔体中直接加入 Ti，该方式制备的复合材料，随着 TiC 含量的增加，基体中的碳含量降低，Fe_3C 减少，从而使基体的组织和性能发生变化，但复合材料中总的含碳量不变；另一种是从保持基体组织中的含碳量(珠光体含量)的角度出发，补充添加与 Ti 形成 TiC 所需的碳含量，复合材料中总含碳量随 TiC 含量的增加而增加，但基体中含碳量保持不变，使基体具有相近的硬度。

试验选用 12 个试样，每 6 个为一组；第一组均选择 45 钢为基体加入不同含量的 Ti；第二组则加入 Ti 的同时增加含碳量，使基体中始终保持 0.45% 含碳量，计算的最高理论含 TiC 量为 8.0%见表 8-1。采用宣化材料试验机厂生产的 ML-100 磨料磨损试验机进行磨损试验。

表 8-1 复合材料成分设计与编号

第一组编号	Fe00	Fe01	Fe02	Fe03	Fe04	Fe05
$w_C/(\%)$	0.45	0.45	0.45	0.45	0.45	0.45
$w_{Ti}/(\%)$	0.0	0.5	1.0	2.0	4.0	8.0
第二组编号	Fe10	Fe11	Fe12	Fe13	Fe14	Fe15
$w_C/(\%)$	0.45	0.45	0.45	0.45	0.45	0.45
$w_{Ti}/(\%)$	0.5	1.0	2.0	4.0	6.0	8.0

结果表明，普通碳钢的熔炼过程中加入能形成强碳化物的元素 Ti，可以方便地制备不同体积分数的 TiCP/Fe 复合材料，复合材料中 TiC 以细小的规则多边形状存在，且随 Ti 加入量的增加而增多。基体中含碳量不变，则复合材料硬度随 Ti 加入量的增加而提高并趋于饱和，如果复合材料制备时只添加 Ti 元素，则由于基体中含碳量的减少，复合材料基体中的 Fe_3C 减少或消失，因此复合材料的硬度随 Ti 加入量的增加，先增后降，但高硬度 TiC 的形成进一步提高复合材料的抗磨料磨损性能。复合材料能有效减小磨损量的主要原因是，由于坚硬的 TiC 颗粒的较均匀地分布，抵抗磨料刺入基体的作用，使其刺入深度及随之引起的塑性变形及犁削也较浅小，由于 TiC 颗粒的分布，磨粒向前移动很小距离后，就会碰到坚硬的 TiC 颗粒，迫使磨料离开犁沟，从而抑制犁沟的进一步扩展，同时使磨料的棱角钝化，甚至压碎磨料，这样磨损表面上的犁沟较短且浅而窄，磨损量大大减少。

总体上随 TiC 颗粒体积分数的增加而提高，载荷越大（5～35N 范围内），TiC 含量越多越表现出优异的耐磨性能。复合材料的磨损机制以形成犁削和犁沟为主，形成一次磨屑。

资料来源：金云学．原位 TiC 颗粒增强铁基复合材料的磨粒磨损性能研究．特种铸造及有色合金，2008 年年会专刊．

8.2.3 冲蚀磨损

1. 定义及分类

冲蚀磨损又称侵蚀磨损，它是指流体或固体以松散的小颗粒按一定的速度和角度对材料表面进行冲击所造成的磨损。松散粒子尺寸一般小于 $100\mu m$，冲击速度在 550m/s 以内，超过这个范围出现的破坏通常称为外来物损伤，不属于冲蚀磨损讨论内容。

冲蚀磨损已经成为许多工业部门中材料破坏的原因之一。如空气中的尘埃和砂粒如果进入到直列式发动机内，可降低其寿命 90%；火力发电厂粉煤锅炉燃烧的尾气对换热管路的冲蚀而造成破坏大约占管路破坏的 1/3，其最低寿命只有 16000h，以上是气流携带固体粒子冲击固体表面产生冲蚀的例子。而液体介质携带固体粒子冲击材料表面造成的冲蚀现象也很多，比如水轮机叶片在多泥沙河流中受到的冲蚀，建筑行业、石油勘探、煤矿开采和冶金选矿厂中使用的泥浆泵和杂质泵的过流部件都会受到严重冲蚀。因此，根据携带粒子的介质不同，冲蚀磨损可以分为两大类，即气固冲蚀磨损和流体冲蚀磨损，如果按流动介质及其携带的第二相(固体粒子、液滴或气泡)，又包括液滴冲蚀磨损和

【冲蚀磨损】

气蚀磨损(表 8 - 2)。气固冲蚀磨损又称喷砂型冲蚀磨损,是最常见的冲蚀磨损。

表 8 - 2　冲蚀现象分类

冲蚀类型	介　　质	第二相	破坏实例
喷砂型冲蚀	气体	固体粒子	燃气轮机、锅炉管道
雨滴、水滴冲蚀		液滴	高速飞行器、蒸汽轮机叶片
泥浆冲蚀	液体	固体粒子	水轮机叶片、泥浆泵轮
气蚀		气泡	水轮机叶片、高压阀门密封面

2. 冲蚀机理

固体粒子以一定速度冲击材料表面造成冲蚀,它的实质是携带固体粒子的介质可以是高速气流,也可以是液流。在冲蚀磨损过程中,表面材料流失主要是机械力引起的。在高速粒子不断冲击下,塑性材料表面逐渐出现短程沟槽和鱼鳞状小凹坑(冲蚀坑),且变形层有微小裂纹,图 8.10 即为冲蚀坑示意图。图 8.10(a)为球形粒子犁削材料表面形成的冲蚀坑,可见材料表面被冲蚀产生的变形;图 8.10(b)和图 8.10(c)为立方体粒子冲击材料表面通过切削方式形成的冲蚀坑。切削 I 型冲蚀坑有较大的唇片隆起,这部分材料在随后的冲击时极易脱落,形成磨屑。

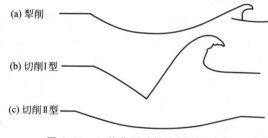

(a) 犁削

(b) 切削 I 型

(c) 切削 II 型

图 8.10　三种典型冲蚀坑侧面示意图

芬尼(Finnie)认为,塑性材料(如铝、低碳钢)表面受粒子冲击形成冲蚀坑并导致材料流失,是短程微切削作用所致。他在几个假定的条件下给出下列估算冲蚀磨损量的公式:

当冲击角为 $0 < \alpha < \alpha_0$ 时

$$V = \frac{Mv_0}{2} \frac{1}{R_{eL}} \left(\frac{\sin 2\alpha - 3\sin^2 \alpha}{2} \right) \qquad (8-7)$$

当冲击角为 $\alpha_0 < \alpha < 90°$ 时

$$V = \frac{Mv_0^2}{2} \frac{1}{R_{eL}} \left(\frac{\cos^2 \alpha}{6} \right) \qquad (8-8)$$

式中,V 为冲蚀磨损体积;M 为冲蚀粒子的总质量;v_0 为粒子入射初速度;R_{eL} 为材料屈服强度;α 为冲击角;α_0 为临界冲击角,等于 18.43°。

由式(8 - 7)、式(8 - 8)可见,冲击角对冲蚀磨损量有重要影响:冲击角小于 18.43°时,冲蚀磨损体积随冲击角增加明显增大;冲击角大于 18.43°时,冲蚀磨损体积随冲击角增加逐渐降低。

实际上,塑性材料表面冲蚀坑是在短程微切削和塑性变形作用下形成的。在粒子反复冲击、材料反复塑性变形下形成磨屑,材料流失。

脆性材料(如陶瓷、玻璃)冲蚀磨损是裂纹形成与快速扩展的过程。当用锐角粒子冲击脆性材料表面时,发现有两种形状的裂纹:一种是垂直于表面的初生径向裂纹;另一种是平行于表面的横向裂纹(图 8.11)。在粒子冲击下,径向裂纹形成及其扩展降低材料强度。横向裂纹形成并扩展到表面,材料脱落变为磨屑而流失。

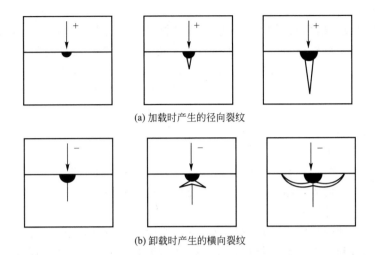

(a) 加载时产生的径向裂纹

(b) 卸载时产生的横向裂纹

图 8.11　锐角粒子冲击裂纹生长示意图 "＋" 为加载；"－" 为卸载

3. 冲蚀磨损的主要影响因素

1）磨粒的影响

磨粒的粒度对冲蚀磨损有明显影响。粒子尺寸为 $20\sim200\mu m$，材料冲蚀率随粒子尺寸增大而上升，但粒子尺寸增大到某一临界值时，材料冲蚀率几乎不变或变化很缓慢，称为尺寸效应。

磨粒的形状也有很大影响，尖角形粒子与圆形粒子比较，在相同条件下，如 45°冲击角时，尖角形粒子比圆形粒子造成的磨损大近 4 倍，甚至低硬度的尖角形粒子较高硬度的圆形粒子产生的磨损还要大。

磨粒的硬度的影响更为突出。比如试验用磨粒尺寸为 $125\sim150\mu m$，磨粒冲击速度为 130m/s，材料各含 11%Cr 的钢。试验结果获得冲蚀磨损量与磨粒硬度之间关系为

$$\varepsilon=K\cdot H^{2.3} \tag{8-9}$$

在双对数坐标图上显示，材料冲蚀率随粒子硬度呈线性增加。

2）速度的影响

粒子速度对材料冲蚀率的影响，主要是因为冲蚀磨损量与粒子动能有重要关系。将许多材料冲蚀磨损试验结果整理，得

$$\varepsilon=kv^n \tag{8-10}$$

式中，ε 为冲蚀率；k 为常数；v 为粒子速度；n 为速度指数，通常为 $2\sim3$，对塑性材料取 $2.3\sim2.4$，脆性材料取 $2.2\sim6.5$。

粒子速度对冲蚀磨损的影响通常都是指高速范围（$60\sim400m/s$），因为这时造成的冲蚀明显易测，能在短时间获得试验数据。当速度小于 60m/s，一般不发生严重冲蚀磨损，如气流输送管道中，粒子速度一般为 25m/s 左右，冲蚀破坏很轻。若粒子速度继续降低，则可能出现产生冲蚀磨损的速度下限，即所谓门槛速度值，低于此速度值的粒子与材料表面之间只有单纯的弹性碰撞而观察不到破坏。例如，用直径 0.3mm 的球形铸铁丸冲击玻璃，门槛速度为 9.9m/s；而用直径 0.3mm 的石英砂冲击 $w_{Cr}=11\%$ 的钢，门槛速度只有 2.7m/s。

3）冲击角的影响

冲击角(攻角或入射角)是指磨粒入射轨迹与材料表面的夹角。冲击角是影响材料冲蚀磨损量的重要因素。试验材料的冲击蚀率与冲击角变化有关，而且与靶材也有很大关系。对塑性材料的冲蚀磨损开始时随冲击角的增大而增加，在20°～30°时达到最大值，继续增大冲击角时，磨损反而减少，比如铜、铝合金等典型塑性材料最大冲蚀率出现在20°～30°。而陶瓷、玻璃等典型脆性材料最大冲蚀率出现在冲击角为90°附近；一般工程材料显示介于脆性材料和塑性材料之间的特性。

4）冲击时间的影响

冲蚀磨损与其他磨损具有不同的特点，冲蚀磨损存在一个较长的潜伏期或孕育期。即磨粒冲击靶面后先是使表面粗糙、产生加工硬化而不使材料产生流失，经过一段时间的损伤积累后才逐步产生冲蚀磨损。

材料性能对冲蚀磨损的影响比较复杂。提高塑性材料的屈服强度(或硬度)，对增加材料冲蚀磨损抗力有利。但对脆性材料，断裂韧度的影响比硬度大，提高断裂韧度，冲蚀磨损体积降低。

材料冲蚀磨损是一个复杂过程，实际冲蚀磨损发生时往往是多个因素共同作用的综合结果。

8.2.4 腐蚀磨损

1. 定义及分类

两摩擦表面与周围介质发生化学或电化学反应，在表面上形成的腐蚀产物黏附不牢，在摩擦过程中被剥落下来，而新的表面又继续和介质发生反应，这种腐蚀和磨损的重复过程，称为腐蚀磨损。腐蚀磨损因常与摩擦面之间的机械磨损(黏着磨损或磨料磨损)共存，故又称腐蚀机械磨损。

按腐蚀介质的性质，腐蚀磨损可分为以下两类。

(1) 化学腐蚀磨损：金属材料在气体介质或非电解质溶液中的磨损。

(2) 电化学腐蚀磨损：金属材料在导电性电解质溶液中的磨损。

在化学腐蚀磨损中最主要的一种就是氧化磨损。

2. 氧化磨损

典型的腐蚀磨损主要有各类机械中普遍存在的氧化磨损，以及在化工机械中因特殊腐蚀气氛而产生的特殊介质腐蚀磨损两类。特殊介质腐蚀磨损在一般机械中比较少见，故从略。

任何存在于大气中的机件表面总有一层氧的吸附层。当摩擦副作相对运动时，由于表面凹凸不平，在凸起部位单位压力很大，导致产生塑性变形。塑性变形加速了氧向金属内部扩散，从而形成氧化膜。由于形成的氧化膜强度低，在摩擦副继续作相对运动时，氧化膜被摩擦副一方的凸起所磨去，裸露出新表面，从而又发生氧化，随后又再被磨去。如此，氧化膜形成又除去，机件表面逐渐被磨损，这就是氧化磨损过程。氧化磨损的磨损速率最小，其值仅为 $0.1\sim0.5\mu m/h$，属于正常类型的磨损。

氧化磨损的宏观特征是，在摩擦面上沿滑动方向呈匀细磨痕，对钢铁件而言，其磨损产物或为红褐色的 Fe_2O_3，或为灰黑色 Fe_3O_4，也有 Fe 和 FeO。

氧化磨损速率主要取决于氧化膜的脆性程度和膜与基体的结合能力。致密而非脆性的氧化膜能显著提高磨损抗力，如生产中采用的发蓝、磷化、蒸气处理、渗硫等，对于减低磨损速率都有良好效果。氧化膜与基体的结合能力主要取决于它们之间的硬度差，硬度差越小，结合力越强。提高基体表层的硬度，可以增加表层塑性变形抗力，从而减轻氧化磨损。另外，摩擦学参数如接触压力、滑动速度、滑动距离、温度等也影响氧化磨损的磨损量。

奎因(T. F. J. Quinn)的研究指出，氧化磨损体积与接触压力、滑动距离、摩擦表面凸起相遇的距离成正比，而与氧化膜的临界厚度、氧化膜的密度、滑动速度、摩擦副的屈服强度(或硬度)以及滑动界面上的热力学温度成反比。由于这些因素有些是不确定的，因此氧化磨损定量估算比较困难。

氧化磨损不一定是有害的，如果氧化磨损先于其他类型磨损(如黏着磨损)发生和发展，则氧化磨损是有利的。若空气中含有少量的水汽，化学反应产物便由氧化物变为氢氧化物，使腐蚀加速；若空气中有少量的二氧化硫或二氧化碳，则腐蚀更快。

 阅读材料8-4

纳米颗粒增强 Ni 基复合镀渗合金层的腐蚀磨损

卓城之、鲁小林、韩德忠等通过电刷镀加双层辉光复合镀渗工艺在 316L 不锈钢表面制备了纳米颗粒增强 Ni 基合金层，研究了添加纳米 Al_2O_3 颗粒对 Ni 基合金层的微观组织、耐蚀、耐腐蚀磨损性能的影响。

试样材料为市售轧制 316L 不锈钢，试样尺寸为 60mm×30mm×4mm。纳米陶瓷颗粒增强 Ni 基镀渗合金层的制备由两个过程组成：首先是在 316L 不锈钢基体上利用电刷镀技术得到厚度为 50~60μm 的纳米 Al_2O_3 增强的复合电刷镀镀层。随后在自制双层辉光离子渗金属炉中进行 Ni - Cr - Mo - Cu 多元共渗，源极材料为 HastelloyC - 2000 合金，源极尺寸为 130mm×50mm×4mm。采用脉冲放电模式：源极采用直流电源，工件采用脉冲电源。

利用 X 射线衍射仪、扫描电子显微镜和透射电子显微镜对复合镀渗层的微观组织进行观察；采用自制的料浆式冲刷腐蚀试验评价纳米颗粒增强复合镀渗层，以及对比材料的冲蚀性能，并进行了极化曲线和交流阻抗测试。

对纳米 Al_2O_3 颗粒增强的复合镀渗层的微观组织分析结果表明：在共渗工艺(1000℃)条件下，复合镀渗层中纳米 Al_2O_3 颗粒部分溶解于基体中，并析出生成 $Ni_3Al(\gamma'$ 相)，生成的 γ' 相与基体具有明确的晶体学取向关系，即$(111)\gamma - Ni//(111)\gamma' - Ni_3Al$。

在不同旋转速度条件下的极化曲线结果表明：在 3.5wt%NaCl＋10wt%石英砂的料浆中，在所有旋转速度条件下，颗粒增强复合镀渗层和 Ni 基合金渗层的耐蚀性能都明显优于 316L 不锈钢。在低旋转速度条件下(小于 2.51m/s)时，纳米 Al_2O_3 的加入略微降低了 Ni 基合金渗层的耐蚀性能；而在高旋转速度条件下(2.98m/s 和 3.45m/s)，纳米 Al_2O_3 的加入则提高了 Ni 基合金渗层的耐蚀性能。分析原因认为：在低速条件下，悬浮在料浆中的固相颗粒具有较小的冲击能，对材料表面的破坏作用较小，因此在低速条件下，腐蚀过程为材料破坏过程的主要控制因素。由于 Ni_3Al 的析出而造成周围的贫

Al 区在腐蚀过程中，电极电位较低易于发生优先活性溶解。因而在静态浸泡和低速条件下，颗粒增强复合镀渗层的耐蚀性能低于 Ni 基合金渗层。在高速条件下，固相颗粒具有高的冲击能，提高了对材料表面钝化膜的损伤和破坏程度。对于颗粒增强复合镀渗层来说，未溶解的纳米 Al_2O_3 颗粒和硬质相 Ni_3Al 均匀分散在合金层内，对钝化膜提供了有力的支撑，从而抵挡沙粒的犁削破坏作用，降低交互作用，因此，相对于 Ni 基合金渗层，在高速条件下，颗粒增强复合镀渗层的耐蚀性能较好。

静态浸泡 20h 以及两种腐蚀介质条件下[单相流(3.5wt%NaCl)和双相流(3.5wt%NaCl+10wt%石英砂)，旋转速度为 3.45m/s]冲蚀 20h 后的电化学阻抗试验结果表明：在静态浸泡 20h 和单相流冲蚀 20h 后，颗粒增强复合镀渗层的容抗弧幅值小于 Ni 基合金渗层，而在双相流中冲蚀 20h 后，颗粒增强复合镀渗层的容抗弧幅值大于 Ni 基合金渗层，但两种合金均高于 316L 不锈钢。电化学阻抗谱分析结果与极化曲线的测量结果基本一致，证明了在高速条件下，纳米 Al_2O_3 颗粒的加入提高了 Ni 基镀渗层的耐蚀性能。

▶ 资料来源：卓城之. 纳米 Al_2O_3 颗粒增强 Ni 基复合镀渗合金层的腐蚀磨损性能研究. 南京大学学报，2009，45(2).

8.2.5 微动磨损

在机械设备中，常常由于机械振动引起一些紧密配合的零件接触表面间产生很小振幅的相对振动(图 8.12)，其振幅约为 $10^{-2}\mu m$ 数量级，由此而产生的磨损称为微动磨损。对于钢铁件，其特征是摩擦副接触区有大量红色 Fe_2O_3 磨损粉末；如果是铝件，则磨损产物为黑色的。产生微动磨损时在摩擦面上还常常见到因接触疲劳破坏而形成的麻点或蚀坑。

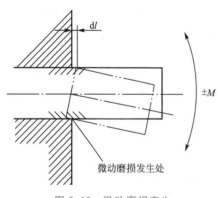

图 8.12 微动磨损产生

微动磨损是一种复合磨损，兼有黏着磨损、氧化磨损和磨料磨损的作用，其过程有三个阶段：在第一阶段产生凸起塑性变形，并由此形成表面裂纹和扩展，或去除表面污物形成黏着和黏着点断裂；第二阶段是通过疲劳破坏或黏着点断裂形成磨屑，磨屑形成后随即被氧化；第三阶段是磨料磨损阶段，磨料磨损又反过来加速第一阶段，如此循环不已就构成了微动磨损。

在连续振动时，磨屑对于摩擦副表面产生交变接触压应力，在微动磨痕坑底部还可能萌生疲劳裂纹。在微动的切向力合乎交变疲劳应力的影响下，疲劳裂纹往往与表面呈 45°倾斜扩展，发展到一定深度后，微动切向应力的影响可忽略，裂纹的扩展方向便转向垂直于疲劳应力方向，直至发生断裂。

在工程上，机械系统或机械部件如搭接接头、键、推入配合的传动轮、金属静密封、发动机固定件及离合器(片式摩擦离合器内外摩擦片的结合面)等，常产生微动磨损。在实验室进行疲劳试验时，有时在试样夹头处出现许多红色氧化物粉末，最后试样不在工作长度内而在夹头处产生疲劳断裂，这就是以微动磨损蚀坑为疲劳源，裂纹快速扩展的结果。

影响微动磨损的主要因素有载荷、振幅、环境因素、材料性能及润滑剂等。

振幅不变时，平面的钢试样微动磨损量，随着法向载荷的增加而增加，继续增加载荷，则磨损量下降，甚至于微动磨损完全消除。

微动磨损存在临界振幅。在临界振幅以上，磨损量随振幅增加而增加；在临界振幅以下，不会发生磨损。但临界振幅值随不同材料、载荷及实验装置而不同，一般为 $20\sim100\mu m$。

在空气中，微动磨损量随温度的升高而下降；在氩气中，室温下磨损量减少，但温度超过 $200\,^\circ\!C$ 时，磨损明显增加；此外微动磨损对大气的湿度是很敏感的，当大气湿度增加时，表面的磨损将减轻。

金属材料摩擦副的抗微动磨损能力，一般来说，与它们的抗黏着磨损能力相似。提高硬度和选择适当的配对材料都可以减小微动磨损；采用聚四氟乙烯涂层、表面硫化、磷化处理等，都能降低微动磨损。

润滑剂能减少黏着力，也可减少微动磨损。

8.3　磨损试验方法

8.3.1　磨损试验的类型

磨损试验方法分为实物试验与实验室试验两类。实物试验具有与实际情况一致或接近一致的特点，因此，试验结果的可靠性高。但这种试验所需时间长，且受外界因素的影响难于掌握和分析。实验室试验虽然具有试验时间短、成本低、易于控制各种因素的影响等优点，但试验结果常不能直接表明实际情况。因此，研究重要机件的耐磨性时，往往兼用这两种方法。

（1）实物试验：以实际零件在使用条件下进行磨损试验，所得到的数据真实性和可靠性较好。但试验周期长，费用较高，并且，由于试验结果是多因素的综合影响，不易进行单因素考察。

（2）实验室试验：在实验室条件下和模拟使用条件下的磨损试验，周期短，费用低，影响试验的因素容易控制和选择，试验数据的重现性、可比性和规律性强，易于比较分析。又可分为试样试验和台架试验。

① 试样试验：试样试验将所需研究的摩擦件制成试样，在专用的摩擦磨损试验机上进行的试验。广泛用于研究不同材料摩擦副的摩擦磨损过程、磨损机理及其控制因素的规律，以及选择耐磨材料、工艺和润滑剂等方面。但必须注意试样与实物的差别，试验条件和工况条件的模拟性，否则试验数据的应用较差。

② 台架试验：台架试验是在相应的专门台架试验机上进行的。它在试样试验基础上，优选出能基本满足摩擦磨损性能要求的材料，制成与实际结构尺寸相同或相似的摩擦件进一步在模拟实际使用条件下进行台架试验。这种试验较接近实际使用条件，缩短试验周期，并可严格控制试验条件，以改善数据的分散性，增加可靠性。

8.3.2　试样试验常用的磨损试验机

磨损试样的形状有圆柱形、圆盘形、环形、球形、平面块状等，接触形式有点接触、线接触和面接触三种，运动形式有滑动、滚动、滚动＋滑动、往复运动、冲击等。不同接触形式与不同运动形式的组合，可形成多种磨损试验方式。典型的实验室试验所用磨损试验机的原理如图 8.13 所示。

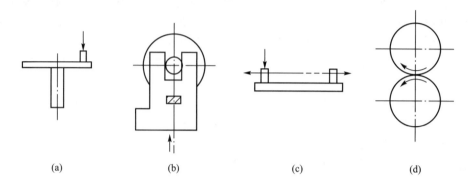

图 8.13　摩擦磨损试验机原理图

图 8.13(a)所示为销盘型试验机，国产型号为 ML‐10。它是将试样加上试验力紧压在旋转圆盘上，试样可在半径方向往复运动，也可以是静止的。这类试验机可用来评定各种摩擦副及润滑材料的低温与高温摩擦和磨损性能；既可以做磨料磨损试验，也能进行黏着磨损规律的研究。图 8.13(b)所示为环块型磨损试验机，国产型号为 MHK‐500。这种试验机可以测定各种金属材料及非金属材料(尼龙、塑料)等在滑动状态下的耐磨性能。环形试样(其材料一般是不变的)安装在主轴上，顺时针转动；块形试样安装在夹具上。通常，试验后测量环形试样的失重和块形试样的磨痕宽度，分别计算体积磨损，以评定试验材料的耐磨性。图 8.13(c)所示为往复运动型试验机，国产型号为 MS‐3。试样在静止平面上作往复运动，可评定往复运动机件如导轨、缸套与活塞环等摩擦副的耐磨性；评定选用材料及工艺与润滑材料的摩擦及磨损性能等。图 8.13(d)所示为滚子型磨损试验机，国产型号为 MM‐200。该种试验机主要用来测定金属材料在滑动摩擦、滚动摩擦、滚动和滑动复合摩擦及间隙摩擦情况下的磨损量，用来比较各种材料的耐磨性能。在试验时，所用试样有圆环形和碟形两种。当进行滚动、滚动与滑动复合摩擦磨损试验时，上、下试样均用圆环形试样；在进行滑动摩擦磨损试验时，上试样可为碟形试样，下试样为圆环形试样。

磨损试验时，应按摩擦副运动方式(往复、旋转)及摩擦方式(滚动或滑动)来确定试验方法及所用试样形状和尺寸，并应使速度、试验力和温度等因素尽可能接近实际服役条件。

试样加工应保证相同的精度及表面粗糙度，有色金属试样应尽量避免磨削及研磨，以防磨粒嵌入摩擦表面。

磨损试验结果分散性很大，所以试验试样数量要足够，一般试验需要有 4～5 对摩擦副，数据分散度大时还应酌情增加。处理试验结果时，一般情况下取试验数据的平均值，分散度大时需用方均根值来处理。

必须指出，同一材料当用不同方法进行磨损试验时，结果往往不同。这种差别不仅表现在绝对值上，有时在相对关系上也不相同，甚至是颠倒的。因此，在引用文献资料以及比较试验结果时，应特别慎重。

8.3.3　材料耐磨性能的评定方法

评定材料耐磨性的指标有磨损量和相对耐磨性。耐磨性在前面已经提及，这里主要介绍一下磨损量的表示方法和测定方法。

(1) 表示方法：磨损量可以用质量损失、体积损失或者尺寸损失来表示。比较常用的磨损量的表示方法有以下几种：

① 线磨损量 U(mm 或 μm)：磨损表面法线方向的尺寸变化值。

② 质量(重量)磨损量 W(g 或 mg)：磨损试样的质量(重量)损失。

③ 体积磨损量 V(mm³ 或 μm³)：磨损试样的体积损失。

以上几种磨损量都是绝对值表示法，没有考虑磨程等因素的影响，目前应用较广泛的计算磨损的方法是磨损率：单位磨程的磨损量(mg/m)；单位时间的磨损量(mg/s)；单位转数的磨损量(mg/n)。

(2) 磨损量的测定方法：主要有失重法、尺寸变化法、形貌测定法、刻痕法等。

① 失重法：通常用分析天平称量试样在试验前后的质量变化来确定磨损量。测量精度为 0.1mg。称量前需对试样进行清洗和干燥。可将质量损失换算为体积损失来评定磨损结果。此方法简单常用。

② 尺寸变化法：采用测微卡尺或螺旋测微仪，测定零件某个部位磨损尺寸(长度、厚度和直径)的变化量来确定磨损量。

③ 形貌测定法：利用触针式表面形貌测量仪可以测出磨损前后表面粗糙度的变化。主要用于磨损量非常小的超硬材料磨损或轻微磨损情况。

④ 刻痕法：采用专门的金刚石压头在经受磨损的零件或试样表面上预先刻上压痕，测量磨损前后刻痕尺寸的变化来确定磨损量，能测定不同部位磨损的分布。

以上方法的共同缺点是，测量时必须将试样或零件拆下，不能方便地测定磨损量随时间的变化。放射性同位素测定法和铁谱方法可用于磨损过程中磨屑的分析，用来定性和定量评定磨损率。

(1) 放射性同位素测定法：将摩擦表面经放射性同位素活化，定期测量落入润滑油中的磨屑的放射性强度，可换算出磨损量随时间的变化。该法灵敏度高，但具有放射性的样品的制备和试验时的防护很麻烦。

(2) 铁谱方法：利用高梯度磁场将润滑油中的磁性磨屑分离出来进行分析，可用来对机器运转状态进行监控。目前，国内已研制成功 FTP-1 型铁谱仪，并已成功用于内燃机传动系统的磨损状态监控。

8.4　摩擦磨损的控制

磨损是机件的三种主要破坏形式(磨损、腐蚀、断裂)之一，为此，提高机件的耐磨性越来越引起人们的重视。从各类磨损机理的分析可见，尽管影响磨损过程的因素较多，但材料的磨损主要是表面材料的变形和剥落。因此，提高摩擦副表面的强度(或硬度)及韧性，可望提高耐磨性。本节主要介绍提高抗黏着磨损与磨料磨损耐磨性的途径。

8.4.1 减轻黏着磨损的主要措施

（1）合理选择摩擦副材料。尽量选择互溶性少，黏着倾向小的材料配对，如非同种或晶格类型、电子密度、电化学性质相差甚远的多相或化合物材料，以及强度高不易塑变的材料。

（2）避免或阻止两摩擦副间直接接触。增强氧化膜的稳定性，提高氧化膜与基体的结合力；降低接触表面粗糙度，改善表面润滑条件等。

（3）为使磨屑多沿接触面剥落，以降低磨损量，可采用表面渗硫、渗磷、渗氮等表面处理工艺，在材料表面形成一层化合物层或非金属层，既降低接触层原子间结合力，减少摩擦因数，又避免直接接触。为使磨损发生在较软一方材料表层，可采用渗碳、渗氮共渗、碳氮硼三元共渗等工艺以提高另一方的硬度。

8.4.2 改善磨料磨损耐磨性的措施

（1）对于以切削作用为主要机理的磨料磨损应增加材料硬度，这是提高耐磨性的最有效措施。如用含碳较高的钢淬火获得马氏体组织，即可得到高硬度和高耐磨性。如果能使材料硬度与磨料硬度之比达到 0.9～1.4（参见图 8.8 中 A 点的示值），可使磨损量减得很小。但如果磨料磨损机理是塑性变形，或塑性变形后疲劳破坏（低周疲劳）、脆性断裂，则提高材料韧性对改善耐磨性是有益的。此时，用等温淬火获得下贝氏体，消除基体中初生碳化物，并使二次碳化物均匀弥散分布，以及含适量残留奥氏体等都能改善抗磨料磨损能力。

（2）根据机件服役条件，合理选择耐磨材料。如在高应力冲击载荷下（颚式破碎机粉碎难破碎矿石时），要选用高锰 Mn13，利用其高韧性和高的加工硬化能力，可得到经过二次硬化处理的基体钢，提高其抗磨料磨损性能。在冲击载荷不大的低应力磨损场合（水泥球磨机衬板、拖拉机履带板等），用中碳低合金钢并经淬火回火处理，可以得到适中的耐磨料磨损性能。

（3）采用渗碳、碳氮共渗等化学热处理提高表面硬度，也能有效地提高磨料磨损耐磨性。

另外，经常注意机件防尘和清洗，防止大于 1μm 磨料进入接触面，也是有效的措施。

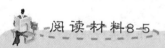 阅读材料8-5

常用金属耐磨材料

高锰钢主要应用在高冲击载荷下的各种大型破碎机易损件，如破碎机颚板、大型破碎机锤头、挖掘机铲齿、铁道辙叉等。针对在冲击载荷小或低应力磨损条件下不能充分加工硬化而不耐磨的问题，发展了合金化改性高锰钢，奥氏体介稳定易加工硬化中锰钢、低锰钢。为使厚大铸件中心部位也为全奥氏体组织，提高加工硬化能力，发展了超高锰钢（Mn15、Mn17、Mn20、Mn25）。针对结构复杂，易产生裂纹的特殊铸件，研制出了低碳高锰钢（75Mn13、50Cr2Mn14、6Cr5Mn12、55Cr5Mn9）满足市场需要。高锰钢熔炼发展了吹氩、吹氮、炉外精炼等工艺，提高了钢的纯净度。采用悬浮浇注、表面合金化、爆炸硬化等措施提高耐磨性。

针对高锰钢的缺点，结合工况条件及我国资源状况，研制出了多种耐磨合金钢。这些耐磨合金钢具有优良的强韧性、耐磨性和耐蚀性，被称为三耐合金。该合金成本不高，适于制造各类耐磨铸件(图 8.14)。

国外耐磨白口铸铁的发展分为普通白口铸铁、镍硬铸铁和高铬白口铸铁三个阶段。美国、日本及欧洲各国 20 世纪初就开始采用镍硬铸铁，目前已发展到镍硬 $4^{\#}$，铬含量由 2% 提高到 9%，镍由 4.5% 提高到 6.0%，共晶碳化物由 M_3C 型变成 M_7C_3 型，力学性能显著提高，铸态厚截面即可获得马氏体组织，硬度在 HRC62 以上，并且具有一定韧性，主要应用于辊式磨的磨环和磨辊，可铸态使用，这对数吨重不便热处理的大铸件很有意义。因镍价格高，国内很少采用，有人研制中铬铸铁等新型耐磨材料以取代它。国外使用最多的是高铬铸铁(主要用于磨球、衬板、锤头、泵件上)，如图 8.15 所示。20 世纪 70 年代以前，我国耐磨白口铸铁的研究与应用为普通白口铸铁、低合金铸铁及抗磨球墨铸铁。以后(以水泥工业为例)引进了多条新型干法生产线。在粉磨设备消化引进中发现，国外大型磨机衬板、辊式磨辊采用高铬白口铸铁耐磨性能优异，因此国内一些单位开始研究高铬白口铸铁在国产设备上的应用。

图 8.14　合金化高锰钢锤头及颚板

图 8.15　高铬抗磨铸铁(泥泵过流部件)

➡ 资料来源：李茂林. 我国金属耐磨材料的发展和应用. 铸造，2002，51(9).

小　结

本章从材料表面形貌参数的评价出发，建立了粗糙表面间的接触模型和规律，进而分析了两相对物体间产生摩擦的概念、分类及关于摩擦的经典摩擦理论、分子-机械摩擦理论和黏着摩擦理论。

接着详细阐述了摩擦造成的后果——磨损的主要形式：黏着磨损、磨料磨损、冲蚀磨损、腐蚀磨损、微动磨损；并对每一种磨损形式建立了数学模型，分析了其磨损机制、影响因素和改善措施。

此外，还介绍了摩擦磨损的测试方法及控制摩擦、减小磨损的方法，如使用润滑剂、合理选择摩擦副材料和对材料表面进行改性与强化等。

复习思考题

1. 磨损有几种类型？举例说明其载荷特征、磨损过程及表面损伤形貌。
2. 黏着磨损是如何产生的？如何提高材料或零件抗黏着磨损能力？
3. 磨料磨损有几种类型？各举例并说明提高抗磨损能力的措施。
4. 何谓微动磨损？其基本特征如何？是如何发生的？如何提高微动磨损抗力？

第 9 章
纳米材料的力学性能

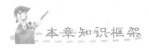
本章知识框架

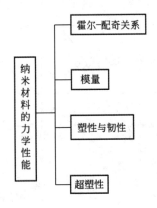

本章教学目标与要求

1. 了解纳米材料的概念及特点。
2. 了解有关纳米材料霍尔-配奇关系、塑性与韧性、模量、超塑性的概念及特点。

导入案例

像铁一样强的轻铝合金

当在微米级进行金属组织控制的铝合金通过快速凝固法制作不平衡状态的铝合金粉末并固定成形时，如果能一边控制结晶粒中的纳米级粒子一边进行分散，就能制备出像铁一样强且轻的铝合金。

我们平常所看到的、碰到的金属材料几乎都是结晶质，这样的金属材料通常是由1mm以下的结晶粒组成的。而且这种金属粒越小，金属材料的硬度和拉伸时的机械强度就越高（霍尔-配奇关系）。不过当金属粒子的尺寸小于某个尺寸时其机械强度反而会下降。现在，结晶粒的尺寸和机械强度的关系逆转（逆霍尔-配奇关系），因而纳米级小结晶粒组成的金属材料的研究受到了关注。

铝合金也是随着结晶粒的尺寸变小，机械强度提高。另外，结晶粒中1mm以下的粒子对铝合金的机械强度有很大的影响。图9.1中给出了几种铝合金中的粒子和机械强度的关系。粒子和粒子间的距离变小则耐力变大。也就是说，如果能制备结晶粒细且结晶粒中粒子间的距离短的金属组织，那么这种铝合金就具有非常高的机械强度。

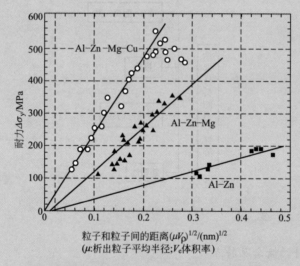

图9.1　铝合金的结晶粒和机械强度的关系

如图9.2所示，如果铝合金机械强度变高，则其有延展性变小的倾向。为了制备比原来的铝合金机械强度高而延展性又不变小的铝合金，需要使用快速凝固法。快速凝固法是指将构成粒子的元素以比平衡状态时高的浓度强制固溶在铝中。往铝合金的溶液里吹入高压气体，然后经过挤压凝固，以通常铸造方法1000倍以上的速度快速冷却凝固制备出铝合金粉末，就可制备出含有许多纳米级粒子的铝合金"GIGAS"。如果凝固时快速冷却，在结晶粒子变小的同时，除含有高浓度的铝以外还含有其他元素，通过严格控制挤压时的条件，就能制造出纳米粒子均匀分散在结晶粒中的金属组织。通过这样控制金属组织，"GIGAS"就在具有高强度的同时又不牺牲延展性。

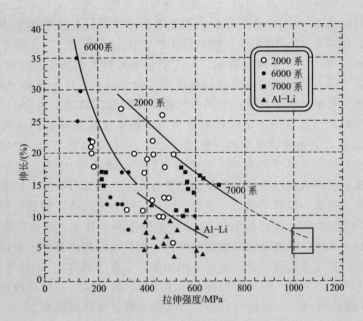

图 9.2 铝合金的机械强度和伸长的关系

"GIGAS"的使用例子有如图 9.3 所示的在悉尼奥运会所使用的自行车比赛用链轮和垒球击球棒。在这些比赛中,需要使用轻且高机械强度的材料,因此链轮和垒球击球棒使用了"GIGAS",使用"GIGAS"的法国自行车选手获得了金牌。

图 9.3 "GIGAS"制链轮和垒球击球棒

近年,环境问题是一个大的社会问题。在这样的情况下,对于以汽车为首的高速运动物体,就要求使用密度小的材料但现在大量使用的是密度大的铁。这是由于与包括铝合金在内的其他材料相比铁具有许多优良的特性。如果"GIGAS"除了机械强度以外,还能呈现出如不易磨损、能和其他材料顺利接合等优点的话,它还可用于包括工业机器人在内的各种产业机械中。期待着它能贡献于环保型的制造业。

📥 资料来源:[日] 川和知二. 图解纳米技术. 朱平,范启富,孟雁,译. 上海:文汇出版社,2003.

　　纳米技术已成为国际上公认的改变人类生存与发展的三个主导技术之一，同信息技术和生物技术一起推动 21 世纪社会的发展，而且纳米技术是信息技术和生物技术的重要理论和技术基础。在未来 20～30 年内，纳米技术将在社会生产途径、人类生活方式和思维模式三个方面对人类社会产生深刻影响。人工制备纳米材料的历史至少可以追溯到 1000 年以前，当时，中国人利用燃烧的蜡烛形成的烟雾制成炭黑，作为墨的原料或着色染料，科学家们将其誉为最早的纳米材料。中国古代的铜镜表面防锈层是由 SnO_2 颗粒构成的薄膜，遗憾的是当时人们并不知道这些材料是由肉眼根本无法看到的纳米尺度小颗粒构成的。1959 年，美国著名物理学家费因曼教授(R. P. Feynman)曾指出：“如果有一天人类能够按人的意志安排一个原子和分子，那将会产生什么奇迹？”今天，这个美好的愿望已经开始走向现实。目前人类已经能够制备出包括有几十个到几万个原子的纳米颗粒，并把它们作为基本单元构造一维量子线、二维量子面和三维纳米固体，创造出相同物质传统材料完全不具备的奇特性能，这就是面向 21 世纪的纳米科学技术。研究发现当材料达到纳米尺度时，材料的机械、电光及化学性能和传统材料的性能相比都发生了巨大的变化。由于有着巨大的商用和军事应用前景，世界各国和大的工业公司自从 20 世纪 90 年代以来相继投入大量的人力和财力进行研究，以便在未来的高科技领域占一席之地。我国纳米材料研究始于 20 世纪 80 年代末，目前已取得了令人瞩目的重要研究成果。

9.1　纳米材料简介

　　纳米结构材料(nano structured materials)是纳米技术的重要组成部分。纳米结构材料又称纳米固体，它是由颗粒尺寸为 1～100nm 的粒子凝聚而成的块体、薄膜、多层膜和纤维。小颗粒(纳米微粒)的结构同样具有三种形式：晶态、非晶态和准晶态。按照小颗粒结构状态，纳米结构材料可分为纳米晶体材料(nano crystalline, nano meter-sized crystalline)又称纳米微晶材料、纳米非晶态材料(nano amorphous materials)和纳米准晶态材料。按照小颗粒键的形式又可以把纳米结构材料划分为纳米金属材料、纳米离子晶体材料(如 CaF_2 等)、纳米半导体材料(nano semiconductors)以及纳米陶瓷材料(nano ceramic materials)。

　　纳米材料是由单相微粒构成的固体，称为纳米相材料(nano phase materials)。每个纳米微粒本身由两相构成(一种相弥散于另一种相中)，则相应的纳米材料称为纳米复相材料(nano multiphase materials)。

　　纳米复合材料(nano composite materials)涉及面较宽，包括的范围较广，大致包括三种类型。一种是 0～0 复合，即不同成分、不同相或者不同种类的纳米粒子复合而成的纳米固体，这种复合体的纳米粒子可以是金属与金属，金属与陶瓷，金属与高分子，陶瓷与陶瓷，陶瓷和高分子等构成纳米复合体；第二种是 0～3 复合，即把纳米粒子分散到常规的三维固体中。例如，把金属纳米粒子弥散到另一种金属或合金中，或者放入常规的陶瓷材料或高分子中，纳米陶瓷粒子(氧化物、氮化物)放入常规的金属、高分子及陶瓷中。用这种方法获得的纳米复合材料由于它的优越性能和广泛的应用前景，成为当今纳米材料科学研究的热点之一。第三种是 0～2 复合，即把纳米粒子分散到二维的薄膜材料中，这种复合材料又可分为均匀弥散和非均匀弥散两大类。均匀弥散是指纳米粒子在薄膜中均匀分布，人们可根据需要控制纳米粒子的粒径及粒间距。非均匀分布是指纳米粒子随机地、混乱地分散在薄膜基体中。在制备 0～2 复合材料时最重要的几个参数是纳米粒子的粒径大小、掺入的粒子的体积百分数和纳米微粒在基体膜中的分布。

纳米结构材料的基本构成是纳米微粒以及它们之间的分界面(界面)。由于纳米粒子尺寸小，界面所占的体积百分数几乎可与纳米微粒所占的体积百分数相比拟。例如，界面体积分数由 $3\delta/d+\delta$ 来计算，δ 为界面厚度(约 1nm)。当粒径 $d=5nm$ 时，界面体积为 50%，因此纳米材料的界面不能简单地看成是一种缺陷，它已成为纳米结构材料的基本构成之一，对其性能的影响起着举足轻重的作用。从这个意义上来说，对纳米结构材料的界面结构和缺陷以及界面性质的研究十分重要。在这方面的研究已取得了一些结果，但看法不一，尚未形成统一的、系统的理论，仅仅停留在唯象的描述上，概括起来有下列几种看法。

【类气态模型】

(1) 类气态模型，即纳米结构材料界面的原子排列既无长程序，又无短程序，而像气态一样呈无序地分布。

(2) 界面原子排列呈短程有序，其性质是局域化的。

(3) 界面缺陷态模型，这个模型的中心思想是界面中包含大量缺陷，其中三叉晶界对界面性质的影响起关键性的作用。随着纳米粒子尺寸减小，界面组分增大，界面中的三叉晶界的数量也随之增大，而且三叉晶界体积百分数随粒径减小而增长的速率大大高于界面体积分数的增长。

【界面缺陷态模型】 【界面缺陷态模型-三叉晶界】

(4) 界面可变结构模型，这种观点主要强调纳米结构材料中的界面结构是多种多样的。由于界面原子排列、缺陷、配位数和原子间距的不同，使其界面在能量上有很大差别，最后导致在界面的结构上有差别。

总的来说，大量的界面结构都处于无序与有序之间的中间过渡状态，有些界面处于混乱状态，有些界面呈很差的有序，有些为有序状态。统计平均的结果显示，某一种纳米结构材料其界面结构在一定条件下呈现某种结构状态，它或者是短程序，或者是差的有序，甚至是接近有序。外部条件对纳米结构材料界面结构的影响是显著的。例如压力、热处理和烧结温度等。外界条件改变后，纳米结构材料的界面结构也会发生很大的变化。

【纳米材料晶界平面示意图】

自从 1984 年 Gleiter 在实验室人工合成出 Pd、Cu、Fe 等纳米晶块材料以来，人们对纳米材料的力学性能产生了极大兴趣，随着研究的不断深入，研究者们发现纳米材料特殊的结构使得纳米材料表现出一系列独特的力学性能。与宏观力学及尺度在纳米以下的单纯量子力学不同，纳米力学主要探讨成千上万个原子组成的凝聚态物质所表现的带有整体特征的力学行为。纳米力学不仅以连续介质理论描述，而且兼具连续介质力学、分子动力学(molecular dynamics，MD)和量子力学的多尺度描述特征，因此纳米力学已经发展成为一门全新的力学分支学科。

1996—1998 年，美国一个小组考察了全世界纳米材料的研究现状和发展趋势后，研究人员认为下列四个传统固体力学问题在纳米力学研究和应用中带有相当高的普遍性：①纳米材料弹性模量的尺寸效应，即随着特征尺度在几十纳米以下，其弹性模量是否还是常数是增大还是减小？②纳米材料压入几十纳米或以下时的尺度效应，材料的硬度是增大还是减小？③纳米材料的 Hall-Patch(霍尔-配奇)行为，即随着晶粒尺寸的减小，材料的强度增大还是减小？④纳米断裂力学问题。以上纳米力学问题的提出都与尺寸效应有关，可见纳米材料力学性能的尺寸效应是纳米力学领域研究的重点,而纳米力学的研究手段也是围绕着尺寸效应展开的。

从研究的手段上纳米力学可分为纳米实验力学、纳米计算力学和纳米力学理论。实验测量是研究材料力学性能的最基本手段,纳米实验力学研究有两种途径:一是对常规的硬度测试技术、云纹法等宏观力学测试技术进行改造,使它们能适应纳米力学测量的需要;另一类是使用 AFM、STM、纳米拉伸仪等新的纳米力学仪器进行测量,如静态弯曲实验、拉伸实验等。一些学者也通过对仪器进行改装,开发出新的测量方法,如动态弯曲实验等。然而在纳米尺度上对材料力学性能进行实验测量,需要全新的实验设计方案以及高精度的测量仪器,测量难度很大,测量精度也需要进一步提高。

由此作为辅助手段的纳米计算力学得到了迅速发展,一定程度上弥补了实验测量手段的不足,纳米计算力学包括量子力学计算方法、分子动力学计算等不同类型的数值模拟方法。其中分子动力学(MD)方法能够较真实地模拟分子体系的动态变化过程和与量子力学计算相比较少的计算量,在纳米计算力学领域应用较为广泛。但是其也有局限性,主要是对于具有一定尺寸的纳米结构和材料,上百万原子的计算量将大大超过现有计算机的计算能力,现有的纳米计算力学方法也无能为力。同时传统意义上的力学理论对纳米尺度下材料的力学性能研究并不完全适用,需要对原有理论进行改进,甚至发展全新的理论。由以上分析可以认为只有结合以上三种纳米力学研究手段的长处,才能对纳米材料力学性能进行合理描述,了解纳米材料力学性能的内在机理。

9.2　纳米材料力学性能

在宏观金属工艺学中我们就已经知道:金属的力学性能随晶粒尺寸的不同而变化。当晶粒尺寸缩减到纳米尺度时,金属材料由离散的原子构成,其硬度、强度、塑性等宏观意义上的力学性能以及变形机制都将发生很大的变化。由于原子间作用和表面原子等因素的影响,材料的基本力学行为也将和连续介质理论中的宏观现象迥然不同。由于重复实验条件和控制实验参数很困难,目前的纳米力学实验往往局限于对纳米材料弹性模量、硬度、蠕变等参数的测试,且不同的研究组对同一实验项目的测试结果往往相差甚大。同时,纳米力学实验中对尺寸效应的解决、对纳米加载系统的标定和标准化等都是影响实验结果急待解决的问题,许多纳米元器件的力学性能也无法通过实验直接获得。

在过去几十年对单晶和多晶材料力学试验基础上建立了比较系统的位错理论、加工硬化理论,成功地解释了粗晶粒构成的宏观晶体所出现的一系列力学现象。从 20 世纪 70 年代开始,对多晶材料的晶界研究也对材料力学性能的研究起了推进作用,与此同时也开展了对具有短程有序的非晶材料的力学性能研究,总结了一些实验规律,理论研究工作有一定深度,正日趋完善。

近年来,纳米结构材料诞生以后,引起了人们极大的兴趣,对这样一个由有限个原子构成的小颗粒,再由这些小颗粒凝聚而成的纳米结构材料在力学性能方面有什么新的特点,它与颗粒尺寸的关系和粗晶多晶材料所遵循的规律是否一致,已成功描述粗晶多晶材料力学行为的理论对纳米结构材料是否还适用,这些问题是人们研究纳米结构材料力学性能必须解决的关键问题。20 世纪 90 年代,关于纳米结构材料力学性能的研究,观察到一些新现象,发现了一些新规律,提出了一些新看法,但仍处于实验室的初始阶段,尚未形成成熟的理论。

9.2.1 霍尔-配奇关系

Hall-Petch 关系是建立在位错塞积理论基础上，经过大量实验的证实总结出来的多晶材料的屈服应力（或强度）与晶粒尺寸的关系，即 $\sigma_y = \sigma_0 + Kd^{-1/2}$，$\sigma_y$ 为名义应变达 0.2% 的屈服应力；σ_0 是移动单个位错所需的克服点阵摩擦的力；K 为常数；d 为平均晶粒直径。如果用硬度来表示，关系式为 $H = H_0 + Kd^{-1/2}$，这一普适的经验规律，对各种粗晶材料都是适用的，K 值为正数，这就是说，随晶粒直径的减小，屈服强度（或硬度）都是增加的，它们都与 $d^{-1/2}$ 呈线性关系。

从 20 世纪 80 年代末到 20 世纪 90 年代初，对多种纳米材料的硬度和晶粒尺寸的关系进行了研究，归纳起来有三种不同的规律：（1）正 Hall-Petch 关系（$K>0$），对于蒸发凝聚、原位加压纳米 TiO_2、用机械合金化（高能球磨）制备的纳米 Fe 和 Nb_3Sn、用金属 Al 水解法制备的 $\gamma-Al_2O_3$ 和 $a-Al_2O_3$ 纳米结构材料等试件，进行维氏硬度试验，结果表明，它们均服从正 Hall-Petch 关系，与常规多晶试样遵守同样规律；（2）反 Hall-Petch 关系（$K<0$），这种关系在常规多晶材料中从未出现过，但对许多种纳米材料都观察到这种反 Hall-Petch 关系，即硬度随纳米晶粒的减小而下降。例如，用蒸发凝聚原位加压制成的纳米 Pd 晶体、以非晶晶化法制备的 Ni-P 纳米晶体的硬度试验，结果表明，它们遵循反 Hall-Petch 关系；（3）正-反混合 Hall-Perch 关系，最近对多种纳米材料硬度试验都观察到了硬度随晶粒直径的平方根的变化并不是线性地单调上升或单调下降，而是存在一个拐点（临界晶粒直径 d_c）。当晶粒直径 d 大于 d_c，呈正 Hall-Petch 关系（$K>0$），当晶粒直径 $d<d_c$，呈反 Hall-Petch 关系（$K<0$）。这种现象是在常规粗晶材料中从未观察到的新现象。

除上述关系外，在纳米材料中还观察到两个现象：一个现象是在正 Hall-Petch 关系和反 Hall-Petch 关系中随着晶粒直径的进一步减小，斜率（K）变化，对正 Hall-Petch 关系，K 减小；对反 Hall-Petch 关系，K 变大。另一个现象是对电沉积的纳米 Ni 晶体观察到偏离 Hall-Petch 关系。图 9.4 给出了纳米晶体 Ni 维氏硬度与晶粒度平方根倒数的关系。从图中可以看到当 $d<44nm$ 时，出现了非线性关系。

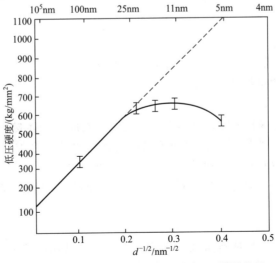

图 9.4 电沉积纳米晶体 Ni 的硬度与 $d^{-1/2}$ 的关系

对纳米结构材料上述现象的解释，已不能依赖于传统的位错理论，它与常规多晶材料之间的差别关键在于界面占有相当大的体积分数，对于只有几纳米的小晶粒，由于其尺度与常规粗晶粒内部位错塞积中相邻位错间距相差不多，加之这样小尺寸的晶粒即使有Frank-Read位错源也很难开动，不会有大量位错增殖问题，因此，位错塞积不可能在纳米小颗粒中出现，这样用位错的塞积理论来解释纳米晶体材料所出现的这些现象是不合适的，必须从纳米晶体材料的结构特点来寻找新的模型，建立能圆满解释上述现象的理论。目前，对于纳米结构材料的反常 H-P 关系从下面几方面进行了讨论。

1）三叉晶界

【三叉晶界】

三叉晶界是三个或三个以上相邻的晶粒之间形成的交叉"线"。由于纳米材料界面包含大量体积百分数，三叉晶界的数量也是很高的。随着纳米晶粒直径的减小，三叉晶界数量增殖比界面体积百分数的增殖快得多。根据Palumbo 等的计算，当晶粒直径由 100nm 减小到 2nm 时，三叉晶界体积增殖速度比界面增殖高约两个数量级。

纳米晶体材料存在大体积百分数的三叉晶界，就会对材料性质产生重要的影响。研究表明，三叉晶界处原子扩散快、动性好，三叉晶界实际上就是旋错，旋错的运动就会导致界面区的软化，对纳米晶体材料来说，这种软化现象就使纳米晶体材料整体的延展性增加，用这样的分析很容易解释纳米晶体材料具有的反 Hall-Petch 关系，以及 K 值的变化。

2）界面的作用

随纳米晶粒直径的减小，高密度的晶界导致晶粒取向混乱，界面能量升高。对蒸发凝聚原位加压法获得的试样，考虑这个因素尤为重要。这时界面原子动性大，这就增加了纳米晶体材料的延展性（软化现象）。

3）临界尺寸

Cleiter 等认为：在一个给定的温度下纳米材料存在一个临界的尺寸，低于这个尺寸，界面黏滞性增强，这就引起材料的软化；高于临界尺寸，材料硬化。这个临界尺寸称为"等黏合晶粒尺寸"。

有几个问题应该强调一下：

（1）纳米材料的密度只能达到理论密度的 94%～95%，有相当数量的孔洞、甚至微裂纹存在于试样中，这些缺陷对强度和硬度有很大的影响，这很可能造成测量上的误差，给总结实验规律造成困难。

（2）晶粒直径的测量和评估，目前普遍用透射电镜测量和 X 光衍射的谢乐公式来测定平均晶粒直径，这样测量都有一定的误差。实际上晶粒直径有一个分布而显微硬度是随机测量的，这也可能造成硬度数据的分散。

（3）试样制备方法多种多样，由纳米粉压制烧结而成的块体材料的晶界与球磨或非晶晶化法获得的纳米材料的界面有很大的差别，前者包含孔洞之类的缺陷，原子配位数不全；后者界面相对比较致密，界面的原子排列更接近有序状态，这很可能导致这两类不同的纳米结构材料的变形抗力有差异，硬度和晶粒直径的关系也就遵循不同的规律。

9.2.2 模量

晶界对于材料的力学性能有重大的影响。因此，可以预期纳米微晶材料（纳米晶体材料）的力学性能比起常规的大块晶体有许多优点，因为纳米微晶的晶粒直径极小而均匀，晶粒表面清洁等对于力学性能的提高都是有利的。

弹性模量的物理本质表征着原子间的结合力。弹性模量 E 和原子间的距离 a 近似地存在如下关系 $E = \dfrac{K}{a^m}$（K、m 为常数）。用下列四种独立的方法测量了纳米晶体材料的弹性常数。

（1）薄的片状试样，两端支撑，中间施加恒定载荷的弹性弯曲。弯曲量用电感方法测量，精度为 $\pm 2\mu m$。由这种测量得到的弹性模量的精度为 $\pm 4\%$。

（2）测量纵声波或横声波（频率为 10MHz 和 50MHz）在纳米晶体试样中的传播速度。假定材料中没有空隙。根据所测的声速（精度为 2%），利用标准方程计算出切变模量和杨氏模量。事实上，如果认为纳米晶体材料的较低的密度部分是由于宏观孔洞引起的话，那么，从声速测量计算出的弹性常数将比表 9-1 所列出的值高 5%。

（3）在透明试样中，通过 Brillouin 散射方法测定声速，所采用的激光的波长为 358nm，衍射几何角为 90°。

（4）在扭摆中，用 1~5Hz 的扭振荡自由衰减测量。

实验发现，纳米晶体金属材料的弹性常数最多减少了 30%，而离子晶体的弹性常数则减少了 50% 以上（表 9-1）。这些结果可作如下解释，由于晶界处存在着自由体积，相对于完整点阵来说，晶界区域内的平均原子间距增大。如果假设晶界处原子间的势能是和完整点阵中的一样，那么，由于界面处弹性模量的降低，与晶态相比，纳米晶体材料的弹性常数（所有组分的平均值）将降低。事实

【纳米晶粒尺寸和弹性模量的关系】

【用不同方法测量的 AuAgCuPd 纳米晶和粗晶样品弹性模量比较】

上，模量的进一步降低可能是由于界面上原子间势能不同于点阵中原子间的势能。

表 9-1 纳米晶体和普通材料的弹性性质

材料	纳米晶体杨氏模量/GPa	纳米晶体切变模量/GPa	普通材料杨氏模量/GPa	普通材料切变模量/GPa
Pd	88	32~35	123	43
Mg	39	15	41	15
CaF_2	38	19	111	42

纳米氧化物结构材料的模量与烧结温度有密切的关系。最近对单斜纳米 ZrO_2（原始平均粒径约 5nm）的块体的切变模量进行了比较系统的研究，室温下未经烧结的原始试样切变模量低于粗晶 ZrO_2 的切变模量，973K 焙烧 15h，切变模量明显增加，高于粗晶 ZrO_2 的切变模量将近 1 倍；1173K 焙烧 21h，切变模量继续增加；1373K 焙烧 18h，切变模量突增，是粗晶材料的 6 倍（图 9.5 和图 9.6）。由这个实验结果可知，未经焙烧的 ZrO_2 纳米试样界面的键结合是很弱的，主要原因是由于大体积百分数的界面内存在着配位数不全的非饱和键和悬键，这导致了界面模量下降，这与纳米金属的结果一致。随着焙烧温度的增加，界面的键组态发生变化，973K 焙烧后，由于氧化，部分氧原子与不饱和键和悬键相结合，界面结合力开始增强，界面的原子密度增加，这就使模量上升。当焙烧温度增加至 1373K 时，界面的欠氧状态得到很大的改善，由于配位数增加使界面中的非饱和键和悬键大大减少，加之由于颗粒由 5nm 长到 155nm，界面体积百分数大大下降，与此同时，界面中的原子密度也大大增加，这是导致切变模量剧增的主要原因。纳米氧化物材料的这一

特点在纳米金属材料中尚未观察到。这个工作的意义在于通过切变模量与焙烧温度关系的研究对选择最佳烧结温度十分有用。上述结果也进一步说明了高模量的纳米结构材料所对应的颗粒尺寸并不是越小越好，而是有一个最佳的范围。

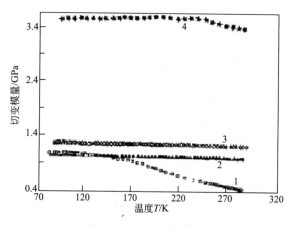

图 9.5　经不同温度焙烧后的纳米 ZrO_2 块体的
切变模量与测量温度的关系
1—接收态；2—973K×15h；
3—1173K×21h；4—1373K×18h

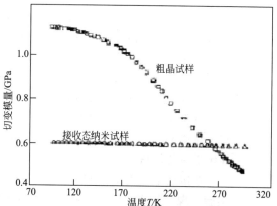

图 9.6　未烧结的 ZrO_2 纳米块体和
粗晶试样的切变模量与
测量温度的关系

【塑性与韧性】

9.2.3　塑性与韧性

对晶粒尺寸约为 70nm 的 Ni 的纳米晶体金属的塑性变形进行了研究，为了获得控制变形过程的缺陷的类型信息，同时测量应力-应变曲线和正电子寿命谱。应力-应变曲线(图 9.7)不同于多晶 Ni 的应力-应变曲线。如果撤去载荷，观察到约有 3% 的可逆应变回复，不论加载循环了多少圈都如此。实际上，与多晶或单晶 Ni 相反，纳米晶体 Ni 在变形过程中并不出现加工硬化。同时测量的正电子湮灭结果表明，存在着高浓度的类似于空位的缺陷。如果应力为 1100MPa 或更高，则在正电子寿命谱中观察到一个新的分量($\tau_2 \approx 510ps$)，这一分量与空位簇的形成有关。

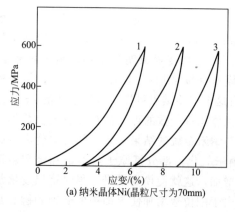

(a) 纳米晶体Ni(晶粒尺寸为70mm)

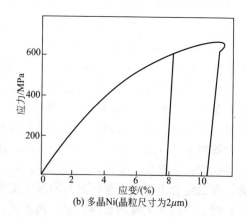

(b) 多晶Ni(晶粒尺寸为2μm)

图 9.7　应力-应变曲线

　　根据这些结果，将变形过程描述如下：在小应力下（≤1100MPa），晶界滑移是主要的变形方式，它引起了由于晶界位错攀移而造成的空位发射。在大应力下，这些空位凝聚成空位簇。这样的空位簇的聚集萌生了微裂纹，最终提供了材料脆性断裂的核心。因此认为，纳米晶体材料的塑性和强度主要决定于界面和界面的物理化学特性，而不是像多晶材料那样，决定于晶粒内的微观结构（例如缺陷类型）。Choksi 等研究了纳米晶体和多晶体 Pd 和 Cu 中的塑性变形的起始应力与晶粒尺寸的关系，所选取的晶粒尺寸范围为 $25\mu m \sim 6nm$。问题是起始塑性流变的屈服应力在以上的晶粒尺寸范围内是否可由 Hall-Petch 关系正确地预计。所得到的结果说明，在某个临界尺寸 d_c 以下，偏离这一关系。事实上，当晶粒尺寸 $d>d_c$ 时，屈服应力反比于 $d^{1/2}$，如同 Hall-Petch 关系所预示的结果。然而，当以 $d<d_c$ 时，起始塑性变形所需要的应力随着晶粒尺寸的减小而减小。换句话说，当 $d>d_c$ 时，晶粒尺寸减小，材料得以硬化；而当 $d<d_c$ 时，减小晶粒尺寸，则材料发生强化。这一效应可以用晶界滑移和扩散蠕变来解释。

　　纳米材料的特殊构成及大的体积百分数的界面使它的塑性、冲击韧性和断裂韧性与常规材料相比有很大的改善，这对获得高性能陶瓷材料特别重要，一般的材料在低温下常常表现为脆性，可是纳米材料在低温下就显示良好的塑性。

　　J. Karch 等研究了 CaF_2 和 TiO_2 纳米晶体（纳米微晶陶瓷）的低温塑性形变。样品的平均晶粒尺寸约为 8nm。图 9.8(a) 为用于对纳米微晶 CaF_2 的样品进行形变测量的装置的剖面图。首先将平展的方形样品置于两块铝箔之间，其中一块铝箔放于铅制活塞上，另一块铝箔则贴近波纹状铁制活塞。通过压缩活塞，使样品发生形变，形变发生于 1073K，形变时间约为 1s。纳米微晶 CaF_2 的塑性形变导致样品按铁表面的形状发生正弦弯曲，并通过向右侧的塑性流动而成为细丝状，如图 9.8(b) 所示。

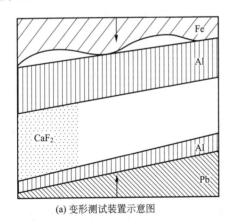 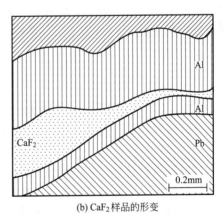

(a) 变形测试装置示意图　　　　　(b) CaF_2 样品的形变

图 9.8　纳米微晶 CaF_2 的形变

　　在 353K 下对纳米微晶 TiO_2 样品进行类似实验也产生正弦形塑性弯曲。当一块表面有裂纹的平展的片状 TiO_2 纳米微晶样品发生塑性弯曲时，发现形变致使裂纹张开，但裂纹没有扩大。而对 TiO_2 单晶样品进行同样条件的实验，样品则当即发生脆性断裂。

　　对 TiO_2 的纳米微晶及普通多晶样品进行压痕硬度测试，在 233K 进行测量时后者加压的结果会产生许多破裂。实验中还发现如果应变速率大于扩散速率，则纳米微晶陶瓷将发生韧性向脆性的转变。

纳米结构材料从理论上进行分析应该有比常规材料高的断裂韧性,这是因为纳米结构材料中的界面的各向同性以及在界面附近很难有位错塞积发生,这就大大减少了应力集中,使微裂纹的出现与扩展的概率大大降低。TiO_2 纳米晶体的断裂韧性实验证实了上述的看法。当热处理温度为 $1073 \sim 1273K$ 时,纳米 TiO_2 晶粒 $<100nm$,断裂韧性为 $2.8MPa/m$,比常规 TiO_2 多晶和单晶的高。

【超塑性】

9.2.4　超塑性

超塑性从现象学上定义为在一定应力拉伸时产生极大的伸长量。$\Delta l/l$ 几乎达到 $\geqslant 100\%$,Δl 为伸长量,l 为原始试样长度。在 20 世纪 70 年代末,在金属与合金中就发现了这一特性。当晶粒很细,达到微米级时,由于界面的高的延展性使材料产生超塑性。20 世纪 80 年代,人们对陶瓷材料的超塑性的研究发生了极大的兴趣,发现几种材料在单轴向或者双轴向拉伸下有超塑性现象发生,这些陶瓷材料是 $Y-TZP$,氧化铝和羟基磷灰石及复相陶瓷 ZrO_2/Al_2O_3,$ZrO_2/$莫来石,Si_3N_4 和具有其他混合相 Si_3N_4/SiC 等。这对纳米陶瓷制备科学和陶瓷物理学产生很大的影响。

陶瓷的加工成型和陶瓷的增韧问题是人们一直关注急待解决的关键问题。陶瓷超塑性的发现,为解决这个问题打开了新途径。有人把陶瓷超塑性的发现称为陶瓷科学的第二次飞跃。陶瓷材料超塑性主要是材料界面所贡献的,陶瓷材料中包含界面的数量和界面本身的性质对超塑性负有重要的责任。一般来说,陶瓷材料的超塑性对界面数量的要求有一个临界范围,界面数量太少,没有超塑性,这是因为这时颗粒大,大颗粒很容易成为应力集中的位置,并为孔洞的形核提供了主要的位置。例如,Al_2O_3 中就出现这种情况。界面数量过多虽然可能出现超塑性,但由于材料强度的下降也不能成为超塑性材料。最近研究表明,陶瓷材料出现超塑性颗粒的临界尺寸范围为 $200 \sim 500nm$。粗略估计在这个尺寸范围内界面的体积百分数为 $1\% \sim 0.5\%$。界面的流变性是超塑性出现的重要条件,它可以由下式表示:

$$\dot{\varepsilon} = A\sigma^n/d^p$$

式中,$\dot{\varepsilon}$ 为应变速率;σ 是附加应力;d 为粒径;n 和 p 分别为应力和应变指数;A 是与温度和扩散有关的系数,它可以表示为 Arrhenius 形式,即

$$A \propto \exp(-Q/k_B T)$$

对超塑性陶瓷材料,n 和 p 典型的数值范围为 $1 \sim 3$。在上式中不难看出,A 越大,$\dot{\varepsilon}$ 越大,超塑性越大。A 是与晶界扩散密切相关的参数。我们知道,当扩散速率大于形变速率时,界面表现为塑性,反之,界面表现为脆性。因而界面中原子的高扩散性是有利于陶瓷材料的超塑性的。

界面能及界面的滑移也是影响陶瓷超塑性的重要因素。在拉伸过程中高超塑性的产生是界面不发生迁移,不发生颗粒长大,仅仅是界面内部原子的运动,从宏观产生界面的流变。原子流动性越好,界面黏滞性越好,这种性质的界面对拉伸应力的响应极为敏感,而低能界面具有上述特性。界面缺陷,如孔洞、微裂纹会造成界面结构的不连续性,破坏了界面黏滞性滑动,不利于陶瓷超塑性的产生。晶界特征分布(即各种类型的界面所占的比例和几何配置)也对陶瓷材料的超塑性有影响。较宽的晶界特征分布(晶界类型很多)不利于超塑性的产生,这是因为不同的晶界类型在能量上相差很大,高能晶界在拉伸过程中为

晶粒生长提供了较高的驱动力并且也使晶界具有相对低的结合强度。

因此，纳米材料的力学性能与常规晶粒材料的主要不同之处在于：①纳米材料的弹性模量较常规晶粒材料的弹性模量降低了 30％～50％。②纳米纯金属的硬度或强度是大晶粒（＞1μm）金属硬度或强度的 2～7 倍。③纳米材料可具有负的 Hall－Petch 关系，即随着晶粒尺寸的减小，材料的强度降低。④在较低的温度下，如室温附近脆性的陶瓷或金属间化合物在具有纳米晶时，由于扩散的相变机制而具有塑性或是超塑性。

【低维纳米材料的
力学性能测试技术
研究进展】

小　结

　　纳米固体材料的结构与常规材料相比发生很大变化，颗粒组元细小到纳米数量级、界面组元大幅度增加，可使材料的强度、韧性和超塑性等力学性能大为提高，并对材料的热学、光学、磁学、电学等性能产生重要的影响。因此引起人们极大的兴趣。

　　本章简明地介绍和讨论了纳米材料的基本概念和其构成，重点阐述了纳米材料的霍尔-配奇关系、弹性模量、塑韧性和超塑性，通过实验研究介绍了纳米材料的特殊结构及较多体积分数的界面，使它的塑性、冲击韧性和断裂韧性与粗晶材料相比有很大改善；一般材料在低温下常常表现为脆性，但是纳米材料在低温下却显示良好的塑性和韧性。

复习思考题

1. 简述纳米材料的分类及特性。
2. 由于尺寸效应的影响，传统固体力学问题在纳米材料力学研究领域主要包括哪几方面？
3. 纳米力学研究手段分为哪几个方面？
4. 纳米材料的硬度和晶粒尺寸的关系有几种不同的规律？
5. 陶瓷超塑性的重要影响因素是什么？

参 考 文 献

[1] 束德林. 工程材料的力学性能 [M]. 2版. 北京：机械工业出版社，2007.
[2] 陈南平，顾守仁，沈万慈. 机械零件失效分析 [M]. 北京：清华大学出版社，1988.
[3] 刘家浚. 材料磨损原理及其耐磨性 [M]. 北京：清华大学出版社，1993.
[4] 石德珂，金志浩. 材料力学性能 [M]. 西安：西安交通大学出版社，1998.
[5] 李诗卓，董祥林. 材料的冲蚀磨损与微动磨损 [M]. 北京：机械工业出版社，1987.
[6] 何奖爱. 材料磨损与耐磨材料 [M]. 沈阳：东北大学出版社，2001.
[7] 张立德，牟季美. 纳米材料学 [M]. 沈阳：辽宁科学技术出版社，1994.
[8] [美] H·格莱特. 纳米材料 [M]. 崔平，方永，葛庭燧，译. 北京：原子能出版社，1993.